Aktuelle Forschung Medizintechnik

Editor-in-Chief:
Th. M. Buzug, Lübeck, Deutschland

Unter den Zukunftstechnologien mit hohem Innovationspotenzial ist die Medizintechnik in Wissenschaft und Wirtschaft hervorragend aufgestellt, erzielt überdurchschnittliche Wachstumsraten und gilt als krisensichere Branche. Wesentliche Trends der Medizintechnik sind die Computerisierung, Miniaturisierung und Molekularisierung. Die Computerisierung stellt beispielsweise die Grundlage für die medizinische Bildgebung, Bildverarbeitung und bildgeführte Chirurgie dar. Die Miniaturisierung spielt bei intelligenten Implantaten, der minimalinvasiven Chirurgie, aber auch bei der Entwicklung von neuen nanostrukturierten Materialien eine wichtige Rolle in der Medizin. Die Molekularisierung ist unter anderem in der regenerativen Medizin, aber auch im Rahmen der sogenannten molekularen Bildgebung ein entscheidender Aspekt. Disziplinen übergreifend sind daher Querschnittstechnologien wie die Nano- und Mikrosystemtechnik, optische Technologien und Softwaresysteme von großem Interesse.

Diese Schriftenreihe für herausragende Dissertationen und Habilitationsschriften aus dem Themengebiet Medizintechnik spannt den Bogen vom Klinikingenieurwesen und der Medizinischen Informatik bis hin zur Medizinischen Physik, Biomedizintechnik und Medizinischen Ingenieurwissenschaft.

Editor-in-Chief:
Prof. Dr. Thorsten M. Buzug
Institut für Medizintechnik,
Universität zu Lübeck

Editorial Board:

Prof. Dr. Olaf Dössel
Institut für Biomedizinische Technik,
Karlsruhe Institute for Technology

Prof. Dr. Heinz Handels
Institut für Medizinische Informatik,
Universität zu Lübeck

Prof. Dr.-Ing. Joachim Hornegger
Lehrstuhl für Bildverarbeitung,
Universität Erlangen-Nürnberg

Prof. Dr. Marc Kachelrieß
Institut für Medizinische Physik
Universität Erlangen-Nürnberg

Prof. Dr. Edmund Koch,
Klinisches Sensoring und Monitoring,
TU Dresden

Prof. Dr.-Ing. Tim C. Lüth
Micro Technology
and Medical Device Technology,
TU München

Prof. Dr. Dietrich Paulus
Institut für Computervisualistik,
Universität Koblenz-Landau

Prof. Dr. Bernhard Preim
Institut für Simulation und Graphik,
Universität Magdeburg

Prof. Dr.-Ing. Georg Schmitz
Lehrstuhl für Medizintechnik,
Universität Bochum

René Werner

Strahlentherapie atmungsbewegter Tumoren

Bewegungsfeldschätzung und Dosisakkumulation anhand von 4D-Bilddaten

René Werner
Universitätsklinikum Hamburg-Eppendorf,
Deutschland

Dissertation Universität zu Lübeck, 2012 u.d.T.: René Werner: Bewegungsfeldschätzung und Dosisakkumulation anhand von 4D-Bilddaten für die Strahlentherapie atmungsbewegter Tumoren

ISBN 978-3-658-01145-1   ISBN 978-3-658-01146-8 (eBook)
DOI 10.1007/978-3-658-01146-8

Die Deutsche Nationalbibliothek verzeichnet diese Publikation in der Deutschen Nationalbibliografie; detaillierte bibliografische Daten sind im Internet über http://dnb.d-nb.de abrufbar.

Springer Vieweg
© Springer Fachmedien Wiesbaden 2013
Das Werk einschließlich aller seiner Teile ist urheberrechtlich geschützt. Jede Verwertung, die nicht ausdrücklich vom Urheberrechtsgesetz zugelassen ist, bedarf der vorherigen Zustimmung des Verlags. Das gilt insbesondere für Vervielfältigungen, Bearbeitungen, Übersetzungen, Mikroverfilmungen und die Einspeicherung und Verarbeitung in elektronischen Systemen.

Die Wiedergabe von Gebrauchsnamen, Handelsnamen, Warenbezeichnungen usw. in diesem Werk berechtigt auch ohne besondere Kennzeichnung nicht zu der Annahme, dass solche Namen im Sinne der Warenzeichen- und Markenschutz-Gesetzgebung als frei zu betrachten wären und daher von jedermann benutzt werden dürften.

Gedruckt auf säurefreiem und chlorfrei gebleichtem Papier

Springer Vieweg ist eine Marke von Springer DE. Springer DE ist Teil der Fachverlagsgruppe Springer Science+Business Media.
www.springer-vieweg.de

Geleitwort des Herausgebers

Das Werk *Strahlentherapie atmungsbewegter Tumoren: Bewegungsfeldschätzung und Dosisakkumulation anhand von 4D-Bilddaten* von Dr. René Werner ist der fünfte Band der neuen Reihe exzellenter Dissertationen des Forschungsbereiches Medizintechnik im Springer Vieweg Verlag. Die Arbeit von Dr. Werner wurde durch einen hochrangigen wissenschaftlichen Beirat dieser Reihe ausgewählt.

Springer Vieweg verfolgt mit dieser Reihe das Ziel, für den Bereich Medizintechnik eine Plattform für junge Wissenschaftlerinnen und Wissenschaftler zur Verfügung zu stellen, auf der ihre Ergebnisse schnell eine breite Öffentlichkeit erreichen.

Autorinnen und Autoren von Dissertationen mit exzellentem Ergebnis können sich bei Interesse an einer Veröffentlichung ihrer Arbeit in dieser Reihe direkt an der Herausgeber wenden:

Prof. Dr. Thorsten M. Buzug
Reihenherausgeber Medizintechnik

Institut für Medizintechnik
Universität zu Lübeck
Ratzeburger Allee 160
23562 Lübeck
Web: www.imt.uni-luebeck.de
Email: buzug@imt.uni-luebeck.de

Geleitwort von
Prof. Dr. rer. nat. Heinz Handels

Räumlich-zeitliche Bildfolgen, kurz 4D-Bilddaten genannt, ermöglichen eine Erfassung der atmungsbedingten Bewegungen von Tumoren und Organen im menschlichen Körper und gewinnen daher in der modernen Strahlentherapie zunehmend an Bedeutung. Die Analyse und Auswertung der Bewegungsinformationen in 4D-Bilddaten ist komplex und methodisch herausfordernd. Auf der einen Seite sind extrem umfangreiche Bilddatensätze, die aus mehreren tausend Bildern pro Untersuchung bestehen können, effizient zu analysieren. Auf der anderen Seite unterliegen die Analyseergebnisse im Hinblick auf die Genauigkeit und Robustheit der eingesetzten Methoden hohen Anforderungen.

In dem vorliegenden Buch stellt Herr Werner aktuelle Verfahren und Methoden zur computergestützten Analyse und Modellierung von atmungsbedingten Lungen- und Tumorbewegungen in 4D-CT-Bilddaten vor und adressiert somit eine methodisch äußerst interessante und medizinisch relevante Problemstellung der modernen Strahlentherapie. Über die Entwicklung robuster und hochgenauer Methoden zur 4D-Bildanalyse hinaus werden in dem Buch Verfahren zur optimierten Dosisakkumulation unter Berücksichtigung der Atembewegungen präsentiert. Hierdurch wird eine Brücke zwischen den oftmals getrennten Welten der Medizinischen Bildverarbeitung und der Medizinischen Physik geschlagen und die Berechnung der für die klinische Anwendung wichtigen patientenindividuellen Dosisverteilung unter Berücksichtung der Atembewegung ermöglicht. Die dem Buch zugrunde liegende Dissertation wurde zunächst am Institut für Medizinische Informatik des Universitätsklinikums Hamburg-Eppendorf bearbeitet und nach einem Wechsel im Jahr 2010 an die Universität zu Lübeck an dem dortigen Institut für Medizinische Informatik vollendet. Die praxisnahe Ausrichtung der beschriebenen Problemlösungen wurde durch eine enge interdisziplinäre Zusammenarbeit mit der Klinik für Strahlentherapie und Radioonkologie des Universitätsklinikums Hamburg-Eppendorf gewährleistet.

Nach einer Erläuterung der medizinischen Motivation und Zielsetzung in Kapitel 1 werden in Kapitel 2 des Werks die für die nachfolgenden Analysen zugrunde liegenden 4D-CT-Bilddaten ausführlich beschrieben und ihre Eigenschaften diskutiert. In Kapitel

3 erfolgt die Darstellung biophysikalischer Modellierungsansätze auf der einen und nichtlinearer, nicht-parametrischer Registrierungsverfahren auf der anderen Seite, die zur patientenspezifischen Bewegungsfeldschätzung in thorakalen 4D-CT-Daten optimiert wurden. Besonders hervorzuheben ist die dargestellte Methodik zur automatischen Bestimmung von korrespondierenden Landmarken im Lungenbereich, die die Grundlage für einen objektiven Vergleich von verschiedenen Ansätzen zur Bewegungsfeldschätzung in 4D-CT-Daten bildet und somit neue Möglichkeiten für die Bewertung und Optimierung entsprechender Verfahren und Verfahrensvarianten eröffnet hat. Die diesbezüglich durchgeführte Evaluationsstudie gehört zu den umfassendsten ihrer Art und liefert im Rahmen des Vergleichs der betrachteten Ansätze interessante Einsichten. Eine neue Methodik zur Modellierung der mittleren Lungenbewegung in einem Patientenkollektiv auf der Grundlage dichter Vektorfelder wird in Kapitel 4 beschrieben. Das Ergebnis ist ein Bewegungsvektorfeld, das die mittlere atmungsbedingte Lungenbewegung in dem betrachteten Patientenkollektiv repräsentiert. Darüber hinaus wird beschrieben, wie aus einem gegebenen statischen CT-Patientendatensatz und dem mittleren Lungenbewegungsmodell die patientenindividuelle Lungenbewegung sinnvoll prädiktiert werden kann – wodurch eine ganz neue Perspektive eines solchen Modells für die Anwendung in der 4D-Strahlentherapie eröffnet wird. In Kapitel 5 wird weiterhin eine interessante Methode vorgestellt, durch die eine Anpassung der Bewegungsfelder aufgrund von Bewegungssurrogaten/-indikatoren möglich wird, die z. B. durch einen Bauchgurt oder die Abtastung von Punkten auf der Hautoberfläche oder dem Zwerchfell eines Patienten gegeben sein können. Hierzu werden Methoden der multivariaten linearen Statistik bzw. Regression zur Adaption der Bewegungsfelder genutzt. Betrachtet wird zum einen der klinisch relevante Anwendungsfall, dass individuelle Bewegungsfelder aufgrund von Atmungsvariationen adaptiert werden, die über Bewegungsindikatoren (Bauchgurt etc.) erfasst werden. Zum anderen wird überzeugend aufgezeigt, wie mithilfe dieses Ansatzes das in Kapitel 4 vorgestellte mittlere Bewegungsmodell verbessert individuell angepasst werden kann. Mit dem Einsatz der erhaltenen Bewegungsfeldschätzungen zur Analyse atmungsbedingter dosimetrischer Effekte in Kapitel 6 wird abschließend eine weitere aus Sicht der Strahlentherapie äußerst wichtige Fragestellung adressiert. Durch das präsentierte Dosisakkumulations-Gewichtungsschema werden die Interplay- und Fraktionierungsproblematik bei der IMRT-4D-Dosisberechnung berücksichtigt und in Simulationsstudien realistische Abschätzungen der tatsächlich applizierten Strahlendosen bei atembewegten Lungentumoren ermöglicht. Abschließend werden in Kapitel 7 die wesentlichen Ergebnisse der präsentierten Untersuchungen zusammengefasst und interessante weiterführende Fragestellungen diskutiert.

Das vorliegende Buch gibt einen ausgezeichneten Einblick in die rasante methodische

Entwicklung im Bereich der Medizinischen 4D-Bildverarbeitung. Es besticht durch seine methodische Tiefe und Breite und illustriert die Methoden anschaulich durch eine Vielzahl von Beispielen. Es ist für alle Leser mit Interesse an aktuellen Methoden zur Analyse medizinischer 4D-Bildfolgen und bildbasierten Modellierung von Bewegungen sowie an ihrer Anwendung in der modernen Strahlentherapie sehr zu empfehlen.

Lübeck, im Januar 2013
Prof. Dr. rer. nat. habil. Heinz Handels
Institut für Medizinische Informatik
Universität zu Lübeck

Zusammenfassung

Atmungsbedingte Bewegungen stellen eine zentrale Herausforderung in der Strahlentherapie im Allgemeinen und von Lungentumoren im Besonderen dar. Bedingt durch die Einführung moderner Verfahren zur Aufnahme von zeitlich aufgelösten computertomographischen Bilddaten (4D-CT-Daten) sind in jüngerer Vergangenheit verschiedene Ansätze zur expliziten Berücksichtigung der Atembewegung entwickelt worden. Wesentlicher Bestandteil der Ansätze ist die Bewegungsfeldschätzung, die auf eine mathematische Beschreibung und Berechnung der in den Bildsequenzen des Patienten abgebildeten Bewegungsabläufe abzielt. Die resultierenden Vektorfelder werden dann im Rahmen einer 4D-Dosisberechnung bzw. Dosisakkumulation zur Abschätzung und Berücksichtigung des Einflusses der Atembewegungen auf die zu applizierende Dosisverteilung eingesetzt. Die Verlässlichkeit der Aussagen und Konzepte einer solchen 4D-Bestrahlungsplanung hängt somit wesentlich von der Genauigkeit der Bewegungsfeldschätzung ab. Diesem Umstand Rechnung tragend zielt die vorliegende Arbeit auf die Entwicklung von optimierten Verfahren zur Bewegungsfeldschätzung unter Verwendung von 4D-CT-Daten und den Einsatz der resultierenden Methoden zur Untersuchung atmungsbedingter dosimetrischer Effekte in der Strahlentherapie ab. Hierzu untergliedert sie sich in drei aufeinander aufbauende Arbeitsschritte.

Der erste Arbeitsschritt dient der Implementierung, Evaluation und Optimierung von Verfahren zur Bewegungsfeldschätzung mit dem Ziel einer möglichst genauen Erfassung der in einem 4D-CT-Datensatz eines Patienten abgebildeten Atembewegungen der anatomischen und pathologischen Strukturen; diese ist die Grundlage für die nachfolgenden Methodenentwicklungen und Untersuchungen. Als geeignet erweisen sich hierbei insbesondere Verfahren der nicht-linearen Registrierung. Für entsprechende, im Rahmen der Arbeit problemspezifisch optimierte Verfahren wird in einer umfassenden Multi-Kriterien-Evaluationsstudie und unter ergänzender Einbeziehung öffentlich zugänglicher Evaluationsplattformen gezeigt, dass eine Erfassung der Bewegungen mit einer Genauigkeit im Subvoxelbereich ermöglicht wird – womit die entwickelten Verfahren zu den genauesten der diesbezüglich derzeit verfügbaren Methoden zählen.

In der derzeitigen klinischen Praxis stellt sich jedoch einerseits das Problem, dass häufig keine Möglichkeit zur 4D-Bildgebung gegeben ist. Andererseits schränken eventuelle Variabilitäten atmungsbedingter Bewegungsmuster die Aussagekraft eines 4D-CT-

Datensatzes, der lediglich einen einzelnen Atemzyklus des Patienten repräsentiert, zum Teil ein. Jeweilige Aspekte adressierend werden in dem zweiten Arbeitsteil – basierend auf den optimierten Verfahren zur Bewegungsfeldschätzung in 4D-CT-Daten und unter weiterer Einbeziehung statistischer Bewegungsinformationen bzw. -modelle – modellbasierte Verfahren zur Bewegungsfeldschätzung und -prädiktion entwickelt. Zunächst werden ein statistisches Modell der Lungenbewegung in einem Patientenkollektiv und Methoden zur Adaption des Modells zur Prädiktion patientenspezifischer Bewegungsmuster präsentiert. Letztere eröffnen z. B. die Möglichkeit, für eine Bestrahlungsplanung Bewegungen von Lunge und Lungentumoren auch dann abzuschätzen, wenn keine 4D-Bilddaten des Patienten verfügbar sind; ein entsprechender Einsatz des Modells wird demonstriert. Zur Berücksichtigung von Bewegungsvariationen werden unter Verwendung von Verfahren der multivariaten Statistik darüber hinaus Techniken entwickelt und evaluiert, die unter Einbeziehung von in der 4D-Strahlentherapie gebräuchlichen Bewegungsindikatoren (wie Bauchgurte oder Spirometrieaufnahmen) eine individuelle, situationsbezogene Adaption von Bewegungsfeldern ermöglichen, die anhand von 4D-Bilddaten berechnet worden sind.

In dem letzten Arbeitsschritt werden die entwickelten Verfahren dann eingesetzt, um dosimetrische Auswirkungen der Atembewegung während der Strahlentherapie von Lungentumoren abzuschätzen und zu analysieren. Als Bestrahlungstechniken werden die 3D-konformale sowie die intensitätsmodulierte Strahlentherapie modelliert. Insbesondere für die intensitätsmodulierte Strahlentherapie besteht aufgrund kurzer Bestrahlungszeiten einzelner Strahlenfelder die Gefahr, dass zugehörige Dosisbeiträge nicht nur einer bewegungsbedingten Verwischung unterliegen, sondern im Schwerpunkt an nicht beabsichtigten Positionen im Patienten appliziert werden (Interplay-Effekt). Dieses wird in bestehenden Simulationsstudien oftmals nur unzulänglich abgebildet; in der vorliegenden Arbeit wird nun ein hierzu angemessenes Dosisakkumulationsschema hergeleitet. Hierauf basierend wird u. a. illustriert, dass durch Interplay-Effekte selbst bei ausreichend dimensionierten Sicherheitssäumen zur Berücksichtigung der Tumorbewegung in einzelnen Bestrahlungsfraktionen klinisch relevante Über- und/oder Unterdosierungen auftreten können. Neben weiteren Betrachtungen zu dem Einfluss verschiedener Faktoren wie z. B. der zeitlichen Auflösung der zugrunde liegenden Bilddaten auf die 4D-Dosisberechnung bzw. die resultierende Dosisverteilung wird anhand der entwickelten Verfahren zur modellbasierten Bewegungsfeldschätzung zudem demonstriert, dass selbst gering ausgeprägte Variationen der Atembewegung eines Patienten relevante Auswirkungen auf die tatsächlich applizierte Dosisverteilung haben können – und entgegen der derzeit verbreiteten Praxis in der 4D-Bestrahlungsplanung im Rahmen der 4D-Dosisberechnung berücksichtigt werden sollten.

Summary

Respiratory motion represents a major challenge in radiation therapy in general, and especially for the therapy of lung tumors. In recent years and due to the introduction of modern techniques to acquire temporally resolved computed tomography images (4D CT images), different approaches have been developed to explicitly account for breathing motion during treatment. An integral component of such approaches is the concept of motion field estimation, which aims at a mathematical description and the computation of the motion sequences represented by the patient's images. As part of a 4D dose calculation/dose accumulation, the resulting vector fields are applied for assessing and accounting for breathing-induced effects on the dose distribution to be delivered. The reliability of related 4D treatment planning concepts is therefore directly tailored to the precision of the underlying motion field estimation process. Taking this into account, the thesis aims at developing optimized methods for the estimation of motion fields using 4D CT images and applying the resulting methods for the analysis of breathing induced dosimetric effects in radiation therapy. The thesis is subdivided into three parts that thematically build upon each other.

The first part of the thesis is about the implementation, evaluation and optimization of methods for motion field estimation with the goal of precisely assessing respiratory motion of anatomical and pathological structures represented in a patient's 4D CT image sequence; this step is the basis of subsequent developments and analysis parts. Especially non-linear registration techniques prove to be well suited to this purpose. After being optimized for the particular problem at hand, it is shown as part of an extensive multi-criteria evaluation study and additionally taking into account publicly accessible evaluation platforms that such methods allow estimating motion fields with subvoxel accuracy – which means that the developed methods belong to the most precise methods currently available.

In clinical practice, however, there exists the problem that many medical facilities are not equipped with 4D imaging devices. Further, 4D images still offer only a snapshot of the patient-specific motion range and potential motion variability may limit the conclusions that can be drawn from them. To address these aspects, in the next part of the thesis – based on the optimized methods for motion field estimation in 4D CT image data and further including statistical motion information and models, respectively

– model-based approaches for motion field estimation and prediction are developed. First, a novel approach for statistical modeling of lung motion in a patient collective is presented, and methods for adapting the model for prediction of patient-specific motion patterns are provided. The latter allow, for instance, the estimation of respiratory lung and lung tumor motion for radiation therapy treatment planning, if no temporally resolved image sequences are available for the patient; this use case is demonstrated. Further, techniques of multivariate statistics are applied to account for variations of motion patterns by integrating additional information provided by motion indicators used in 4D radiation therapy (e. g. abdominal belts or spirometer measurements) for a patient-specific, situation-related adaption of the motion fields computed using 4D images and the methods for motion field estimation described before.

In the last part of the thesis, the developed methods are finally applied for assessing and analyzing the dosimetric impact of respiratory motion during radiation therapy of lung tumors. Both 3D conformal radiotherapy and intensity modulated radiotherapy are modeled as treatment modalities. In the case of intensity modulated radiotherapy, short delivery times for single radiation fields lead to the risk that the corresponding dose contributions are not only subject to a motion-induced dose blurring, but are also likely to be delivered to unintended positions in the patient (interplay effect). This risk is often only poorly accounted for in current simulation studies; therefore, an appropriate 4D dose calculation scheme is derived in this thesis. The scheme is used to illustrate that interplay effects indeed can lead to over- and/or underdosages of clinical relevance, even if safety margins are in principle large enough to capture tumor motion. Additionally, the influence of different factors (such as the temporal resolution of the 4D images underlying the 4D dose calculation) on the derived dose accumulation scheme and resulting dose distributions is analyzed. Finally and based on the techniques for the situation-related adaptation of motion fields estimated in the patient's 4D images, it is demonstrated that even only small variability of the patient's motion patterns can have significant impact on the dose distribution actually delivered to the patient – and should therefore (against common current practice) be accounted for during 4D dose calculation.

Danksagung

An dieser Stelle möchte ich allen (und es waren viele!) Personen danken, die zum Gelingen der Dissertation bzw. dem vorliegenden, auf der Arbeit basierenden Buch beigetragen haben. Dies umfasst insbesondere die Mitarbeiter des Instituts für Medizinische Informatik der Universität zu Lübeck, des vormaligen Instituts für Medizinische Informatik (heute Institut für Computational Neuroscience) des Universitätsklinikums Hamburg-Eppendorf (UKE) und der Klinik für Strahlentherapie und Radio-Onkologie des UKE sowie alle in irgendeiner Weise beteiligten Studenten.
Namentlich erwähnen möchte ich zunächst Prof. Dr. Heinz Handels (Institut für Medizinische Informatik, Universität zu Lübeck) und Prof. Dr. Hans Siegfried Stiehl (Universität Hamburg). Ihnen danke ich sehr für die Betreuung des Promotionsvorhabens und die hiermit verbundenen konstruktiven inhaltlichen Diskussionen. Herrn Handels sei zudem im Besonderen dafür gedankt, dass er es mir ermöglichte, die Arbeit an seinem Institut durchzuführen. Auch explizit gedankt sei Dirk Albers und Dr. Dr. Thorsten Frenzel aus der Klinik für Strahlentherapie und Radio-Onkologie des UKE für die Unterstützung bei der Erstellung der in der Arbeit verwendeten Bestrahlungspläne. Weiter danke ich der Universität Hamburg (Graduiertenförderung), der Deutschen Forschungsgemeinschaft (Projekt HA 2355/9-1) und der Deutschen Krebshilfe (Projektnummer 107899) für die finanziell gewährte Unterstützung während der Arbeit. Auch Daniel Low, PhD, vormals Washington University of St. Louis (USA), derzeit University of California, Los Angeles (USA), sei nochmals für die Überlassung der 4D-Bilddaten gedankt, die die Grundlage dieser Arbeit darstellen. In diesem Kontext möchte ich aber auch dem Team des DIR-lab des M.D. Anderson CC der University of Texas (USA) meinen Dank und meine Hochachtung dafür aussprechen, dass sie eine frei zugängliche Plattform und Datenbasis von 4D-CT-Daten zur Evaluation von Registrierungsverfahren geschaffen haben. Erst eine solche Plattform ermöglicht die objektive Einschätzung der entwickelten Methoden und wurde im Rahmen der Arbeit gerne in Anspruch genommen.
Springer-Vieweg danke ich für die Möglichkeit, meine Dissertation in der vorliegenden Form publizieren zu können. In diesem Kontext sei insbesondere Britta Göhrisch-Radmacher für die hilfreichen Tipps zur Formatierung des Werks und allen kritischen

Lesern meiner Dissertation für die Hinweise zu eventuellen (Flüchtigkeits-)Fehlern in der ursprünglichen Version gedankt; jeweiligen Anregungen/Verbesserungsvorschlägen bin ich im Rahmen der Fertigstellung dieses Buches gerne nachgekommen. Auch sei den verschiedenen Verlagen, Zeitschriften und Autoren für die kooperative Gewährung der Rechte zur Verwendung von in der Dissertation genutzten Abbildungen gedankt; etwaige Hinweise zum Copyright der genutzten Abbildungen sind dem Abbildungsverzeichnis zu entnehmen.

Der größte Dank gebührt allerdings meinen Kollegen Alexander Schmidt-Richberg und Dr. Jan Ehrhardt. Ohne sie wäre die Arbeit in der vorliegenden Form niemals zustande gekommen. Auf eine hoffentlich weiterhin tolle Zusammenarbeit!

Um Verzeihung bitten möchte ich zuletzt meine Familie, namentlich Anja und Joris, für all die Stunden nach (offiziellem) Feierabend, am Wochenende und im Urlaub, die eigentlich ihre hätten sein sollen. Ohne Eure im Prinzip immer währende Geduld (mal mehr und mal weniger ausgeprägt ...) hätte ich das Promotionsvorhaben nicht zu Ende bringen können.

Inhaltsverzeichnis

1 Einleitung   **1**
  1.1 Medizinische Motivation: Strahlentherapie von Lungentumoren   1
      1.1.1 3D-Strahlentherapie und das Sicherheitssaumkonzept nach internationalen Leitlinien   2
      1.1.2 Von der 3D- zur 4D-Strahlentherapie   5
          1.1.2.1 Allgemeines Konzept der 4D-Strahlentherapie   7
          1.1.2.2 Bewegungsfeldschätzung als zentrales Element der 4D-Bestrahlungsplanung   8
  1.2 Zielsetzung der Arbeit   11
  1.3 Aufbau der Arbeit   13

2 4D-CT-Bilddaten   **15**
  2.1 4D-CT-Bildgebung kurzgefasst   15
      2.1.1 Prinzip der Computertomographie   15
          2.1.1.1 Rekonstruktion von Volumendatensätzen   17
          2.1.1.2 Datendarstellung   17
      2.1.2 Erweiterung um die zeitliche Dimension: 4D-Computertomographie   18
          2.1.2.1 Unterscheidung von 4D-CT-Aufnahmeverfahren gemäß dem eingesetzten Atemsignal   21
          2.1.2.2 Aufnahmeprinzip: Prospektives und retrospektives Gating   22
          2.1.2.3 Aufnahmetechnik: Step-&-Shoot- vs. Spiral-CT   23
          2.1.2.4 Art der zu sortierenden Daten: Projection- vs. Image-Binning   23
  2.2 Limitationen der 4D-CT-Bildgebung   24
      2.2.1 Residuale Bewegungsartefakte   24
          2.2.1.1 Ursachen und Ausprägung der Artefakte   24
          2.2.1.2 Reduzierung der Artefakte   25
      2.2.2 Abbildung der Variabilität der Atembewegungen   27
  2.3 Verwendete Bilddaten   28
      2.3.1 4D-CT-Daten der Washington University School of Medicine   28

2.3.2 DIR-lab-Daten des University of Texas M.D. Anderson Cancer Centers 30
2.3.3 POPI-Phantom des Léon Bérard Cancer Centers & CREATIS Laboratory, University of Lyon 32

3 Patientenspezifische Bewegungsfeldschätzung in thorakalen 4D-CT-Bilddaten 33

3.1 Biophysikalische Modellierung der Lungenbewegung 34
    3.1.1 Lungenventilation als elastizitätstheoretisches Kontaktproblem . 34
        3.1.1.1 Anatomie und Physiologie der Atmung 34
        3.1.1.2 Modellformulierung: Zu lösendes Randwertproblem . . 35
    3.1.2 Implementierung mittels Finite-Elemente-Methoden 40
3.2 Registrierung zur Bewegungsfeldschätzung in 4D-CT-Daten 40
    3.2.1 Bildregistrierung als variationelles Problem 40
    3.2.2 Von der Registrierung zur Bewegungsfeldschätzung in 4D-Bilddaten 41
    3.2.3 State-of-the-Art-Verfahren zur registrierungsbasierten Bewegungsfeldschätzung 44
3.3 Implementierte Ansätze zur optimierten registrierungsbasierten Bewegungsfeldschätzung 46
    3.3.1 Lösungsansatz des klassischen variationellen Registrierungsproblems 46
    3.3.2 Erweiterung des variationellen Frameworks zur diffeomorphen Registrierung 48
    3.3.3 Distanzmaße/Kraftterme 52
        3.3.3.1 Sum-of-Squared-Differences 52
        3.3.3.2 Dämonenbasierte Kräfte nach Thirion 53
        3.3.3.3 Symmetrisierung der Kräfte 54
        3.3.3.4 Maskierung der Kräfte 55
    3.3.4 Regularisierungsterme 55
        3.3.4.1 Diffusive Regularisierung 56
        3.3.4.2 Regularisierung anhand des linear-elastischen Potentials 56
3.4 Vergleich der Verfahren: Studiendesign 57
    3.4.1 Phase 1: Vergleich von biophysikalischer Modellierung und Registrierung 57
    3.4.2 Phase 2: Eignung der unterschiedlichen Terme zur registrierungsbasierten Bewegungsfeldschätzung 58
    3.4.3 Evaluationskriterien 59

3.4.3.1 Target-Registration-Error anhand manuell detektierter Landmarkenkorrespondenzen (TRE-m) 59
3.4.3.2 Target-Registration-Error anhand automatisch detektierter Landmarkenkorrespondenzen (TRE-a) 60
3.4.3.3 Auswertung der Übertragung von Tumorsegmentierungen 63
3.4.3.4 Analyse der Jacobi-Determinante der Bewegungsfelder 64
3.4.3.5 Symmetriefehler 64
3.4.4 Statistische Auswertung 65
3.5 Ergebnisse 66
3.5.1 Parameterwahl und Implementierungsdetails 66
3.5.2 Phase 1: Vergleich von biophysikalischem Modell und Registrierung 68
3.5.3 Phase 2: Evaluation der unterschiedlichen Registrierungsansätze 71
3.5.3.1 Einfluss der unterschiedlichen Kraftterme 71
3.5.3.2 Auswirkungen des Regularisierungsansatzes 75
3.5.3.3 Vergleich der Bewegungsfeldschätzungen anhand von klassischem und diffeomorphem Framework 77
3.5.3.4 Vergleich von TRE-m und TRE-a 78
3.6 Interpretation der Resultate 79

4 Modellierung der mittleren Lungenbewegung in einem Patientenkollektiv 83
4.1 Modellierungsidee und Beschreibung bestehender alternativer Ansätze . 84
4.2 Modellgenerierung 85
4.2.1 Patientenspezifische Bewegungsfeldschätzung in den verfügbaren 4D-CT-Daten 85
4.2.2 Berechnung eines mittleren Form- und Intensitätsbildes unter Nutzung des Log-Euklidischen Frameworks 87
4.2.3 Überführung der Bewegungsfelder in das Atlas-Koordinatensystem und Berechnung der Statistiken 90
4.2.3.1 Statistik auf Diffeomorphismen: PCA-Repräsentation der Lungenbewegung im Patientenkollektiv 92
4.3 Anwendung des Modells zur Abschätzung patientenspezifischer Bewegungsfelder 94
4.3.1 Approximation bekannter Bewegungsfelder durch Adaption des PCA-Modells 94
4.3.2 Prädiktion unbekannter Bewegungsfelder anhand der mittleren Lungenbewegung 95

4.4	Modellevaluation: Studiendesign		95
	4.4.1	Experimente zur PCA-basierten Bewegungsfeldschätzung	96
		4.4.1.1 Untersuchung des Einflusses der Modellparameter auf das Modellverhalten	96
		4.4.1.2 Leave-One-Out-Tests zur Evaluation der Modellgenauigkeit	96
	4.4.2	Evaluation der modellbasierten Prädiktion unbekannter Bewegungsfelder	97
4.5	Ergebnisse		98
	4.5.1	Einfluss der Modellparameter auf das Modellverhalten	98
	4.5.2	Landmarkenbasierte Evaluation der Prädiktion der Lungenbewegung	101
	4.5.3	Modellbasierte Prädiktion von Tumorbewegungen	103
4.6	Möglichkeiten und Grenzen des Modells		107

5 Berücksichtigung von Bewegungsvariabilitäten: Individuelle und situationsbezogene Adaption von Bewegungsfeldschätzungen 111

5.1	Verknüpfung von Bewegungsfeldschätzung und -indikatorsignal		112
	5.1.1	Stand der Forschung	112
	5.1.2	Einordnung des intendierten Vorgehens	114
	5.1.3	Theoretische Grundlagen: Surrogatbasierte Bewegungsprädiktion über multilineare Regression	115
	5.1.4	Skalierung von Bewegungsfeldern als trivialer Spezialfall einer multilinearen Regression	118
5.2	Anwendung 1: Situationsbezogene Adaption von Bewegungsfeldern zur Berücksichtigung intraindividueller Bewegungsvariationen		119
	5.2.1	Simulationen zur Abschätzung der Genauigkeit	119
		5.2.1.1 Betrachtete Bewegungsindikatoren	119
		5.2.1.2 Ausgeführte Versuchsreihen	121
	5.2.2	Ergebnisse	122
5.3	Anwendung 2: Erweiterung des Modells der mittleren Lungenbewegung zur Einbeziehung von Interpatienten-Bewegungsvariabilitäten		124
	5.3.1	Umgesetzte Ansätze zur Verknüpfung von Modell und patientenindividueller Bewegungsindikatormessung	125
		5.3.1.1 Skalierung der mittleren Bewegungsfelder anhand von Spirometermessungen	125

5.3.1.2 Einbeziehung von Bewegungsindikatorinformationen in
die Modellformulierung 128
5.3.2 Evaluation der Prädiktionsgenauigkeit: Durchgeführte Experimente 129
5.3.3 Ergebnisse 130
5.4 Einschätzung der präsentierten Verfahren 135

6 4D-Dosisberechnung: Einsatz von Bewegungsfeldschätzungen zur Analyse atmungsbedingter dosimetrischer Effekte 137

6.1 Ansätze zur 4D-Dosisberechnung: Faltung vs. Dosisakkumulation . . . 140
6.2 Herleitung des Prinzips der Dosisakkumulation aus der kontinuierlichen Problemformulierung 142
    6.2.1 Einbeziehung von Fraktionierungseffekten in die Dosisakkumulation 146
    6.2.2 Patienten- und plan-spezifische vs. Gleichgewichtung von Dosisbeiträgen 147
6.3 Untersuchung von atmungsbedingten dosimetrischen Bewegungseffekten und Einflussfaktoren auf die Dosisakkumulation 148
    6.3.1 Patientenkollektiv und Bestrahlungsplanung 149
    6.3.2 Dosisvergleichskriterien 150
        6.3.2.1 Dosisdifferenzen und γ-Index 150
        6.3.2.2 Auswertung von Dosis-Volumen-Histogrammen 151
        6.3.2.3 Analyse der Halbschattenbreite 152
    6.3.3 Durchgeführte Experimente 153
        6.3.3.1 Abschätzung atmungsbedingter dosimetrischer Effekte 153
        6.3.3.2 Untersuchung des Einflusses der zeitlichen Auflösung der Bildsequenzen auf die akkumulierte Dosis 154
        6.3.3.3 Illustration des Einflusses des eingesetzten Registrierungsverfahrens auf die akkumulierte Dosis 155
    6.3.4 Ergebnisse 155
        6.3.4.1 Atmungsbedingte dosimetrische Effekte in konventioneller und intensitätsmodulierter 3D-Konformationsbestrahlung 155
        6.3.4.2 Dosisakkumulation in der intensitätsmodulierten Strahlentherapie: Vergleich der eingesetzten Gewichtungsschemata 160
        6.3.4.3 Einfluss der zeitlichen Auflösung der 4D-Daten 160

        6.3.4.4   Illustration der Auswirkungen des Einsatzes unterschiedlicher Registrierungsverfahren auf die akkumulierte Dosis 161
6.4   Über die Dosisakkumulation in einzelnen 4D-CT-Daten hinaus 164
      6.4.1   Abschätzung von Bewegungseffekten anhand des mittleren Modells der Lungenbewegung 164
      6.4.2   Illustration des Einflusses von Intrapatienten-Bewegungsvariabilitäten auf die akkumulierte Dosis 167
6.5   Interpretation der Resultate im Hinblick auf die klinische Praxis 171

7 Zusammenfassung und Ausblick   175

7.1   Anknüpfungspunkte für nachfolgende Arbeiten 182

A Mathematische Herleitungen   191

A.1   Gâteaux-Ableitungen 191
      A.1.1   Distanzmaß Sum-of-Squared-Differences 191
      A.1.2   Diffusive Regularisierung 192
      A.1.3   Elastische Regularisierung 193
A.2   Physikalische Interpretation der Jacobiante 195

B Ergänzende Resultate zu Kapitel 3   197

B.1   Tabellen bezüglich des Vergleichs der einzelnen Registrierungsansätze . 197
B.2   Tabellen bezüglich des Einflusses der Registrierungsterme und -schemata 197

C Aus der Arbeit hervorgegangene Publikationen (Auswahl)   203

Literaturverzeichnis   205

Abbildungsverzeichnis

1.1	Ablauf einer 3D-Bestrahlungsplanung gemäß ICRU-Leitlinie	4
1.2	Gegenüberstellung des Ablaufs von 3D- und 4D-Bestrahlungsplanung .	9
2.1	Aufnahmeprinzip moderner CT-Geräte	16
2.2	Gewebedifferenzierbarkeit bei unterschiedlicher Fensterung zur CT-Darstellung	19
2.3	Bewegungsartefakte in der 3D-CT-Bildgebung	19
2.4	Veranschaulichung des Prinzips der 4D-CT-Bildgebung	20
2.5	Illustration der durch 4D-CT-Daten repräsentierten Informationen . . .	21
2.6	Bewegungsartefaktreduktion durch registrierungsbasierte strukturerhaltende Interpolation	26
2.7	Phasen- vs. amplitudenbasierte Sortierung	27
3.1	Skizze zur Anatomie und Physiologie der Lunge	36
3.2	Ansätze zur registrierungsbasierten Bewegungsfeldschätzung in 4D-Bilddaten	43
3.3	Zur Unterscheidung von aktiven und passiven Thirion-Krafttermen . .	54
3.4	Illustration charakteristischer anatomischer Punkte in der Lunge	63
3.5	Visualisierung der geschätzten Bewegungsfelder (Phase 1)	68
3.6	Einfluss von Lungentumoren auf die Bewegungsfeldschätzung	69
3.7	Veranschaulichung des Effekts der Maskierung der Kraftberechnung . .	75
3.8	Exemplarischer Vergleich der Bewegungsfelder für Datensatz WashU 02	76
3.9	Einfluss des Regularisierungsansatzes auf die geschätzten Bewegungsfelder	76
3.10	Vergleich der Bewegungsfeldschätzungen für unterschiedliche Registrierungsschemata	76
3.11	Zum Vergleich von TRE-m und TRE-a	78
4.1	Übersicht über die Erstellung des 4D-MMM (© 2011 IEEE für Teile der Abb.)	86
4.2	Erstellung des mittleren Intensitäts- und Formbildes	88

4.3	Übergang zwischen Patienten- und Atlaskoordinatensystem zur Analyse der Lungenbewegungen unterschiedlicher Patienten (© 2011 IEEE)	91
4.4	4D-MMM, Beispiele für berechnete Bewegungsfelder	99
4.5	Visualisierung des mittleren Form- und Intensitätsbildes und der mittleren Lungenbewegung (© 2011 IEEE für Teile der Abb.)	99
4.6	Exemplarische Visualisierung der PCA-Modelle der Lungenbewegung	100
4.7	Einfluss der Anzahl der Hauptkomponenten bei PCA-modellbasierter Approximation patientenspezifischer Bewegungsfelder	101
4.8	Beispiel für eine fehlgeschlagene modellbasierte Tumorübertragung	106
4.9	Beispiel für eine erfolgreiche modellbasierte Tumorübertragung	106
4.10	Einsatz des 4D-MMM zur computergestützten Diagnostik (© 2011 IEEE für Teile der Abb.)	109
5.1	Prinzip der Detektion und Lage der Zwerchfellpunkte, die als Beispiel eines mehrdimensionalen Bewegungsindikators betrachtet werden	121
5.2	Schematische Darstellung der 4D-MMM-basierten Bewegungsprädiktion (© 2011 IEEE für Teile der Abb.)	126
5.3	Veranschaulichung der Bewegungsfelder, die anhand von Bewegungsindikatorinformationen zur 4D-MMM-basierten Bewegungsprädiktion berechnet wurden	131
6.1	Veranschaulichung von konventioneller 3D-Konformationsbestrahlung und Intensitätsmodulierter Strahlentherapie	138
6.2	Veranschaulichung der Wichtungskoeffizienten der Dosisakkumulation	144
6.3	Veranschaulichung der eingesetzten Dosisvergleichskriterien	152
6.4	Atmungsbedingte Bewegungseffekte bei einer Step-&-Shoot-IMRT eines stark beweglichen Lungentumors	156
6.5	Einfluss des Registrierungsverfahrens auf die akkumulierte Dosisverteilung	163
6.6	Veranschaulichung der modellbasiert abgeschätzten Bewegungseffekte	166
6.7	Veranschaulichung des Prinzips einer MLR-basierten Dosisakkumulation und prädiktierter Effekte auf das CTV-DVH	169
6.8	Auswirkungen der Berücksichtigung von Intrapatienten-Bewegungsvariabilitäten auf die akkumulierte Dosisverteilung	170
7.1	Illustration von Bewegungsartefakten in 4D-CT-Bilddaten und deren Auswirkungen auf die Bewegungsfeldschätzung	183
7.2	Prinzip einer richtungsabhängigen Regularisierung	185
A.1	Zur physikalischen Interpretation der Jacobi-Determinante	196

Tabellenverzeichnis

1.1	Bezeichnungen von Zielvolumina bzw. Sicherheitssaumkonzepten	3
1.2	Resultate zur atmungsbedingten Beweglichkeit von Lungentumoren . .	6
2.1	Details zu WashU-4D-CT-Daten	29
2.2	Details zu DIR-lab- und POPI-4D-CT-Daten	30
2.3	Landmarkencharakteristika der DIR-lab- und POPI-4D-CT-Daten . . .	31
3.1	Werte elastischer Konstanten in Studien zur biophysikalischen Modellierung der Lungenbewegung	38
3.2	Übersicht MIDRAS- und EMPIRE10-Vergleichsstudien	45
3.3	Target-Registration-Error-Werte, erste Studienphase	69
3.4	Target-Registration-Error, zweite Studienphase, WashU-Datensätze . .	72
3.5	Target-Registration-Error, zweite Studienphase, DIR-lab und POPI-Daten	73
3.6	Jaccard-Koeffizienten und Abstände der Tumormassenzentren, zweite Studienphase	74
3.7	Rankingverfahren: abschließende Einordnung der Registrierungsverfahren	81
4.1	Landmarkenbasierte Auswertung der Genauigkeit des 4D-MMM (1) . .	102
4.2	Landmarkenbasierte Auswertung der Genauigkeit des 4D-MMM (2) . .	103
4.3	Evaluation der modellbasierten Prädiktion von Tumorbewegungen (1) .	104
4.4	Evaluation der modellbasierten Prädiktion von Tumorbewegungen (2) .	105
5.1	Target-Registration-Error-Werte bei MLR-basierter Berücksichtigung patientenindividueller Bewegungsvariationen	123
5.2	Evaluation der MLR-basierten Prädiktion von Tumorbewegungen . . .	123
5.3	Target-Registration-Error-Werte bei modellbasierter Prädiktion der Lungenbewegung	133
5.4	Evaluation der modellbasierten Prädiktion von Tumorbewegungen . . .	134
6.1	Beschreibung des zur Auswertung der dosimetrischen Bewegungseffekte herangezogenen Patientenkollektivs	149

6.2	Werte DVH-bezogener Kriterien zur Beurteilung der Dosisabdeckung des CTV; Halbschattenbreite für die ursprünglichen Bestrahlungspläne und die akkumulierten Dosisverteilungen	158
6.3	Vergleich der ursprünglich geplanten und der unter Berücksichtigung der Atembewegungen berechneten Dosisverteilungen	159
6.4	Einfluss der zeitlichen Auflösung der 4D-Bilddaten auf die akkumulierte Dosisverteilung	162
6.5	Quantitative Auswertung einer 4D-MMM-basierten Dosisakkumulation	166
B.1	Ausführliche Darstellung der Resultate zur Analyse der Jacobi-Determinante der berechneten Transformationen	198
B.2	Aufstellung der Werte der unterschiedlichen Evaluationskriterien, fokussierend auf die Auswirkungen der Maskierung der Kraftterme	199
B.3	Aufstellung der Werte der unterschiedlichen Evaluationskriterien, fokussierend auf die Auswirkungen der Kraftterme	200
B.4	Aufstellung der Werte der unterschiedlichen Evaluationskriterien, fokussierend auf die Auswirkungen der Regularisierungsansätze	201
B.5	Aufstellung der Werte der unterschiedlichen Evaluationskriterien, fokussierend auf die Auswirkungen der Registrierungsschemata bzw. Transformationsräume	202

Abkürzungsverzeichnis

3D	dreidimensional
3D-CRT	konventionelle 3D-konformale Strahlentherapie (3D conformal radiotherapy)
4D	vierdimensional; hier: räumlich-zeitlich, 4D=3D+t
4D-MMM	4D-Mean (Lung) Motion Model
AP	anterior-posterior, vorne-hinten
C	Visualisierung von medizinischen Bilddaten: Fenstermitte (Center)
CC	Korrelationskoeffizient (Correlation Coefficient)
CCA	kanonische Korrelationsanalyse (Canonical Correlation Analysis)
COM	Massenschwerpunkt (Center Of Mass)
CT	Computertomographie
CTV	klinisches Zielvolumen (Clinical Target Volume)
DIN	Deutsches Institut für Normierung
DVH	Dosis-Volumen-Histogramm
EE	End-Expiration, Phase maximaler Ausatmung
EI	End-Inspiration, Phase maximaler Einatmung
EMPIRE10	Evaluation of Methods for Pulmonary Image REgistration 2010
FEM	Finite-Elemente-Methoden
GTV	makroskopisches Tumorvolumen (Gross Tumor Volume)
ICE	Symmetriefehler (Inverse Consistency Error)
ICRU	International Commission on Radiation Units and Measurements
IMRT	Intensitätsmodulierte Strahlentherapie
ITV	Internal Target Volume
LLL	Linker unterer Lungenlappen (Left Lower Lobe)
LUL	Linker oberer Lungenlappen (Left Upper Lobe)
ME	Mittlere Expiration, Atemmittellage
MI	Mittlere Inspiration, Atemmittellage; auch: Mutual Information (Distanzmaß zur Registrierung, siehe Tabelle 3.2)
MLC	(Viel-)Lamellenblenden (Multi Leaf Collimator)
MLR	Multilineare Regression
MRT	Magnetresonanztomographie

MU	Monitoreinheiten
NSSD	Normalisierte Summe quadrierter Intensitätsdifferenzen (Normalized Sum of Squared Differences)
OAR	Risikoorgan/-struktur (Organ at Risk)
PCA	Hauptkomponentenanalyse (Principal Component Analysis)
PDF	Dichtefunktion (Probability Density Function)
PLS	Partial Least Squares
PRV	Planning Organ at Risk Volume
PTV	Planungszielvolumen (Planning Target Volume)
RL	rechts-links, lateral
RLL	Rechter unterer Lungenlappen (Right Lower Lobe)
RML	Rechter mittlerer Lungenlappen
RUL	Rechter oberer Lungenlappen (Right Upper Lobe)
RVR	Remaining Volume at Risk
SI	superior-inferior, oben-unten
SSD	Summe quadrierter Intensitätsdifferenzen (Sum of Squared Differences)
SSTVD	Sum of Squared Tissue Volume Differences
SSVMD	Sum of Squared Vesselness Measure Differences
TO	Jaccard-Koeffizient (Target Overlap)
TRE	Target-Registration-Error
TRE-a	TRE, bestimmt anhand automatisch detektierter Landmarken
TRE-m	TRE, bestimmt anhand manuell detektierter Landmarken
TV	Treated Volume
UKE	Universitätsklinikum Hamburg-Eppendorf
W	Visualisierung von medizinischen Bilddaten: Fensterbreite (Width)

Kapitel 1

Einleitung

1.1 Medizinische Motivation: Strahlentherapie von Lungentumoren

Nach aktuellen Schätzungen der Weltgesundheitsorganisation ist Lungenkrebs weltweit die häufigste Krebstodesursache bei Männern und die zweithäufigste bei Frauen [Ferlay et al. 2010]. Im Jahr 2008 starben weltweit etwa 1.4 Millionen Menschen an Lungenkrebs. In Deutschland nimmt er den viertgrößten Anteil der Krebsneuerkrankungen ein, ist jedoch mit Abstand die häufigste Krebstodesursache [Robert-Koch Institut 2010]. Es wird somit deutlich, dass Lungenkrebs zu den schwierig zu behandelnden Krebsformen zählt; zugehörige 5-Jahres-Überlebensraten liegen national wie international unterhalb von 20%, während für andere Tumorentitäten wie z. B. Prostatakrebs Raten von über 90% erreicht werden.

Lungentumoren werden interdisziplinär mittels chirurgischer Verfahren in Kombination mit einer Strahlen- und/oder Chemotherapie behandelt, wobei die Indikation eines Einsatzes der verschiedenen Therapiemodalitäten z. B. von der Art und dem Stadium des Lungentumors abhängt [Goeckenjan et al. 2010]. Im Mittel erhalten jedoch letztlich etwa 75% der Patienten im Laufe ihrer Behandlung eine Strahlentherapie [Delaney et al. 2005], die somit eine zentrale Rolle in der Behandlung einnimmt.

Eine strahlentherapeutische Behandlung zielt grundsätzlich auf eine lokale Tumorkontrolle: Mittels ionisierender Strahlung bzw. der hiermit verbundenen Energiedeponierung, quantitativ als Energiedosis (kurz: Dosis; pro Masseneinheit absorbierte Energie) gemessen, wird eine irreparable Schädigung der Tumorzellen hervorgerufen und so weiteres Tumorwachstum und eine Rezidiv- und Fernmetastasenbildung verhindert. Gleichzeitig sind das umliegende Gewebe und insbesondere strahlensensitive Organe (OAR, engl.: Organs At Risk) bestmöglich von der Bestrahlung auszusparen, um die Wahrscheinlichkeit strahlungsinduzierter Nebenwirkungen zu reduzieren. Der Erfolg einer

Strahlenbehandlung hängt somit wesentlich davon ab, inwieweit es gelingt, gezielt und möglichst ausschließlich eine Schädigung der malignen Zellen zu erreichen. Hierzu ist der Ablauf einer Strahlentherapie im Allgemeinen durch drei zentrale Prozesse geprägt: Bildgebung, Bestrahlungsplanung und Bestrahlung. Zunächst werden Bilddaten generiert, die die Anatomie des zu behandelnden Patienten repräsentieren. Diese werden im Rahmen der Bestrahlungsplanung zur Lokalisation und Abgrenzung der zu bestrahlenden Volumina und Risikoorgane genutzt. Wiederum unter Verwendung der Bilddaten wird schließlich eine Verteilung der Energiedosis (Dosisverteilung) geplant, die es unter Verwendung einer geeigneten Bestrahlungstechnik in dem Patienten zu applizieren gilt.

1.1.1 3D-Strahlentherapie und das Sicherheitssaumkonzept nach internationalen Leitlinien

In der derzeitigen klinischen Praxis kommt in der Regel das Prinzip der 3D-konformalen Strahlentherapie zur Anwendung, im Folgenden auch kurz als 3D-Strahlentherapie bezeichnet. Zentrale Bildmodalität ist die dreidimensionale Computertomographie (3D-CT). Für diese besteht ein (stückweise linearer) Zusammenhang zwischen CT-Werten und Elektronendichte, welcher Grundlage von Algorithmen zur präzisen bildbasierten Dosisberechnung in der Bestrahlungsplanung ist. Für die Behandlung von Lungentumoren bieten CT-Daten zudem ausreichenden Kontrast zur präzisen Abgrenzung von Tumor- und Normalgewebe bzw. zur Segmentierung[1] der Risikostrukturen. Weitere bildgebende Verfahren gelangen im Allgemeinen nur ergänzend zum Einsatz (z. B. Bereitstellung von Informationen aus der funktionellen Bildgebung).

Ein 3D-(Bestrahlungs-)Planungs-CT bietet jedoch lediglich ein statisches Abbild der Patientenanatomie. Aufgrund von Patientenbewegungen und physiologischen Prozessen wie der Atmung werden die abgebildete Lage und Form der zu bestrahlenden Volumina und Risikoorgane nicht exakt mit der entsprechenden Konfiguration während der späteren Bestrahlung übereinstimmen. Diese Unsicherheiten adressierend wurde von der International Commission on Radiation Units and Measurements (ICRU) eine Leitlinie zur Verordnung und Dokumentation von Strahlenbehandlungen eingeführt und stetig aktualisiert [ICRU 1993; ICRU 1999; ICRU 2010], die heute als internationaler Standard anerkannt ist und weitgehend mit den deutschen Leitlinien übereinstimmt [DIN 2000;

---

[1] Unter Segmentierung wird im Sinne der Medizinischen Bildverarbeitung die Abgrenzung von Objekten im Bild verstanden. In der Medizinischen Physik bezeichnet der Begriff hingegen oftmals die Aufteilung eines Strahlenfeldes in verschiedene Teilfelder; dieser Prozess wird an entsprechenden Stellen der Arbeit umschrieben.

1.1 Medizinische Motivation

Tabelle 1.1: Bezeichnungen von Zielvolumina bzw. Sicherheitssaumkonzepten gemäß [ICRU 2010].

(Zielvolumen-)Konzept	ICRU-Definition
GTV (Gross Tumor Volume)	„the gross demonstrable extent and location of the tumor"
CTV (Clinical Target Volume)	„a volume that contains a demonstrable GTV and/or subclinical malignant disease with a certain probability of occurence considered relevant for therapy"
ITV (Internal Target Volume)	„CTV plus a margin taking into account uncertainties in size, shape, and position of the CTV within the patient" (definition acc. to [ICRU 1999])
PTV (Planning Target Volume)	„a geometrical concept introduced for treatment planning and evaluation. [...] It surrounds the representation of the CTV with a margin such that the planned absorbed dose is delivered to the CTV."
OAR (Organ At Risk)	„tissues that if irradiated could suffer significant morbidity and thus might influence the treatment planning and/or the absorbed-dose prescription"
PRV (Planning Organ at Risk Volume)	„as is the case with the PTV, uncertainties and variations in the position of the OAR during treatment must be considered. [...] This leads, in analogy with the PTV, to the concept of PRV."
TV (Treated Volume)	„volume of tissue enclosed within a specific isodose envelope, with the absorbed dose specified by the radiation oncology team as appropriate to achieve tumor eradication or palliation, within the bounds of acceptable complications."
RVR (Remaining Volume at Risk)	„imaged volume within the patient, excluding any delineated OAR and the CTV(s)"

DIN 2001]. Sie empfiehlt, Unsicherheiten in Form und Lage der strahlentherapeutisch relevanten Strukturen durch Einführung und geeignete Dimensionierung von Sicherheitssäumen und die Definition hierzu korrespondierender (Ziel-)Volumenkonzepte zu berücksichtigen; Begriffe und Bedeutungen sind in Tabelle 1.1 zusammengestellt.

Das Prinzip einer Bestrahlungsplanung nach ICRU ist – vereinfachend fokussierend auf die Unsicherheiten in Tumorform und -lage – in Abb. 1.1 illustriert. Zunächst wird in dem 3D-Planungs-CT das sichtbare Tumorgewebe segmentiert; dieses stellt das makroskopische Tumorvolumen GTV (engl.: Gross Tumor Volume) dar. Hierbei ergeben sich bereits erste Unsicherheiten: Mikroskopische Tumorausbreitungen stellen sich häufig nicht in den Planungsdaten dar und Bewegungsartefakte in den CT-Daten erschweren zusätzlich die Segmentierung (siehe z. B. [Balter et al. 1996; Gagné et al. 2004; McCollough et al. 2000]; genauere Betrachtung auch in dem nachfolgenden Kapitel über 4D-CT-Bildgebung). Folglich werden nicht alle Tumorzellen durch die GTV-Segmentierung erfasst. Deshalb wird das klinische Zielvolumen CTV (engl.: Clini-

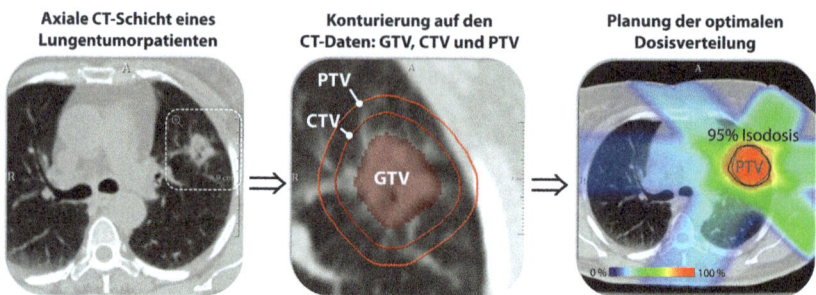

Abb. 1.1: Vereinfachende Skizze des Ablaufs einer 3D-Bestrahlungsplanung gemäß ICRU-Leitlinie: Anhand eines 3D-CT des Patienten wird zunächst der Tumor lokalisiert (Bild links) bzw. das GTV segmentiert. Unsicherheiten hinsichtlich Lage und Form des Tumors werden durch Hinzunahme von Sicherheitssäumen bzw. Definition der Zielvolumina CTV und PTV berücksichtigt (Bild in der Mitte). Im Rahmen der Planung der zu applizierenden Dosis ist gemäß [ICRU 1993] sicherzustellen, dass für die durch das Planungs-CT repräsentierte Patientenanatomie jeder Punkt des PTV zwischen 95% und 107% der Tumor-Solldosis erhält – bei bestmöglicher Schonung des Normalgewebes (vergleiche Bild rechts: PTV-Kontur und die 95%-Isodosis der geplanten Dosisverteilung sind nahezu deckungsgleich).

cal Target Volume) eingeführt, welches das makroskopische Tumorvolumen sowie eine Zone außerhalb des GTV, in der mit hoher Wahrscheinlichkeit Tumorzellen enthalten sind, umfasst und dessen Abdeckung mit der verschriebenen therapeutischen Dosis das primäre klinische Ziel ist.

Man unterscheidet nun weiter zwischen internen und externen Ursachen, die während des Therapieverlaufs Lage und Form des CTV beeinflussen können. Externe Unsicherheiten entstehen z. B. durch Fraktionierung der Bestrahlung. Üblicherweise wird die verschriebene Dosis nicht in einer einzelnen Bestrahlungssitzung appliziert, sondern über einige Wochen auf geringere Einzeldosen verteilt (konventionell: 1.8-2.0 Gy pro Tag; Gesamtdosis je nach Tumorentität und Behandlungsziel ca. 45-80 Gy; vergleiche [Sauer 2010]). Die Fraktionierung ist dadurch motiviert, dass gesunde Zellen in Bezug auf durch die Bestrahlung hervorgerufene DNA-Schäden in der Regel eine höhere Reparaturkapazität als Tumorzellen haben, d. h. zwischen den einzelnen Bestrahlungssitzungen schneller regenerieren [Sauer 2010]. Diese Eigenschaft wird mit dem Ziel einer besseren Normalgewebsschonung oder, im Rahmen der maximal zu tolerierenden Gesamtdosis des Normalgewebes, einer Eskalation der CTV-Dosis ausgenutzt. Patientenlagerung und Ausrichtung der Bestrahlungseinrichtung sind für die einzelnen Bestrahlungsfraktionen jedoch nur begrenzt reproduzierbar und führen folglich zu (externen) Unsicherheiten der CTV-Lage. Wie erwähnt sind Position und Form des CTV aber auch durch physiologische Prozesse beeinflusst. Dieses sind vor allem Atem- und Herzbewegungen, aber auch interfraktionelle geometrische Variationen durch

1.1 Medizinische Motivation

z. B. unterschiedliche Füllungszustände von Blase und/oder Rektum. Die resultierenden Unsicherheiten werden als interne Unsicherheiten bezeichnet. Die Berücksichtigung von externen und internen Unsicherheiten führt zu der Definition des geometrischen Konzepts des Planungszielvolumens PTV (engl.: Planning Target Volume), für das sicherzustellen ist, dass die Dosis in jedem Punkt für den generierten Bestrahlungsplan etwa der Solldosis entspricht.

1.1.2 Von der 3D- zur 4D-Strahlentherapie

Im Rahmen der ICRU-Konzeption werden also Unsicherheiten im Hinblick auf Tumorform und -lage durch Hinzunahme von Sicherheitssäumen zu dem eigentlich zu bestrahlenden tumorösen Gewebe berücksichtigt. Dieser Ansatz geht zwangsläufig zu Lasten des den Tumor umgebenden Normalgewebes: Je größer die Sicherheitssäume, desto größer das Volumen des bestrahlten Normalgewebes. Dem Wunsch nach Schonung des Normalgewebes ist im Wesentlichen dadurch nachzukommen, dass die 95%-Isodosisfläche der geplanten Dosisverteilung möglichst der PTV-Oberfläche entspricht. Im ungünstigen Fall (d. h. bei Überlappung von PTV und OAR bzw. PRV) kann die Situation entstehen, dass die zu erwartenden Belastungen der Risikostrukturen die zu verschreibende Tumordosis limitieren. Dies ist umso wahrscheinlicher, je größer die Sicherheitssäume gewählt werden müssen. Insofern ist eine maximale Kontrolle der Unsicherheiten bzw. der ursächlichen Faktoren erstrebenswert – immer mit der Zielsetzung verbunden, die jeweiligen Sicherheitssäume minimieren zu können. Während für verschiedene Faktoren wie z. B. die Patientenlagerung die Unsicherheiten durch technische Weiterentwicklungen in den letzten Jahren deutlich reduziert werden konnten, ist dies für intrafraktionelle physiologische Organbewegungen zumindest im Rahmen einer 3D-Strahlentherapie nur schwierig möglich [Purdy 2004]. Diesbezüglich sind bei der Bestrahlung von Lungentumoren insbesondere Atembewegungen problematisch, die zu Tumorbewegungen von bis zu mehreren Zentimetern führen können. Ganz allgemein zeigt sich zwar ein prinzipieller Zusammenhang zwischen der Beweglichkeit eines Tumors und z. B. seiner Position innerhalb der Lunge (geringe Bewegungen nahe der Lungenspitze, starke Bewegungen nahe dem Zwerchfell [Liu et al. 2007; Werner et al. 2010c]); im Detail und bedingt durch unterschiedliche Einatemtiefen und eventuelle pathologische Veränderungen der Bewegungsmuster können Bewegungsamplituden und -muster verschiedener Patienten jedoch mitunter deutlich variieren (siehe [Plathow et al. 2004b; Werner et al. 2010c] bzw. Tabelle 1.2), wodurch eine rein erfahrungsbasierte (z. B. tumorpositionsabhängige) Reduktion der Sicherheitssäume schwierig ist. Um den Bewegungsvariationen Rechnung zu tragen, sind somit bei konservativer Abschätzung

Tabelle 1.2: Zusammenstellung der Resultate verschiedener Arbeitsgruppen zur atmungsbedingten Beweglichkeit von Lungentumoren (SI: superior-inferior; AP: anterior-posterior; RL: lateral, rechts-links; je Mittelwert ± Standardabweichung und Wertebereich für das Patientenkollektiv; angegeben ist im Allgemeinen die Bewegung des Tumorschwerpunktes).

Studie	#Pat	SI [mm]	AP [mm]	RL [mm]
Studien anderer Arbeitsgruppen:				
[Barnes et al. 2001]	4 [1]	18.5 ± 9.4 (9-32)		
	3 [3]	7.5 ± 3.4 (2-11)		
[Dinkel et al. 2009]	7 [5]	6.6 ± 2.8 (2-11)	7.4 ± 2.6 (3-11)	7.4 ± 4.5 (3-16)
[Ekberg et al. 1998]	20	3.9 ± 2.6 (0-12)	2.4 ± 1.3 (0-5)	2.4 ± 1.4 (0-5)
[Erridge et al. 2003]	25	12.5 ± 7.3 (6-34)	9.4 ± 5.2 (5-22)	7.3 ± 2.7 (3-12)
[Plathow et al. 2004a]	9 [1]	9.5 ± 4.8 (5-16)	6.1 ± 3.3 (3-10)	6.0 ± 2.8 (3-10)
	4 [2]	7.2 ± 1.8 (4-16)	4.3 ± 2.2 (2-8)	4.3 ± 2.4 (2-7)
	6 [4]	4.3 ± 2.4 (3-7)	2.8 ± 1.3 (1-5)	3.4 ± 1.6 (1-5)
[Seppenwoolde et al. 2002]	8 [1]	9.2 ± 7.3 (0-25)	1.7 ± 1.0 (0-4)	1.3 ± 0.7 (0-3)
	2 [2]	5.9 ± 5.2 (1-11)	3.5 ± 2.3 (1-6)	0.7 ± 0.5 (0-1)
	9 [4]	2.8 ± 2.1 (1-9)	2.4 ± 2.1 (1-8)	0.7 ± 0.5 (0-3)
[Shirato et al. 2006]	21	10.7 ± 8.6	8.8 ± 7.0	8.2 ± 6.5
[Stevens et al. 2001]	22	4.5 ± 5.0 (2-22)		
[van Sörnsen de Koste et al. 2003]	15 [1]	8.0 ± 4.3	6.2 ± 2.7	4.5 ± 2.2
	14 [4]	5.8 ± 2.9	5.8 ± 2.7	4.1 ± 2.8
[Weiss et al. 2007]	14	6.6 ± 6.4	3.0 ± 2.6	2.4 ± 1.8
Eigene Studien:				
[Werner et al. 2007a],	3 [1]	12.3 ± 5.6 (6-20)	2.2 ± 1.0 (1-4)	1.4 ± 0.9 (1-3)
[Ehrhardt et al. 2011a]	5 [3]	3.2 ± 1.7 (1-6)	2.0 ± 2.1 (0-6)	0.9 ± 0.4 (0-2)

[1] Tumorlokalisation im unteren Lungenlappen
[2] Tumorlokalisation im mittleren Lungenlappen
[3] Tumorlokalisation im mittleren oder oberen Lungenlappen
[4] Tumorlokalisation im oberen Lungenlappen
[5] Patienten mit einseitiger Dysfunktion des Zwerchfells

große Sicherheitssäume vonnöten. Die resultierend höhere Belastung des Normalgewebes führt dann allerdings wiederum dazu, dass in diesem Kontext letztlich die Frage nach Angemessenheit der lediglich impliziten Berücksichtigung der Bewegungen über Sicherheitssäume gestellt wird: „*Accounting for [respiratory] motion by increasing the treatment margins is clearly undesirable as this increases the volume^2 of healthy tissue exposed to high doses and consequently increases the likelihood of treatment-related complications. Alternatively, the increased volume of irradiated healthy tissue places limits on delivering an adequate dose to the target*" [Keall et al. 2001].

---

[2] Man beachte, dass das zu bestrahlende Volumen bei annähernd sphärischer Tumorform mit der dritten Potenz des Sicherheitssaumradius wächst.

1.1 Medizinische Motivation

Die Entwicklung von Konzepten und Verfahren, diesem Problem durch explizite Berücksichtigung der Atembewegung während der Strahlentherapie zu begegnen, ist Gegenstand aktueller Forschungen. Diesbezügliche Ansätze werden in der Literatur unter dem Begriff der 4D-Strahlentherapie zusammengefasst, die definiert werden kann als *„the explicit inclusion of [here: breathing-induced] temporal changes in anatomy during the imaging, planning and delivery in radiotherapy"* [Keall et al. 2003].

1.1.2.1 Allgemeines Konzept der 4D-Strahlentherapie

Ein generelles Konzept zur 4D-Strahlentherapie umfasst also in natürlicher Erweiterung der 3D-Strahlentherapie die zentralen Komponenten 4D-Bildgebung, 4D-Bestrahlungsplanung und die bewegungskorrelierte Bestrahlung (4D-Bestrahlung).

Unter 4D-Bildgebung versteht man im gegebenen Kontext die Erfassung der Atembewegung des Patienten in räumlich-zeitlichen Bildfolgen (statt zuvor eines einzelnen Abbildes der Anatomie des Patienten). Wie in der 3D-Strahlentherapie werden entsprechende Daten auch in der 4D-Strahlentherapie in der Regel mittels Computertomographie gewonnen. Die durch 4D-Bilddaten bereitgestellten zusätzlichen Informationen gilt es dann, in der 4D-Bestrahlungsplanung zu nutzen, um eine adäquate bewegungskorrelierte Bestrahlung durchführen zu können. Hierbei lassen sich Verfahren zur bewegungskorrelierten Bestrahlung allgemein in „Freeze-the-motion"- und Tumor-Tracking-Strategien unterteilen [Mageras et al. 2005]. Beispiele für die erste Kategorie sind Breath-Hold- und Gating-Verfahren (Gating = atemgetriggerte Bestrahlung). Bei Breath-Hold-Verfahren wird der Patient nur bestrahlt, während er zu einem (oder mehreren) reproduzierbaren Punkten des Atemzyklus den Atem anhält. Die atemgetriggerte Bestrahlung kann als Verallgemeinerung des Breath-Hold-Verfahrens aufgefasst werden. Statt lediglich einen (oder auch mehrere) Punkt(e) des Atemzyklus zu nutzen, wird ein Ausschnitt des Zyklus als so genanntes Gatingfenster definiert, während dessen bestrahlt wird. Obgleich dies in der Regel angestrebt wird, müssen die Ansätze nicht unbedingt als Teil eines 4D-Strahlentherapie-Konzeptes nach obiger Definition umgesetzt werden [Werner 2007a]; so datieren Beschreibungen erster klinischer Implementierungen [Hanley et al. 1999; Kubo et al. 1996; Ohara et al. 1989; Wong et al. 1999] bereits aus Zeiten, in denen z. B. 4D-CT-Techniken noch nicht verfügbar waren.

Beiden Verfahren ist gemein, dass gewisse Anforderungen an die Patienten gestellt werden (Fähigkeit zum Anhalten des Atems bzw. zur regelmäßigen Atmung), die eine Anwendung häufig nicht gestatten[3]. Nachteilig ist zudem, dass die ausschließliche Bestrahlung während eines Ausschnitts des Atemzyklus die Behandlungszeit deutlich

---

[3] Nach [Mageras et al. 2001] sind z. B. zwischen einem Drittel und der Hälfte der potentiellen Patienten für den Einsatz von Breath-Hold-Verfahren ungeeignet.

verlängert. Diese Nachteile treten bei Konzepten zur 4D-Strahlentherapie im eigentlichen Sinne nicht auf. Bei diesen wird versucht, die Patientenanatomie während der Behandlung in Echtzeit zu erfassen bzw. im Rahmen gerätespezifischer Latenzen sogar zu prädiktieren und die Bestrahlungsapparatur bzw. die Dosisverteilung dynamisch der jeweiligen Konfiguration aus CTV und Risikoorganen anzupassen. Auch für diese Idealvorstellung einer expliziten Berücksichtigung der Atembewegungen finden sich bereits Beschreibungen erster Implementierungen [Buzurovic et al. 2011; Schweikard et al. 2004; Schweikard et al. 2005; Suh et al. 2009], die allerdings mitunter als lediglich „*proof-of-principle and [...] still in early stage of development*" eingeschätzt werden [Li et al. 2008]. Aufgrund der Komplexität von Anforderungen und Umsetzung entsprechender Konzepte würde eine umfassende Darstellung der diesbezüglich bestehenden physikalisch-technischen Herausforderungen den Rahmen dieser Arbeit sprengen; hierfür sei auf weiterführende Literatur wie [Li et al. 2008; Mageras et al. 2005; Verellen et al. 2007] oder die weiteren vorgenannten Referenzen verwiesen.

1.1.2.2 Bewegungsfeldschätzung als zentrales Element der 4D-Bestrahlungsplanung

Das Hauptaugenmerk dieser Arbeit liegt auf der 4D-Bestrahlungsplanung, d. h. dem Prozess, im Kontext einer 4D-Strahlentherapie auf Grundlage einer 4D-CT-Bildfolge einen (4D-)Bestrahlungsplan zu generieren. Der prinzipielle Ablauf einer 4D-Bestrahlungsplanung ist in Abb. 1.2 skizziert und dem einer klassischen 3D-Bestrahlungsplanung gegenübergestellt. Die zentralen Schritte bleiben identisch: Segmentierung der strahlentherapeutisch relevanten Strukturen und Definition der zugehörigen (Ziel-)Volumina, Generierung eines entsprechenden Plans bzw. Bestimmung einer optimierten Dosisverteilung und Evaluation der Dosisverteilung im Hinblick auf das Behandlungsziel (Dosisabdeckung von CTV bzw. PTV, Schonung von OAR bzw. PRV). Da aber als Planungsgrundlage eine zeitliche Folge von 3D-Bilddaten des Patienten gegeben ist, werden ergänzende Arbeitsschritte erforderlich. Den Umgang mit den zusätzlichen Bilddaten betreffend bedingen diese den Einsatz und die (Weiter-)Entwicklung von Methoden der Medizinischen Bildverarbeitung. Von grundlegender Bedeutung ist hierbei die Bewegungsfeldschätzung in den 4D-CT-Daten. Die zur Planung vorliegende zeitliche CT-Bildfolge bildet zwar die Patientenanatomie zu unterschiedlichen Atemphasen ab, nicht aber die Bewegung der Strukturen selbst. Ziel der Bewegungsfeldschätzung ist es folglich, diejenigen Transformationen bzw. Verschiebungsfelder zu bestimmen, die beschreiben, wie die Bewegungen der abgebildeten Strukturen zwischen den repräsentierten Atemphasen vermutlich ausgesehen haben werden.

Die Bewegungsfeldschätzungen werden in der 4D-Bestrahlungsplanung zumeist zur

1.1 Medizinische Motivation

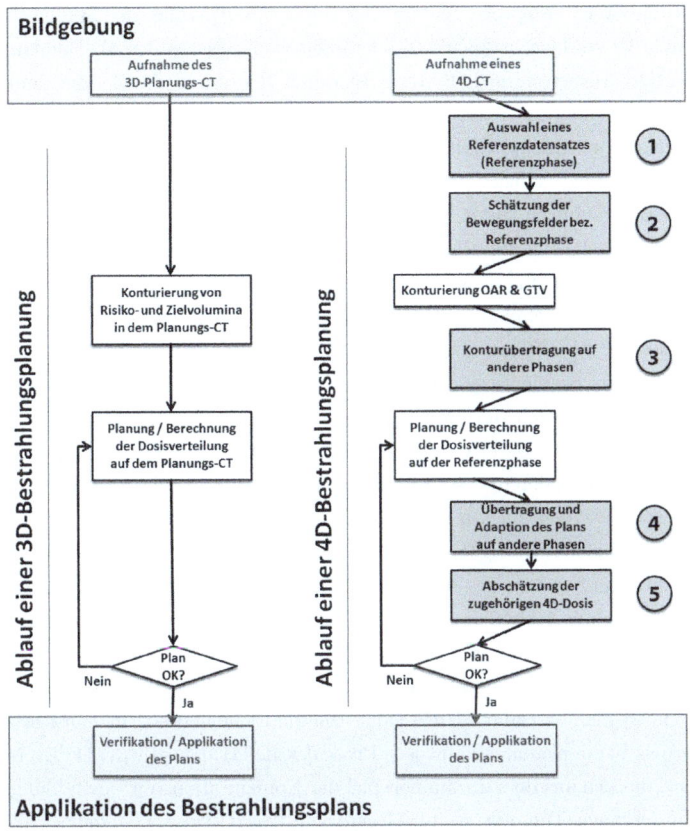

Abb. 1.2: Gegenüberstellung des prinzipiellen Ablaufs einer klassischen 3D-Bestrahlungsplanung (links) und einer 4D-Bestrahlungsplanung (rechts). Die grundsätzlichen Schritte bleiben erhalten: geometrische Abgrenzung der strahlentherapeutisch relevanten Strukturen, Generierung und Evaluation eines Bestrahlungsplans. Vor dem Hintergrund, dass eine 4D-Planung auf einer zeitlichen Folge von 3D-CT-Daten des Patienten beruht, ergeben sich zusätzlich zu bearbeitende (Teil-)Schritte (in der Abbildung dunkelgrau unterlegt): Um Informationen über die Bewegung der strahlentherapeutisch relevanten Strukturen zu erhalten, werden diese zumeist für alle Atemphasen segmentiert. In der Regel wird hierzu auf einem Referenzdatensatz (1) interaktiv konturiert. Die Segmentierungen werden dann automatisch auf die anderen Phasen übertragen (3). Grundlage der Übertragung ist die Schätzung der Bewegungsfelder zwischen dem Referenz-3D-CT und den anderen Atemphasen (2). Auf Basis der resultierenden Informationen wird für eine Referenzatemphase ein Bestrahlungsplan generiert, der (je nach Konzept der 4D-Dosisapplikation) auf die anderen Atemphasen übertragen und gemäß Lage der Zielvolumina angepasst wird (4). Für die den einzelnen Atemphasen entsprechenden Pläne wird dann unter Ausnutzung der geschätzten Bewegungsfelder die resultierende (4D-)Dosis abgeschätzt (5) und beurteilt. Abbildung in Anlehnung an [Keall 2005].

Bearbeitung zweier Aufgaben genutzt: zur Konturübertragung im Rahmen der Segmentierung der strahlentherapeutisch relevanten Strukturen in den 4D-Bilddaten und zu einer 4D-Dosisberechnung. Ersteres ist durch Reduktion des Zeitaufwandes der Bestrahlungsplanung motiviert: Eine interaktive, semi-automatische Segmentierung von Tumor(en) und Risikoorganen ist bereits zeitaufwändig, wenn sie (wie in der 3D-Bestrahlungsplanung) lediglich in einem einzelnen 3D-CT-Datensatz durchgeführt wird. In der 4D-Bestrahlungsplanung sollen die Segmentierungen für die unterschiedlichen Atemphasen des 4D-Planungs-CT bereitgestellt werden, um bewegungsorientiert optimierte Sicherheitssäume abzuleiten. Bei wiederum interaktiver Segmentierung der Strukturen für jede Atemphase würde ein nicht mehr zu tolerierender Interaktionsaufwand entstehen. Als Lösung wird in der Praxis in der Regel eine Konturübertragung oder atlasbasierte Segmentierung durchgeführt [Handels 2009]: Es wird zunächst eine Referenzphase ausgewählt, für die die gesuchten Segmentierungen wie gewohnt erstellt werden. Diese Referenz-Segmentierungen werden dann anhand der berechneten Bewegungsfelder auf die anderen Phasen übertragen (siehe Schritt 3 in Abb. 1.2).

Wie in der 3D- werden auch in der 4D-Strahlentherapie die Dosisverteilung und der Ablauf der Bestrahlung in der Regel zunächst für eine ausgewählte Atemphase geplant – nun allerdings bei Kenntnis der durch die 4D-Daten repräsentierten Bewegungsausmaße. Je nach Bestrahlungstechnik wird der resultierende Plan gegebenenfalls an die Lage und Form der Zielvolumina und Risikoorgane zu anderen Atemphasen angepasst, so dass der Patient während der Therapie mit einem zu der jeweiligen Atemphase korrespondierenden Plan bestrahlt werden kann. Um die Eignung des Plans hinsichtlich des Therapieziels zu evaluieren, wird für jede Phase des 4D-CT diejenige 3D-Dosisverteilung berechnet, die sich aus dem Zusammenspiel der Konfiguration von Bestrahlungsapparatur und Organen/Tumoren ergibt. Gegenstand der 4D-Dosisberechnung (Abb. 1.2, Schritt 5) ist es nun, hieraus diejenige Dosisverteilung abzuschätzen, die sich unter Berücksichtigung der Bewegungen über den Atemzyklus bzw. die Therapiedauer hinweg in den einzelnen anatomischen Punkten bzw. Strukturen akkumuliert.[4] Ausgehend von der ursprünglichen Planungsphase werden hierzu anhand der Bewegungsfeldschätzungen die Trajektorien der einzelnen Punkte (bzw. der CT-Voxel) berechnet. Über diese Pfade werden diejenigen Dosisanteile integriert bzw. akkumuliert, die die Punkte zu den verschiedenen Atemphasen an der jeweiligen Position im Raum erhalten. Dieser Prozess wird auch als Dosisakkumulation bezeichnet.

---

[4] Tatsächlich wird eine dreidimensionale Dosisverteilung berechnet, so dass die Begriffe der 4D-Dosisberechnung und -verteilung irreführend sind. Die Bezeichnungen haben sich allerdings in dem gegebenen wissenschaftlichen Kontext etabliert, so dass auch in dieser Arbeit auf sie zurückgegriffen wird. Ihre Verwendung wird letztlich dadurch gerechtfertigt, dass bei der Dosisberechnung explizit Bewegungsinformationen [in der Regel 4D-(=3D+t)-Informationen] berücksichtigt werden.

Die Qualität der beschriebenen 4D-Segmentierung und insbesondere der 4D-Dosisberechnung hängt somit wesentlich davon ab, inwieweit die geschätzten Bewegungsfelder die tatsächlichen Bewegungen der anatomischen und pathologischen Strukturen wiedergeben. Die 4D-Dosisberechnung bildet wiederum die Grundlage für die Entscheidung, ob ein Bestrahlungsplan zur Behandlung eines Patienten freigegeben wird oder gegebenenfalls nachgebessert werden muss. Die Genauigkeit der Bewegungsfeldschätzung ist folglich von direkter klinischer Relevanz; sie erfordert im Sinne einer verlässlichen 4D-Bestrahlungsplanung eine hohe Präzision.

1.2 Zielsetzung der Arbeit

Entstanden im Rahmen eines Kooperationsprojekts der Klinik für Strahlentherapie des Universitätsklinikums Hamburg-Eppendorf (UKE) und des Instituts für Medizinische Informatik der Universität zu Lübeck, dessen Gegenstand die Einführung eines Konzepts zur 4D-Strahlentherapie an der Klinik für Strahlentherapie am UKE war, und gemäß den vorstehenden Erläuterungen motiviert zielte die vorliegende Dissertation auf die Entwicklung von optimierten Verfahren zur Schätzung atmungsbedingter Bewegungen anhand von 4D-CT-Bilddaten und deren Einsatz zur 4D-Dosisberechnung bzw. Dosisakkumulation im Kontext der Strahlentherapie atmungsbewegter Tumoren ab. Als typischer und wie beschrieben klinisch bedeutender Anwendungsfall stand die Therapie von Lungentumoren bzw. entsprechend die Bewegung der Lunge und hierin befindlicher Tumoren im Fokus der Arbeit – wobei die zu entwickelnden methodischen Ansätze mit geringem Aufwand auf andere Tumorentitäten (wie z. B. Lebertumoren) übertragbar sein sollten.

Die Arbeit gliederte sich im Detail in drei aufeinander aufbauende Arbeitsschritte:

Implementierung und Evaluation von optimierten Verfahren zur Bewegungsfeldschätzung in thorakalen 4D-Bilddaten

Gegenstand und Ziel des ersten Arbeitsschritts war die Implementierung, Evaluation und letztlich die Optimierung von Verfahren zur Bewegungsfeldschätzung in 4D-CT-Daten gemäß Abschnitt 1.1.2.2: Gesucht wurden Verfahren, die für einen gegebenen 4D-Bilddatensatz eines Patienten die Berechnung von Transformationen bzw. Verschiebungsfeldern ermöglichen, die eine präzise Abschätzung der Bewegungen bieten, die die abgebildeten anatomischen und pathologischen Strukturen zwischen den durch die 3D-Bilddaten der 4D-Bildsequenz repräsentierten Atemphasen durchgeführt haben. Der Schwerpunkt lag entsprechend der Fokussierung der Arbeit auf der Bewegung von Lunge und lungeninternen Strukturen in thorakalen 4D-CT-Daten.

Entwicklung und Evaluation von Verfahren zur modellbasierten Bewegungsfeldschätzung und Berücksichtigung von Bewegungsvariabilitäten

Obgleich in der Strahlentherapie zunehmend Verfahren zur 4D-Computertomographie eingesetzt werden, ist der klinische Standard derzeit noch immer durch die 3D-Computertomographie gegeben [Simpson et al. 2009]. Zudem gestatten 4D-CT-Bilddaten – falls verfügbar – der Bestrahlungsplanung zwar neue Einblicke und Möglichkeiten, weisen aber auch Limitationen wie z. B. die Abbildung der Patientenanatomie über lediglich einen einzelnen Atemzyklus auf. Jeweiligen Aspekten sollte in dem zweiten Arbeitsteil unter Verwendung der in dem ersten Teil optimierten Verfahren zur Bewegungsfeldschätzung in 4D-Bilddaten und der ergänzenden Integration von statistischen Bewegungsinformationen bzw. -modellen in den Prozess der Bewegungsfeldschätzung begegnet werden. Zunächst wurden hierzu ein statistischen Modell der Lungenbewegung eines Patientenkollektivs und Ansätze zur Anpassung des Modells zur Prädiktion patientenspezifischer Bewegungsfelder entwickelt; entsprechende Methoden sollten es ermöglichen, auch dann eine Abschätzung der Atembewegung von Lunge und Lungentumoren zu gestatten, wenn für den zu behandelnden Patienten lediglich ein 3D-Bestrahlungsplanungs-CT verfügbar ist. Hierüber hinaus wurde dann auf Verfahren zur multivariaten Statistik zurückgegriffen, um zu den 4D-CT-Daten ergänzende Informationen über z. B. intra- und interindividuelle Bewegungsvariationen mit in eine Bewegungsfeldschätzung bzw. -prädiktion einbeziehen zu können. Ziel war es, einen Zusammenhang zwischen den anhand von 4D-Bilddaten geschätzten Bewegungfeldern und den Bewegungsinformationen einfacher Bewegungsindikatoren (Surrogate der Lungen-/Tumorbewegung) zu erstellen, die in der (4D-)Strahlentherapie Anwendung finden und von denen ausgegangen wird, dass sie die adressierten Bewegungsvariationen widerspiegeln. Der Zusammenhang sollte dann im Sinne einer surrogatbasierten individuellen und situationsbezogenen Adaption der in den 4D-Bilddaten geschätzten Bewegungsfelder zu einer entsprechend der Motivation optimierten Bewegungsfeldschätzung bzw. -prädiktion genutzt werden.

Einsatz von Bewegungsfeldschätzungen zur Untersuchung der Auswirkungen atmungsbedingter Bewegungen in der Strahlentherapie

Ziel des letzten Arbeitsschritts war es, die zuvor entwickelten Verfahren zur Bewegungsfeldschätzung einzusetzen, um zu erwartende dosimetrische Auswirkungen der Atembewegung während der Bestrahlung von Lungentumoren abzuschätzen und zu analysieren. Als Bestrahlungstechniken waren hierbei die weit verbreiteten Ansätze der konventionellen 3D-Konformationsbestrahlung (3D-CRT; engl.: 3D conformal radiotherapy) und der (3D-Step-&-Shoot-)Intensitätsmodulierten Strahlentherapie (IMRT;

engl.: intensity modulated radiotherapy) zu modellieren. Während in der 3D-CRT der Patient aus verschiedenen Einstrahlrichtungen mit Strahlenfeldern homogener Intensität bestrahlt wird, werden bei der Step-&-Shoot-IMRT die einzelnen Strahlenfelder in Teilfelder zerlegt. Akkumuliert resultieren aus den Teilfeldern der einzelnen Einstrahlrichtungen inhomogene (Gesamt-)Strahlenfelder, anhand derer bei geeigneter Modulation der Lage von PTV und OAR eine höhere Konformität der Bestrahlung und so eine verbesserte Schonung der Risikoorgane erreicht werden kann. Die Bestrahlungszeiten einzelner IMRT-Teilfelder können jedoch mitunter sehr kurz sein (oftmals kürzer als z. B. die Atemperiode des zu bestrahlenden Patienten), weshalb bei einer IMRT unabhängig von einer adäquaten Dimensionierung der Sicherheitssäume das Risiko besteht, dass sich die Dosis im CTV nicht wie geplant akkumuliert und es zu lokalen Unter- und/oder Überdosierungen kommt [ICRU 2010] – und so die prinzipiellen Vorteile der höheren Konformität einer IMRT konterkariert würden. Diese Problematik stand im Vordergrund der Untersuchungen zu diesem Arbeitsschritt.

1.3 Aufbau der Arbeit

Der Aufbau der Dissertation entspricht weitgehend den skizzierten inhaltlichen Arbeitsschritten. Im Anschluss an die Einleitung in diesem Kapitel werden in Kapitel 2 allerdings zunächst kurz das Prinzip der 4D-CT-Bildgebung und die in der Arbeit eingesetzten 4D-CT-Daten beschrieben. Da diese die Basis der Arbeit darstellen, ist deren Verständnis erforderlich, um die Auswahl der eingesetzten und entwickelten Methoden sowie die Einordnung der erzielten Ergebnisse nachvollziehen zu können.
In den Kapiteln 3 bis 6 werden dann die formulierten Arbeitsschritte ausgeführt. Die Kapitel untergliedern sich jeweils in einen Überblick über den entsprechenden Stand der Forschung, die Beschreibung der eingesetzten Methodik und die Darstellung der erzielten Ergebnisse. In Kapitel 3 werden die Ansätze zur patientenindividuellen Bewegungsfeldschätzung in 4D-Bilddaten beschrieben und verglichen. Kapitel 4 beinhaltet die Entwicklung und Evaluation des statistischen Modells der Lungenbewegung in einem Patientenkollektiv und dessen Anwendung zur patientenspezifischen Bewegungsprädiktion. Der Ansatz zur Berücksichtigung der Variabilität auftretender Bewegungsmuster durch eine individuelle, situationsbezogene Adaption von Bewegungsfeldern anhand von Bewegungssurrogaten wird in Kapitel 5 dargestellt. Die entwickelten Verfahren zur Bewegungsfeldschätzung werden schließlich in Kapitel 6 zu 4D-Dosisberechnungen eingesetzt, um den zu erwartenden Einfluss atmungsbedingter Bewegungen auf die Dosisverteilung im Patienten zu untersuchen.
Wie beschrieben repräsentieren die einzelnen Arbeitsschritte und folglich die Ergebnis-

se der einzelnen Kapitel jeweils die Grundlage der nachfolgenden Ausführungen und Methodenauswahl. Die Inhalte der Kapitel werden deshalb zum besseren Verständnis bereits an deren Ende interpretiert bzw. diskutiert; die wesentlichen Ergebnisse und zentralen Aspekte der Interpretation dieser werden in Kapitel 7 noch einmal zusammengefasst. Abgeschlossen wird die Arbeit mit einer ausführlichen Darstellung möglicher Ansatzpunkte für weiterführende Untersuchungen.

Kapitel 2

4D-CT-Bilddaten

Als Grundlage der Bestrahlungsplanung sind Computertomographie bzw. CT-Bilddaten in der Strahlentherapie von zentraler Bedeutung. Dies gilt sowohl für die konventionelle 3D- als auch für die 4D-Strahlentherapie, wobei Letztere in der Regel auf 4D-CT-Bilddaten basiert. Im Kontext der 4D-Strahlentherapie entstanden, beruhen Methodenentwicklung und -evaluation der vorliegenden Dissertation entsprechend ebenfalls auf der 4D-CT-Bildgebung bzw. 4D-CT-Bilddaten, deren Grundlagen nachfolgend erläutert werden. Hierzu werden zunächst die allgemeinen Prinzipien der Computertomographie skizziert, ehe bestehende Ansätze zur Gewinnung von 4D-CT-Bilddaten ausgeführt werden (Abschnitte 2.1.1 und 2.1.2). Hieran anschließend werden in Abschnitt 2.2 bestehende Limitationen bzw. Grenzen der 4D-CT-Bildgebung dargestellt. Dies betrifft das Auftreten residualer Bewegungsartefakte und die Abbildung von Variabilitäten der Atemmuster des betrachteten Patienten. Jeweilige Faktoren schränken die Genauigkeit einer 4D-Bestrahlungsplanung ein; ihre Kenntnis ermöglicht somit ein umfassenderes Verständnis der Gesamtproblematik bzw. Komplexität einer 4D-Strahlentherapie. Bewegungsartefakte erschweren zudem eine präzise Bewegungsfeldschätzung; ihre Ursachen und Ausprägungen sollten bei Validierung diesbezüglicher Verfahren bekannt sein. In Abschnitt 2.3 werden abschließend die in dieser Arbeit eingesetzten Bilddaten näher beschrieben.

2.1 4D-CT-Bildgebung kurzgefasst

2.1.1 Prinzip der Computertomographie

Die Computertomographie ist ein computergestütztes Schnittbildverfahren, das unter Nutzung von Röntgenstrahlung der Erzeugung von in der Regel transversal orientierten, überlagerungsfreien Schichtaufnahmen im Sinne differenzierter Körperschnitte dient.

Kapitel 2 – 4D-CT-Bilddaten

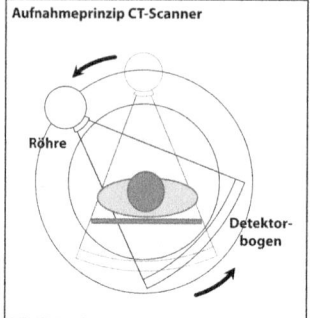
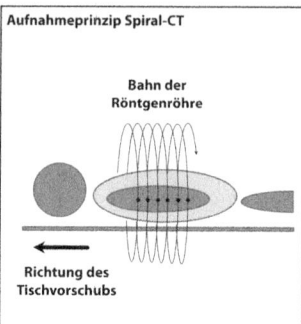

Abb. 2.1: Aufnahmeprinzip moderner CT-Geräte. Links: Mittels schlitzförmiger Kollimatoren wird ein fächerförmiger Röntgenstrahl erzeugt. Die Röntgenquelle wird um den Patienten rotiert. Rechts: Um größere Volumina abzubilden, werden die Geräte meist nach Spiral-CT-Prinzip betrieben: Der Patiententisch wird kontinuierlich durch den Computertomographen bewegt, während sich die Röntgenquelle um den Patienten dreht; im Patientenkoordinatensystem ergibt sich eine spiralförmige Bahn.

Bei modernen CT-Geräten rotiert in der Regel eine Röntgenquelle mit Fächerstrahlgeometrie[1] um das Untersuchungsobjekt, zumeist gemeinsam mit einem der Quelle gegenüberliegenden Detektorbogen (siehe Abb. 2.1).

Abgesehen von Streueffekten fällt gemäß Schwächungsgesetz die Ausgangsintensität I_0 eines von der Quelle ausgehenden Röntgenstrahls nach Durchdringen der betrachteten Schicht des Untersuchungsobjektes auf eine Intensität

$$I = I_0 \exp\left(-\int_s \mu(x)\, ds\right)$$

ab, die am Detektor gemessen wird. Das Integral ist als Linienintegral entlang des Strahls s zu verstehen; x beschreibt den Ort, an dem der materialspezifische Schwächungskoeffizient μ auszuwerten ist [Morneburg 1995]. Ziel der Computertomographie ist, aus den unter einer Vielzahl von Rotationswinkeln der Röntgenquelle gemessenen Intensitätswerten bzw. den korrespondierenden Projektionsintegralen

$$-\ln\left(\frac{I}{I_0}\right) = \int \mu(x)\, ds$$

die darzustellende räumliche Verteilung des Schwächungskoeffizienten der Schicht zu rekonstruieren. Hierzu bestehen im Prinzip unterschiedliche Lösungsmöglichkeiten (gefilterte Rückprojektion, iterative, algebraische Verfahren, Radon-Resolvente); in der Praxis

---

[1] In der Strahlentherapie werden vermehrt auch Techniken mit Kegelstrahlgeometrie eingesetzt, zumeist als in den zur Bestrahlung genutzten Linearbeschleuniger integrierte Bildgebungsoption; zur Aufnahme der eigentlichen Planungs-CT-Daten sind sie allerdings noch wenig gebräuchlich.

2.1 4D-CT-Bildgebung kurzgefasst

wird jedoch meist auf die Methode der gefilterten Rückprojektion zurückgegriffen. Für diesbezügliche Details und Hintergrundinformationen sei auf entsprechende Fachbücher wie [Buzug 2008] oder [Morneburg 1995] verwiesen.

2.1.1.1 Rekonstruktion von Volumendatensätzen

Durch Anwendung der gefilterten Rückprojektion (oder anderer Lösungsansätze) auf die gemessenen Projektionsintegrale erhält man also Zugriff auf die räumliche Verteilung $\mu(x)$ des Schwächungskoeffizienten der betrachteten Schicht des Untersuchungsobjektes. Im Allgemeinen ist aber nicht nur eine einzelne Schicht, sondern ein gewisses anatomisches Volumen von Interesse; die Gewinnung solcher Volumendatensätze ist Gegenstand der 3D-Rekonstruktion. Hierbei sei zunächst angemerkt, dass heutige Computertomographen häufig über mehrzeilige Detektoreinheiten verfügen, so dass bereits für eine einzelne Rotation der Röntgenröhre eine gewisse Anzahl von benachbarten Schichtdaten erfasst bzw. rekonstruiert und folglich ein zugehöriges anatomisches Volumen (Segment) abgebildet werden kann. Bei Werten von typischerweise 4–64 Zeilen mit Schichtdicken von 1-3 mm reicht dies jedoch meist nicht aus, um z. B. die im gegebenen Kontext relevante gesamte Thoraxregion vollständig abzubilden.

Eine naheliegende Lösung zur Erfassung größerer Volumina wäre es, sukzessive benachbarte anatomische Segmente zu scannen, bis das interessierende Volumen abgebildet wäre (d. h. ein Segment zu scannen, den Patiententisch vorzuschieben, das angrenzende Segment zu scannen, und so weiter). Dieses diskrete Abtasten (Step-&-Shoot) ist in der Praxis der 3D-CT-Bildgebung jedoch weitgehend durch das Spiral-CT-Prinzip abgelöst worden [Bortfeld 2002]. Bei diesem wird der Patiententisch kontinuierlich weiterbewegt, während die Röntgenröhre fortwährend um den Patienten rotiert; im Patientenkoordinatensystem ergibt sich eine spiralförmige Bahn (Abb. 2.1). Die gesuchten transversalen Schichtbilder müssen dann zwar aus den in der spiralförmigen Geometrie gewonnenen Projektionen interpoliert werden (für methodische Details sei wiederum auf die vorgenannten Quellen verwiesen); die Aufnahmezeiten verkürzen sich aufgrund der kontinuierlichen Aufnahme von Projektionsdaten im Vergleich zu dem Step-&-Shoot-Prinzip aber deutlich.

2.1.1.2 Datendarstellung

Um nach der 3D-Rekonstruktion die ermittelte dreidimensionale Verteilung $\mu(x)$ des Schwächungskoeffizienten in gewohnter Weise als Graustufen-Bild darzustellen bzw. einen standardisierten Vergleich verschiedener CT-Bilddaten zu ermöglichen, werden die Schwächungswerte noch auf eine dimensionslose Skala konvertiert und hierbei auf

Wasser bezogen:

$$\text{CT-Wert}\,(\mu) = \frac{\mu - \mu_{\text{Wasser}}}{\mu_{\text{Wasser}}} \cdot 1000\,.$$

Die Konvertierung folgt einem Vorschlag von G. Hounsfield, weshalb die Skala auch als Hounsfield-Skala bezeichnet wird. Gemäß Definition ergibt sich der CT- bzw. Hounsfield-Wert von Wasser zu 0 und der von Luft zu -1000; die Werte vieler Weichteilgewebe liegen zwischen 0 und 100.

Obgleich theoretisch nicht nach oben begrenzt, umfasst die Hounsfield-Skala effektiv lediglich Werte zwischen -1000 und ca. 3000. Doch auch dieser Wertebereich ist nicht durch das menschliche Auge aufzulösen, weshalb zur kontrastreicheren Darstellung von Strukturen mit ähnlichen Hounsfield-Werten das Prinzip der Fensterung eingesetzt wird: Lediglich der interessierende Werte-Bereich (Fenster), charakterisiert durch Fenstermitte (C, engl.: Center) und -breite (W, engl.: Width), wird mittels der verwendeten Grauwertskala dargestellt (meist 256 Grautöne, d. h. 8-bit-Auflösung). Werte oberhalb werden weiß, Werte unterhalb schwarz abgebildet. Typische Fenster sind exemplarisch in Abb. 2.2 dargestellt; gemäß Kontext wird in dieser Arbeit vorzugsweise das Lungenfenster zum Einsatz kommen.

2.1.2 Erweiterung um die zeitliche Dimension: 4D-Computertomographie

Werden die beschriebenen Techniken zur 3D-CT-Bildgebung zur Abbildung von atmungsbedingt bewegten Strukturen genutzt, treten allerdings zwangsläufig Bewegungsartefakte auf. Aufgrund der Objektbewegung (zumeist inferior/superior und damit aus den zu erfassenden transversalen Schichten heraus bzw. hinein) kommt es zu Inkonsistenzen der Projektionsdaten. Bei Rekonstruktion der einzelnen Schnitte resultieren dann – in Abhängigkeit von den Scanner- und Scanparametern (u. a. Rotationgeschwindigkeit, Tischvorschub) bzw. Bewegungseigenschaften (Bewegungsausmaß, -periode) – z. B. Doppelstrukturen und/oder in Analogie zu Partialvolumeneffekten Verwischungen von Konturgrenzen [Buzug 2008]. Für sagittal oder koronar rekonstruierte Schichtansichten (kurz als sagittale oder koronare Schichten bzw. Ansichten bezeichnet) manifestieren sich die Bewegungen zusätzlich derart, dass Strukturen, die durch mehrere transversale Schnitte abgebildet werden, in benachbarten Schichten nicht mehr objekttreu zusammenpassen; Entstehung und Beispiele der Artefakte sind in Abb. 2.3 illustriert.

Im Kontext einer Bestrahlungsplanung erschweren die Bewegungsartefakte eine exakte Lokalisierung bzw. Segmentierung von GTV und OAR, beeinträchtigen die Genauigkeit

2.1 4D-CT-Bildgebung kurzgefasst

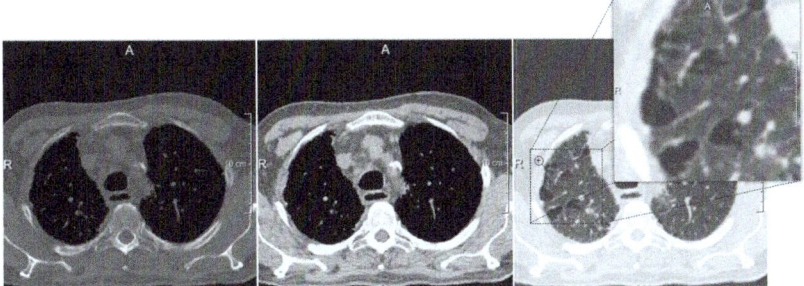

Abb. 2.2: Vergleich der Gewebedifferenzierbarkeit bei unterschiedlicher Fensterung zur CT-Darstellung, hier anhand eines transversalen Schichtbildes eines 3D-Lungen-CT-Datensatzes. Links: Knochenfenster (C/W 300, 1500), Mitte: Weichteilfenster (C/W 50, 350), rechts: Lungenfenster (C/W -600, 1700). Lungengewebe geringerer Dichte wird erst im Lungenfenster differenzierbar; für den abgebildeten Patienten stellen sich z. B. Lungenemphyseme dar (vergleiche vergrößerter Ausschnitt), die links und in der Mitte nicht zu erkennen sind. Die gewählten Fensterwerte sind angelehnt an [Buzug 2008].

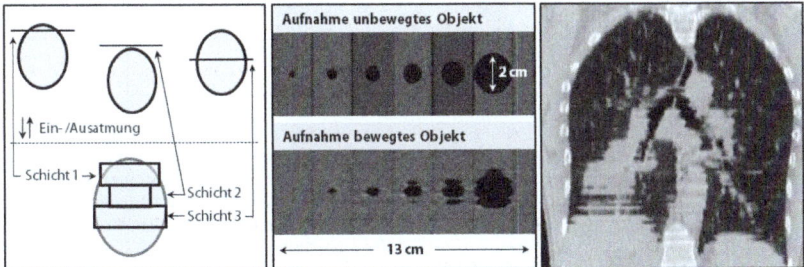

Abb. 2.3: Bewegungsartefakte in der CT-Bildgebung, je für eine koronare Rekonstruktion der abzubildenden Objekte. Links: Prinzip der Entstehung atmungsbedingter Artefakte (angelehnt an [Balter et al. 1996]). Die Auf- und Abbewegung des darzustellenden Objekts führt zu einer fehlerhaften Abbildung der Struktur in dem Bilddatensatz. Mitte: Veranschaulichung der Problematik anhand von Phantommessungen. Das Phantom enthielt mehrere unterschiedlich große sphärische Hohlräume (oben: Aufnahme des unbewegten Phantoms; unten: Aufnahme des bewegten Phantoms; Bewegungen waren natürlichen Atembewegungen nachempfunden; Abb. angelehnt an [Frenzel et al. 2011]). Rechts: Koronares CT-Schichtbild eines 3D-Planungs-CT-Datensatzes von einem Lungentumorpatienten (Abb. aus [Keall et al. 2002]). Wie auf den Bildern der Phantommessungen ist auch für den Patientendatensatz zu erkennen, dass z. B. eine exakte Tumorlokalisierung sowie eine verlässliche Tumorvolumetrie aufgrund der Bewegungsartefakte kaum möglich ist. Folglich können aber auch im Rahmen einer Bestrahlungsplanung die Zielvolumina nicht exakt lokalisiert und/oder in Bezug auf die tatsächliche Anatomie des Patienten präzise Dosisberechnungen durchgeführt werden.

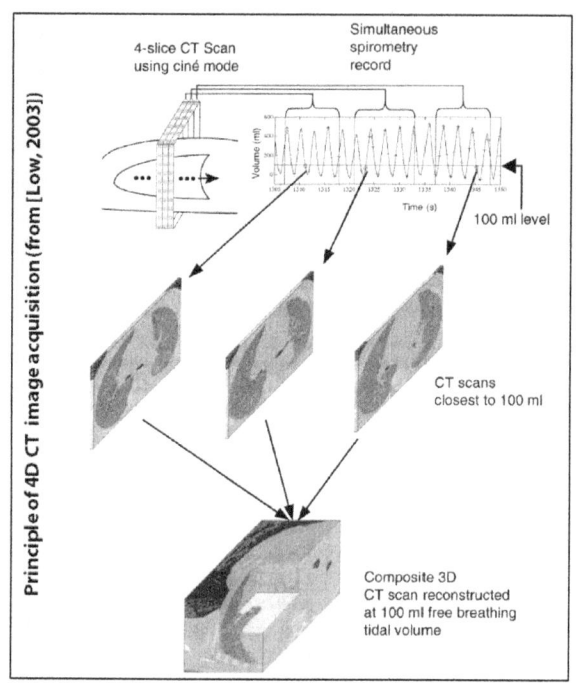

Abb. 2.4: Prinzip der 4D-CT-Bildgebung nach [Low et al. 2003]. Mit einem Mehrzeilen-CT-Scanner werden für eine Tischposition wiederholt und direkt hintereinander Schnittbilder aufgezeichnet. Danach wird der Patiententisch vorgeschoben, das adjazente anatomische Segment wiederholt gescannt und so weiter. Zeitgleich zu der CT-Datenaufnahme wird die Atemkurve des Patienten aufgezeichnet (hier: mittels Spirometrie) und hierüber den einzelnen Scans eine Atemphase zugeordnet. Ein 3D-CT der anatomisch interessierenden Region zu einer spezifischen Atemphase kann folglich rekonstruiert werden, indem für jede Tischposition die Schichtbilder herausgesucht und zusammengesetzt werden, die der gesuchten Phase am nächsten kommen (in der Abbildung: Atemzugvolumen von 100 ml). Ein 4D-CT-Datensatz entsteht entsprechend durch Vorgabe einer Sequenz von zu betrachtenden Atemphasen.

der nachfolgenden Dosisberechnungen und können somit einen nicht unerheblichen Einfluss auf den Therapieerfolg haben [Keall et al. 2006].

Eine Möglichkeit zur Artefaktreduktion wäre das Anhalten der Atmung während der Bildaufnahme. Gemäß den Ausführungen in Kapitel 1 ist dies für Lungentumorpatienten jedoch oftmals keine Option, zumal wie beschrieben für eine 4D-Strahlentherapie bzw. eine bewegungsorientierte Dimensionierung der Sicherheitssäume die tatsächlichen Bewegungsausmaße bekannt sein müssen und somit artefaktreduzierte Bilddaten zu unterschiedlichen Atemphasen benötigt werden. Insofern wurde in der jüngeren Vergangenheit vielmehr die Entwicklung von Verfahren zur atemkorrelierten oder 4D-CT-Bildgebung

2.1 4D-CT-Bildgebung kurzgefasst

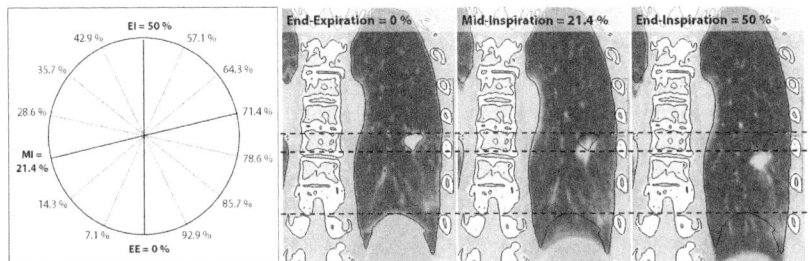

Abb. 2.5: Illustration der anhand eines 4D-CT-Datensatzes repräsentierten Informationen. Links: Der Atemzyklus des Patienten (parametrisiert über die Phasen 0%-100%) wird in interessierende Atemphasen zerlegt, hier 14 äquidistant verteilte Phasen. Rechts: Für jede der ausgewählten Phasen wird ein zugehöriges 3D-CT-Bild generiert. Abgebildet sind korrespondierende CT-Daten zur maximalen Aus- und Einatmung (EE, EI) sowie eines Zwischenzustandes (MI). Zur Verdeutlichung der Bewegungen sind die Positionen der oberen und unteren Tumorkante sowie der linken Zwerchfellkuppel zur maximalen Ausatmung gekennzeichnet.

forciert; 4D-CT-Daten repräsentieren hierbei Sequenzen von 3D-CT-Bilddaten, die die Patientenanatomie in aufeinanderfolgenden Atemphasen abbilden [Sarrut 2005].

Grundlage der 4D-CT-Bildgebung ist in aller Regel die Aufnahme eines Signals, das die Atmung des Patienten widerspiegelt (Atemsignal, Bewegungssurrogat oder -indikator [der Tumor- und Organbewegungen]; vergleiche Kapitel 1.2). Atemsignal- und CT-Datenaufnahme werden synchronisiert, um Letzterer eine Atemphase zuordnen zu können; die Korrelation von Signal und Bildgebung ermöglicht im weiteren Verarbeitungsprozess die Rekonstruktion von 4D-CT-Daten gemäß obiger Definition. Ein exemplarischer Ablauf ist in Abb. 2.4 skizziert, ein resultierender 4D-Datensatz in Abb. 2.5 illustriert. Obgleich das Grundprinzip der Aufnahme- und Rekonstruktionsprozesse ähnlich ist, unterscheiden sich derzeitige Ansätze zur 4D-CT-Bildgebung im Detail mitunter deutlich; wesentliche Strategien sind nachstehend beschrieben.

2.1.2.1 Unterscheidung von 4D-CT-Aufnahmeverfahren gemäß dem eingesetzten Atemsignal

Zunächst lassen sich die Ansätze zur 4D-CT-Bildgebung nach dem eingesetzten Atemsignal unterscheiden. Nach [Sarrut 2005] bestehen drei prinzipiell verschiedene Ansätze: die Verwendung von externen und internen Signalen sowie die Betrachtung (der Änderung) des Lungen(luft)volumens.

Externe Signale basieren auf der Messung der Bewegung der Körperoberfläche. Insbesondere Bauchgurte (zur Erfassung der Ausdehnung des Bauchumfangs während der Atmung) und eine kamerabasierte Abtastung der Hebung und Senkung des Brustkorbes werden oft eingesetzt (siehe u. a. [Dinkel et al. 2007; Ford et al. 2003; Guckenberger

et al. 2007a; Keall et al. 2004; Li et al. 2005; Pan et al. 2004; Pan et al. 2007; Rietzel et al. 2006; Vedam et al. 2003; Weiss et al. 2007; Zeng et al. 2008]).
Bei Verwendung externer Signale wird davon ausgegangen, dass zwischen der eigentlich interessierenden Tumorbewegung und dem betrachteten Surrogat ein eindeutiger und zuverlässiger Zusammenhang besteht, der während der gesamten Bilddatenaufnahme Gültigkeit behält. Tatsächlich belegen Untersuchungen jedoch, dass sich ein solcher Zusammenhang ändern kann [Sonke et al. 2008; von Siebenthal et al. 2007]. Alternativ können Informationen über die Atemphase bzw. Tumorposition aber auch direkt aus dem aufgezeichneten Bildmaterial extrahiert werden, etwa über Registrierung rekonstruierter Daten auf eine Referenzanatomie und Analyse der resultierenden Bewegungsfeldschätzungen [Carnes et al. 2009; Pan et al. 2004; Xu et al. 2006; Zeng et al. 2008]. Entsprechende Ansätze werden unter dem Begriff der internen Signale subsumiert; sie befinden sich derzeit noch überwiegend in der Entwicklung und werden in der klinischen Routine folglich bislang selten eingesetzt.

Aufgrund der physiologisch motivierten Annahme einer Kausalität zwischen Lungen(luft)volumenänderung und Lungentumorbewegung wird der indirekten Messung des Lungen(luft)volumens über Spirometrie gemäß [Sarrut 2005] eine Sonderrolle zwischen externen und internen Signalen eingeräumt. Das Vorliegen eines verlässlichen Zusammenhangs zwischen Signal und Tumorbewegung erscheint hierbei, gestützt durch verschiedene Untersuchungen, intuitiver als bei externen Signalen [Leter et al. 2005; Li et al. 2009; Low et al. 2003; Lu et al. 2005a]. Aspekte wie eine nicht-lineare Signaldrift und/oder Compliance-Probleme limitieren jedoch mitunter die Anwendbarkeit als alleiniges Atemsignal; in der Literatur werden folglich auch Kombinationen mit anderen Systemen beschrieben [Li et al. 2009; Lu et al. 2005b; Werner et al. 2010b].

2.1.2.2 Aufnahmeprinzip: Prospektives und retrospektives Gating

Strategien zur 4D-CT-Bildgebung können weiter gemäß der Verwendung des Atemsignals klassifiziert werden. Wird das Atemsignal etwa derart genutzt, dass an speziellen Punkten der Atemkurve (Triggerevents) die Datenaufzeichnung durch Rotation der Röntgenquelle um den Patienten ausgelöst wird, spricht man analog zu der atemgetriggerten Bestrahlung von prospektivem Gating oder einer atemgetriggerten Bildaufnahme [Pan 2005]. Jede abzubildende Atemphase bedarf eines individuellen Triggerevents und Aufnahmedurchgangs, wodurch für eine größere Anzahl von Phasen eine relativ lange Gesamtdauer für die Datenaufzeichnung entsteht. In der Regel wird deshalb stattdessen ein retrospektives Gating durchgeführt: CT-Daten und Atemsignal werden synchronisiert aufgezeichnet und die CT-Daten nach Datengewinnung retrospektiv unter Verwendung des Atemsignals nach korrespondierenden Atemphasen sortiert.

2.1 4D-CT-Bildgebung kurzgefasst

2.1.2.3 Aufnahmetechnik: Step-&-Shoot- vs. Spiral-CT

Analog zur 3D-Bildgebung stellt sich auch bei der 4D-CT-Bildgebung das Problem der Abbildung bzw. 3D-Rekonstruktion größerer anatomischer Volumina – nun allerdings für eine Sequenz von Bilddaten zu unterschiedlichen Atemphasen. Diesbezüglich hat die in der klassischen 3D-Computertomographie durch die Spiral-Technik weitgehend abgelöste Step-&-Shoot-Technik wieder an Bedeutung gewonnen. Dies ist dadurch begründet, dass bei der gebräuchlichen 4D-CT-Bildgebung mittels retrospektivem Gatings ausreichend CT- bzw. Projektionsdaten für jede Position des Patiententisches aufgenommen werden müssen, um eine Rekonstruktion zu den gesuchten Phasen gewährleisten zu können. Bei Einsatz der Spiral-CT-Technik kann dies nur durch einen sehr langsamen Tischvorschub umgesetzt werden, wodurch der Vorteil kürzerer Aufnahmezeiten im Vergleich zu Step-&-Shoot-Protokollen weitgehend aufgehoben wird [Keall et al. 2004; Pan 2005; Vedam et al. 2003]. Gleichzeitig belegte Pan, dass sich dann wiederum die Step-&-Shoot-Technik durch eine im Vergleich niedrigere Dosisbelastung des Patienten auszeichnet [Pan 2005].

Als Beispiel für den Einsatz der Step-&-Shoot-Technik zur 4D-CT-Bildgebung kann wieder das einleitend beschriebene Verfahren nach [Low et al. 2003] gelten (siehe Abb. 2.4). Bei diesem wurden allerdings für jede Position des Patiententisches nacheinander alle 0.75 s insgesamt bis zu 25 voneinander unabhängige Bildaufnahmen durchgeführt – ein Vorgehen, das aufgrund des resultierenden Zeitaufwandes heute kaum noch Anwendung findet. Stattdessen wird der Scanner für jede Tischposition in der Regel im ciné-Modus betrieben, d. h. es werden kontinuierlich Projektionsdaten erzeugt, anstatt sukzessive Scans zu fahren. Um ausreichend Projektionsdaten für die Rekonstruktion von 3D-CT-Daten beliebiger Atemphasen zu erstellen, ist hierbei lediglich eine Dauerrotation der Röntgenquelle für die Zeitspanne einer Atemperiode des Patienten und einer Rotation der Quelle erforderlich [Pan 2005].

2.1.2.4 Art der zu sortierenden Daten: Projection- vs. Image-Binning

Als letztes Unterscheidungsmerkmal kann die Art der mittels des Atemsignals zu sortierenden Daten gelten [Wink et al. 2006]. Einerseits können direkt die aufgezeichneten Projektionsdaten betrachtet werden. In diesem Fall wird nach einem „Sortieren-dann-Rekonstruieren"-Prinzip verfahren (auch als „projection-binning" bezeichnet [Starkschall et al. 2007]): Für jede der interessierenden Atemphasen werden zunächst die zugehörigen Punkte in den Atemsignalaufnahmen gekennzeichnet sowie für jede Position des Patiententisches eine hierzu korrespondierende Projektionsaufnahme der CT-(Roh-)Daten ermittelt. Unter Verwendung der zu dieser Aufnahme benachbarten

Projektionsdaten (benachbart im Sinne des Sinogramms; im Allgemeinen ±90°- oder ±180°-Rotationsintervall) werden dann die Bilddaten der adressierten Atemphase rekonstruiert. Die resultierenden Schichtbilder gleicher Atemphase werden abschließend gemäß ihrer anatomischer Position zu den gesuchten 3D-CT-Daten zusammengesetzt. Alternativ wird nach einem „Rekonstruieren-dann-Sortieren"-Prinzip vorgegangen (auch als „image-binning" bezeichnet [Starkschall et al. 2007]). Als Beispiel diene wieder das Verfahren nach [Low et al. 2003] aus Abb. 2.4, bei der die Bilddaten für jede Rotation der Röntgenquelle zunächst rekonstruiert und anschließend mit der zugehörigen Phase bezeichnet werden. Für die Rekonstruktion eines 3D-CT-Datensatzes einer spezifizierten Atemphase werden für jede Tischposition dann die Bilddaten ausgewählt und zusammengesetzt, die der gesuchten Phase am nächsten kommen (Nächster-Nachbar-Interpolation; vergleiche [Low et al. 2003; Vedam et al. 2003; Yamamoto et al. 2008]).

2.2 Limitationen der 4D-CT-Bildgebung

2.2.1 Residuale Bewegungsartefakte

Durch die Einbeziehung der Atemphaseninformation in die Bildrekonstruktion werden die für die 3D-Computertomographie beschriebenen Bewegungsartefakte erheblich reduziert; gänzlich kann ihr Auftreten jedoch nicht verhindert werden. Die Untersuchung und Reduktion der verbleibenden Artefakte ist Gegenstand aktueller Forschungen; siehe z. B. [Watkins et al. 2010; Zeng et al. 2008]. Mögliche Ursachen und Ansätze, den Artefakten entgegenzuwirken, werden folgend kurz skizziert.

2.2.1.1 Ursachen und Ausprägung der Artefakte

Obgleich in Anzahl und Ausprägung reduziert, treten prinzipiell sämtliche aus der 3D-CT-Bildgebung bekannten Bewegungsartefakttypen auch in den Bilddaten von 4D-CT-Sequenzen auf. Verwischungen und innerhalb der transversalen Schichten auftretende Doppelstrukturen folgen wie zuvor aus Objektbewegungen während der Rotation der Röntgenquelle und entsprechend inkonsistenten Projektionsdaten. Für 4D-CT-Sequenzen treten sie verstärkt für Bilddaten zu Atemmittellagen auf, da die Objektgeschwindigkeiten zu diesen Phasen am größten sind. Die Projektionsinkonsistenzen lassen sich technisch zwar zum Teil reduzieren (z. B. durch Verringerung der Rotationszeiten bzw. Einschränkung der betrachteten Projektionsdaten auf ein Rotationsintervall $< 360°$); vollständig vermeiden lassen sie sich nicht.
Von größerem Interesse ist derzeit deshalb die Problematik von Strukturen bzw. Strukturgrenzen, die in koronaren und sagittalen Ansichten nicht objekttreu zusammenpassen.

2.2 Limitationen der 4D-CT-Bildgebung

Yamamoto et al. berichten von dem Auftreten solcher Artefakte bei 46 von 50 untersuchten 4D-CT-Datensätzen [Yamamoto et al. 2008]. Die Artefakte führten hinsichtlich der Lokalisation von oberem und/oder unterem Rand von Lungen- und mediastinalen Tumoren zu Fehlern bzw. Unsicherheiten von im Mittel 7.9 mm (Schichtdicke der Daten: 1.3 bis 2.5 mm). Gerade diese Artefakte sollten aber prinzipiell durch die 4D-CT-Bildgebung vermieden werden. Für ihr Auftreten bestehen im Wesentlichen zwei Erklärungsansätze.

Rekonstruieren-dann-Sortieren-Ansatz: Nächster-Nachbar-Interpolation

Bei Anwendung des Rekonstruieren-dann-Sortieren-Prinzips (Abschnitt 2.1.2.4) tritt das Problem auf, dass die Atemphasen der Bilddaten, die für unterschiedlichen Tischpositionen rekonstruiert werden, nicht exakt korrespondieren. Bei Anwendung der Nächster-Nachbar-Interpolation zur Auswahl derjenigen Datensegmente, die zu einem 3D-CT-Datensatz des gesamten Thorax zu einer gewünschten Atemphase zusammengesetzt werden, werden für adjazente Tischpositionen entsprechend Bilddaten zusammengefügt, die zu unterschiedlichen Atemphasen aufgezeichnet wurden.

Annahme der Periodizität der Atmung

Inhärent liegt den beschriebenen Verfahren zur 4D-CT-Bildgebung die Annahme zugrunde, dass die Atembewegung periodisch ist. Irregularitäten wie z. B. tiefere/flachere Atmung oder Veränderungen des Atemmusters (Bauch-/Brustatmung) können dazu führen, dass in verschiedenen Atemzyklen zwar die gemäß dem Atemsignal gleiche Phase vorliegt, die anatomischen bzw. pathologischen Strukturen sich jedoch an unterschiedlichen Positionen befinden (vergleiche Abschnitt 2.1.2.1). Während der Datenaufnahme führen solche Veränderungen dann zu Bewegungsartefakten.

2.2.1.2 Reduzierung der Artefakte

Die durch Anwendung der Nächster-Nachbar-Interpolation während des Zusammensetzens der 3D-CT-Daten hervorgerufenen Artefakte sind methodisch bedingt und lassen sich durch Einsatz strukturerhaltender Techniken zur zeitlichen Interpolation deutlich reduzieren. In der Regel finden registrierungsbasierte Interpolationsverfahren Anwendung [Ehrhardt et al. 2007b; Schreibmann et al. 2006; Werner et al. 2007a; Zeng et al. 2008]. Das Grundprinzip ist in Abb. 2.6 in Anlehnung an [Ehrhardt et al. 2007b; Werner et al. 2007a] skizziert: Falls für die betrachtete Position des Patiententisches keine Bilddaten verfügbar sind, die exakt zu der gesuchten Atemphase korrespondieren, werden zwei Datensegmente herangezogen, die hinsichtlich Sortierung der gesuchten

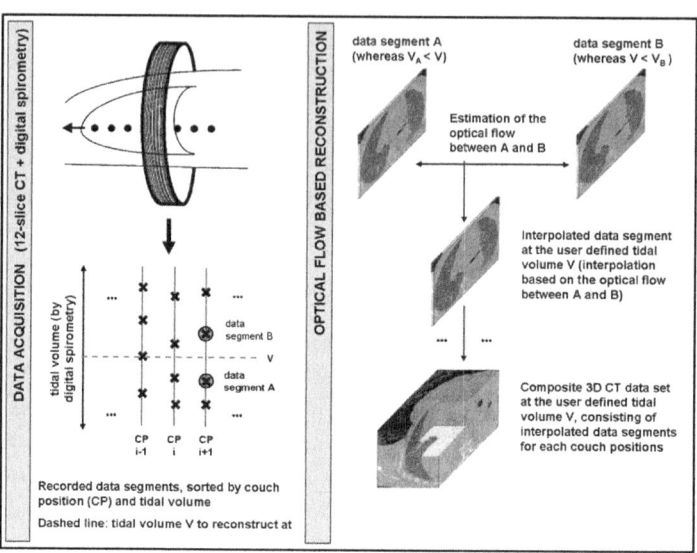

Abb. 2.6: Veranschaulichung des Prinzips der Artefaktreduktion durch eine registrierungsbasierte strukturerhaltende Interpolation bei Verwendung des Rekonstruieren-dann-Sortieren-Ansatzes. Links: Für jede Tischposition liegt nach Datenaufnahme eine sortierte Sequenz von CT-Datensegmenten vor (hier: Datenaufnahme nach [Low et al. 2003], Sortierung nach Atemvolumen). Rechts: Soll ein 3D-CT-Datensatz zu einem Atemvolumen V generiert werden, wird für jede Position des Patiententisches unter Nutzung des geschätzten optischen Flusses zwischen Segmenten, die dem gesuchten Volumen benachbart sind, ein Datensegment interpoliert. Die interpolierten Datensegmente werden zu dem gesuchten Volumendatensatz zusammengesetzt. Abbildung nach [Ehrhardt et al. 2007b].

Phase benachbart sind. Für das beschriebene Verfahren wird zwischen diesen der Optische Fluss berechnet[2]. Anhand des resultierenden Geschwindigkeitsfeldes werden dann CT-Datensegmente interpoliert, die der gesuchten Atemphase entsprechen. Für eine ausführliche Darstellung des Verfahrens sei auf [Ehrhardt et al. 2007b; Werner et al. 2007a; Werner 2007a] verwiesen. Die Anwendung derartiger Techniken ist jedoch zeitaufwändig und trotz nachgewiesen signifikanter Reduktion der Artefakte derzeit noch nicht in der klinischen Routine zu finden.

Irregularitäten der Atmung ist hingegen schwieriger zu begegnen. Ein Ansatzpunkt ist die Definition des Begriffs der Atemphase. In der Regel wird das aufgezeichnete, ursprünglich über die Zeit parametrisierte Atemsignal derart reparametrisiert, dass für

---

[2] Dieses ist natürlich auch eine (auf einzelne Datensegmente beschränkte) Schätzung der aufgetretenen Bewegungen, die von der Anwendung hierzu optimierter Verfahren profitieren würde; hierauf wird im Rahmen des Ausblicks der Arbeit (Kapitel 7) noch einmal eingegangen werden.

2.2 Limitationen der 4D-CT-Bildgebung

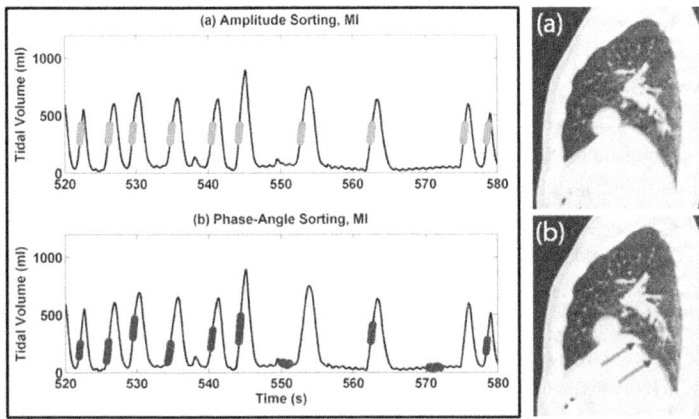

Abb. 2.7: Zum Unterschied zwischen phasen- und amplitudenbasierter Sortierung. Im vorliegenden Fall soll ein Datensatz zur mittleren Einatmung erstellt werden. Links: Phasen des aufgezeichneten Atemsignals, die der mittleren Einatmung entsprechen (oben: amplitudenbasiert; unten: phasenbasiert). Rechts: In einem sagittalen Schnitt des zugehörigen 3D-Datensatzes werden die durch die phasenbasierte Sortierung hervorgerufenen Artefakte deutlich. Abbildung nach [Lu et al. 2006b].

jeden Atemzyklus einer der Extremphasen der Atmung (z. B. maximale Einatmung) die Phase 0% = 100%, der anderen Extremphase der Wert 50%, und Zeitpunkten dazwischen entsprechend Werte zwischen 0% und 100% zugeordnet werden. Die artefaktverursachende Problematik, dass gleiche Phasen im Sinne obiger Parametrisierung unterschiedliche Atemzustände repräsentieren können, ist in Abb. 2.7 veranschaulicht. Anstatt über die eigentliche Atemphase kann der Atemzustand allerdings alternativ auch über ein Tupel aus Signalamplitude und Atemrichtung (Ein- oder Ausatmung) repräsentiert werden. Vergleiche der als phasenbasierte und amplitudenbasierte Sortierung bezeichneten Ansätze sind in [Lu et al. 2006b; Wink et al. 2006] zu finden; beide Studien belegen eine Artefaktreduktion durch amplitudenbasierte Sortierung.

2.2.2 Abbildung der Variabilität der Atembewegungen

Die Variabilität der Atembewegungen des Patienten (intraindividuelle Bewegungsvariationen) beeinträchtigt nicht nur wie beschrieben die Qualität der 4D-CT-Daten; in ihrer Konsequenz stellt sich im Hinblick auf eine 4D-Bestrahlungsplanung die Frage, inwieweit ein einzelner 4D-CT-Datensatz die atmungsbedingte Dynamik von Zielvolumina und Risikoorganen des zu behandelnden Patienten adäquat repräsentiert [Guckenberger et al. 2007b]. Diesbezüglich sei darauf hingewiesen, dass die genannten Artefakte lediglich

Folge von als vergleichsweise gering anzunehmenden Variationen der Atembewegungen über einen relativ kurzen Zeitraum sind, nämlich die Zeit der Bilddatenaufnahme. Über die gesamte Dauer der Strahlentherapie, d. h. bei Standard-Fraktionierung über mehrere Wochen hinweg, ist das Auftreten größerer, auch z. B. therapiebedingter Veränderungen der Bewegungsmuster durchaus möglich (als Folge von Gewichtsabnahme, Änderung des Gesundheitszustandes o. ä.). Diese sind durch eine einzelne 4D-CT-Bildsequenz eines Patienten gemäß Definition nicht abzubilden und schränken dessen Aussagekraft ein. Aufgrund ihrer klinischen Bedeutung wird diese Thematik im Rahmen der vorliegenden Arbeit sowohl im Kontext der Entwicklung der Verfahren zur modellbasierten Bewegungsfeldschätzung (Kapitel 5) als auch bei Analyse der zu erwartenden atmungsbedingten Effekte während der Bestrahlung eines Patienten (Kapitel 6) sowie im Ausblick der Arbeit (Kapitel 7) wieder aufgegriffen werden.

2.3 Verwendete Bilddaten

In der vorliegenden Arbeit kamen 4D-CT-Daten aus drei Einrichtungen zum Einsatz. Die Daten wurden mit unterschiedlichen Bildgebungsprotokollen aufgezeichnet und differieren somit hinsichtlich Bildeigenschaften und -qualität. Jeder 4D-CT-Datensatz bildet einen unterschiedlichen Patienten ab, d. h. wiederholte Datenaufzeichnungen für einen oder mehrere Patienten lagen nicht vor.

2.3.1 4D-CT-Daten der Washington University School of Medicine

Die zentrale Datenbasis der im Rahmen der vorliegenden Dissertation durchgeführten Methodenentwicklung, -optimierung und -evaluationen ist in Kooperation mit der Washington University School of Medicine in St. Louis (USA) aufgebaut worden. Die Daten wurden mittels des in Kapitel 2.1.2.3 beschriebenen Protokolls nach [Low et al. 2003; Lu et al. 2006b] aufgezeichnet. Grundlage des Image-Binnings war eine kombinierte Nutzung eines Spirometer- und eines Bauchgurtsignals, die es ermöglichte, eine auftretende Spirometerdrift zu korrigieren bzw. das verlässlichere Bauchgurtsignal in physiologisch leichter zu interpretierende Änderungen des Atem- bzw. Lungenluftvolumens zu konvertieren (Details siehe [Lu et al. 2006b; Werner et al. 2010b]). Den für die einzelnen Tischpositionen aufgezeichneten Bilddaten wurden Atemphasen im Sinne von Tupeln aus Atemvolumen und -richtung (Ein- oder Ausatmung) zugewiesen (amplitudenbasierte Sortierung). Zur Festlegung der Zustände maximaler Ein- und Ausatmung, die als 3D-CT-Daten der 4D-CT-Folge repräsentiert werden sollten, wurden die Messungen

2.3 Verwendete Bilddaten

Tabelle 2.1: Details zu den in dieser Arbeit verwendeten Datensätzen aus einer Kooperation mit der Washington University School of Medicine, St. Louis (USA). Die Bezeichnung der Datensätze entstammt dem Projektkontext. Für den Datensatz WashU 31 lag ein nicht-solider Tumor vor, der in den CT-Daten nicht abgegrenzt werden konnte. Für Pankreastumor-Patienten wurde das GTV ebenfalls nicht segmentiert, da die Tumoren im gegebenen Kontext nicht von Interesse waren.

Datensatz	Größe [Voxel^3] / räumliche Auflösung [mm^3]	Atem-phasen	Atemzug-volumen [ml]	Tumor-lokalisation	GTV [ml]
WashU 01	512×512×226 / 0.8×0.8×1.5	10	457	linke Lunge, nahe dem Herzen	21
WashU 02	512×512×190 / 0.9×0.9×1.5	10	364	Lunge, RLL	7
WashU 03	512×512×214 / 0.9×0.9×1.5	10	549	Lunge, RUL nahe Lungenspitze	8
WashU 04	512×512×226 / 0.9×0.9×1.5	10	353	Lunge, LUL, nahe vord. Brustwand	13
WashU 23	512×512×270 / 1.0×1.0×1.5	14	641	Lunge, RUL	12
WashU 31	512×512×270 / 1.0×1.0×1.5	14	378	Lunge, LLL	—
WashU 35	512×512×270 / 1.0×1.0×1.5	14	399	Lunge, RUL, an vord. Brustwand Lunge, RUL, nahe rechtem Hilum	8 17
WashU 36	512×512×270 / 1.0×1.0×1.5	14	784	Lunge, zwischen LUL und LLL Lunge, nahe rechtem Hilum	3 128
WashU 38	512×512×462 / 1.0×1.0×1.5	14	520	Bauchspeicheldrüse	—
WashU 41	512×512×270 / 1.0×1.0×1.5	14	781	Lunge, RUL	3
WashU 43	512×512×478 / 1.0×1.0×1.5	14	449	Bauchspeicheldrüse	—
WashU 44	512×512×270 / 1.0×1.0×1.5	14	498	Lunge, nahe rechtem Hilum	18
WashU 48	512×512×270 / 1.0×1.0×1.5	14	515	Lunge, RUL	89
WashU 53	512×512×270 / 1.0×1.0×1.5	14	449	Lunge, RML, an hint. Brustwand	96
WashU 55	512×512×446 / 1.0×1.0×1.5	14	415	Bauchspeicheldrüse	—
WashU 56	512×512×462 / 1.0×1.0×1.5	14	349	Bauchspeicheldrüse	—
WashU 63	512×512×270 / 1.0×1.0×1.5	14	451	Lunge, LUL	22
WashU 64	512×512×384 / 1.0×1.0×1.5	14	371	Bauchspeicheldrüse	—
WashU 69	512×512×494 / 1.0×1.0×1.5	14	565	Bauchspeicheldrüse	—

RLL = rechter unterer Lungenlappen (von. engl.: Right Lower Lobe)
RML = rechter mittlerer Lungenlappen
RUL = rechter oberer Lungenlappen (von. engl.: Right Upper Lobe)
LUL = linker oberer Lungenlappen (von. engl.: Left Upper Lobe)
LLL = linker unterer Lungenlappen (von. engl.: Left Lower Lobe)

Tabelle 2.2: Details zu den eingesetzten, frei verfügbaren 4D-CT-Daten: DIR-lab-Daten des University of Texas M.D. Anderson Cancer Centers, Houston (USA) und das POPI-Phantom, Léon Bérard Cancer Center & CREATIS Laboratory, University of Lyon (Frankreich).

Datensatz	Größe [Voxel^3] / räumliche Auflösung [mm^3]	Atemphasen	Atemzugvolumen [ml]	Tumorlokalisation	GTV [ml]
DIR-lab 01	256×256×94 / 1.0×1.0×2.5	10	191	mittl. Öso.	30
DIR-lab 02	256×256×112 / 1.2×1.2×2.5	10	423	dist. Öso.	26
DIR-lab 03	256×256×104 / 1.2×1.2×2.5	10	406	GÖ-Verzweigung	41
DIR-lab 04	256×256×99 / 1.1×1.1×2.5	10	412	dist. Öso.	66
DIR-lab 05	256×256×106 / 1.1×1.1×2.5	10	269	GÖ-Verzweigung	113
DIR-lab 06	512×512×128 / 1.0×1.0×2.5	10	673	Lunge, LLL	132
DIR-lab 07	512×512×136 / 1.0×1.0×2.5	10	635	GÖ-Verzweigung	17
DIR-lab 08	512×512×128 / 1.0×1.0×2.5	10	897	Lunge, LUL	2
DIR-lab 09	512×512×128 / 1.0×1.0×2.5	10	255	dist. Öso.	54
DIR-lab 10	512×512×120 / 1.0×1.0×2.5	10	431	Lunge, RLL	211
POPI-Phantom	512×512×141 / 1.0×1.0×2.0	10	424	rechte Lunge	8

Öso. = Ösophagus; dist. = distal; GÖ = gastro-ösophageal

der Atemvolumina analysiert. Hierzu wurden zunächst (anhand des in [Lu et al. 2006a] beschriebenen Verfahrens) die während der Datenaufzeichnung auftretenden lokalen Minima und Maxima der Volumenkurve ermittelt. Zur Repräsentation der maximalen Ausatmung wurde der Median der Minima gewählt, maximale Einatmung entsprach dem Median der Maxima der Kurve, und die Differenz der beiden Werte wurde als Atemzugvolumen bezeichnet. Zwischen den Extremwerten wurden bei Annahme einer sinusförmigen Atemkurve nach [Lujan et al. 1999] weitere Atemzustände derart festgelegt, dass eine zeitlich äquidistante Abtastung des patientenindividuellen Atemzyklus mit bis zu 14 Abtastpunkten entstand [Werner 2007a]. Für eine weitere Reduktion von Bewegungsartefakten wurde zur Generierung der 3D-CT-Daten der vorgegebenen Atemzustände das in Kapitel 2.2.1.2 skizzierte Verfahren nach [Ehrhardt et al. 2007b; Werner et al. 2007a; Werner 2007a] angewendet. Details zu den eingesetzten Daten sind in Tabelle 2.1 zusammengefasst; die Daten werden im Folgenden als WashU-Daten bezeichnet.

2.3.2 DIR-lab-Daten des University of Texas M.D. Anderson Cancer Centers

Eine frei zugängliche Datenbasis aus zehn thorakalen 4D-CT-Datensätzen von Lungen- oder Ösophagustumorpatienten wird durch das DIR-lab (engl.: Deformable Image Registration laboratory) des University of Texas M.D. Anderson Cancer Centers (Houston, USA) bereitgestellt; siehe http://www.DIR-lab.com. Die Daten wurden mittels

2.3 Verwendete Bilddaten

Tabelle 2.3: Charakteristika der Landmarkensätze, die für eine Evaluation von Bewegungsfeldschätzungen in den DIR-lab-Daten und dem POPI-Phantom verfügbar sind. Für die DIR-lab-Daten wurden korrespondierende Landmarken (alle in der Lunge befindlich) in CT-Daten zur maximalen Ein- und Ausatmung (EI, EE) lokalisiert. Die Intraobserver (IO)-Variabilität gibt an, wie präzise die Positionen der charakteristischen anatomischen Punkte in den CT-Daten lokalisiert werden konnten. Hierzu wurden 150 (DIR-lab 06-10) bzw. 200 Landmarken (DIR-lab 01-05) von drei Personen wiederholt lokalisiert. Die IO-Variabilität einer Landmarkenlokalisierung für eine Person repräsentiert dann den mittleren euklidischen Abstand der von der Person bestimmten Landmarkenpositionen. Angegeben sind Mittelwerte über Landmarken und Personen (in Klammern, da sich die Werte nicht explizit auf die Landmarken der verfügbaren Sätze beziehen). Die Landmarken des POPI-Phantoms liegen teils außerhalb der Lunge. Zur Vergleichbarkeit sind Angaben zu den Landmarken in der Lunge ebenfalls aufgeführt.

			mittl. Abstand EE-/EI-LM-Positionen [mm]			
Datensatz	Anzahl Landmarken	IO-Varia-bilität [mm]	3D (euklidisch)	superior-inferior	anterior-posterior	rechts-links
DIR-lab 01	300	(0.9 ± 1.2)	3.9 ± 2.8	3.6 ± 2.9	0.7 ± 0.8	0.6 ± 0.6
DIR-lab 02	300	(0.7 ± 1.0)	4.3 ± 3.9	3.8 ± 4.2	0.7 ± 0.9	0.7 ± 0.8
DIR-lab 03	300	(0.8 ± 1.0)	6.9 ± 4.1	6.3 ± 4.3	1.3 ± 1.3	1.2 ± 1.1
DIR-lab 04	300	(1.1 ± 1.3)	9.8 ± 4.9	9.4 ± 5.1	1.4 ± 1.1	1.0 ± 1.3
DIR-lab 05	300	(0.9 ± 1.2)	7.5 ± 5.5	6.7 ± 5.8	1.7 ± 1.7	0.9 ± 1.0
DIR-lab 06	300	(1.0 ± 1.4)	10.9 ± 7.0	10.0 ± 7.0	2.4 ± 2.0	2.2 ± 1.9
DIR-lab 07	300	(0.8 ± 1.3)	11.0 ± 7.4	10.2 ± 7.9	2.1 ± 1.5	1.3 ± 1.2
DIR-lab 08	300	(1.0 ± 2.2)	15.0 ± 9.0	13.5 ± 9.5	3.7 ± 3.2	2.2 ± 1.7
DIR-lab 09	300	(0.8 ± 1.1)	7.9 ± 4.0	6.5 ± 4.5	3.0 ± 1.9	1.3 ± 1.1
DIR-lab 10	300	(0.9 + 1 5)	7.3 ± 6.4	6.6 ± 6.4	1.8 ± 1.8	0.9 ± 0.9
POPI-Phantom	41	—	6.3 ± 3.2	5.8 ± 3.4	1.2 ± 1.1	1.2 ± 1.0
POPI: Lunge	35	—	6.5 ± 2.6	6.0 ± 2.9	1.2 ± 1.1	1.2 ± 1.0

IO-Variabilität = Intraobserver-Variabilität bei der Landmarkenlokalisation
EI = maximale Einatmung (engl.: End Inspiration)
EE = maximale Ausatmung (engl.: End Expiration)

eines Step-&-Shoot-ciné-Protokolls aufgezeichnet und mittels des Rekonstruieren-dann-Sortieren-Prinzips phasenbasiert sortiert. Aus den sortierten Daten wurden anhand des Nächster-Nachbar-Ansatzes 3D-CT-Daten zu zehn Atemphasen zusammengesetzt (0%, 10%, ..., 100%; 0% = max. Ein-, 50% = max. Ausatmung); siehe [Pan et al. 2004]. Die DIR-lab-Datenbank bietet eine Plattform zur Validierung von Verfahren zur Bewegungsfeldschätzung in 4D-CT-Daten. In den CT-Daten zur maximalen Ein- und Ausatmung ist eine Vielzahl korrespondierender Landmarken (= ausgezeichnete anatomische Punkte) innerhalb der Lunge manuell lokalisiert worden. Wie genauer in Kapitel 3 ausgeführt wird, sind entsprechende Landmarkenpaare zurzeit die wesentliche Basis zur Abschätzung der Fehler von Bewegungsfeldschätzungen.
Details zu den CT-Daten und Landmarkensätzen sind in den Tabellen 2.2 und 2.3 aufgeführt; für weitere Informationen siehe [Castillo et al. 2009; Castillo et al. 2010b].

2.3.3 POPI-Phantom des Léon Bérard Cancer Centers & CREATIS Laboratory, University of Lyon

Das POPI-Phantom ist ein frei verfügbarer 4D-CT-Datensatz eines Lungentumorpatienten, bereitgestellt von dem Léon Bérard Cancer Center & CREATIS Laboratory der University of Lyon (Frankreich); siehe auch http://www.creatis.insa-lyon.fr/rio/popi-model. Die Daten wurden mit einem Mehrzeilen-CT im Spiralmodus aufgezeichnet und anhand eines Bauchgurtsignals sortiert. Die gesuchten Thorax-Volumendaten wurden phasenbasiert und unter Verwendung des Nächster-Nachbar-Ansatzes zusammengefügt (zehn Phasen; 10%-Phase = max. Einatmung, 60%-Phase = max. Ausatmung). Wie für die DIR-lab-Daten liegt auch für das POPI-Phantom ein Satz korrespondierender Landmarken vor; in diesem Fall wurden die Punkte für alle Atemphasen lokalisiert. Details zu Daten und Landmarkensatz sind wiederum in den Tabellen 2.2 und 2.3 zusammengestellt; für weitere Informationen siehe [Vandemeulebroucke et al. 2007].

Kapitel 3

Patientenspezifische Bewegungsfeldschätzung in thorakalen 4D-CT-Bilddaten

Die patientenspezifische Bewegungsfeldschätzung in 4D-CT-Bilddaten zielt darauf ab, diejenigen Transformationen bzw. Verschiebungsfelder abzuschätzen, die die abgebildeten anatomischen bzw. pathologischen Strukturen zwischen den Atemphasen durchgeführt haben, die anhand der 3D-Bilddaten des 4D-Bilddatensatzes des betrachteten Patienten repräsentiert werden (vergleiche Kapitel 1.1.2.2). In Abhängigkeit von den abgebildeten Strukturen bzw. deren Aufbau und Eigenschaften können die Bewegungen mitunter komplex sein; die präzise und realitätsgetreue Bewegungsfeldschätzung stellt folglich eine Herausforderung dar. Diesbezügliche methodische Ansätze können prinzipiell in zwei Gruppen unterteilt werden: registrierungsbasierte Techniken und biophysikalische Modelle [Klinder et al. 2008a; Werner et al. 2009c]. Bei Einsatz von Verfahren zur Bildregistrierung werden die gesuchten Bewegungsfelder in der Regel direkt aus den vorliegenden Bilddaten abgeleitet. Entsprechende Verfahren sind allerdings zumeist unabhängig von problemspezifischem (a priori) Wissen definiert, im vorliegenden Fall etwa bezüglich der Atmung; eine Realitätsnähe im Sinne einer Plausibilität der resultierenden Transformationen hinsichtlich der zugrunde liegenden physiologischen Prozesse wird nicht explizit adressiert. Im Gegensatz hierzu zielen biophysikalische Modelle primär auf die Beschreibung von physiologischen Prozessen bzw. ausgewählten Aspekten dieser und so im Schwerpunkt auf eine Plausibilität der Transformationen ab. Gemäß dem Ziel des vorliegenden Kapitels, nämlich der Einschätzung der Eignung von Verfahren zur Bewegungsfeldschätzung in 4D-CT-Bilddaten, werden nachfolgend Verfahren beider Ansätze betrachtet und verglichen. Als biophysikalischer Modellierungsansatz wird in Anlehnung an [Villard et al. 2005; Zhang et al. 2004] ein Modell des Prozesses der Lungenventilation herangezogen, durch den maßgeblich das makroskopische Bewegungsverhalten der Lunge bestimmt wird. Durch Fokussierung auf ausschließlich die makroskopische Lungenbewegung ist jedoch gemäß ersten, in [Sarrut et al. 2007] und [Werner 2007b] beschriebenen Auswertungen der Genauigkeit des Modellierungsansatzes keine detaillierte Abbildung regionaler Lungenbewegungen zu erwarten. Diesbezüglich sind registrierungsbasierte Ansätze erfolgversprechender, da (im Gegensatz zur biophysikalischen Modellierung) die gesamten Bildinformationen zur Bewegungsfeldschätzung genutzt werden [Sarrut et al. 2007]. Auf ihnen liegt entsprechend der Schwerpunkt des Kapitels; das anhand der biophysikalischen Modellierung erworbene Wissen über die Physiologie der Atmung wird jedoch genutzt werden, um die Plausibilität bzw. Realitätsnähe von registrierungsbasiert geschätzten Bewegungsfeldern zu beurteilen.

Das Kapitel gliedert sich wie folgt: In Abschnitt 3.1 werden der biophysikalische Modellierungsansatz und dessen anatomische und physiologische Entsprechungen erläutert. Gemäß obigen Ausführungen ist die Beschreibung auf die zum prinzipiellen Verständnis nötigen Aspekte beschränkt. Anschließend wird die registrierungsbasierte Bewegungsfeldschätzung behandelt: In Abschnitt 3.2 wird eine allgemeine Definition des Registrierungsproblems gegeben, anhand derer in der Literatur beschriebene Ansätze klassifiziert und zusammengefasst werden. Die in der Arbeit umgesetzten Verfahren werden in Abschnitt 3.3 erläutert; der Ablauf und Resultate der durchgeführten Vergleiche der Verfahren finden sich in den Abschnitten 3.4 und 3.5. Letztere werden abschließend hinsichtlich des Anwendungskontextes und der Literaturlage interpretiert.

3.1 Biophysikalische Modellierung der Lungenbewegung

Ansätze zur biophysikalischen Modellierung von Atmung und Atembewegungen reichen von der mikroskopischen Ebene (Simulation des Verhaltens alveolärer Strukturen) bis zur Abbildung des makroskopischen Verhaltens; auch Multi-Skalen-Modelle sind zu finden [Burrowes et al. 2008]. In der Strahlentherapie ist jedoch vorrangig die Bewegung von Zielvolumina und Risikoorganen von Interesse, weshalb in aller Regel Ansätze zur Modellierung des makroskopischen Verhaltens Anwendung finden. Eingesetzt werden zumeist Methoden der Kontinuumsmechanik bzw. im Speziellen der Elastizitätstheorie; dies ist auch für den in dieser Arbeit betrachteten Ansatz der Fall.

3.1.1 Lungenventilation als elastizitätstheoretisches Kontaktproblem

3.1.1.1 Anatomie und Physiologie der Atmung

Das Prinzip der Lungenventilation ist durch den Einbau der Lungen in den Thorax bzw. die Bauchhöhle geprägt. Die Bauchhöhle gliedert sich in drei Teilräume: rechte und linke Pleurahöhle und das Mediastinum. Die Pleurahöhlen enthalten die Lungenflügel und sind durch Lungen- bzw. Rippenfell abgegrenzt. Das Lungenfell ist mit dem Lungengewebe verwachsen und kann als Lungenoberfläche aufgefasst werden; das Rippenfell kleidet den Thoraxinnenraum aus (Brustkorb, Zwerchfell, Mediastinum). Lungen- und Rippenfell gehen an der Lungenwurzel ineinander über und umschließen den das makroskopische Bewegungsverhalten der Lunge prägenden Pleuraspalt (Abb. 3.1). Der Pleuraspalt ist mit einer Flüssigkeit gefüllt, und es herrscht ein Unterdruck (intrapleuraler Druck; zwischen -0.4 und -1.0 kPa bez. des Außendrucks). Der Unterdruck führt dazu, dass Brust- und Rippenfell annähernd durchgehend in Kontakt stehen; die enthaltende Flüssigkeit bedingt weiter, dass dieser Kontakt nahezu reibungslos ist. Kommt es während der Einatmung zur Kontraktion der Atmungsmuskulatur, wird der Thoraxraum erweitert. Hierdurch nimmt der im Pleuraspalt herrschende Unterdruck zu, und die Lunge folgt der Erweiterung. Erschlafft die Muskulatur, verengt sich der Brustkorb; es kommt zur Ausatmung. Die resultierenden Lungenbewegungen sind im Detail abhängig von dem jeweiligen Atemmanöver. Insbesondere lassen sich Bauch- und Brustatmung unterscheiden [Rohen 1998]. Im liegenden Zustand überwiegt aber in der Regel die durch die Senkung des Zwerchfells hervorgerufene Bauchatmung; die Lunge dehnt sich während der Einatmung vorwiegend inferior aus. Hierbei gleitet ihre Oberfläche aufgrund der Beschaffenheit des Pleuraspalts an dem Brustfell entlang; makroskopisch betrachtet kommt es zu Unstetigkeiten zwischen Lungen- und Brustkorbbewegung (Abb. 3.1). Dieses Verhalten bildet den Ausgangspunkt der Modellierung.

3.1.1.2 Modellformulierung: Zu lösendes Randwertproblem

Der gewählte Modellierungsansatz orientiert sich wie beschrieben weitgehend an [Villard et al. 2005; Zhang et al. 2004]; für eine ausführliche Darstellung sei auch auf [Werner et al. 2009c] verwiesen. Betrachtet wird der aktive Prozess der Einatmung, der im Hinblick auf eine realitätsnahe Modellformulierung besser geeignet erscheint als der passive Prozess der Ausatmung. Fokussierend auf das makroskopische Bewegungsverhalten wird Lungengewebe vereinfachend als homogen und isotrop angenommen, d. h. ein Einfluss lungeninterner Strukturen wie Bronchial- und Gefäßbaum wird nicht berücksichtigt. Das zu lösende Problem wird als quasi-statisch betrachtet, so dass auf die Notationen der Elastostatik (hier angelehnt an [Bower 2010]) zurückgegriffen wird.
Sei also ein Lungenflügel zur Phase der maximalen Ausatmung (EE) gegeben und als zusammenhängende, abgeschlossene Teilmenge Ω_{EE}^{Lunge} des $\mathbb{R}^3$ repräsentiert; hierbei werde nicht zwischen linkem und rechten Lungenflügel unterschieden, da die Modellierung für beide Flügel analog erfolgt. Sei weiter die gesuchte injektive und topologieerhaltende Transformation durch ein Verschiebungsfeld parametrisiert, d. h.

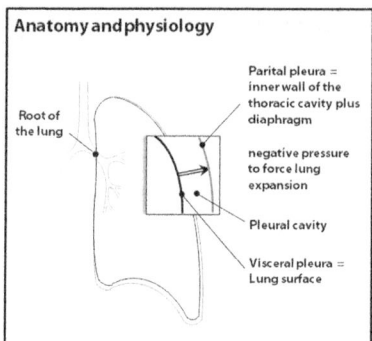
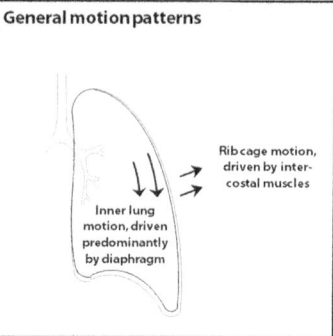

Abb. 3.1: Zum Aufbau bzw. Einbau der Lunge in den Thorax und den resultierenden makroskopischen Bewegungen von Lunge (überwiegend superior-inferior) und Brustkorb (vornehmlich anterior-posterior). Abbildung angelehnt an [Werner 2012].

$$\varphi = id + u : \Omega_{EE}^{\text{Lunge}} \subset \mathbb{R}^3 \to \mathbb{R}^3, \tag{3.1}$$

$$x \mapsto x^\varphi = \varphi(x) = x + u(x)$$

mit $u : \Omega_{EE}^{\text{Lunge}} \to \mathbb{R}^3$ als Verschiebungsfeld und id als die Identitätsabbildung. Dann stellt u gerade das zu schätzende Bewegungsfeld dar. Die Definition des zu lösenden, die Lungenbewegung beschreibenden Randwertproblems bedingt nun die Spezifikation der kinematischen Beziehungen, der Materialgleichungen und der Gleichgewichtsbedingungen bei gleichzeitiger Festlegung angemessener Randbedingungen.

Kinematische Beziehungen

Die kinematischen Beziehungen stellen den Zusammenhang zwischen den Verschiebungen der Massepunkte des betrachteten Kontinuums und den resultierenden lokalen Veränderungen der Konfiguration der Punkte her (Verzerrungen, Dehnungen). Ausgedrückt werden sie über den Green-St.Venant-Verzerrungstensor (auch bekannt als Lagrange- oder Green-Lagrange-Verzerrungstensor),

$$E : \Omega_{EE}^{\text{Lunge}} \to \mathbb{R}^{3\times 3}, \tag{3.2}$$

$$E(x) = \frac{1}{2}\left(\nabla u(x)^T + \nabla u(x) + \nabla u(x)^T \nabla u(x)\right),$$

der einen nicht-linearen Zusammenhang, als geometrische Nicht-Linearität bezeichnet, beschreibt. Hierbei ist durch ∇u der Gradient des Verschiebungsfeldes bezeichnet,

3.1 Biophysikalische Modellierung der Lungenbewegung

$$\nabla u = \nabla u\left(x\right) = \begin{pmatrix} \frac{\partial u_1}{\partial x_1}(x) & \frac{\partial u_1}{\partial x_2}(x) & \frac{\partial u_1}{\partial x_3}(x) \\ \frac{\partial u_2}{\partial x_1}(x) & \frac{\partial u_2}{\partial x_2}(x) & \frac{\partial u_2}{\partial x_3}(x) \\ \frac{\partial u_3}{\partial x_1}(x) & \frac{\partial u_3}{\partial x_2}(x) & \frac{\partial u_3}{\partial x_3}(x) \end{pmatrix} \in \mathbb{R}^{3\times 3}. \tag{3.3}$$

Materialgleichungen

Die Materialgleichungen stellen den Zusammenhang zwischen Spannung und Verzerrung her und legen so das materialspezifische Verhalten fest. Im vorliegenden Fall wird zur Spezifikation der Gleichungen auf den undeformierten, hier als spannungsfrei angenommenen (Anfangs-)Zustand sowie den symmetrischen 2. Piola-Kirchhoff-Spannungstensor $\Sigma : \Omega_{EE}^{Lunge} \to \mathbb{R}^{3\times 3}$ Bezug genommen. Σ steht hierbei über den analog zu Gleichung 3.3 definierten Deformationsgradienten (Jacobi-Matrix der Transformation) $\nabla \varphi$ gemäß $\Sigma(x) = \det(\nabla \varphi) \nabla \varphi^{-1} \sigma(x^\varphi) \nabla \varphi^{-T}$ mit dem in Bezug auf den deformierten Zustand / die deformierte Geometrie definierten symmetrischen Cauchy-Spannungstensor im Zusammenhang [Bathe 1990].

Als im gegebenen Kontext problematisch zeigt sich, dass Parameter zu den elastischen Eigenschaften von Lungengewebe durch Messungen nur schwer zugänglich sind, so dass sich nur wenige diesbezügliche Studien finden lassen [Al-Mayah et al. 2008]. Erschwerend kommt hinzu, dass die Eigenschaften durch verschiedene Faktoren beeinflusst werden, z. B. durch Erkrankungen der Atemwege oder das Alter [Denny et al. 2006; Lai-Fook et al. 2000; Zeng et al. 1987]. Deshalb wird hier auf das St. Venant-Kirchhoff-Modell zurückgegriffen, das einfachste hyperelastische Modell für Materialeigenschaften[1]. Es gilt für isotrope Materialien und zeichnet sich durch eine lineare Spannungs-Verzerrungs-Relation aus:

$$\Sigma(E) = \lambda \operatorname{tr}(E) I_{3\times 3} + 2\mu E \tag{3.4}$$

($\operatorname{tr}(\cdot)$: Spur einer Matrix; $I_{3\times 3}$: 3×3-Einheitsmatrix). $\lambda > 0$ und $\mu > 0$ sind die sogenannten Lamé-Konstanten, wobei die Beziehung auch anhand anderer Paare von Elastizitätskonstanten beschrieben werden kann. Ebenfalls häufig erfahren z. B. das Elastizitäts- bzw. Youngsche Modul $E = \mu(3\lambda + 2\mu)/(\lambda + \mu)$ und die Poisson- bzw. Querkontraktionszahl $\nu = \lambda/(2(\lambda + \mu))$ Anwendung.

---

[1] Hyperelastische Materialien lassen sich darüber definieren, dass die Spannungs-Verzerrungs-Relation über eine Verzerrungsenergie-Dichtefunktion W derart ausgedrückt werden kann, dass $\Sigma(E) = \frac{\partial W}{\partial E}$ gilt; vergleiche [Zienkiewicz et al. 2005].

Tabelle 3.1: Werte für Elastizitätsmodul E und Poissonzahl ν aus unterschiedlichen Studien zur Modellierung der atmungsbedingten Lungenbewegungen unter Annahme von St. Venant-Kirchhoff-Materialeigenschaften für das Lungengewebe; aus [Werner 2012].

Studie	Elastizitätsmodul E	Poissonzahl ν
[Al-Mayah et al. 2008]	7.8 kPa	0.43
[Al-Mayah et al. 2008; Al-Mayah et al. 2009]	3.74 kPa	0.35–0.499
[Brock et al. 2005]	5.0 kPa	0.45
[Nakao et al. 2007]	10 kPa	0.25
[Sundaram et al. 2005]	0.1 kPa	0.2
[Villard et al. 2005]	0.823 kPa	0.25–0.35
[West et al. 1972]	0.25 kPa	0.3
[Werner et al. 2009c]	0.1–10 kPa	0.2–0.45
[Zhang et al. 2004]	4.0 kPa	0.35

Eine Dimensionierung der elastischen Konstanten gestaltet sich ob der genannten Problematik als schwierig. In vergleichbaren Studien gewählte Werte differieren teils deutlich, vergleiche Tabelle 3.1. In [Werner et al. 2008; Werner et al. 2009c] sind Untersuchungen zu dem Einfluss unterschiedlicher, innerhalb des durch die Literaturwerte definierten Bereichs befindlicher Werte für Elastizitätsmodul und Poissonzahl auf das Modellverhalten beschrieben. Für diesbezügliche Details sei an dieser Stelle auf die Publikationen verwiesen. Deren Kernaussage ist, dass die Modellgenauigkeit weniger von den Werten der elastischen Konstanten, sondern vielmehr von einer realitätsnahen Formulierung der Randbedingungen abhängt (Abbildung der Gleitbewegung des Lungen- entlang des Rippenfells). Für die Experimente dieser Arbeit wurden letztlich E = 1 kPa und $\nu = 0.3$ als elastische Konstanten für das Lungengewebe gewählt.

Gleichgewichtsbedingungen (Volumenkräfte)

Die anhand der Spannungstensoren gemessenen Spannungen können als internes Kraftfeld interpretiert werden, die auf das Objekt einwirkenden externen Kräften entgegenwirken; im Sinne von Newton (*actio est reactio*) wird ein Gleichgewicht der Kräfte angestrebt. Hierbei unterscheidet man zwischen Oberflächen- und Volumenkräften. Oberflächenkräfte sind Gegenstand des nachstehenden Absatzes über Randbedingungen; Volumenkräfte wie die Schwerkraft werden vereinfachend vernachlässigt. Es ergibt sich dann[2] als Gleichgewichtsbedingung in Bezug auf den initialen Zustand

$$\text{div}\{(I_{3\times 3} + \nabla u(x))\Sigma(E(u(x)))\} = 0, \quad x \in \Omega_{\text{EE}}^{\text{Lunge}} \quad (3.5)$$

---

[2] Die internen Kräfte sind über den 1. Piola-Kirchhoff-Spannungstensor $S = \nabla \varphi \Sigma$ bzw. $F_{\text{int}} = \int_{\Omega_{\text{EE}}^{\text{Lunge}}} \text{div } S \, dx$ gegeben. Aus der Bedingung $F_{\text{ext}} = 0 = F_{\text{int}}$ resultiert dann Gleichung 3.5.

3.1 Biophysikalische Modellierung der Lungenbewegung

mit div$\{(I_{3\times 3} + \nabla u) \Sigma (E(u))\}$ als Operator der nicht-linearen Elastizität.

Randbedingungen

Der zentrale Punkt der Modellierung ist zuletzt die problemorientierte Spezifikation der Randbedingungen. Um die Ausdehnung der Lunge während der Einatmung abzubilden, wird auf die Lungenoberfläche ein uniformer Druck p_{Pleura} in deren Normalenrichtung ausgeübt; lediglich die Lungenwurzel, die als unbewegt angenommen wird, wird ausgespart. Dies entspricht den Kraft- und Dirichlet-Randbedingungen,

$$S(x)\, n(x) = p_{\text{Pleura}}\, n(x), \quad x \in \Omega_{\text{EE}}^{\text{Lunge}} \setminus \partial \Omega_{\text{EE}}^{\text{Lungenwurzel}}, \tag{3.6}$$

$$u(x) = 0, \quad x \in \partial \Omega_{\text{EE}}^{\text{Lungenwurzel}}. \tag{3.7}$$

Der Druck p_{Pleura} repräsentiert die durch die Erweiterung des Thoraxraums hervorgerufene Änderung des intrapleuralen Drucks. Er kann im Prinzip auf Basis patientenindividueller Messungen dimensioniert werden [Eom et al. 2010; Villard et al. 2005]. Diese lagen im vorliegenden Fall jedoch nicht vor, so dass ein alternativer Ansatz verfolgt wurde. Zunächst wurde eine Hilfsstruktur eingeführt, die die als bekannt vorausgesetzte Lungenform (bzw. Form der Pleurahöhle) zu einem vorgegebenen Endzustand (hier zumeist maximale Einatmung) repräsentiert; diese diente der Begrenzung der Lungenexpansion. Ausgehend von Null wurde dann p_{Pleura} sukzessive erhöht, bis das Volumen der ausgedehnten Lungengeometrie annähernd dem der Hilfsstruktur entsprach.

Um nun während der Lungenexpansion das Gleiten des Lungenfells entlang dem Brustfell zu modellieren, wurden zwischen der Oberfläche der expandierenden Lunge und der begrenzenden Geometrie zudem Kontaktbedingungen eingeführt. Gemäß Abschnitt 3.1.1.1 wurde von reibungsfreiem Kontakt ausgegangen, ausgedrückt durch so genannte Signorini-Bedingungen [Kikuchi et al. 1988]:

$$(g \geq 0) \;\wedge\; (p_{\text{Kontakt}} \leq 0) \;\wedge\; (p_{\text{Kontakt}} \cdot g = 0). \tag{3.8}$$

Hierbei repräsentiert g den Abstand zwischen einem Punkt $x^\varphi \in \partial \Omega_{\varphi(\text{EE})}^{\text{Lunge}}$ der Oberfläche der expandierenden Lunge und der Oberfläche der Hilfsstruktur, gemessen in Normalenrichtung der Lungenoberfläche; p_{Kontakt} ist ein so genannter Kontaktdruck. Die erste Bedingung beschreibt das Verbot einer Penetration der Oberflächen (d. h. die Situation $g < 0$), die dritte Bedingung die Forderung, dass ein Kontaktdruck nur dann eingeführt werden darf, wenn tatsächlich ein Kontakt vorliegt. Die zweite Bedingung spezifiziert, dass der Kontaktdruck immer einer Penetration der Oberflächen entgegenwirken muss. Die Kontaktbedingungen bilden zusammen mit den Gleichungen 3.2 bis 3.7 das zu lösende elastizitätstheoretische Randwert- bzw. Kontaktproblem.

3.1.2 Implementierung mittels Finite-Elemente-Methoden

Das definierte Randwertproblem wurde mittels Finite-Elemente-Methoden (FEM) gelöst. Hierzu wurde eine kommerzielle FEM-Software eingesetzt (COMSOL Multiphysics v3.4; COMSOL, Schweden); entsprechend soll an dieser Stelle auf den Lösungsprozess des Randwertproblems nicht weiter eingegangen werden. Als grundlegende Literatur zu FEM sei stattdessen auf Standardwerke wie [Bathe 1990; Zienkiewicz et al. 2005] verwiesen; für den speziellen Anwendungsfall sind detailliertere Ausführungen zu Implementierungsparametern und Parameterwerten in [Werner 2007b; Werner et al. 2009c] zu finden. Es sei allerdings darauf hingewiesen, dass der Einsatz der FEM-Software einiger Vorverarbeitungsschritte bedarf. Dies betrifft z. B. die Segmentierung der Lungenflügel in den CT-Daten des Patienten zu maximaler Ausatmung und der Zielphase (hier: maximale Einatmung) und die Erstellung zugehöriger Oberflächenmodelle.

3.2 Registrierung zur Bewegungsfeldschätzung in 4D-CT-Daten

3.2.1 Bildregistrierung als variationelles Problem

Die Bildregistrierung allgemein ist ein zentrales Gebiet der medizinischen Bildverarbeitung. Es gibt eine Vielzahl an Registrierungsverfahren, die wiederum nach unterschiedlichsten Kriterien klassifiziert bzw. differenziert werden können. Übersichten sind z. B. in [Maintz et al. 1998; Zitova et al. 2003] zu finden. Folglich existieren aber auch verschiedene Definitionen des Begriffs der Registrierung. In [Crum et al. 2004] etwa wird Bildregistrierung definiert als „*process for determining the correspondence of features between images*". Gemäß dieser allgemeinen Definition würde eine Differenzierung zwischen Registrierung und z. B. dem beschriebenen biophysikalischen Modellierungsansatz nicht gerechtfertigt sein, da die biophysikalische Modellierung auf eine Korrespondenzfindung zwischen den in den Bilddaten abgebildeten Lungenoberflächen abzielt[3]. In dieser Arbeit wird zur Verdeutlichung der im Allgemeinen unterschiedlichen Herangehensweise und Intention bei biophysikalischer Modellierung und Bildregistrierung und in Übereinstimmung mit Standardwerken wie [Modersitzki 2003; Modersitzki 2009] eine Definition des Registrierungsproblems gewählt, die eine Fokussierung auf die Bilddaten selbst (und

---

[3] Es sei angemerkt, dass die Differenzierung tatsächlich kontrovers diskutiert wird. Anstatt biophysikalischer Modellierung finden sich auch Begriffe wie biophysikalische oder biomechanische Registrierung; siehe z. B. [Brock 2007; Sarrut 2006].

nicht der darin abgebildeten Strukturen) betont.

Seien also im gegebenen Kontext zwei 3D-Datensätze $I_i, I_j : \Omega \subset \mathbb{R}^3 \to \mathbb{R}$ eines 4D-CT-Datensatzes $(I_0, \ldots, I_{n_{\mathrm{Ph}}-1}) = (I_k)_{k \in \{0,\ldots,n_{\mathrm{Ph}}-1\}}$ gegeben $(i, j \in \{0, \ldots, n_{\mathrm{Ph}} - 1\}$: durch die Bilder repräsentierte Atemphasen; n_{Ph}: Anzahl der abgebildeten Phasen). Ein Datensatz sei konventionsgemäß als Referenzbild R und der andere als Ziel- oder Targetbild T bezeichnet. Bei einer (Bild-)Registrierung wird nun eine (zunächst beliebige, mindestens zweimal stetig differenzierbare, d. h. aus $\mathcal{C}^2(\Omega, \Omega)$ stammende) Transformation $\varphi : \Omega \to \Omega$ gesucht, die, angewendet auf das Targetbild, die Ähnlichkeit zwischen Referenz- und Targetbild unter Berücksichtigung einer gewünschten Glattheit von φ maximiert bzw. ein geeignetes Distanzmaß minimiert. Bezeichne weiter $\mathrm{Img}(\Omega)$ die Menge aller Bilder mit Definitionsbereich Ω, sei $\mathcal{D} : \mathrm{Img}(\Omega) \times \mathrm{Img}(\Omega) \times \mathcal{C}^2(\Omega, \Omega) \to \mathbb{R}_0^+$ ein solches Distanzmaß und werde die gewünschte Glattheit der Transformation über einen Regularisierungsterm $\mathcal{S} : \mathcal{C}^2(\Omega, \Omega) \to \mathbb{R}_0^+$ ausgedrückt, dann wird das Registrierungsals Minimierungsproblem definiert:

$$\mathcal{J}[\varphi] := \mathcal{D}[R, T, \varphi] + \alpha \mathcal{S}[\varphi] \xrightarrow{\varphi} \min. \tag{3.9}$$

Wenn R und T aus dem Kontext bekannt sind, wird nachfolgend für das Distanzmaß auch abkürzend $D[\varphi]$ statt $D[R, T, \varphi]$ geschrieben. Der positive Gewichtungsfaktor $\alpha \in \mathbb{R}^+$ dient der Wichtung des Einflusses des Regularisierungsterms gegenüber dem des Distanzmaßes.

Bei somit erfolgter Definition des Registrierungsproblems wurde bewusst auf die Spezifikation expliziter Randbedinungen verzichtet. Im Kontext der Bildregistrierung adressieren Randbedingungen im Allgemeinen lediglich den Umgang mit dem Bildrand $\partial\Omega$ bei numerischer Lösung von Gleichung 3.9. Im Gegensatz zur biophysikalischen Modellierung sind sie somit zumeist nicht von modellbildendem Charakter und beeinflussen – zumindest im vorliegenden Fall, bei dem interessierende Bildstrukturen weit vom Bildrand entfernt liegen – die Registrierungsresultate allenfalls minimal.

3.2.2 Von der Registrierung zur Bewegungsfeldschätzung in 4D-Bilddaten

Die bei Registrierung resultierende Transformation φ kann in Analogie zur biophysikalischen Modellierung in die Identitätsabbildung id als trivialem Anteil und einen Verschiebungsanteil u aufgeteilt werden, d. h. $\varphi = id + u$. Wie zuvor entspricht das gesuchte Bewegungsfeld zwischen R und T dem Verschiebungsanteil; der Begriff der Bewegungsfeldschätzung wird aber auch synonym für die Berechnung von φ verwendet. Bei Betrachtung von nur zwei 3D-Bilddaten ist durch die vorherige Definition jedoch ersichtlich lediglich die registrierungsbasierte Bewegungsfeldschätzung zwischen zwei Atemphasen adressiert; Ziel der Bewegungsfeldschätzung in 4D-Bilddaten ist aber die Beschreibung der Bewegungen über den gesamten Atemzyklus. Seien hierzu nun der zu untersuchende 4D-CT-Datensatz $(I_k)_{k\in\{0,\ldots,n_{\mathrm{Ph}}-1\}}$ bzw. die durch die einzelnen 3D-Bilddaten I_k repräsentierten Atemphasen $s_k \in [0,1)$ betrachtet[4]. Wie zuvor sei ein 3D- als Referenzdatensatz R ausgezeichnet, wobei ohne Beschränkung der Allgemeinheit $R = I_0$ gelte. Die registrierungsbasierte Bewegungsfeldschätzung in $(I_k)_{k\in\{0,\ldots,n_{\mathrm{Ph}}-1\}}$ kann dann als Suche nach Trajektorien[5]

$$\left(x\left(s_k\right)\right)_{k\in\{0,\ldots,n_{\mathrm{Ph}}-1\}} = \left(x\left(s_0\right) = x, x\left(s_1\right), \ldots, x\left(s_{n_{\mathrm{Ph}}-1}\right)\right)^T$$

der Voxel $x \in \Omega$ des Referenzbildes formuliert werden. In direkter Erweiterung der Definitionen für zwei Atemphasen sind zur Bestimmung der Trajektorien $(n_{\mathrm{Ph}} - 1)$ Registrierungen durchzuführen. Hierbei sind zwei Ansätze zu unterscheiden: die Registrierung zeitlich jeweils adjazenter 3D-CT-Bilddaten und die Registrierung sämtlicher Phasen auf einen/den Referenzdatensatz; siehe auch Abb. 3.2.

Bei Registrierung der zeitlich jeweils adjazenten Daten I_k und I_{k+1} werden Voxeltrajektorien durch Komposition der Transformationen $\varphi_{k,k+1}$ gebildet:

$$\left(x\left(s_k\right)\right)_{k\in\{0,\ldots,n_{\mathrm{Ph}}-1\}} = \begin{pmatrix} x \\ \varphi_1(x) \\ \varphi_2(x) \\ \vdots \\ \varphi_{n_{\mathrm{Ph}}-1}(x) \end{pmatrix} := \begin{pmatrix} x \\ \varphi_{0,1}(x) \\ \varphi_{1,2} \circ \varphi_{0,1}(x) \\ \vdots \\ \varphi_{n_{\mathrm{Ph}}-2,n_{\mathrm{Ph}}-1} \circ \cdots \circ \varphi_{0,1}(x) \end{pmatrix}. \quad (3.10)$$

Werden hingegen alle CT-Daten I_k auf einen Referenzdatensatz (hier: $I_0 = R$) registriert, folgt für die Voxeltrajektorien

$$\left(x\left(s_k\right)\right)_{k\in\{0,\ldots,n_{\mathrm{Ph}}-1\}} = \begin{pmatrix} x \\ \varphi_1(x) \\ \vdots \\ \varphi_{n_{\mathrm{Ph}}-1}(x) \end{pmatrix} := \begin{pmatrix} x \\ \varphi_{0,1}(x) \\ \vdots \\ \varphi_{0,n_{\mathrm{Ph}}-1}(x) \end{pmatrix}. \quad (3.11)$$

---

[4] Man beachte, dass angenommen wird, dass der 4D-CT-Datensatz einen einzelnen Atemzyklus repräsentiert. Die in Kapitel 2.2.2 eingeführte Unterscheidung zwischen Atemphase und -zustand ist dann nicht erforderlich, da die Phase den Zustand eindeutig beschreibt.

[5] Natürlich gilt dies prinzipiell auch für biophysikalische Modellierungsansätze. Gleichwohl treten hierbei mitunter Probleme auf. Der zuvor beschriebene Ansatz bildet z. B. lediglich den Vorgang der Einatmung physiologisch korrekt ab.

3.2 Registrierung zur Bewegungsfeldschätzung in 4D-CT-Daten

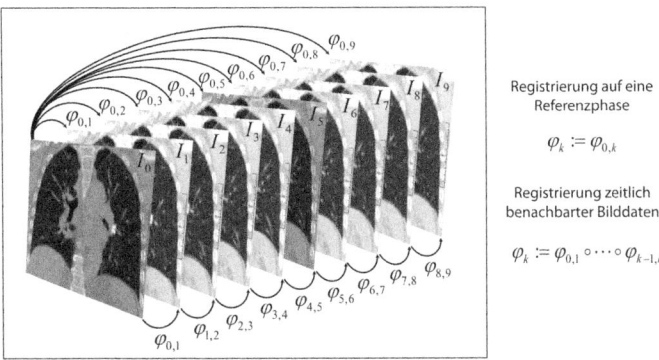

Abb. 3.2: Ansätze zur registrierungsbasierten Bewegungsfeldschätzung in 4D-Bilddaten: die Registrierung aller Bilddaten auf eine ausgewählte Referenzphase (oben; in dieser Arbeit verfolgter Ansatz) und die Registrierung zeitlich adjazenter Bilddaten (unten).

Vorausgesetzt wurde zunächst, dass der Datensatz, auf den die unterschiedlichen Phasen registriert werden, dem ausgezeichneten Datensatz entspricht, für dessen Voxel die Bewegung über die Zeit betrachtet werden soll. Ist das nicht der Fall, würde die Berechnung der Trajektorien die Invertierbarkeit der Transformationen voraussetzen – die für Standard-Registrierungsansätze nicht unbedingt gegeben ist. Auf diese Problematik wird näher in Abschnitt 3.3.2 eingegangen werden.

Beide Herangehensweisen haben Vor- und Nachteile: Im Allgemeinen ist es zur Registrierung von Vorteil, wenn die abzuschätzenden Verschiebungen klein sind. Dies spricht für die sukzessive Registrierung zeitlich adjazenter Daten. Allerdings kann Problemen, die während einer Registrierung durch große Bewegungen entstehen, durch Implementationsdetails begegnet werden (Multi-Resolution-Strategien, Initialisierung der Registrierung von I_0 auf I_k mit $\varphi_{0,k-1}$; siehe z. B. [Ehrhardt et al. 2007a]). Nachteilig an der sukzessiven Registrierung zeitlich adjazenter Daten ist, dass aufgrund der räumlich diskreten Struktur der Bilddaten die anschließenden (und zusätzlichen Aufwand hervorrufenden) Kompositionen der einzelnen Transformationen die Anwendung von Interpolationstechniken erfordern. Diese führen wiederum zu Interpolationsfehlern, die sich über den Zyklus akkumulieren.

Diese Problematik adressierend wurde in [Ehrhardt et al. 2007a] gezeigt, dass die durch Gleichung 3.11 geschätzten Trajektorien glatter (und damit physiologisch plausibler) sind als bei Registrierung der zeitlich adjazenten Bilddaten und anschließender Komposition der Transformationen. Da gemäß [Boldea et al. 2008] darüber hinaus auch quantitativ eine präzisere Bewegungsfeldschätzung bei Registrierung auf einen Referenzdatensatz erzielt werden kann, kommt in der vorliegenden Arbeit lediglich dieser Ansatz zum Einsatz.

3.2.3 State-of-the-Art-Verfahren zur registrierungsbasierten Bewegungsfeldschätzung

Als Folge der Vielfalt bestehender Registrierungsverfahren und einer zugleich zunehmenden Verbreitung von 4D-Bilddaten in der Medizin wurden inzwischen unterschiedlichste Registrierungsansätze zur Bewegungsfeldschätzung in 4D-Bilddaten eingesetzt; eine vollständige Wiedergabe der diesbezüglichen Literaturlage ist kaum noch möglich.[6] Allerdings wurden 2009 und 2010 unter Teilnahme von international in diesem Bereich renommierten Arbeitsgruppen zwei umfassende Vergleichsstudien mit Fokus auf der Intra-Patienten-Registrierung von Lungen-CT-Daten veranstaltet: MIDRAS (Multi-Institution Deformable Registration Accuracy Study; umfasst auch die Registrierung von Leber-CT- und -Magnetresonanztomographie(MRT)-Daten sowie Prostata-MRT-Daten; siehe [Brock et al. 2010]) und EMPIRE10 (Evaluation of Methods for Pulmonary Image REgistration 2010; siehe [Murphy et al. 2010; Murphy et al. 2011a]). Die Studien bieten einen Überblick über den diesbezüglichen Stand der Forschung. Die jeweils zehn bestplatzierten Verfahren sind in Tabelle 3.2 aufgeführt, wobei die Ansätze nach Distanzmaß und Regularisierungsansatz sowie dem betrachteten Transformationsmodell klassifiziert wurden.

Die Tabelle belegt einerseits eine Diversität der eingesetzten Registrierungsansätze, andererseits scheinen aber auch Trends erkennbar. So wählten 12 der 20 top-platzierten Ansätze die (teils normalisierte) Summe der quadratischen Differenzen (SSD; engl.: Sum of Squared Differences) der Intensitätswerte von transformiertem Target- und Referenzbild als Distanzmaß. Weiter modellieren lediglich vier der Ansätze die gesuchten Transformationen über Splines; ansonsten werden nicht-parametrische Registrierungsverfahren eingesetzt[7]. Unterschiede sind vor allem bei den Regularisierungstermen auszumachen. Priorisiert scheint eine Gaußglättung der Felder. Dieser Ansatz ist allerdings nur schwer explizit mit der in der vorliegenden Arbeit gewählten Schreibweise nach Gleichung 3.9 in Einklang zu bringen. Da zudem gezeigt werden kann, dass eine Gaußglättung der Felder in direktem Zusammenhang mit dem diffusiven Regularisierungsansatz steht (siehe [Ehrhardt 2003; Modersitzki 2003]), wird sie nachstehend nicht weiter betrachtet.

---

[6] Beispiel zur Verdeutlichung: Die Suche bei IEEE Xplore mit einer Kombination der Suchbegriffe „4D/breathing/respiration", „radiation therapy/radiotherapy" und „deformable (image) registration/non-rigid registration/non-linear registration" erbringt derzeit mehr als >400 Treffer.
[7] Ein Registrierungsverfahren wird als parametrisch bezeichnet, falls die zulässigen Transformationen parametrisiert beschrieben werden, d. h. ihre Komponenten als Linearkombination bestimmter Basisfunktionen gegeben sind [Modersitzki 2009]. Beispiele sind affine oder auch spline-basierte Registrierungsverfahren.

3.2 Registrierung zur Bewegungsfeldschätzung in 4D-CT-Daten

Tabelle 3.2: Auflistung der jeweils zehn bestplatzierten Verfahren der MIDRAS- und EMPIRE10-Studien sowie eingesetzter Distanzmaße, Regularisierungsansätze und Transformationsmodelle. Für die MIDRAS-Studie wurden zur Beurteilung der Verfahren die Werte zum Target-Registration-Error bei der Bewegungsfeldschätzung in Lungen-CT-Daten herangezogen. Für EMPIRE10 wurden die Resultate der zweiten Studienphase betrachtet. Insbesondere in der EMPIRE10-Studie wurden häufig Vorregistrierungen durchgeführt (z. B. eine affine Ausrichtung der Bilder); die hier aufgeführten Angaben beziehen sich nur auf die nicht-lineare (Haupt-)Registrierung. Abkürzungen: (N)SSD = (Normalized) Sum of Squared Differences; MSD = Mean Squared Differences; CC = Correlation Coefficient; NMI = Normalized Mutual Information; SSTVD = Sum of Squared Tissue Volume Differences; SSVMD = Sum of Squared Vesselness Measure Differences; k.A. = keine Angabe/nicht einzuordnen.

Personen / Referenz	Distanzmaß	Regularisierungsansatz	Transformationsmodell
MIDRAS Studie, Bewegungsfeldschätzung in der Lunge			
Dong, Zhang (MD Anderson CC) [Wang et al. 2005]	NSSD	(Gaußglättung)	keine Einschränkung
Han (CMS)[1]	SSD	k.A.	k.A.
Dufort, Stundzia (Tomographix)	SSD	(Min. Biegeenergie)	Thin-Plate-Splines
Xia, Samant (Univ. of Florida)	SSD	diffusiv	keine Einschränkung
El Naqa, Yang (Washington Univ.) [Yang et al. 2008]	MSD	[Horn et al. 1981][2]	keine Einschränkung
Hawkes, Crum (UCL) [Crum et al. 2005]	CC	visko-elastisch	keine Einschränkung
Heath (McGill Univ.) [Heath et al. 2007]	CC	linear-elastisch	keine Einschränkung
Mageras, Hu (Memorial Sloan Kettering CC) [Lu et al. 2004]	SSD	diffusiv	keine Einschränkung
Nord (Varian)	NSSD	(Gaußglättung)	keine Einschränkung
Noe, Tanderup (Aarhus) [Noe et al. 2008]	SSD	visko-elastisch	keine Einschränkung
EMPIRE10 Studie			
[Han 2010]	MI/NSSD	(Gaußglättung)	keine Einschränkung
[Song et al. 2010]	CC	(Gaußglättung)	Diffeomorphismen[3]
[Staring et al. 2010]	CC	k.A.	B-Splines
[Schmidt-Richberg et al. 2010]	NSSD	diffusiv	Diffeomorphismen[4]
[Modat et al. 2010]	NMI	Min. Biegeenergie	B-Splines
[Kabus et al. 2010]	SSD	linear-elastisch	keine Einschränkung
[Cao et al. 2010]	SSTVD/SSVMD	Min. Membranenergie	B-Splines
[Muenzing et al. 2010]	NSSD	diffusiv	Diffeomorphismen[4]
[Song et al. 2010]	CC	(Gaußglättung)	Diffeomorphismen[4]
[Garcia et al. 2010]	NSSD	(Gaußglättung)	Diffeomorphismen[4]

[1]: Als Referenz wird auf die dämonenbasierte Registrierung gemäß [Thirion 1998] verwiesen, was aber nicht exakt mit den Angaben in der MIDRAS-Studie übereinstimmt (z. B. würde dann NSSD minimiert).

[2]: Gegenstand von [Horn et al. 1981] ist die Bestimmung des Optischen Flusses. Als Glattheitsbedingung wird der quadrierte Gradientenbetrag der Flussgeschwindigkeit minimiert, was nach [Modersitzki 2009] einer 2D-diffusiven Regularisierung entspricht.

[3/4]: aus zeitabhängigen/stationären Geschwindigkeitsfeldern generiert (siehe Kapitel 3.3.2).

Die diesen Trends ansonsten entsprechenden Terme werden in dem folgenden Kapitel definiert und zuletzt im Hinblick auf die Bewegungsfeldschätzung in 4D-CT-Daten evaluiert[8]. Die beschriebenen Studien werden in Abschnitt 3.6 wieder aufgegriffen, um die in der Arbeit erzielten Ergebnisse in deren Kontext zu interpretieren.

3.3 Implementierte Ansätze zur optimierten registrierungsbasierten Bewegungsfeldschätzung

3.3.1 Lösungsansatz des klassischen variationellen Registrierungsproblems

Ein klassischer Ansatz zur Lösung des Registrierungsproblems ist die Minimierung des Funktionals in Gleichung 3.9 unter direkter Berücksichtigung des gesuchten, zur Transformation φ assoziierten und ansonsten nicht weiter eingeschränkten Bewegungsfeldes $u \in \mathcal{C}^2(\Omega, \mathbb{R}^3)$ [Vercauteren et al. 2009], d. h. die Reformulierung $\mathcal{J}[\varphi] = \mathcal{J}[u]$. In Tabelle 3.2 sind dieses gerade diejenigen Verfahren, bei denen unter „Transformationsmodell" der Eintrag „keine Einschränkung" zu finden ist. Gemäß Variationsrechnung lauten die Euler-Lagrange-Gleichungen in starker Formulierung als Bedingung erster Ordnung für ein Minimum an $\mathcal{J}$ dann

$$\delta\mathcal{J}[u,\eta] = \delta\mathcal{D}[u,\eta] + \alpha\,\delta\mathcal{S}[u,\eta] = 0, \quad \eta \in \mathcal{C}^2\left(\Omega, \mathbb{R}^3\right), \tag{3.12}$$

mit η als beliebig gewählter zulässiger Variation (Testfunktion) und

$$\delta\mathcal{J}[u,\eta] = \left.\frac{d}{d\epsilon}\mathcal{J}[u+\epsilon\eta]\right|_{\epsilon=0}$$

als (erster) Gâteaux-Ableitung (auch: erster Variation) von $\mathcal{J}$ in Richtung η. Es zeigt sich, dass (bei Vernachlässigung von Randintegralen) die Gâteaux-Ableitungen für typische Distanzmaße und Regularisierungsterme geschrieben werden können als

$$\delta\mathcal{D}[u,\eta] = \int_\Omega \langle f(x,u(x)), \eta(x)\rangle\, dx, \tag{3.13}$$

und

---

[8] Es sei allerdings angemerkt, dass die Auswahl der Terme bzw. die Konzeption der vorliegenden Arbeit bereits vor Durchführung bzw. Publikation der zitierten Studien stattfand!

3.3 Implementierte Registrierungsansätze

$$\delta \mathcal{S}[u, \eta] = \int_\Omega \langle \mathcal{A}[u](x), \eta(x) \rangle \, dx. \tag{3.14}$$

Hierbei ist $\mathcal{A} : \mathcal{C}^2(\Omega, \mathbb{R}^3) \to \mathcal{C}^0(\Omega, \mathbb{R}^3)$ ein mit dem Regularisierungsterm $\mathcal{S}$ assoziierter linearer Differentialoperator und $f : \mathbb{R}^3 \times \mathbb{R}^3 \to \mathbb{R}^3$ ein so genanntes, zu dem gewählten Distanzmaß korrespondierendes Kraftfeld [Heldmann 2006; Modersitzki 2003], häufig auch abkürzend als $f(u)$ statt $f(x, u(x))$ geschrieben. Da η in den Gleichungen 3.13 und 3.14 beliebig zu wählen war, folgt, dass eine Funktion u nur dann und genau dann eine Lösung von Gleichung 3.12 darstellt, wenn sie eine Lösung von

$$f(x, u(x)) + \alpha \, \mathcal{A}[u](x) = 0, \quad x \in \Omega \tag{3.15}$$

ist. Dies ist die klassische Formulierung der Euler-Lagrange-Gleichungen.

Zur Lösung von Gleichung 3.15 sei nun nach z. B. [Heldmann 2006] zunächst eine künstliche (Zeit-)Konstante $t \in \mathbb{R}^+$ eingeführt, von der u abhänge, d. h. $u : \Omega \times \mathbb{R}^+ \to \mathbb{R}^3$ mit $(x, t) \mapsto u(x, t)$ bei Anfangsbedingungen $u(x, 0) = u_0(x)$ (hier zumeist $u_0 = 0$). Im Sinne eines Gradientenabstiegsverfahrens gelte weiter

$$\frac{\partial}{\partial t} u = -\nabla \mathcal{J}(u),$$

wobei der Gradient $\nabla \mathcal{J}(u)$ definiert ist über den Zusammenhang

$$\delta \mathcal{J}[u, \eta] = \langle \nabla \mathcal{J}(u), \eta \rangle_{L^2(\Omega)}$$

mit $\langle v, w \rangle_{L^2(\Omega)} := \int_\Omega \langle v(x), w(x) \rangle \, dx$ für $v, w : \mathbb{R}^3 \to \mathbb{R}^3$. Im vorliegenden Fall gilt somit gemäß Gleichungen 3.12 bis 3.14, dass $\nabla \mathcal{J}(u) = f(u) + \alpha \, \mathcal{A}[u]$. Eine Lösung der klassischen Euler-Lagrange-Gleichung kann also nun berechnet werden, indem das Anfangswertproblem

$$\frac{\partial}{\partial t} u = -(f(u) + \alpha \, \mathcal{A}[u]) \tag{3.16}$$

gelöst wird. Wie in [Modersitzki 2003] oder [Heldmann 2006] vorgeschlagen, wird hierzu ein semi-implizites Eulerverfahren genutzt. Bei Einführung diskreter Zeitschritte $t_{n+1} = t_n + \tau$ mit $t_0 = 0$ und analog $u^n := u(\cdot, t_n)$, Approximation der partiellen zeitlichen Ableitung über Rückwärtsdifferenzen sowie $f(u^{n+1}) \approx f(u^n)$ folgt letztlich

$$u^{n+1} = (id + \tau \alpha \, \mathcal{A})^{-1} (u^n - \tau \, f(u^n)). \tag{3.17}$$

Das resultierende Registrierungsschema ist in Algorithmus 1 zusammengefasst.

Algorithmus 1 : Registrierung, klassisches variationelles Schema

Set $u^0 = 0$ (or another initial displacement field) and $n = 0$
repeat
    Compute the update field $p^n = f(u^n)$
    Let $u^n \leftarrow u^n - \tau p^n$
    Regularize the displacement field by $u^n \leftarrow (id + \tau \alpha \mathcal{A})^{-1} u^n$
    Let $n \leftarrow n + 1$
until $n \geq n_{max}$ or another stopping criterion is satisfied

---

3.3.2 Erweiterung des variationellen Frameworks zur diffeomorphen Registrierung

Die gemäß Abschnitt 3.3.1 berechnete Transformation bzw. Bewegungsfeldschätzung wird entsprechend dem eingesetzten Regularisierungsmodell eine gewisse Glattheit aufweisen. Die gewählten Formulierungen garantieren allerdings (mathematisch betrachtet) keine Injektivität, und folglich auch keine Invertierbarkeit der Transformationen. Es können also unerwünschte, physiologisch nicht sinnvolle Singularitäten (d. h. Faltungen und/oder Zerreißen von Strukturen im transformierten Targetbild) in den Feldern auftreten [Ashburner 2007; Beg et al. 2005; Trouve 1998]. Um diesem Problem zu begegnen, finden zunehmend Ansätze zur diffeomorphen Registrierung Anwendung (vergleiche Tabelle 3.2, EMPIRE10-Studie).

Als diffeomorph wird eine Transformation $\varphi : \Omega \to \Omega$ bezeichnet, falls sie bijektiv ist und sowohl φ als auch die Umkehrabbildung φ^{-1} stetig differenzierbar sind. Eine Einschränkung des dem Registrierungsproblem zugrunde liegenden Transformationsraums auf Diffeomorphismen erscheint somit natürlich, da „*connected sets remain connected, disjoint sets remain disjoint, smoothness of anatomical features [...] is preserved, and coordinates are transformed consistently*" [Beg et al. 2005]. Allerdings muss das zuvor definierte Registrierungsschema hierzu geeignet angepasst werden: Sei mit Diff(Ω) nachfolgend die Menge aller Diffeomorphismen über Ω bezeichnet, dann bildet Diff(Ω) zwar mit der Komposition $\circ$ als Verknüpfung und der Identitätsabbildung als neutralem Element eine Gruppenstruktur aus [Christensen et al. 1996]; hinsichtlich der in Gleichung 3.17 ausgeführten Addition ist Diff(Ω) jedoch nicht abgeschlossen.

Den Ausgangspunkt der durchzuführenden Anpassung bildet in der Regel die Feststellung, dass diffeomorphe Transformationen $\varphi \in$ Diff(Ω) als Endpunkte von Pfaden $\phi_t \in$ Diff(Ω), $t \in [0, 1]$ modelliert werden können, die anhand hinreichend glatter Geschwindigkeitsfelder $v : \Omega \times [0, 1] \to \Omega$ über die Evolutionsgleichung

3.3 Implementierte Registrierungsansätze

$$\frac{\partial}{\partial t}\phi_t(x) = v(\phi_t(x), t) \tag{3.18}$$

mit Anfangsbedingung $\phi_0 = id$ beschrieben werden. Für detaillierte mathematische Ausführungen in Bezug auf an die Geschwindigkeitsfelder zu stellende Bedingungen, durch die Eindeutigkeit, Existenz und gesuchte Regularität der Lösungen von 3.18 gewährleistet werden, sei auf [Beg et al. 2005; Dupuis et al. 1998; Trouve 1995; Trouve 1998] verwiesen. An dieser Stelle sei zunächst von der geforderten Glattheit ausgegangen, so dass sich die gesuchte diffeomorphe Transformation gemäß

$$\varphi(x) = \phi_1(x) = \phi_0(x) + \int_0^1 v(\phi_t(x), t) \, dt \tag{3.19}$$

berechnen lässt.

Der dargestellte Zusammenhang kann in Korrespondenz zur Kontinuumsmechanik physikalisch interpretiert werden [Christensen et al. 1996; Dupuis et al. 1998]: Der Ausdruck $\phi_\tau(x) = y \in \Omega, \tau \in [0,1]$ beschreibt die Position y eines ursprünglich (d. h. zu $t=0$) an Position $x \in \Omega$ befindlichen hypothetischen Teilchens zum Zeitpunkt τ; der Pfad, den das Teilchen zwischen der Anfangsposition und y durchlaufen hat, ist durch $\phi_t(x), t \in [0,\tau]$ repräsentiert und die orts- und zeitabhängige Geschwindigkeit v des Teilchens geprägt, d. h. v ist als ein (in Anlehnung an Abschnitt 3.1.1 in Bezug auf den deformierten Zustand definiertes) Geschwindigkeitsfeld zu betrachten.

Diese Sichtweise weiterführend kann das Optimierungsproblem 3.9 des klassischen variationellen Registrierungsansatzes bei Definition einer geeigneten Norm $\|v(\phi_t(x), t)\|$ zur diffeomorphen Registrierung umgeschrieben werden zu

$$\mathcal{J}[v] = \mathcal{D}[R, T, \phi_1] + \alpha \mathcal{S}[v] \xrightarrow{v} \min \tag{3.20}$$

mit

$$\mathcal{S}[v] = \int_0^1 \|v(\phi_t(x), t)\|^2 \, dt. \tag{3.21}$$

Die Minimierung des so festgelegten Regularisierungsterms $\mathcal{S}[v]$ wird so als Suche nach Pfaden minimaler kinetischer Energie verstanden [Hernandez 2008; Miller et al. 2002]; die letztlich zu bestimmende diffeomorphe Transformation φ folgt aus Gleichung 3.19. Eine diffeomorphe Registrierung gemäß vorstehenden Gleichungen wurde z. B. in [Avants et al. 2008; Avants et al. 2009] und [Beg et al. 2005] umgesetzt. Aufgrund der Optimierung in dem Raum der zeitabhängigen Geschwindigkeitsfelder sind entsprechende Verfahren jedoch sehr zeit- und speicheraufwändig [Beg et al. 2005; Hernandez 2008]. Das in der vorliegenden Arbeit genutzte Schema folgt deshalb den Ansätzen in [Arsigny

2006; Arsigny et al. 2006], bei denen lediglich stationäre Geschwindigkeitsfelder zur Parametrisierung der Pfade bzw. der gesuchten Transformation herangezogen werden: $v(\phi_t(x),t) = v(\phi_t(x))$. Hierdurch wird zwar einerseits der betrachtete Transformationsraum auf lediglich eine Untergruppe der Diffeomorphismen eingeschränkt (und die vorstehende physikalische Interpretation verliert zumindest in Teilen an Plausibilität), andererseits aber die Formulierung eines vergleichsweise effizienten diffeomorphen Registrierungsansatzes ermöglicht. Auch sei hinsichtlich der Motivation der Auswahl des Ansatzes darauf hingewiesen, dass (zumindest gemäß aktueller Literaturlage) die Begrenzung des Transformationsraums im Vergleich zu der Registrierung durch Optimierung im Raum der zeitabhängigen Geschwindigkeitsfelder keine signifikante Einschränkung der erreichbaren Registrierungsgenauigkeit nach sich zu ziehen scheint [Ashburner 2007; Hernandez et al. 2009; Vercauteren et al. 2009].

Zur Definition des Registrierungsschemas wird gemäß [Arsigny 2006] ausgenutzt, dass $(\text{Diff}(\Omega), \circ)$ über die Gruppenstruktur hinaus die Eigenschaften einer Lie-Gruppe aufweist; $\text{Diff}(\Omega)$ kann also ebenfalls als eine differenzierbare Mannigfaltigkeit betrachtet werden, wobei die Elemente der Tangentialräume $\mathcal{T}_{\phi_t}(\text{Diff}(\Omega))$ gerade durch die vorstehend genannten Geschwindigkeits- bzw. allgemein Vektorfelder über Ω gegeben sind[9]. Für jede Lie-Gruppe kann nun aber eine Lie-Algebra $\mathbf{g}$ definiert werden, die die Gruppenstruktur in der Nähe des neutralen Elements der Gruppe abbildet; der $\mathbf{g}$ zugrunde liegende Vektorraum entspricht dabei gerade dem Tangentialraum am neutralen Element, d. h. im gegebenen Kontext $\mathcal{T}_{id}(\text{Diff}(\Omega))$. Ein Zusammenhang zwischen den Elementen der Lie-Gruppe und der Lie-Algebra wird formal über die (Gruppen-)Exponentialabbildung definiert, gegeben als

$$\exp : \mathbf{g} \to \text{Diff}(\Omega), \quad v \mapsto \exp(v) := \phi_1$$

mit $v \in \mathbf{g}$ sowie $\phi_t : [0,1] \subset \mathbb{R} \to \text{Diff}(\Omega)$ als Integralkurve von v durch id,

$$\frac{\partial}{\partial t}\phi_t(x) = v(\phi_t(x)) \text{ mit } \phi_0 = id \tag{3.22}$$

---

[9] Im Detail sei an dieser Stelle betont, dass eine umfassende Darstellung der hier des prinzipiellen Verständnisses wegen skizzierten mathematischen Hintergründe den Rahmen der vorliegenden Arbeit sprengen würde. Für eine diesbezüglich recht eingängige Einführung sei allerdings z. B. auf [Hernandez 2008] verwiesen; weiterführende Informationen finden sich in den Arbeiten [Arsigny 2006; Arsigny et al. 2006] und ergänzend in Fachbüchern zur Differentialgeometrie. Weiterhin ist anzumerken, dass in Bezug auf nachstehende Herleitungen noch verschiedene offene theoretische Probleme bestehen, die Gegenstand aktueller Forschung sind. Dies beginnt bereits damit, dass der Lie-Gruppen-Begriff streng genommen nur für endlich-dimensionale Gruppen definiert ist; für weitere Aspekte sei wiederum auf [Arsigny 2006] oder auch [Ehrhardt et al. 2011a] verwiesen.

3.3 Implementierte Registrierungsansätze

Algorithmus 2 : Berechnung der Gruppen-Exponentialabbildung für ein gegebenes Geschwindigkeitsfeld (Scaling-and-Squaring, nach [Arsigny et al. 2006])

Choose N so that $2^{-N}v$ is close enough to 0, e.g. $\max \|2^{-N}v(x)\| < $ voxelsize/2.
Perform an initial scaling, let $\varphi(x) \leftarrow x + 2^{-N}v(x)$.
Do N recursive squarings $\varphi(x) \leftarrow (\varphi \circ \varphi)(x)$.

(vergleiche [Lee 2002; Zimmer 2011]). Im Kontext der Lie-Gruppen-Theorie kann weiter gezeigt werden, dass für jedes Element $v \in \mathfrak{g}$ die Pfade $\phi_t = \exp(tv)$ so genannte Ein-Parameter-Untergruppen bilden, d. h. es gilt $\phi_0 = id$ und für Skalare s,t, dass $\phi_s \circ \phi_t = \phi_{s+t} = \exp((s+t)v)$.

Mit Ursprung in der Lie-Gruppen-Theorie ist Gleichung 3.22 aber gerade das Analogon zu der Evolutionsgleichung 3.18 für stationäre Geschwindigkeitsfelder. Folglich können dann auch die während einer diffeomorphen Registrierung zu durchlaufenden Pfade diffeomorpher Transformationen bei Einschränkung der Parametrisierung durch stationäre Geschwindigkeitsfelder mit den vorgenannten Ein-Parameter-Untergruppen identifiziert werden [Arsigny 2006], wobei wie zuvor die letztlich gesuchten diffeomorphen Transformationen als Endpunkte der Pfade interpretiert seien, d. h. $\varphi = \exp(v) = \phi_1$.

Der wesentliche Vorteil dieser Interpretation ist, dass die durch die Ein-Parameter-Untergruppen bereitgestellte Struktur im Rahmen des so genannten Scaling-and-Squaring-Algorithmus zur effizienten Berechnung von $\exp(v)$ genutzt und so eine aufwändige zeitliche Integration der Geschwindigkeitsfelder über Standardverfahren vermieden werden kann [Arsigny et al. 2006; Arsigny 2006; Bossa et al. 2008; Hernandez et al. 2009]. Ausgangspunkt des Scaling-and-Squaring-Algorithmus ist die gemäß den obigen Definitionen gültige Gleichheit

$$\exp(v) = \left(\exp\left(\frac{1}{2^N}v\right)\right)^{2^N}.$$

Unter weiterhin der durch entsprechende Reihenentwicklungen der Exponentialabbildung gestützten Annahme, dass für ausreichend große N $\exp\left(\frac{1}{2^N}v\right)$ durch $x + v(x)/2^N$ approximiert werden kann, kann $\exp(v)$ hiermit durch rekursive N-malige „Quadrierung" von $\exp(v/2^N)$ berechnet werden [Bossa et al. 2008]. Die genaue Struktur des Verfahrens ist in Algorithmus 2 dargestellt. Im Detail sei zudem hervorgehoben, dass die spezielle Gruppenstruktur eine effiziente Berechnung des Inversen einer diffeomorphen Transformation $\exp(v) = \varphi$ gemäß $\varphi^{-1} = \exp(-v)$ ermöglicht.

In Konsequenz der vorstehenden Betrachtungen behält das in der vorliegenden Arbeit zur diffeomorphen Registrierung betrachtete Optimierungsproblem grundsätzlich die Struktur aus Gleichung 3.20 bei, wobei aber die in Gleichung 3.21 geforderte Form des Regularisierungsterms (einschließlich der zeitlichen Integration) nicht länger herangezo-

---
Algorithmus 3 : Variationelles Schema zur diffeomorphen Registrierung
---
Set $v^0 = 0$ (or another initial velocity field), $u^0 = \exp(v^0) - id$ (displacement field), and $n = 0$
repeat

　　Compute the update field $p^n = f(u^n)$
　　Let $v^n \leftarrow v^n - \tau p^n$
　　Regularize the velocity field by $v^n \leftarrow (id + \tau \alpha \mathcal{A})^{-1} v^n$
　　Calculate the corresponding displacement field $u^n \leftarrow \exp(v^n) - id$
　　Let $n \leftarrow n + 1$

until $n \geq n_{max}$ or another stopping criterion is satisfied
---

gen wird. Die tatsächlich zur Gewährleistung der Glattheit der Geschwindigkeitsfelder gewählten Regularisierungsterme korrespondieren zu denen, die im Rahmen des klassischen Registrierungsschemas zum Einsatz kommen. Diese werden in den folgenden Kapiteln näher ausgeführt. Als Euler-Lagrange-Gleichungen folgen somit mit $\varphi = \exp(v)$ analog zu Gleichung 3.15

$$f(x, \varphi(x)) + \alpha \, \mathcal{A}[v](x) = 0, \quad x \in \Omega. \tag{3.23}$$

Das resultierende, im Vergleich zu Algorithmus 1 leicht abgewandelte, jetzt diffeomorphe Registrierungsschema ist in Algorithmus 3 zusammengefasst.

3.3.3 Distanzmaße/Kraftterme

Sowohl das klassische als auch das diffeomorphe variationelle Registrierungsschema wurden unabhängig von dem tatsächlich zu minimierenden Distanzmaß bzw. assoziierten Krafttermen formuliert. Nachstehend werden nun die diesbezüglichen Varianten, die in der vorliegenden Arbeit betrachtet wurden, ausgeführt.

3.3.3.1 Sum-of-Squared-Differences

Die Summe der quadratischen Differenzen der Intensitätswerte von Referenz- und transformiertem Targetbild (SSD; engl.: Sum of Squared Differences) ist das Standard-Distanzmaß zur monomodalen Registrierung medizinischer Bilddaten. Insbesondere zur Bewegungsfeldschätzung in 4D-CT-Bilddaten ist die Wahl von SSD naheliegend, da „*CT intensities (expressed as Hounsfield units) have direct physical meaning [and] the fact that the same machine is used to acquire all images reduces the chance of calibration errors.*" [Foskey et al. 2005].
Entsprechend wurde SSD auch in dieser Arbeit als grundlegendes Distanzmaß betrachtet;

3.3 Implementierte Registrierungsansätze

definiert ist es über

$$\mathcal{D}^{\mathrm{SSD}}[R, T, \varphi] = \frac{1}{2} \int_\Omega \left(R(x) - (T \circ \varphi)(x) \right)^2 dx. \tag{3.24}$$

Als assoziierter Kraftterm resultiert

$$f^{\mathrm{SSD}}(u(x), x) = \left(R(x) - (T \circ \varphi)(x) \right) \nabla T(\varphi(x)), \tag{3.25}$$

mit $\nabla T(\varphi(x)) = \nabla T(x + u(x))$. Für die Herleitung des Kraftterms bzw. die Berechnung der Gâteaux-Ableitung zu $\mathcal{D}^{\mathrm{SSD}}$ sei auf Anhang A.1.1 verwiesen.

3.3.3.2 Dämonenbasierte Kräfte nach Thirion

Als Teil der dämonenbasierten Registrierung definierte Thirion Kraftterme, die große Ähnlichkeit zu den zum SSD-Distanzmaß assoziierten Kräften aufweisen [Thirion 1998]. Allerdings erfolgt eine Art Normalisierung der in Gleichung 3.25 beschriebenen Kräfte bzw. des Gradienten, weshalb in der Literatur auch der Begriff der normalisierten SSD-Kräfte (NSSD) zu finden ist; siehe Tabelle 3.2.

Als Beispiel diene zunächst ein an der ursprünglichen Formulierung von Thirion orientierter Term, nachfolgend als passive Thirion-Kräfte bezeichnet,

$$f^{\mathrm{Th,P}}(u(x), x) = \frac{R(x) - (T \circ \varphi)(x)}{\|\nabla R(x)\|^2 + (1/\delta_x^2)(R(x) - (T \circ \varphi)(x))^2} \nabla R(x), \tag{3.26}$$

mit δ_x^2 als mittlere quadrierte Voxelabmaße. Die eingeführte Normalisierung bedingt in Bereichen geringer Intensitätskontraste in den Bildern im Vergleich zu Gleichung 3.25 relativ stärkere Kräfte. Im gegebenen Kontext erscheint dies z. B. zur Registrierung in äußeren Lungenregionen als sinnvoll, in denen vorrangig sehr kleine, sich in den Bilddaten nur schwach abzeichnende Gefäße aufeinander abzubilden sind.

Alternativ zu den passiven Thirion-Kräften werden in dieser Arbeit noch zwei weitere Terme betrachtet, die als aktive und duale Thirion-Kräfte bezeichnet werden. Im Gegensatz zu den passiven wird bei den aktiven Kräften der Registrierungsprozess durch den Gradienten des transformierten Targetbildes gesteuert:

$$f^{\mathrm{Th,A}}(u(x), x) = \frac{R(x) - (T \circ \varphi)(x)}{\|\nabla T(\varphi(x))\|^2 + (1/\delta_x^2)(R(x) - (T \circ \varphi)(x))^2}$$
$$\cdot \nabla T(\varphi(x)). \tag{3.27}$$

Der Unterschied zwischen aktiven und passiven Kräften ist in Abb. 3.3 illustriert.

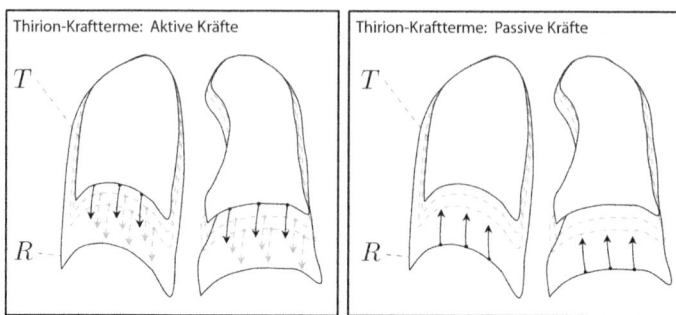

Abb. 3.3: Zur Unterscheidung von aktiven und passiven Thirion-Kraftermen: Für aktive Kräfte (links) ist der Kraftterm durch den über das transformierte Targetbild definierten Gradienten gesteuert, das Targetbild wird „aktiv" in die Form des Referenzbildes geschoben. Für den passiven Kraftterm (rechts) ist der kraftgebende Gradient im Referenzbild definiert; an dem Targetbild wird (anschaulich gesprochen) lediglich gezogen. Abbildung angelehnt an [Schmidt-Richberg et al. 2009a].

Der duale Term ist eine Kombination aus passiven und aktiven Kräften,

$$f^{\text{Th,A+P}}\left(u\left(x\right),x\right) = \frac{R\left(x\right)-\left(T\circ\varphi\right)\left(x\right)}{\left\|\nabla R\left(x\right)+\nabla\left(T\circ\varphi\right)\left(x\right)\right\|^2+\left(1/\delta_x^2\right)\left(R\left(x\right)-T\left(\varphi\left(x\right)\right)\right)^2}$$
$$\cdot\left(\nabla R\left(x\right)+\nabla T\left(\varphi\left(x\right)\right)\right). \qquad (3.28)$$

Gleich der nachvollziehbaren Motivation zur Definition der Thirion-Kraftterme sei darauf hingewiesen, dass (nach bestem Wissen) die hierzu exakt korrespondierenden Energieterme derzeit nicht bekannt sind (siehe auch [Pennec et al. 1999]). Streng genommen wird resultierend somit kein nach Gleichung 3.9 definiertes Problem gelöst; dies erscheint (zumindest im gegebenen Kontext) im Hinblick auf eine möglicherweise genauere Bewegungsfeldschätzung allerdings vernachlässigbar.

3.3.3.3 Symmetrisierung der Kräfte

Im Sinne einer eindeutigen Korrespondenzfindung durch die Registrierung (bzw. im gegebenen Fall Bewegungsfeldschätzung) sollte das Verhalten des Algorithmus im Prinzip nicht durch die Wahl von Target- und Referenzbild beeinflusst werden, d. h. die geschätzte Transformation zwischen T und R sollte dem Inversen der geschätzten Transformation entsprechen, wenn die Rolle von Target- und Referenzbild vertauscht wird [Christensen et al. 2001]. In der Praxis ist dies selbst im Rahmen des diffeomorphen Frameworks für die eingeführten Maße bzw. Kräfte nicht unbedingt gegeben, weshalb eine Symmetrisierung dieser über

3.3 Implementierte Registrierungsansätze

$$\mathcal{D}_{\text{sym}}[R,T,\varphi] = \frac{1}{2}\Big(\mathcal{D}[R,T,\varphi] + \mathcal{D}\big[T,R,\varphi^{-1}\big]\Big), \tag{3.29}$$

$$f_{\text{sym}}\Big(u(x),x\Big) = \frac{1}{2}\Big(f_{R,T\circ\varphi}\big(u(x),x\big) + f_{T,R\circ\varphi^{-1}}\big(u(x),x\big)\Big) \tag{3.30}$$

vorgeschlagen und evaluiert wird.
Die Symmetrisierung setzt allerdings eine effiziente Berechenbarkeit der inversen Transformation φ^{-1} voraus. Diese ist nur für das diffeomorphe Registrierungsschema gegeben, auf das Betrachtung und Auswertung der symmetrischen Formulierungen folglich beschränkt bleiben.

3.3.3.4 Maskierung der Kräfte

Zusätzlich wird der Effekt einer Maskierung der Kräfte anhand der aus der biophysikalischen Modellierung vorliegenden Lungensegmentierungen auf die Registrierungsgenauigkeit evaluiert. Die Maskierung wird beschrieben über

$$f_{\text{mask}}\Big(u(x),x\Big) = M_R^{\text{Lunge}}(x) \cdot f\Big(u(x),x\Big), \tag{3.31}$$

mit $M_R^{\text{Lunge}} : \Omega \to [0,1]$ als Lungenmaske für das Referenzbild R. Die Anwendung der Lungen- als Bewegungsmaske ist durch die in Abschnitt 3.1 beschriebenen anatomischen bzw. physiologischen Hintergründe motiviert. Die Gleitbewegung des Lungenfells entlang der Brustwand bzw. resultierende Unstetigkeiten in den Bewegungsfeldern an den Lungengrenzen widersprechen dem in dem Registrierungsframework gewählten Ansatz einer global homogenen Regularisierung. Die Beschränkung der Kraftberechnung auf die Lunge ist ein pragmatischer, zunehmend Verbreitung erfahrender Ansatz, diesem Problem zu begegnen (siehe z. B. [Heath et al. 2007; Song et al. 2010; Schmidt-Richberg et al. 2010; von Siebenthal et al. 2007; Wu et al. 2008]).

3.3.4 Regularisierungsterme

Den Vorbetrachtungen in Kapitel 3.2.3 entsprechend wurde in der vorliegenden Arbeit die Regularisierung des Registrierungsproblems anhand eines diffusiven Ansatzes und auf Basis des linear-elastischen Potentials umgesetzt. Hierbei werden nachfolgende Definitionen der Übersichtlichkeit wegen ausschließlich unter Verwendung des Verschiebungsfeldes u formuliert. Für eine Verwendung der Regularisierungsterme im Rahmen des diffeomorphen Registrierungsschemas ist u gemäß Gleichung 3.20 durch das Geschwindigkeitsfeld v zu ersetzen.

3.3.4.1 Diffusive Regularisierung

Bei diffusiver Regularisierung wird der Gradient des Verschiebungsfeldes gemessen,

$$\mathcal{S}^{\text{diff}}[u] = \frac{1}{2}\sum_{l=1}^{3}\int_{\Omega}\|\nabla u_l(x)\|^2\,dx; \tag{3.32}$$

als assoziierter Differentialoperator ergibt sich der negative Laplace-Operator (siehe Anhang A.1.2 zur Berechnung der Gâteaux-Ableitung),

$$\mathcal{A}^{\text{diff}}[u] = -\Delta u. \tag{3.33}$$

Der diffusive Regularisierer hat keine direkte physikalische Motivation wie z. B. das nachstehend beschriebene elastische Äquivalent. Er zeichnet sich allerdings durch die Möglichkeit einer effizienten Implementierung aus, was seinen häufigen Einsatz erklären dürfte (gemäß [Fischer et al. 2002; Modersitzki 2003] Komplexität $\mathcal{O}(N)$ mit N als Anzahl der Bildvoxel; erreichbar durch Additive Operator Splitting).

3.3.4.2 Regularisierung anhand des linear-elastischen Potentials

Als klassische elastische Regularisierung wird die Anwendung des linear-elastischen Potentials auf das Verschiebungsfeld u bezeichnet,

$$\mathcal{S}^{\text{elas}}[u] = \int_{\Omega}\frac{\mu}{4}\sum_{i,k=1}^{3}\left(\frac{\partial u_k}{\partial x_i}+\frac{\partial u_i}{\partial x_k}\right)^2+\frac{\lambda}{2}(\operatorname{div} u)^2\,dx. \tag{3.34}$$

λ und μ sind die bereits im Kontext der biophysikalischen Modellierung der Lungenbewegung eingeführten Lamé-Konstanten. Der zu $\mathcal{S}^{\text{elas}}$ assoziierte Differentialoperator ist der bekannte Navier-Lamé-Operator (siehe Anhang A.1.3),

$$\mathcal{A}^{\text{elas}}[u] = -\left(\mu\Delta u + (\lambda+\mu)\nabla\operatorname{div} u\right). \tag{3.35}$$

Im Vergleich zu $\mathcal{A}^{\text{diff}}$ weist der Navier-Lamé-Operator einen zweiten Term auf, der explizit übermäßige Ausdehnung oder Stauchung bestraft [Avants et al. 2004]; hierdurch entsteht jedoch ein theoretisch höherer Rechenaufwand ([Modersitzki 2003]: Komplexität $\mathcal{O}(N\log N)$, erreichbar bei Regularisierung im Fourier-Raum).
Die Minimierung von $\mathcal{S}^{\text{elas}}$ bzw. die Verwendung von $\mathcal{A}^{\text{elas}}$ ist der vermutlich am häufigsten eingesetzte Regularisierungsansatz in der (nicht-parametrischen) Registrierung medizinischer Bilddaten [Modersitzki 2009]. Die Motivation entspricht im Wesentlichen der des beschriebenen Ansatzes zur biophysikalischen Modellierung: der Annahme, dass das abzubildende Verhalten der in den Bildern enthaltenen anatomischen

und/oder pathologischen Strukturen als Deformation elastischer Kontinua zu modellieren ist.[10] Wiederum stellt sich die Frage nach angemessener Dimensionierung der Lamé-Konstanten – die wie zuvor nicht zufriedenstellend beantwortet werden kann. Zusätzlich wird der Navier-Lamé-Operator bei Lösung des Registrierungsproblems nun sogar sowohl mit dem Gewichtungsfaktor α als auch mit der Schrittlänge τ des implementierten Zeitschrittverfahrens multipliziert (siehe Algorithmen 1 und 3); eine exakte physikalische Interpretation der resultierenden effektiven Elastizitätskonstanten ist folglich schwierig.

3.4 Vergleich der Verfahren: Studiendesign

Zur Evaluation der umgesetzten Verfahren zur Bewegungsfeldschätzung wurden zwei Studienphasen definiert. Die erste Phase ist als Vorstudie zu verstehen. Sie diente der Gegenüberstellung der aus biophysikalischer Modellierung und klassischer Registrierung resultierenden Bewegungsfelder. Ziel war das Auffinden geeigneter Werte für die methodenspezifischen Parameter (z. B. Regularisierungsgewicht, Zeitschritt) und eine prinzipielle Einordnung der Genauigkeit der konzeptuell unterschiedlichen Verfahren. Die Darstellung folgt weitgehend der entsprechenden Publikation [Werner et al. 2009a]. In der zweiten Phase wurden dann die definierten Distanzmaße, Regularisierungsterme und Transformationsmodelle ausführlich hinsichtlich ihrer Eignung zur registrierungsbasierten Bewegungsfeldschätzung evaluiert. Die Darstellung setzt sich unter anderem aus den Publikationen [Schmidt-Richberg et al. 2009a; Werner et al. 2009b; Werner et al. 2010c; Werner et al. 2010a] zusammen. Weitere Details zu den beiden Studienphasen werden nachstehend beschrieben.

3.4.1 Phase 1: Vergleich von biophysikalischer Modellierung und Registrierung

Für die erste Evaluationsphase wurden 4D-CT-Daten von zehn Lungentumorpatienten des eigenen Patientenkollektivs verwendet (WashU 02-04, 31-36, 41, 44, 48, 53; siehe Tabelle 2.1). Die Evaluation beschränkte sich auf die Bewegungsfeldschätzung zwischen maximaler Ein- und Ausatmung (EI, EE); diese ist aufgrund der verhältnismäßig großen Bewegungen besonders herausfordernd. Zur Reduktion der Laufzeiten der Registrierung wurden die Daten auf eine räumliche Auflösung von $1.5 \times 1.5 \times 1.5$ mm^3 reduziert.

---

[10] Tatsächlich resultiert die Navier-Lamé-Gleichung aus den Gleichgewichtsbedingungen in Abschnitt 3.1.1.2 bei Linearisierung des Verzerrungstensors in Gleichung 3.2 [Bower 2010].

Als Registrierungsverfahren wurde der klassische variationelle Ansatz gewählt, als Kraftterm die aktiven Thirion-Kräfte (maskiert und unmaskiert) und zur Regularisierung der diffusive Ansatz. Neben der Registrierung der CT-Daten wurden zusätzlich die Lungensegmentierungen registriert. Hierdurch sollte untersucht werden, welche Genauigkeit durch die Registrierung erreicht werden kann, wenn – analog zur biophysikalischen Modellierung – als einzige Bildinformation die Lage der Lungen im Bild bekannt ist. Referenzbild der Registrierung war jeweils der Datensatz zur maximalen Ausatmung. Als Evaluationskriterium wurde der Target-Registration-Error anhand manuell detektierter Landmarken berechnet (siehe Abschnitt 3.4.3.1). Hierzu wurden für jeden Patienten zwischen 70 und 90 korrespondierende Landmarkenpaare innerhalb der Lunge der EE- und EI-Daten festgelegt. Die Landmarken wurden weiter unterteilt in als nahe dem Tumor gelegen (10 pro Tumor), nahe der Lungengrenze befindlich (15 pro Lungenflügel) und weitere 20 möglichst gleichverteilte Landmarken pro Lungenflügel.

3.4.2 Phase 2: Eignung der unterschiedlichen Terme zur registrierungsbasierten Bewegungsfeldschätzung

In der zweiten Phasen wurde das aus eigenen Bilddaten bestehende Patientenkollektiv der ersten Phase um zwei weitere Datensätze ergänzt (WashU 01 und 23). Zudem kamen nun die frei verfügbaren DIR-lab- und POPI-Daten (siehe Tabelle 2.2) zum Einsatz. Wie zuvor blieb die Bewegungsfeldschätzung auf die Atemphasen EE und EI beschränkt, allerdings wurde mit der vollen räumlichen Auflösung der Bilddaten gerechnet.
Die zu evaluierenden Registrierungsansätze waren die Kombinationen der in Kapitel 3.3.3 beschriebenen Terme, d. h.

- **Transformationsmodell:** Standard- vs. diffeomorphes Schema.
- **Kraftterme:** SSD- und die drei verschiedenen Thirion-Kraftterme; jeweils maskiert und unmaskiert.
- **Regularisierung:** diffusiv vs. elastisch.

Zudem wurden für das diffeomorphe Schema sämtliche Kombinationen der Distanzmaße und Regularisierungsterme bei symmetrischer Kraftformulierung betrachtet, nachfolgend als symmetrisch-diffeomorpher Ansatz bezeichnet. In der Gesamtheit wurden somit $3 \cdot (4 \cdot 2) \cdot 2 = 48$ (!) verschiedene Registrierungsstrategien miteinander verglichen.
Im Vergleich zu der ersten Studienphase wurde die Evaluation deutlich erweitert. Die genauen Evaluationskriterien sind in Abschnitt 3.4.3 beschrieben, wobei aber weiterhin der Target-Registration-Error als zentrales Maß für die Genauigkeit der Bewegungsfeldschätzung interpretiert wurde. Im Sinne einer vereinfachten statistischen Auswertung

wurde diesbezüglich nun allerdings für die WashU-Daten in Analogie zu den DIR-lab- und POPI-Daten auf eine Unterteilung der Landmarken gemäß Lokalisation verzichtet. Die als tumornah klassifizierten Punkte wurden bei der Auswertung nicht berücksichtigt, um eine Verzerrung der Ergebnisse durch eine lokale Landmarkenhäufung zu vermeiden. Ergänzend zu der Berechnung des Target-Registration-Errors anhand manuell detektierter Landmarken wurde mit dem Ziel der Reduktion des doch erheblichen Zeitaufwandes einer manuellen Landmarkendetektion weiterhin ein Ansatz zur automatischen Detektion und Übertragung von Landmarken in Lungen-CT-Daten entwickelt (Abschnitt 3.4.3.2); als Teil der Studie wurde der auf diesen Landmarken definierte Target-Registration-Error hinsichtlich seiner Aussagekraft mit dem anhand der manuell detektierten Landmarken bestimmten Fehler verglichen.

3.4.3 Evaluationskriterien

Die Auswahl der Evaluationskriterien orientierte sich an der bestehenden Literatur [Brock et al. 2010; Castillo et al. 2009; Murphy et al. 2010; Sarrut et al. 2007].

3.4.3.1 Target-Registration-Error anhand manuell detektierter Landmarkenkorrespondenzen (TRE-m)

Die anhand der Bewegungsfeldschätzung zu erfassenden, tatsächlichen Bewegungen der anatomischen und pathologischen Strukturen sind in aller Regel nicht bekannt; es liegt folglich keine Ground-Truth-Transformation im Sinne eines Gold-Standards zur quantitativen Evaluation der berechneten Felder vor. Stattdessen werden manuell Landmarkenkorrespondenzen in den betrachteten Bilddaten bestimmt, anhand derer der so genannte Target-Registration-Error (TRE) als Standardmaß für die Genauigkeit der berechneten Transformationen bzw. Felder abgeleitet wird.

Seien also solche Positionen anatomisch charakteristischer Punkte in Target- und Referenzbild gegeben als Tupel (l_R, l_T) mit $l_R, l_T \in \Omega$ und φ als zu evaluierende Transformation.[11] Dann ist der TRE für die eine einzelne Landmarke gerade die Euklidische Distanz zwischen ihrer Position im Targetbild und der anhand von φ transformierten Position im Referenzbild,

$$\text{TRE}\big((l_R, l_T)\big) = \|l_T - \varphi(l_R)\|. \tag{3.36}$$

---

[11] Im Kontext der biophysikalischen Modellierung bleiben nachfolgende Definitionen gültig, wenn als Referenzbild der CT-Datensatz zu maximaler Ausatmung und als Targetbild der CT-Datensatz gewählt wird, aus dem die Hilfsgeometrie zur Begrenzung der Lungenexpansion extrahiert wurde.

Der TRE stellt definitionsgemäß ein absolutes Fehlermaß dar. Sollen weiterhin Aussagen hinsichtlich systematischer Über- oder Unterschätzungen der Bewegungen gemacht werden, werden hierzu entsprechende (dann vorzeichenbehaftete) Fehler entlang der interessierenden Richtungen wie den anatomischen Hauptrichtungen berechnet. Für eine umfassende Validierung ist es erforderlich, eine größere Anzahl an Landmarken zu betrachten, die über das interessierende Gebiet möglichst gleichmäßig verteilt sind [Castillo et al. 2009]. Sei $\mathbb{L}^{man}$ ein solcher Satz manuell detektierter Landmarken, dann wird der zugehörige Target-Registration-Error TRE $(\mathbb{L}^{man})$ = TRE-m $(\mathbb{L}^{man})$ als Mittelwert der Fehler der einzelnen Landmarken angegeben. Die Bezeichnung als TRE-m soll hervorheben, dass die Landmarken manuell gesetzt wurden.

3.4.3.2 Target-Registration-Error anhand automatisch detektierter Landmarkenkorrespondenzen (TRE-a)

Das als Alternative zur zeitaufwändigen händischen Definition entwickelte Verfahren zur automatischen Detektion von Landmarkenpaaren in CT-Daten zu unterschiedlichen Atemphasen ist aus zwei gekoppelten Schritten aufgebaut:

Landmarkendetektion

Die Grundannahme der automatischen Detektion von Landmarken ist, dass deren anatomische Charakteristik algorithmisch zu erfassen ist. Hierzu wurde in Anlehnung an [Likar et al. 1999; Murphy et al. 2008; Murphy et al. 2011b] ein so genannter Distinctiveness-Term eingeführt und für jedes Voxel des interessierenden Volumens (hier: die einzelnen Lungenflügel des Referenz-CT-Datensatzes) ausgewertet. Der Term besteht aus zwei Teilen, wobei Intensitäts- und Differentialeigenschaften der Bilddaten kombiniert werden. Die Differentialeigenschaften bzw. zur Detektion dieser eingesetzte Operatoren können entsprechend der erwarteten Charakteristik der Landmarken ausgewählt werden. Um z. B. Bifurkationen von Gefäß- und Bronchialbaum der Lunge zu detektieren, erscheinen Krümmungsoperatoren geeignet [Färber et al. 2008; Hartkens et al. 2002; Han 2010], weshalb der Distinctiveness-Term im vorliegenden Fall über

$$D(x) = \left(\frac{Op3(x)}{\max_{x' \in \Omega} Op3(x')} \right) \cdot \left(\sum_{x'' \in Q \subset S_r^2(x)} \frac{\text{MSD}(B_{r'}(x), B_{r'}(x''))}{|Q|} \right) \quad (3.37)$$

definiert wird. $Op3(x) = \det C_R/\text{tr } C_R$ ist einer der 3D-Rohr/Förstner-Krümmungsoperatoren, definiert über den Strukturtensor des Referenzbildes $C_R = \overline{\nabla R (\nabla R)^T}$ [Hartkens et al. 2002; Rohr 2001]. Der zweite Faktor in Gleichung 3.37 beschreibt, inwieweit sich das betrachtete Voxel im Hinblick auf die Intensitätsinformationen von R von seiner lokalen Nachbarschaft abhebt. Hierzu wird eine 2-Sphäre S_r^2 (= Kugeloberfläche) um das Voxel herum platziert, auf der gleichmäßig verteilte Punkte Q bestimmt werden. Um jeden dieser Punkte wird eine Kugel $B_{r'}$ definiert und die in der Kugel auftretenden Intensitätswerte mit denen einer korrespondierenden Nachbarschaft des betrachteten Voxels über die mittleren quadrierten Intensitätsdifferenzen (MSD) verglichen. Diejenigen Voxel, die einerseits die höchsten Distinctiveness-Werte aufweisen, andererseits aber auch paarweise einen vorgegebenen minimalen Abstand einhalten, werden als geeignete Landmarkenkandidaten in R ausgewählt. Letzteres Kriterium stellt sicher, dass annähernd eine Gleichverteilung der Landmarken in der Lunge erzielt wird.

Landmarkenübertragung

Um Landmarkenkorrespondenzen zwischen Referenz- und Targetbild zu erzeugen, werden die detektierten Landmarkenkandidaten über ein Template-Matching in das Target-Bild T übertragen [Brunelli 2009]. Eine robuste Übertragung wird gewährleistet, indem für jeden Landmarkenkandidaten zwei Template-Matching-Durchgänge ausgeführt werden: In dem ersten Durchlauf wird der Korrelationskoeffizient der Voxelintensitäten im Template (lokale Nachbarschaft um den Landmarkenkandidaten) und entsprechender Regionen innerhalb einer angemessen dimensionierten Suchregion in T maximiert. In dem zweiten Durchgang werden statt der Intensitäts- die Werte des gewählten Differentialoperators betrachtet. Eine Übertragung wird dann als erfolgreich beurteilt, wenn der Korrelationskoeffizient für die im ersten Durchlauf bestimmte Punktkorrespondenz nicht unterhalb eines bestimmten Schwellwerts liegt und die bestimmten Korrespondenzen der beiden Durchläufe nicht weiter als ein Voxel voneinander entfernt liegen.
Das Berechnungsschema ist im Detail in Algorithmus 4 ausgeführt. Detektion und Übertragung wurden in einer ersten Studie von drei klinischen Experten anhand von fünf 4D-CT-Daten und jeweils 100 Landmarkenpaaren evaluiert (siehe [Werner et al. 2010a] für Details). Es zeigte sich, dass die gewählte Definition des Distinctiveness-Terms zur Detektion von im Wesentlichen im obigen Sinne charakteristischen anatomischen Punkten führte (nur <10% der detektierten Punkte wurden als „nicht charakteristisch" beurteilt; vergleiche Abb. 3.4). Alle Landmarken wurden zudem korrekt übertragen. Analog zum TRE-m lässt sich auch auf Basis eines Satzes $\mathbb{L}^{\text{auto}}$ automatisch detektierter und übertragener Landmarken ein Target-Registration-Error berechnen; dieser sei folgend als TRE-a bezeichnet. Die Aussagekraft einer Evaluation anhand von automatisch detektierten und übertragenen Landmarken wird allerdings kontrovers diskutiert ([Castillo et al. 2009]: *„The use of registered landmarks as an objective metric for evaluation of image registration loses its significance if the point correspondences are calculated automatically. Thus, it is crucial that the individual feature points are first selected, and*

Algorithmus 4 : Automatische Bestimmung anatomischer Landmarkenkorrespondenzen zur Evaluation von Bewegungsfeldschätzungen in 4D-CT-Daten [Ehrhardt et al. 2010b; Werner et al. 2010a]

Input:
CT images $R : \Omega \to \mathbb{R}$, $T : \Omega \to \mathbb{R}$,
eroded lung segmentation mask $M'_R : \Omega \to [0, 1]$,
number N_l of expected landmarks candidates.

Output:
Lists $\mathbb{L}_R = (x_1, \ldots, x_{n_l})$ and $\mathbb{L}_T = (y_1, \ldots, y_{n_l})$ with $x_i \in \Omega, y_i \in \Omega, n_l \leq N_l$ of corresponding landmarks in R and T.

1: Let $x, x' \in \Omega$ be the lung voxels in R, i.e. all voxels with $M'_R = 1$.
  Then, compute for each x the associated *distinctiveness* $D(x)$ acc. to eq. 3.29:

$$D(x) := \frac{Op3(x)}{\max_{x' \in \Omega} Op3(x')]} \sum_{x'' \in Q \subset S_r^2(x)} \frac{\text{MSD}\left(B_{r'}(x), B_{r'}(x'')\right)}{|Q|}$$

where $Op3(x) = [\det C_R(x)/\operatorname{tr} \underline{C_R}(x)]$ denotes the Op3-Operator [Hartkens et al. 2002] and

$C_R := \overline{\nabla R \left(\nabla R\right)^T}$ with ∇R the image gradient of R,
$S_r^2(x)$: 2-sphere of radius r, centered at x,
$B_{r'}(x)$: 3-ball of radius r', centered at x.

Let $\left(x_1, ..., x_{|B_{r'}(x) \cap \Omega|}\right)$ and $\left(x'_1, ..., x'_{|B_{r'}(y) \cap \Omega|}\right)$ be correspondingly sampled sequences of the voxels in $B_{r'}(x)$ and $B_{r'}(x')$. Then, MSD is defined as

$$\text{MSD}\left(B_{r'}(x), B_{r'}(x')\right) := \frac{1}{|B_{r'}(x) \cap \Omega|} \sum_{i=1}^{|B_{r'}(x) \cap \Omega|} \left(R(x_i) - R(x'_i)\right)^2.$$

2: Sort points x with $|\nabla R(x)| \geq \theta_{\nabla R}$ in descending order acc. to $D(x)$ into list $\mathbb{P}_R$.
3: If size of $\mathbb{P}_R$ is $< N_l$, decrease gradient threshold $\theta_{\nabla R}$.
4: If size of $\mathbb{P}_R$ is $< N_l$ and $\theta_{\nabla R} > 0$, go to line 2.
5: **for all** points x in list $\mathbb{P}_R$ **do**
6:   Move x to $\mathbb{L}_R$ if its Euclidian distance to all points in $\mathbb{L}_R$ is $> \theta_{\text{dist}}$.
7:   If size of $\mathbb{L}_R$ is N_l, then continue with line 9.
8: **end for**
9: If size of $\mathbb{L}_R$ is $< N_l$, decrease the minimum distance θ_{dist}.
10: If size of $\mathbb{L}_R$ is $< N_l$ and $\theta_{\text{dist}} > 0$, go to line 5.
11: **for all** elements x_i in $\mathbb{L}_R$ **do**
12:   Extract a $m_x \times m_y \times m_z$ subimage $T(x_i)$ of R (the template to be matched), centered at x_i, and search the voxel $y_i \in \Omega$ such that the $m_x \times m_y \times m_z$ subimage $T'(y_i)$ of T maximizes the correlation r_{HU} of the intensity values of T and T'.
13:   Analogously do a *template matching* for the Förstner images of R and T.
14:   **if** the correlation r_{HU} is smaller than a prescribed minimum correlation $r_{\text{HU,min}}$ **or** the returned voxels y_i of the template matching processes (lines 12 and 13) differ by more than a prescribed Euclidean distance $d_{\max}$ **then**
15:     Remove x_i from list $\mathbb{L}_R$.
16:   **else**
17:     Append voxel y_i to list $\mathbb{L}_T$.
18:   **end if**
19: **end for**

3.4 Vergleich der Verfahren: Studiendesign

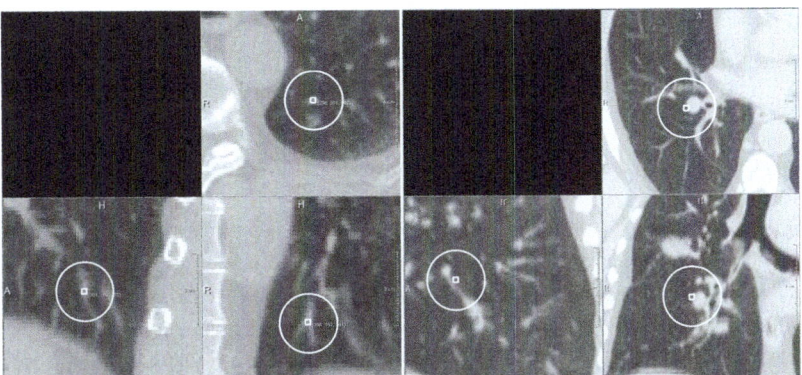

Abb. 3.4: Zum Begriff von anatomisch charakteristischen Punkten innerhalb der Lunge. Links: Die Position beschreibt eine Bifurkation des Gefäßbaums und somit einen günstigen Landmarkenkandidaten (Detektion mittels $Op3$-Operator). Der rechts abgebildete Landmarkenkandidat (Distinctiveness auf Basis des Intensitätsgradientenbetrags, definiert wie in [Murphy et al. 2008]) ist hingegen schwer reproduzierbar zu identifizieren, d. h. ein ungünstiger Kandidat. Abbildung aus [Werner et al. 2010a].

then manually registered between image volumes [...] "). Als problematisch stellt sich dar, dass die automatische Übertragung selbst eine (landmarkenbasierte) Registrierung repräsentiert, die wiederum fehlerbehaftet ist und/oder auf vergleichbaren Annahmen wie das zu evaluierende Verfahren beruhen kann [Kabus et al. 2012]. In der vorliegenden Arbeit werden TRE-m und TRE-a deshalb getrennt voneinander analysiert.

3.4.3.3 Auswertung der Übertragung von Tumorsegmentierungen

Wie in Kapitel 1.1.2.2 beschrieben, ist die Übertragung von Segmentierungen der klinisch relevanten Strukturen von einer Atemphase (z. B. der Referenzphase) auf andere Phasen eines 4D-Datensatzes ein typisches klinisches Anwendungsfeld der Bewegungsfeldschätzungen im Kontext der 4D-Strahlentherapie. Dies gilt insbesondere für Tumorsegmentierungen, da bei verlässlicher Übertragung resultierende Informationen zur patientenindividuellen Dimensionierung von Sicherheitssäumen genutzt werden können. Auf eine solche Übertragung abzielend wurden auch in der vorliegenden Arbeit die Lungentumoren manuell in den Bilddaten zu den Phasen EE und EI segmentiert; diese Segmentierungen dienten als Gold-Standard für die durchgeführten Auswertungen. Zur Beurteilung der Übertragung wurden die Abstände der Massenschwerpunkte der manuellen Tumorsegmentierung im Referenzbild, M_R^{Tumor}, und der transformierten Segmentierung des Targetbildes, $M_T^{\text{Tumor}} \circ \varphi$, berechnet sowie als Überlappungs- der Jaccard-Koeffizient (TO; engl.: Target Overlap) bestimmt:

$$\text{TO}\left(M_R^{\text{Tumor}}, M_T^{\text{Tumor}} \circ \varphi\right) = \frac{\left|\left\{x \in \Omega | M_R^{\text{Tumor}}(x) = 1 \wedge \left(M_T^{\text{Tumor}} \circ \varphi\right)(x) = 1\right\}\right|}{\left|\left\{x \in \Omega | M_R^{\text{Tumor}}(x) = 1 \vee \left(M_T^{\text{Tumor}} \circ \varphi\right)(x) = 1\right\}\right|} \quad (3.38)$$

3.4.3.4 Analyse der Jacobi-Determinante der Bewegungsfelder

Neben der Genauigkeit der Bewegungsfeldschätzung, die anhand der vorstehenden Maße beurteilt wird, soll auch der schwer zu fassende Begriff der (physikalischen) Plausibilität der Felder anhand einer quantitativen Kenngröße analysiert werden. Hierzu wird die bereits in Abschnitt 3.1.2 eingeführte Jacobi-Matrix bzw. der Deformationsgradient $\nabla \varphi$ herangezogen. Die Determinante von $\nabla \varphi$ wird als Jacobiante oder Jacobi-Determinante bezeichnet. Ausgewertet an einem Voxel $x \in \Omega$ gibt sie Aufschluss über die Volumenänderung in einer infinitesimalen Nachbarschaft von x (siehe Anhang A.2): Falls $\det(\nabla \varphi(x)) > 1$, kommt es zur Expansion, $\det(\nabla \varphi(x)) = 1$ bedeutet Volumenerhalt und $0 < \det(\nabla \varphi(x)) < 1$ Kontraktion. $\det(\nabla \varphi(x)) = 0$ beschreibt den Grenzfall der Kontraktion, d. h. den Umstand, dass unterschiedliche Punkte nach der Transformation zusammenfallen; für $\det(\nabla \varphi(x)) < 0$ kommt es (mathematisch) zu einem Orientierungswechsel des lokalen Koordinatensystems. Die Situation $\det(\nabla \varphi(x)) \leq 0$ beschreibt somit einen physiologisch nicht sinnvollen Umstand. In Anlehnung an [Murphy et al. 2010] wird deshalb die Häufigkeit des Auftretens solcher Situationen/Singularitäten ermittelt:

$$F[\varphi] = |\{x \in \Omega \mid \det(\nabla \varphi(x)) \leq 0\}| \quad (3.39)$$

(F von engl.: Folding). Die Auswertung bleibt allerdings entsprechend der intendierten Anwendung auf die Lungenregion beschränkt.

Es sei angemerkt, dass gemäß $u = \varphi - id$ und somit $\det(\nabla u(x)) = \det(\nabla \varphi(x)) - 1$ die Auswertung der Jacobi-Matrix von Transformation und Bewegungsfeld im Hinblick auf Singularitäten zu identischen Aussagen führt, wenn für das Bewegungsfeld das Kriterium in Gleichung 3.39 als $\det(\nabla u(x)) \leq -1$ formuliert wird.

3.4.3.5 Symmetriefehler

Um den Effekt der Symmetrisierung der Registrierungs-Kräfte gemäß Gleichung 3.30 zu quantifizieren, wird in Anlehnung an [Bender et al. 2009; Christensen et al. 2001] der Symmetriefehler bzw. Inverse Consistency Error (ICE),

$$\text{ICE}\left[\varphi_{T \to R}, \varphi_{R \to T}\right] = \frac{1}{|\Omega|} \int_\Omega \|\left(\varphi_{T \to R} \circ \varphi_{R \to T}\right)(x) - x\| \, dx, \quad (3.40)$$

bestimmt. $\varphi_{T \to R}$ und $\varphi_{R \to T}$ stellen hierbei die aus einer Registrierung von R und T resultierenden Transformationen dar, wobei einmal R und dann T als Referenzbild fungieren; im Idealfall sollte die Komposition der Identität entsprechen.

3.4.4 Statistische Auswertung

Nach Erhebung der Messwerte für die einzelnen Kriterien sollte weiter eine Beurteilung der Signifikanz der jeweiligen, durch die verschiedenen Verfahren zur Bewegungsfeldschätzung hervorgerufenen Unterschiede vorgenommen werden. Mit Hinblick auf den Target-Registration-Error bestehen zu diesem Themenkontext derzeit zwei zentrale Publikationen. Zunächst schlagen Sarrut et al. als Teil eines so genannten „*Comparison frameworks for breathing motion estimation methods*" vor, den Vergleich der Verfahren auf Patientenebene durchzuführen [Sarrut et al. 2007]. Hierzu würde ein gepaarter t-Test auf die TRE-Werte der für den individuellen Patienten detektierten Landmarken angewendet werden. Ein solches Vorgehen weist aber den Nachteil auf, dass nur für einzelne Patienten die Signifikanz etwaiger Unterschiede belegt werden kann; gesucht ist jedoch eine Aussage unter Berücksichtigung des gesamten Patientenkollektivs. Hierzu schlagen Castillo et al., ebenfalls als Teil eines „*Frameworks for evaluation of deformable image registration spatial accuracy*", vor, einen gepaarten t-Test über sämtliche ermittelten TRE-Werte durchzuführen [Castillo et al. 2009]. Hierbei wird die jeweilige Patientenzugehörigkeit der individuellen Landmarken ignoriert – was u. a. deshalb problematisch ist, da mitunter (sowohl in der vorliegenden Arbeit als auch bei Castillo et al.) für die verschiedenen Patienten unterschiedlich viele Landmarken detektiert wurden.

Zunächst fokussierend auf die erste Studienphase wurde in der vorliegenden Arbeit im Gegensatz zu obigen Ansätzen die Signifikanz der Unterschiede der Verfahren geprüft, indem die patientenindividuellen Mittelwerte der TRE-m-Werte anhand eines zweiseitigen gepaarten t-Tests miteinander verglichen wurden (zu prüfende Hypothese: Differenz der Mittelwerte ungleich Null; Signifikanzniveau: 5%). Bei Interpretation der p-Werte ist zu berücksichtigen, dass das Vorgehen durch die Aggregation der individuellen TRE-m-Werte der einzelnen Patienten eine konservative Abschätzung bietet. Weitergehend wurde ein eventueller Einfluss der Landmarkenlokalisation auf den TRE-m (nun jeweils für die einzelnen Verfahren) anhand eines hierarchischen Modells analysiert, bei dem die Landmarken gemäß ihrer Lage zusammengefasst und mögliche verzerrende Effekte (z. B. unterschiedlich starke Bewegungen der Landmarken in den unterschiedlichen Gruppen) herausgerechnet wurden (Software: SPSS v.17; Details siehe [Werner et al. 2009c; Werner et al. 2010c]; für weiterführende Informationen sei u. a. auf [Brown et al. 2006] verwiesen).

In der zweiten Studienphase wurden nicht mehr die einzelnen Verfahren miteinander verglichen, sondern der Einfluss der individuellen Terme (Regularisierungsansatz, Kraftterm, Registrierungsschema) untersucht. Für den interessierenden Term wurden entsprechend seinen Ausprägungen die verschiedenen Verfahren in Gruppen unterteilt. Innerhalb dieser Gruppen wurden für jeden einzelnen Datensatz und die verschiedenen Evaluationskriterien Mittelwerte der Resultate der einzelnen Verfahren gebildet (Beispiel: Für einen Vergleich des Einflusses des Regularisierungsansatzes auf den TRE-m wurden für jeden Patienten für sämtliche 24 Registrierungsverfahren mit diffusiver Regularisierung die jeweils durchschnittlichen TRE-m-Werte bestimmt und gemittelt; ebenso wurde für den elastischen Ansatz verfahren.). Diese patientenindividuellen Mittelwerte waren wiederum Grundlage eines zweiseitigen gepaarten t-Tests.

Um in der zweiten Studienphase unter Berücksichtigung der unterschiedlichen Kriterien abschließend ein „optimales" Verfahren deklarieren zu können, wurde in Anlehnung an [Murphy et al. 2011a] ein Rankingsystem eingeführt: Jedem Verfahren wurde für jedes zu registrierende CT-Paar R/T und jedes Evaluationskriterium (TRE [Subkategorien: TRE-m, TRE-a], Tumorübertragung [Abweichung Tumormassezentrum, Jaccardindex], Anzahl Singularitäten, Symmetriefehler) ein Rang (= Platzierung) zugeordnet. Die Platzierungen für die unterschiedlichen Patienten wurden jeweils gemittelt, woraus sich der Rang des Verfahrens im Hinblick auf die einzelnen Kriterien ergab. Zuletzt wurden durch Mittelung der Ränge der Subkategorien die Platzierung der Hauptkategorie, und durch deren Mittelung ein finaler Rang ermittelt, anhand dessen das (zumindest hinsichtlich dieses Vorgehens) beste Verfahren identifiziert werden konnte.

3.5 Ergebnisse

3.5.1 Parameterwahl und Implementierungsdetails

Um die präsentierten Registrierungsalgorithmen robuster und laufzeiteffizienter zu gestalten, wurden im Detail nachstehende Techniken eingesetzt:

- **Histogrammabgleich als Datenvorverarbeitung:** Die Kompression des Lungengewebes während der Ausatmung führt zu einer Veränderung der Grauwertverteilung der Lungenvoxel (geringerer Luftanteil), die vor Registrierung durch einen Histogrammabgleich von Referenz- und Targetbild ausgeglichen wurde.

- **Multi-Resolution-Strategie:** Um einerseits den großen Bewegungen zwischen den Phasen maximaler Ein- und Ausatmung zu begegnen und andererseits das Problem des Auftretens lokaler Minima während der Optimierung zu reduzieren,

3.5 Ergebnisse

wurde eine Multiresolution-Strategie angewendet. Hierbei wurden die CT-Daten bei Übergang zwischen zwei Leveln jeweils rekursiv geglättet (Gaußfilter, $\sigma = 1.0$) und die Bildgröße in jeder Dimension halbiert. Die auf einem Level berechnete Transformation wurde entsprechend der Auflösung des feineren Levels interpoliert und als initiale Transformation der Registrierung auf diesem Level genutzt.

- **Stoppkriterien:** Neben der Vorgabe einer maximalen Anzahl an Iterationen für die einzelnen Level der Multiresolution-Strategie wurde die Registrierung für die Level jeweils abgebrochen, falls der MSD-Wert des Vergleichs von Referenz- und transformiertem Targetbild über eine vorzugebene Anzahl k an Iterationen nicht kleiner geworden ist. Auch dieser Ansatz kann für den feinsten Level (d. h. bei voller Auflösung) zu langen Rechenzeiten führen. Auf diesem wurde deshalb zusätzlich über die jeweils letzten k' Iterationen eine lineare Regression der MSD-Werte durchgeführt; fiel die Steigung der Regressionsgeraden unterhalb eines festgelegten Schwellwerts, wurde die Registrierung ebenfalls beendet.

Die Parameter für die eingesetzten Verfahren zur Bewegungsfeldschätzung wurden in aufwändigen Testphasen anhand ausgewählter WashU-Daten empirisch dimensioniert; das ausschlaggebende Kriterium war hierbei der TRE-m. Basierend auf diesen Vorbetrachtungen wurden dann während der anschließenden Untersuchungen für alle Datensätze die gleichen Parameterwerte verwendet.

Für die in der Studienphase erstellten biophysikalischen Modelle sei bezüglich einer detaillierten Darstellung der gewählten Parameter auf [Werner et al. 2009c] verwiesen.

Für die registrierungsbasierte Bewegungsfeldschätzung erwies sich ein Multiresolutionansatz mit vier Leveln als günstig (Parameter der Abbruchkriterien: keine Verbesserung der MSD-Werte in den letzten $k = 10$ Iterationen/Steigung der Ausgleichsgeraden der MSD-Werte auf Basis der letzten $k' = 20$ Iterationen kleiner als 10^{-5}). Registrierungsparameter α und Zeitschritt τ mussten abhängig vom Kraftterm gewählt werden (Thirion-Kräfte: $\tau = 1.0$ / $\alpha = 0.5$; SSD-Kräfte: $\tau = 2.5 \cdot 10^{-6}$ / $\alpha = 0.1$; bei elastischer Regularisierung weiter $\lambda = \mu = 1.0$). Aufgrund des kleineren Zeitschritts mussten bei Anwendung der SSD-Kräfte mehr Iterationen bis Konvergenz der MSD-Werte durchlaufen werden (max. Iterationen: 800 für Thirion-Kräfte, 2400 für SSD-Kräfte).

Die Laufzeiten der Registrierung zweier 3D-CT-Daten der Größe der WashU-Daten lagen in dem Bereich von 1/2 h bis zu 6 h (Zeiten für Phase 1 entsprechend kürzer; Hardware: 3 GHz Intel Xeon Dual-Core-Prozessoren, Biprozessorsystem, 16 GB RAM), mit dem symmetrisch-diffeomorphen Registrierungsschema und SSD-Kräften an der oberen und dem nicht-diffeomorphen Schema mit Thirion-Kräften an der unteren Grenze. Die Lösung des durch das biophysikalische Modell definierten Randwertproblems erforderte zwischen

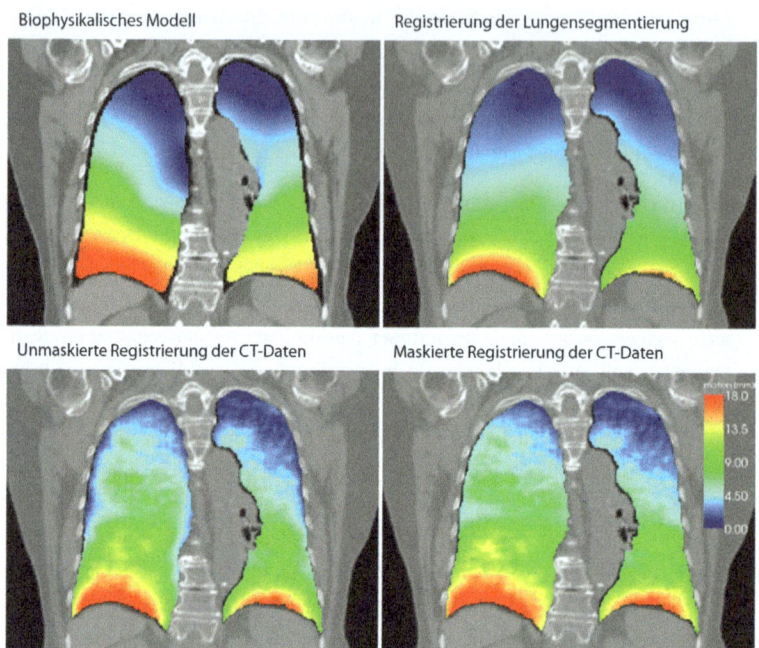

Abb. 3.5: Lungeninterne Bewegungsfeldschätzungen zwischen maximaler Ein- und Ausatmung für den Datensatz WashU 02; visualisiert ist jeweils die Bewegungsamplitude (blau: keine Bewegung, rot: ≥18 mm; siehe Skala unten rechts). Abbildungen aus [Werner et al. 2009a].

15 min und 70 min (je nach Komplexität der Lungengeometrie; die manuellen Vorverarbeitungsschritte von ca. 1 h/Lungenflügel nicht eingerechnet).

3.5.2 Phase 1: Vergleich von biophysikalischem Modell und Registrierung

Die anhand der in der ersten Studienphase eingesetzten Verfahren geschätzten Bewegungsfelder der Lunge sind exemplarisch in Abb. 3.5 visualisiert. Alle Verfahren lieferten – global betrachtet – plausible Bewegungsmuster: minimale Bewegungen nahe der Lungenspitze, maximale Amplituden nahe dem Zwerchfell. Im Detail differierten die Felder jedoch erheblich. Sowohl der biophysikalische Ansatz als auch die Registrierung der Lungensegmentierungen führten aufgrund der Nichtberücksichtigung lungeninterner Strukturen zu einem glatten Übergang der Bewegungsamplituden zwischen Lungenspitze und Zwerchfell; lediglich im Bereich der Lungenwurzel zeigten sich für das biophysika-

3.5 Ergebnisse

Tabelle 3.3: Target-Registration-Error-Werte für die erste Studienphase (manuell detektierte Landmarken, d. h. TRE-m-Werte). Angegeben sind Mittelwert und Standardabweichung der patientenspezifischen Mittelwerte, aufgegliedert nach Landmarkenlokalisation.

Landmarken- lokalisation	ohne Regis- trierung [mm]	Target-Registration-Error TRE-m [mm]			
		biophys. Modell	Reg. Seg- mentierung	Reg. CT, unmaskiert	Reg. CT, maskiert
Nahe der Lungengrenze	6.3 ± 1.5	3.2 ± 0.5	3.6 ± 0.5	2.8 ± 0.7	1.9 ± 0.2
Nahe dem Tumor	7.1 ± 4.8	4.2 ± 1.7	3.2 ± 1.7	1.7 ± 1.1	1.3 ± 0.4
Verteilt in der Lunge	7.0 ± 1.3	3.1 ± 0.6	3.2 ± 0.5	1.6 ± 0.1	1.3 ± 0.0
Mittelwert gesamt	6.8 ± 1.7	3.2 ± 0.8	3.4 ± 0.8	2.1 ± 0.5	1.6 ± 0.2

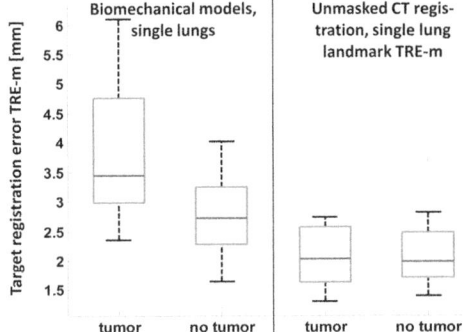

Abb. 3.6: Einfluss von Lungentumoren auf die Bewegungsfeldschätzung: Boxplot des TRE-m (alle Landmarken), separat ausgewertet für die tumorbefallenen und tumorfreien Lungenflügel. Für das biophysikalische Modell resultiert bei Tumorbefall eine deutlich geringere Genauigkeit der Bewegungsfeldschätzung (links) – ein Trend, der bei Registrierung der CT-Daten nicht zu beobachten ist (rechts).

lische Modell durch die Spezifikation der Dirichlet-Randbedingungen im Bereich der Lungenwurzel lokale Abweichungen von diesem Muster. Die Annahme, dass in diesem Bereich keine Bewegungen auftreten würden, ist allerdings physiologisch fragwürdig (vergleiche z. B. [Werner 2007a]: Bewegung der Carina [= Aufteilung der Luftröhre in die Hauptbronchien] ≈ 7 mm). Die mittels Registrierung der CT-Daten geschätzten Bewegungsmuster weisen im Vergleich mehr Struktur auf. Das Feld für die unmaskierte Registrierung illustriert allerdings deutlich, dass durch die global homogene Regularisierung nahe den Lungengrenzen geringere Bewegungsamplituden als innerhalb der Lunge berechnet werden. Dieser Umstand, physiologisch gemäß den vorherigen Ausführungen nicht plausibel, wird größtenteils durch Maskierung der Kräfte korrigiert.
Die anhand der Visualisierung beschriebenen Beobachtungen spiegeln sich auch in den

Werten des Target-Registration-Errors TRE-m wider (Tabelle 3.3). Für alle Verfahren besteht zunächst im Vergleich zum unregistrierten Fall eine signifikante Reduktion der Landmarkendistanz zwischen Referenz- und transformiertem Targetbild (p-Werte je <0.001). Weiter belegen die quantitativen Resultate, dass die Berücksichtigung der lungeninternen Strukturen (in Form der Intensitätsinformationen der CT-Daten) für eine präzise Bewegungsfeldschätzung unerlässlich ist: Sowohl maskierte als auch unmaskierte Registrierung der CT-Daten führen zu signifikant geringeren TRE-m-Werten als die biophysikalische Modellierung oder die Registrierung der Lungensegmentierungen. Hierbei sind die Unterschiede zwischen letzteren Verfahren, gemessen an den TRE-m-Werten, unter Berücksichtigung aller Landmarken statistisch nicht signifikant (p=0.25). Betrachtet man allerdings ausschließlich die Landmarken nahe der Lungengrenze, so ist dies anders (p=0.05). Offenbar beschreiben die in den Randregionen durch das biophysikalische Modell als stärker geschätzten Bewegungen das tatsächliche Verhalten besser (vergleiche wiederum Abb. 3.5).

Letzteres gilt analog für den Vergleich von maskierter und unmaskierter Registrierung der CT-Daten (Reduktion des TRE-m für Landmarken nahe der Lungengrenze durch Maskierung der Kraftberechnung: 0.9 ± 0.6 mm; $p < 0.001$). Da der bei unmaskierter Kraftberechnung auftretende Glättungseffekt an den Lungengrenzen (in Abhängigkeit des Regularisierungsgewichts) nicht ausschließlich auf diese beschränkt bleibt, wird auch die Genauigkeit der Bewegungsschätzung für die weiteren lungeninternen Landmarken beeinflusst. So ergibt sich für die tumornahen Landmarken eine Reduktion des TRE-m um 0.4 ± 0.8 mm (p=0.20), für die übrigen Landmarken um 0.3 ± 0.2 mm (p=0.007). Allerdings bleibt festzustellen, dass auch bei maskierter Kraftberechnung der TRE-m für die Landmarken nahe der Lungengrenze oberhalb der Voxelabmaße liegt (Voxelseitenlänge: 1.5 mm, TRE-m: 1.9 mm). Im Vergleich zu den Werten für die anderen Landmarkenlokalisationen (TRE-m: 1.3 mm) scheint hier noch Potential für eine Steigerung der Genauigkeit vorzuliegen.

Als interessanter Effekt zeigte sich weiterhin, dass für den biophysikalischen Modellierungsansatz die Genauigkeit der Bewegungsfeldschätzung mit zunehmender Tumorgröße abnahm und insbesondere nahe großen Tumoren gering war. Anknüpfend an die Untersuchungen von [Plathow et al. 2004b], in denen anhand von 4D-MRT-Bilddaten beobachtet wurde, dass die Lungendynamik durch Lungentumoren mit einem Durchmesser > 3 cm zumindest lokal beeinflusst zu werden scheint, wurden nun auch die in dieser Arbeit betrachteten Patienten bzw. Lungentumoren gemäß Tumorgröße klassifiziert. Und tatsächlich war auch für dieses Kollektiv die Bewegungsfeldschätzung im Allgemeinen bei Anwendung des Modells für Patienten mit größeren Tumoren signifikant schlechter als für die übrigen Patienten (p=0.03; TRE-m für alle Landmarken). Zusätzlich war festzustellen, dass bei Betrachtung einzelner Lungenflügel die Bewegungsfeldschätzung für die befallenen ungenauer als für die tumorfreien Flügel war (p=0.002). Ein vergleichbarer Trend war ebenfalls für die Registrierung der Lungensegmentierungen zu beobachten, nicht aber bei Registrierung der CT-Daten (siehe Abb. 3.6); dies verdeutlicht wiederum die Notwendigkeit der Berücksichtigung der gesamten Bildinformationen zur präzisen Bewegungsfeldschätzung in 4D-CT-Bilddaten.

3.5.3 Phase 2: Evaluation der unterschiedlichen Registrierungsansätze

In der ersten Evaluationsphase zeigte sich somit entsprechend den Erwartungen die Registrierung der CT-Daten als erfolgversprechendster Ansatz zur präzisen Bewegungsfeldschätzung in 4D-CT-Bilddaten. In der zweiten Phase wurde nun der Einfluss der verschiedenen Registrierungskomponenten (Regularisierungsansatz, Kraftberechnung, Registrierungsschema) auf die resultierenden Felder untersucht. Als zentrales Maß zur Einordnung der Registrierungsgenauigkeit sind die Werte des Target-Registration-Errors (TRE-m und TRE-a) für die verschiedenen Kombinationen der Terme in den Tabellen 3.4 und 3.5 zusammengefasst. Tabelle 3.4 beinhaltet die Ergebnisse für die WashU-Daten, die Grundlage der Optimierung der Registrierungsparameter waren. Die Resultate für die frei verfügbaren POPI- und DIR-lab-Daten sind in Tabelle 3.5 aufgeführt. Mit Blick auf die intendierte Anwendung der Verfahren sind weiterhin die Maßzahlen zur Beurteilung der Qualität der registrierungsbasierten Übertragung der Tumorsegmentierungen in Tabelle 3.6 aufgelistet. Detaillierte Aufstellungen zu den weiteren Evaluationskriterien (Anzahl der Singularitäten, Symmetriefehler) sind in Anhang B.1 zu finden.

Analog zu den Ergebnissen der ersten Studienphase ist die Bewegungsfeldschätzung für alle Verfahren bzw. Kombinationen der Kraft- und Regularisierungsterme sowie Registrierungsschemata insofern als erfolgreich einzuschätzen, als dass die Landmarkendistanzen bzw. TRE-Werte im Vergleich zu der Situation vor Registrierung jeweils signifikant reduziert wurden (p-Werte je <0.001). Gleichzeitig ließen sich jedoch anhand der verschiedenen Evaluationskriterien Unterschiede zwischen den resultierenden Bewegungsfeldern feststellen. Die wesentlichen Aussagen werden nachfolgend beschrieben; die zugrunde liegenden Daten sind im Detail in Anhang B.2 zusammengestellt.

3.5.3.1 Einfluss der unterschiedlichen Kraftterme

In Übereinstimmung mit der ersten Studienphase ergaben sich verhältnismäßig deutliche Unterschiede zwischen der Bewegungsfeldschätzung unter Verwendung maskierter und

Tabelle 3.4: Target-Registration-Error für die WashU-Datensätze und Bewegungsfeldschätzung zwischen maximaler Ein- und Ausatmung. Die Werte sind gegliedert nach eingesetztem Verfahren und Art der Landmarkendetektion (TRE-m: manuell; TRE-a: automatisch). Gelistet sind die Mittelwerte über die patientenspezifischen Mittelwerte und zugehörige Standardabweichungen in mm (TRE-m/TRE-a ohne Registrierung: 6.6 ± 1.7/6.1 ± 1.6 mm). Die hinsichtlich des Rankings (= Mittelung der Platzierungen der Verfahren für die individuellen Datensätze) bestplatzierten Verfahren sind grau hinterlegt (dunkleres Grau = bessere Platzierung; TRE-a und TRE-m gesondert voneinander betrachtet).

Regularisierungs- + Kraftterm	nicht-diffeomorphe Registrierung		diffeomorphe Registrierung		sym.-diffeomorphe Registrierung	
	TRE-m	TRE-a	TRE-m	TRE-a	TRE-m	TRE-a
— WashU-Datensätze, maskierte Kraftberechnung —						
$\mathcal{A}^{\text{diff}} + f^{\text{SSD}}$	1.7 ± 0.4	1.4 ± 0.4	1.7 ± 0.4	1.4 ± 0.4	1.7 ± 0.3	1.4 ± 0.3
$\mathcal{A}^{\text{diff}} + f^{\text{Th,P}}$	1.2 ± 0.1	1.3 ± 0.2	1.3 ± 0.2	1.3 ± 0.2	1.3 ± 0.1	1.3 ± 0.3
$\mathcal{A}^{\text{diff}} + f^{\text{Th,A}}$	1.2 ± 0.1	1.2 ± 0.2	1.2 ± 0.1	1.2 ± 0.2	1.3 ± 0.1	1.3 ± 0.3
$\mathcal{A}^{\text{diff}} + f^{\text{Th,D}}$	1.2 ± 0.1	1.2 ± 0.2	1.2 ± 0.1	1.2 ± 0.2	1.3 ± 0.1	1.2 ± 0.3
$\mathcal{A}^{\text{elas}} + f^{\text{SSD}}$	1.6 ± 0.3	1.4 ± 0.3	1.6 ± 0.3	1.4 ± 0.3	1.6 ± 0.2	1.4 ± 0.3
$\mathcal{A}^{\text{elas}} + f^{\text{Th,P}}$	1.2 ± 0.1	1.2 ± 0.2	1.3 ± 0.2	1.2 ± 0.3	1.3 ± 0.1	1.3 ± 0.3
$\mathcal{A}^{\text{elas}} + f^{\text{Th,A}}$	1.2 ± 0.1	1.2 ± 0.2	1.2 ± 0.1	1.2 ± 0.2	1.2 ± 0.1	1.2 ± 0.2
$\mathcal{A}^{\text{elas}} + f^{\text{Th,D}}$	1.2 ± 0.1	1.2 ± 0.2	1.2 ± 0.1	1.2 ± 0.2	1.2 ± 0.1	1.2 ± 0.2
— WashU-Datensätze, unmaskierte Kraftberechnung —						
$\mathcal{A}^{\text{diff}} + f^{\text{SSD}}$	2.8 ± 0.8	2.1 ± 0.6	2.4 ± 0.7	1.8 ± 0.5	2.7 ± 0.6	2.0 ± 0.5
$\mathcal{A}^{\text{diff}} + f^{\text{Th,P}}$	1.6 ± 0.4	1.5 ± 0.5	1.7 ± 0.4	1.6 ± 0.6	1.6 ± 0.4	1.5 ± 0.5
$\mathcal{A}^{\text{diff}} + f^{\text{Th,A}}$	1.5 ± 0.3	1.5 ± 0.4	1.5 ± 0.3	1.5 ± 0.5	1.5 ± 0.3	1.5 ± 0.5
$\mathcal{A}^{\text{diff}} + f^{\text{Th,D}}$	1.6 ± 0.4	1.5 ± 0.5	1.5 ± 0.3	1.5 ± 0.5	1.5 ± 0.3	1.4 ± 0.5
$\mathcal{A}^{\text{elas}} + f^{\text{SSD}}$	2.2 ± 0.5	1.8 ± 0.4	2.2 ± 0.5	1.7 ± 0.4	2.4 ± 0.5	1.9 ± 0.5
$\mathcal{A}^{\text{elas}} + f^{\text{Th,P}}$	1.6 ± 0.4	1.5 ± 0.5	1.7 ± 0.4	1.5 ± 0.5	1.6 ± 0.3	1.5 ± 0.5
$\mathcal{A}^{\text{elas}} + f^{\text{Th,A}}$	1.4 ± 0.2	1.4 ± 0.5	1.5 ± 0.3	1.5 ± 0.5	1.5 ± 0.3	1.5 ± 0.5
$\mathcal{A}^{\text{elas}} + f^{\text{Th,D}}$	1.4 ± 0.2	1.4 ± 0.4	1.4 ± 0.2	1.4 ± 0.4	1.4 ± 0.3	1.4 ± 0.4

unmaskierter Kräfte. Die in der ersten Studienphase für eine nicht-diffeomorphe Registrierung mit aktiven Thirion-Kräften und diffusivem Regularisierer belegte signifikante Reduktion des Target-Registration-Errors bei maskierter Kraftberechnung bestätigte sich für alle Kombinationen der Terme/Schemata. Im Mittel über alle Kombinationen und Datensätze wurde der TRE-m um 0.8 ± 0.9 mm (p<0.001) reduziert; für den TRE-a resultierte ein Wert von 0.5 ± 0.6 mm (p<0.001). In der Tendenz erklären sich die Differenzen übereinstimmend mit der Interpretation der Visualisierungen in Abb. 3.5 durch signifikante Unterschätzungen der Bewegungen entlang der SI-Richtung (TRE-m: Unterschätzung für die Verfahren mit unmaskierter Kraftberechnung im Durchschnitt 1.2 mm; TRE-a: 0.9 mm; p-Werte für alle Verfahren <0.01).

Die Maskierung der Kraftberechnung führt im Kontext der nicht-diffeomorphen Registrierung weiterhin zu einer signikanten Reduktion der Anzahl der auftretenden Singularitäten (p<0.001). Dies erklärt sich dadurch, dass während der Berechnung der Felder im Gegensatz zur unmaskierten Registrierung nicht versucht wird, die phy-

3.5 Ergebnisse

Tabelle 3.5: Target-Registration-Error für die frei zugänglichen DIR-lab- und POPI-Datensätze und die Bewegungsfeldschätzung zwischen Ein- und Ausatmung. Die Werte sind gegliedert nach eingesetztem Verfahren und Art der Landmarkendetektion (TRE-m: manuell; TRE-a: automatisch; Werte je in mm; TRE-m/TRE-a ohne Registrierung: 8.5±3.2/8.1±3.4 mm [DIR-lab] bzw. 6.5/6.9 mm [POPI]). Angegeben sind Mittelwerte und Standardabweichungen der patientenspezifischen Mittelwerte. Die hinsichtlich des Rankings bestplatzierten Verfahren sind grau hinterlegt.

Regularisierungs- + Kraftterm	nicht-diffeomorphe Registrierung		diffeomorphe Registrierung		sym.-diffeomorphe Registrierung	
	TRE-m	TRE-a	TRE-m	TRE-a	TRE-m	TRE-a
— DIR-LAB- & POPI-DATENSÄTZE, MASKIERTE KRAFTBERECHNUNG —						
$\mathcal{A}^{\text{diff}} + f^{\text{SSD}}$	2.4 ± 1.7	2.0 ± 1.2	2.4 ± 1.6	1.9 ± 1.1	2.6 ± 2.1	2.0 ± 1.2
$\mathcal{A}^{\text{diff}} + f^{\text{Th,P}}$	1.3 ± 0.3	1.6 ± 0.6	1.4 ± 0.3	1.5 ± 0.5	1.9 ± 1.4	1.8 ± 1.0
$\mathcal{A}^{\text{diff}} + f^{\text{Th,A}}$	1.4 ± 0.3	1.5 ± 0.5	1.4 ± 0.5	1.5 ± 0.4	1.9 ± 1.3	1.9 ± 1.1
$\mathcal{A}^{\text{diff}} + f^{\text{Th,D}}$	1.3 ± 0.3	1.5 ± 0.5	1.3 ± 0.3	1.5 ± 0.4	1.9 ± 1.3	1.8 ± 1.0
$\mathcal{A}^{\text{elas}} + f^{\text{SSD}}$	2.3 ± 1.3	2.0 ± 0.9	2.3 ± 1.4	1.9 ± 0.9	2.4 ± 1.7	2.0 ± 1.0
$\mathcal{A}^{\text{elas}} + f^{\text{Th,P}}$	1.3 ± 0.3	1.6 ± 0.6	1.4 ± 0.3	1.6 ± 0.6	1.6 ± 0.6	1.7 ± 0.8
$\mathcal{A}^{\text{elas}} + f^{\text{Th,A}}$	1.3 ± 0.3	1.5 ± 0.5	1.4 ± 0.4	1.5 ± 0.5	1.6 ± 0.7	1.7 ± 0.7
$\mathcal{A}^{\text{elas}} + f^{\text{Th,D}}$	1.3 ± 0.2	1.5 ± 0.5	1.3 ± 0.3	1.5 ± 0.5	1.4 ± 0.4	1.6 ± 0.6
— DIR-LAB- & POPI-DATENSÄTZE, UNMASKIERTE KRAFTBERECHNUNG —						
$\mathcal{A}^{\text{diff}} + f^{\text{SSD}}$	4.4 ± 3.1	3.3 ± 2.3	3.8 ± 2.4	2.8 ± 1.5	4.6 ± 2.7	3.3 ± 1.9
$\mathcal{A}^{\text{diff}} + f^{\text{Th,P}}$	2.5 ± 1.7	2.3 ± 1.5	2.6 ± 1.7	2.4 ± 1.5	2.7 ± 1.7	2.4 ± 1.4
$\mathcal{A}^{\text{diff}} + f^{\text{Th,A}}$	2.5 ± 1.8	2.3 ± 1.4	2.5 ± 1.8	2.3 ± 1.4	2.6 ± 1.7	2.4 ± 1.5
$\mathcal{A}^{\text{diff}} + f^{\text{Th,D}}$	2.4 ± 1.7	2.2 ± 1.4	2.4 ± 1.7	2.2 ± 1.4	2.6 ± 1.7	2.4 ± 1.5
$\mathcal{A}^{\text{elas}} + f^{\text{SSD}}$	3.6 ± 2.2	2.7 ± 1.4	3.6 ± 2.1	2.7 ± 1.4	4.2 ± 2.5	3.2 ± 1.8
$\mathcal{A}^{\text{elas}} + f^{\text{Th,P}}$	2.5 ± 1.7	2.3 ± 1.5	2.6 ± 1.9	2.4 ± 1.6	2.7 ± 1.8	2.5 ± 1.6
$\mathcal{A}^{\text{elas}} + f^{\text{Th,A}}$	2.3 ± 1.6	2.2 ± 1.3	2.4 ± 1.7	2.3 ± 1.3	2.5 ± 1.6	2.4 ± 1.4
$\mathcal{A}^{\text{elas}} + f^{\text{Th,D}}$	2.2 ± 1.4	2.1 ± 1.3	2.3 ± 1.5	2.2 ± 1.3	2.4 ± 1.5	2.3 ± 1.4

siologisch im Makroskopischen auftretenden Diskontinuitäten zwischen Lungen- und Brustkorbbewegung abzubilden.

Die erhöhte Genauigkeit der Bewegungsfeldschätzung durch Maskierung scheint sich auch in den Maßzahlen für die Übertragung der Tumorsegmentierungen widerzuspiegeln. Der Jaccard-Koeffizient erhöht sich im Schnitt um 2 ± 6% bei maskierter Kraftberechnung; die Distanzen der Tumormassezentren reduzieren sich um 0.2 ± 0.7 mm. Tatsächlich sind die Differenzen jedoch im Wesentlichen auf den in Abb. 3.7 dargestellten speziellen Fall eines nahe der hinteren Brustwand befindlichen, aber frei beweglichen Lungentumors zurückzuführen. Dieser Einzelfall verdeutlicht zwar einerseits anschaulich und anwendungsnah die Probleme bei unmaskierter Kraftberechnung; andererseits sind die Effekte für die weiteren Patienten/Tumoren jedoch deutlich geringer ausgeprägt und so die aufgeführten Differenzen für das betrachtete Kollektiv statistisch nicht signifikant (p-Werte: 0.21 [Jaccard-Koeffizient] / 0.35 [Tumormassezentren]).

Die Ergebnisse bestätigen weiter die bei Formulierung der Terme getätigte Annahme, dass die für die Thirion-Kräfte eingeführte Normalisierung der SSD-Kräfte zu einer

Tabelle 3.6: Jaccard-Koeffizient und Abstand der Tumormassenzentren (COM; engl.: Center Of Mass) bei Vergleich manuell erstellter Tumorsegmentierungen zur Phase maximaler Einatmung und der anhand der geschätzten Bewegungsfelder von der Phase maximaler Aus- auf maximale Einatmung übertragenen Tumorsegmentierungen (jeweils Mittelwerte und Standardabweichungen der tumorspezifischen Werte). Die hinsichtlich des Rankings bestplatzierten Verfahren sind wieder grau hinterlegt.

Regulari-sierungs- + Kraftterm	nicht-diffeomorphe Registrierung		diffeomorphe Registrierung		sym.-diffeomorphe Registrierung	
	Jaccard-Koef.	COM-Distanz [mm]	Jaccard-Koef.	COM-Distanz [mm]	Jaccard-Koef.	COM-Distanz [mm]
— MASKIERTE KRAFTBERECHNUNG —						
$\mathcal{A}^{\text{diff}} + f^{\text{SSD}}$	0.80 ± 0.08	1.1 ± 0.7	0.79 ± 0.08	1.1 ± 0.8	0.79 ± 0.08	1.0 ± 0.8
$\mathcal{A}^{\text{diff}} + f^{\text{Th,P}}$	0.81 ± 0.08	1.0 ± 0.7	0.80 ± 0.07	1.0 ± 0.7	0.80 ± 0.07	1.0 ± 0.7
$\mathcal{A}^{\text{diff}} + f^{\text{Th,A}}$	0.81 ± 0.08	1.0 ± 0.7	0.80 ± 0.07	1.0 ± 0.7	0.80 ± 0.07	1.0 ± 0.7
$\mathcal{A}^{\text{diff}} + f^{\text{Th,D}}$	0.80 ± 0.08	1.0 ± 0.7	0.80 ± 0.07	1.0 ± 0.7	0.79 ± 0.07	1.0 ± 0.7
$\mathcal{A}^{\text{elas}} + f^{\text{SSD}}$	0.79 ± 0.08	1.1 ± 0.8	0.78 ± 0.08	1.1 ± 0.8	0.79 ± 0.08	1.1 ± 0.8
$\mathcal{A}^{\text{elas}} + f^{\text{Th,P}}$	0.80 ± 0.08	1.0 ± 0.7	0.80 ± 0.08	1.0 ± 0.7	0.80 ± 0.07	1.0 ± 0.7
$\mathcal{A}^{\text{elas}} + f^{\text{Th,A}}$	0.81 ± 0.08	1.0 ± 0.7	0.80 ± 0.08	1.0 ± 0.7	0.80 ± 0.07	1.0 ± 0.7
$\mathcal{A}^{\text{elas}} + f^{\text{Th,D}}$	0.80 ± 0.08	1.0 ± 0.7	0.79 ± 0.08	1.0 ± 0.7	0.79 ± 0.08	1.0 ± 0.7
— UNMASKIERTE KRAFTBERECHNUNG —						
$\mathcal{A}^{\text{diff}} + f^{\text{SSD}}$	0.78 ± 0.10	1.3 ± 0.9	0.77 ± 0.11	1.3 ± 1.1	0.77 ± 0.11	1.4 ± 1.1
$\mathcal{A}^{\text{diff}} + f^{\text{Th,P}}$	0.78 ± 0.11	1.3 ± 1.3	0.77 ± 0.13	1.4 ± 1.8	0.77 ± 0.13	1.3 ± 1.4
$\mathcal{A}^{\text{diff}} + f^{\text{Th,A}}$	0.79 ± 0.09	1.1 ± 0.9	0.78 ± 0.10	1.1 ± 1.0	0.78 ± 0.09	1.1 ± 0.9
$\mathcal{A}^{\text{diff}} + f^{\text{Th,D}}$	0.79 ± 0.09	1.1 ± 0.9	0.78 ± 0.09	1.1 ± 0.9	0.78 ± 0.09	1.0 ± 0.8
$\mathcal{A}^{\text{elas}} + f^{\text{SSD}}$	0.78 ± 0.09	1.3 ± 0.9	0.77 ± 0.10	1.3 ± 1.0	0.77 ± 0.10	1.3 ± 1.0
$\mathcal{A}^{\text{elas}} + f^{\text{Th,P}}$	0.78 ± 0.10	1.2 ± 1.1	0.77 ± 0.12	1.3 ± 1.5	0.77 ± 0.10	1.1 ± 1.0
$\mathcal{A}^{\text{elas}} + f^{\text{Th,A}}$	0.79 ± 0.09	1.1 ± 0.9	0.78 ± 0.10	1.1 ± 1.0	0.78 ± 0.10	1.1 ± 1.0
$\mathcal{A}^{\text{elas}} + f^{\text{Th,D}}$	0.78 ± 0.08	1.0 ± 0.8	0.78 ± 0.09	1.1 ± 0.8	0.78 ± 0.09	1.0 ± 0.8

präziseren Ausrichtung der lungeninternen Strukturen führt. Die TRE-Werte reduzieren sich für die verschiedenen Thirion-Kräfte im Vergleich zu den SSD-Kräften um im Schnitt zwischen 0.9 mm und 1.0 mm (TRE-m; p-Werte je <0.001) bzw. 0.4 mm (TRE-a; p-Werte je <0.001). Ein Vergleich der Felder aus SSD- und aktiven Thirion-Kräften ist exemplarisch in Abb. 3.8 dargestellt. Es wird deutlich, dass die innerhalb der Lunge relativ geringen Kräfte für den SSD-Kraftterm zu insgesamt glatteren Feldern führen, die lokal eine geringere Genauigkeit der Bewegungsfeldschätzung zur Folge haben. Andererseits reduziert sich hierdurch aber im Kontext einer nicht-diffeomorphen Registrierung auch die Gefahr des Auftretens von Singularitäten.

Hinsichtlich der Maßzahlen zur Übertragung der Tumorsegmentierungen lässt sich durch die Thirion-Kräfte im Mittel ebenfalls eine Verbesserung im Vergleich zu den SSD-Kräften erzielen. Die Unterschiede hinsichtlich des Jaccard-Koeffizienten (ca. 1%) und der Distanzen der Tumormassezentren (zwischen 0.1 mm und 0.2 mm) sind allerdings nur gering und statistisch überwiegend nicht signifikant. Tatsächlich zählt die Kombina-

3.5 Ergebnisse

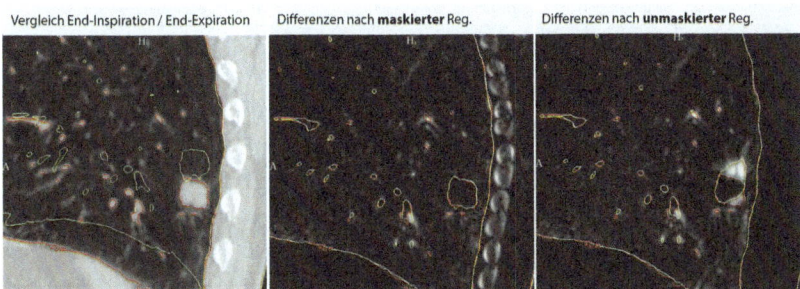

Abb. 3.7: Veranschaulichung des Effekts der Maskierung der Kraftberechnung. Links: Sagittales CT-Bild zur maximalen Einatmung (EI); die Konturen der Strukturen zur Ein- (rot) und Ausatmung (EE; gelb) sind überlagert dargestellt. Mitte: Differenzbild zwischen dem EI-CT-Datensatz und dem transformierten EE-Bild bei Verwendung maskierter Kräfte (Jaccard-Koeffizient: 0.81). Die Strukturen im transformierten EE-Bild sind wieder gelb hervorgehoben. Innerhalb der Lungen treten nur geringe Differenzen auf; die Rippen (bei der Kraftberechnung nicht berücksichtigt) werden nicht aufeinander abgebildet. Rechts: Analoge Darstellung bei unmaskierter Kraftberechnung. Nun sind zwar die Rippen als Strukturen mit dominanten Gradienten ausgerichtet, die Bewegungen des nahe der Lungengrenze gelegenen Tumors sind jedoch schlecht abgebildet (Jaccard-Koeffizient: 0.39).

tion „nicht-diffeomorph + maskierte SSD-Kräfte + diffusiver Regularisierungsansatz" hinsichtlich des zur finalen Einordnung der einzelnen Verfahren eingeführten Rankingverfahrens im Hinblick auf die Jaccard-Koeffizienten sogar zu den besten zehn Verfahren. Dies erklärt sich dadurch, dass sich solide Lungentumoren in der Regel deutlich von dem übrigen Lungengewebe abheben. Als Folge entstehen an den Tumorrändern große Beträge des Intensitätsgradienten und so auch für die ursprünglichen SSD-Kräfte eine akzeptable Bewegungsfeldschätzung.

Die Unterschiede zwischen den anhand der verschiedenen Varianten der Thirion-Kräfte berechneten Felder selbst sind weitestgehend vernachlässigbar. In der Tendenz scheint die duale Variante zu den genauesten Ergebnissen bei zugleich geringstem Symmetriefehler zu führen; die Differenzen sind allerdings sehr gering (z. B. Unterschiede der TRE-m- und TRE-a-Werte der Varianten < 0.1 mm; Differenzen der Symmetriefehler in der gleichen Größenordnung). Hierüber hinaus auffallend ist lediglich, dass bei Betrachtung des nicht-diffeomorphen Schemas das Risiko des Auftretens von Singularitäten offenbar für die aktiven Kräfte am geringsten ist ($p<0.001$ bei Vergleich zu passiven und dualen Kräften).

3.5.3.2 Auswirkungen des Regularisierungsansatzes

Ähnlich dem Vergleich der verschiedenen Varianten der Thirion-Kräfte zeigen sich auch bei Gegenüberstellung der Felder, die unter Verwendung von diffusiver und

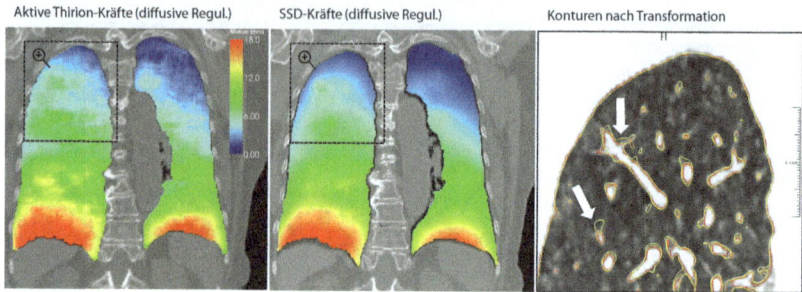

Abb. 3.8: Vergleich der geschätzten Bewegungsfelder zwischen maximaler Ein- und Ausatmung für Datensatz WashU 02. Links: diffusive Regularisierung, aktive maskierte Thirion-Kräfte, nicht-diffeomorph (optimales Verfahren gemäß erster Studienphase). Mitte: korrespondierendes Verfahren, aber maskierte SSD-Kräfte. Rechts: Fokus auf oberen Teil der rechten Lunge als eine Region, für die größere Unterschiede in den Bewegungsfeldern bestehen. Zur Verdeutlichung der Unterschiede sind Strukturkonturen des Referenzbildes (rot) und der transformierten Targetbilder eingezeichnet (Thirion-Kräfte: orange; SSD: gelb). Es ist zu erkennen, dass SSD-Kräfte zu Fehlausrichtungen der (kleineren) Lungengefäße führen.

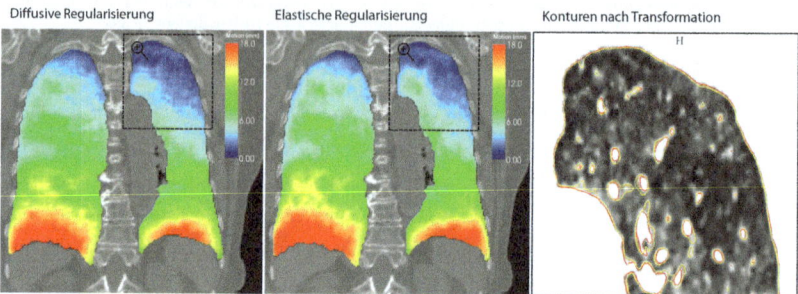

Abb. 3.9: Einfluss des Regularisierungsansatzes auf die geschätzten Bewegungsfelder. Links: diffusiv (analoges Verfahren wie in Abb. 3.8). Mitte: elastisch. Rechts: Region mit deutlicheren Unterschieden der Felder (orange: diffusive Regularisierung; gelb: elastischer Ansatz); deutliche Unterschiede der Ausrichtung der Konturen sind nicht zu erkennen.

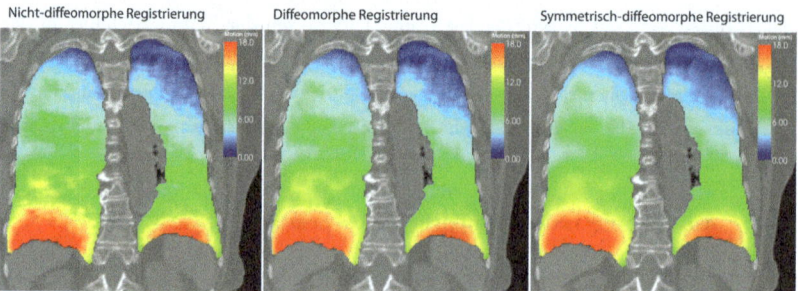

Abb. 3.10: Vergleich der Bewegungsfeldschätzungen für die unterschiedlichen Registrierungsschemata: nicht-diffeomorph (links), diffeomorph (Mitte) und symmetrisch-diffeomorph (rechts).

elastischer Regularisierung berechnet wurden, überwiegend geringe Unterschiede (siehe auch Abb. 3.9). So liegen im Mittel über alle Verfahren und Patienten die TRE-Werte für den diffusiven Ansatz zwar signifikant, aber eben nur um 0.1 mm oberhalb derer des elastischen Ansatzes (TRE-m: p<0.001; TRE-a: p=0.003). Hinsichtlich der Maßzahlen zur Tumorübertragung lassen sich darüber hinaus keinerlei nennenswerte/signifikante Unterschiede zwischen den beiden Ansätzen beobachten.

Die Wirkung des in dem zum linear-elastischen Potential assoziierten Navier-Lamé-Operator enthaltenen Terms zur Vermeidung von Stauchungen und Dehnungen zeigt sich allerdings hinsichtlich der Anzahl der Singularitäten in den Bewegungsfeldern. Diese ist – anders als bei dem diffusiven Ansatz – für den elastischen Regularisierungsterm bereits bei nicht-diffeomorpher Registrierung vernachlässigbar gering.

3.5.3.3 Vergleich der Bewegungsfeldschätzungen anhand von klassischem und diffeomorphem Framework

Die Unterschiede der mittels der verschiedenen Registrierungsschemata berechneten Bewegungsfelder sind exemplarisch in Abb. 3.10 illustriert. Global erscheint das diffeomorphe Feld als eine geglättete Version des nicht-diffeomorphen und das symmetrisch-diffeomorphe wiederum als geglättete Version des anhand des (einfach-)diffeomorphen Schemas berechneten Feldes; allenfalls lokal lassen sich geringere Unterschiede der berechneten Bewegungsmuster erkennen (z. B. im unteren Bereich der rechten Lunge). Ähnlich dem Vergleich von Thirion- und SSD-Kräften resultiert die für das symmetrisch-diffeomorphe Schema vorgenommene Symmetrisierung des Krafterms und die hierdurch bedingte Glättung der Felder im Mittel über alle Verfahren und Datensätze in einer Reduktion der Genauigkeit der Bewegungsfeldschätzungen. Diese findet mit einem Wert von etwa 0.1 mm nun allerdings in weit geringerem Maße statt. Dies gilt sowohl für den Vergleich von symmetrisch-diffeomorph zu diffeomorph als auch zu nicht-diffeomorph sowie die Betrachtung von TRE-a und TRE-m (p-Werte zwischen 0.008 und 0.03). Zugehörige Differenzen für die Maßzahlen zur Tumorübertragung sind ebenfalls marginal – und für einen Vergleich von einfach-diffeomorpher und konventioneller nicht-diffeomorpher Registrierung sogar noch geringer: Hinsichtlich der TRE-Werte lassen sich zwischen diesen beiden Ansätzen im Mittel keine (signifikanten) Differenzen ausmachen. Dies spiegelt sich auch im Hinblick auf das entsprechende Ranking für diese Maßzahlen wider, bei denen sich die besten Platzierungen (in den Tabellen 3.4 und 3.5 grau hinterlegt) recht gleichmäßig auf die nicht-diffeomorphen und diffeomorphen Verfahren verteilen. Der zentrale Vorzug der diffeomorphen Ansätze ist (im Prinzip „per definitionem") die Vermeidung von Singularitäten, die entsprechend für sämtliche Kombinationen aus Kraft- und Regularisierungstermen zu beobachten war. Überraschenderweise traten

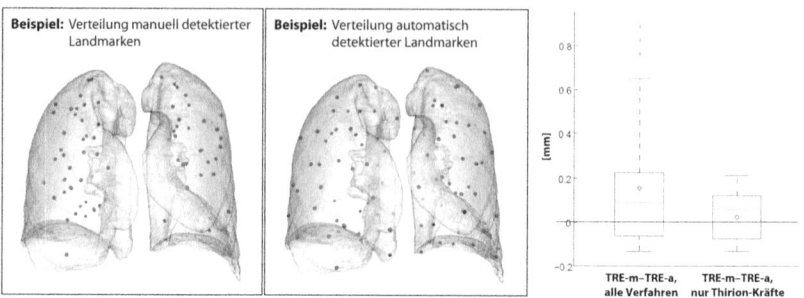

Abb. 3.11: Zum Vergleich von TRE-m und TRE-a. Links: Beispiel für die Verteilung manuell detektierter Landmarken in der Lunge (hier: Datensatz WashU 02). Mitte: Korrespondierende Verteilung der automatisch verteilten Landmarken. Rechts: Boxplots der Verteilung der Differenzen von TRE-a und TRE-m für die unterschiedlichen Registrierungsverfahren, einmal alle Verfahren einschließend (rechts), einmal ohne Berücksichtigung der Ansätze unter Verwendung der SSD-Kräfte (links). Betrachtet wurden jeweils die TRE-m- und TRE-a-Mittelwerte über alle Datensätze.

allerdings auch bei diffeomorpher Registrierung – wenngleich auch nur für wenige Voxel – bei einem Datensatz Singularitäten auf (vergleiche Tabelle B.1). Ursache war eine zu geringe Anzahl der bei Übergang zwischen Tangentialraum und Diffeomorphismen anhand des Scaling-and-Squaring-Algorithmus vorgenommenen Zerlegungen des Geschwindigkeitsfeldes (Algorithmus 2). Diesbezüglich stellt sich das Problem, dass derzeit mathematisch nicht geklärt ist, was genau (im Sinne der Definition einer Schranke o. ä.) „$2^{-N}v$ is close enough to 0" bedeutet.

Ebenfalls aus der Definition selbst folgend zeichnet sich das symmetrisch-diffeomorphe Registrierungsschema durch einen im Vergleich zu den anderen Schemata reduzierten Symmetriefehler aus. Insbesondere unterscheiden sich diesbezüglich diffeomorpher und symmetrisch-diffeomorpher Ansatz (Differenz im Mittel über alle Verfahren und Datensätze 0.3 mm; p<0.001).

3.5.3.4 Vergleich von TRE-m und TRE-a

Die korrespondierende Betrachtung bzw. Angabe von TRE-m und TRE-a zielte auf die Untersuchung der Fragestellung, ob das gemäß Abschnitt 3.4.3.2 implementierte Verfahren zur automatischen Detektion korrespondierender Landmarkenpaare in den zu registrierenden Lungen-CT-Daten eine verlässliche Abschätzung der Registrierungsgenauigkeit bietet. Der TRE-m galt hierbei als Gold-Standard, dessen Aussagen durch den TRE-a zu stützen bzw. zu reproduzieren waren.

Der Vergleich der TRE-m- und TRE-a-Werte zeigt zunächst, dass der TRE für die

Registrierungsansätze unter Verwendung des SSD-Distanzmaßes anhand der automatisch detektierten Landmarkenkorrespondenzen in Bezug auf den TRE-m unterschätzt wird; im Mittel über diese Verfahren und alle Datensätze beträgt die Unterschätzung 0.6±0.3 mm (p<0.001). Eine mögliche Erklärung ist durch das propagierte Verfahren zur Übertragung der Landmarken zwischen den Datensätzen zu finden, da die Maximierung des Korrelationskoeffizienten während des Template-Matchings der Intensitätswerte eng mit einer entsprechenden Minimierung der SSD-Distanzen der Regionen zusammenhängt [Heldmann 2006; Ramus et al. 2010]. Diese Beobachtung stützt zunächst die in [Castillo et al. 2009] geäußerte Skepsis hinsichtlich der Aussagekraft eines TRE-a (siehe Abschnitt 3.4.3.2).

Andererseits ist für die übrigen Verfahren keine signifikante Über- oder Unterschätzung des TRE-m durch den TRE-a festzustellen (Mittelwert: Unterschätzung des TRE-m um 0.02±0.10 mm, p=0.21; siehe Abb. 3.11). Auch sind die im Kontext der Evaluation bzw. des Vergleichs der unterschiedlichen Registrierungsterme und -schemata auf Basis von TRE-m und TRE-a getätigten Aussagen – abgesehen von der erläuterten Unterschätzung – annähernd deckungsgleich. Berücksichtigt man weiterhin, dass auch für verschiedene manuell detektierte Landmarkensets Unterschiede in resultierenden TRE-m-Werten zu erwarten sind [Kabus et al. 2009], erscheint der Einsatz der automatisch detektierten Landmarken zumindest für erste Abschätzungen und Gegenüberstellungen verschiedener Verfahren zur Bewegungsfeldschätzung in 4D-CT-Daten als angemessen und hieraus abgeleitete Aussagen als durchaus belastbar.

3.6 Interpretation der Resultate

Ziel der vorstehenden Vergleiche war die Einschätzung der prinzipiellen Eignung unterschiedlicher Verfahren zur Bewegungsfeldschätzung in 4D-CT-Bilddaten sowie (im Sinne einer Optimierung der Bewegungsfeldschätzung) die Herausarbeitung von Vor- und Nachteilen der betrachteten Ansätze. Hierbei zeigte sich entsprechend den einleitend geäußerten Erwartungen die registrierungsbasierte Bewegungsfeldschätzung als erfolgversprechender als der präsentierte biophysikalische Modellierungsansatz. Letzterem lag durch die Annahme des Lungengewebes als homogenem Medium eine starke Vereinfachung zugrunde; neuere Publikationen, die eine Einbeziehung von lungeninternen Strukturen (Tumoren, Bronchialbaum) in den Modellierungsansatz beschreiben, belegen allerdings, dass auch hierdurch die Genauigkeit des Modells nicht signifikant erhöht wird und vor allem die Präzision der registrierungsbasierten Verfahren nicht erreicht werden kann [Al-Mayah et al. 2010].

Als lohnenswert erwies sich jedoch die dem Ansatz inhärente Herangehensweise, Wissen über die Anatomie und die Physiologie der Atmung in die Bewegungsfeldschätzung einzubringen; insbesondere die Maskierung der Kraftberechnung führte zu einer deutlichen Steigerung der Registrierungsgenauigkeit. Gleiches galt für die Einführung der Thirion-Kräfte. Bezüglich der Integration von Vorwissen in die Bewegungsfeldschätzung ist aber sicherlich nur ein erster Schritt getan; hier bietet sich ein erhebliches Potential für weitere Forschungstätigkeiten. Mögliche Fragestellungen betreffen z. B. die Beobachtung, dass sich derzeit die TRE-Werte für Landmarken nahe der Lungengrenze trotz maskierter Kräfte schlechter darstellen als für die übrigen Landmarken. Auch liegen u. a. die TRE-m-Werte für die DIR-lab-Daten insgesamt noch deutlich oberhalb der in [Castillo et al. 2009] angegebenen mittleren Intraobserver-Variabilität der Landmarkendetektion von 0.9 mm; gleiches gilt für die WashU-Daten. Die Intraobserver-Variabilität wird allgemein als diejenige untere Grenze für den TRE-m angesehen, die es anzustreben gilt. Diese Aspekte werden im Ausblick der Arbeit aufgegriffen (Kapitel 7).

Unabhängig von den beschriebenen Problemen ist die anhand der betrachteten Registrierungsverfahren erzielte Genauigkeit im internationalen Vergleich allerdings bereits jetzt außerordentlich hoch. So liegt der für die unterschiedlichen Datensätze erzielte mittlere TRE-m von 1.16 mm (WashU-Daten), 1.34 mm (DIR-lab-Daten) und 0.99 mm (POPI-Datensatz) im Vergleich zu den in der MIDRAS-Studie genannten Verfahren bzw. Arbeitsgruppen im Bereich der bestplatzierten Verfahren. Ein exakter Vergleich ist allerdings nicht möglich, da die entsprechenden Datensätze für die vorliegende Arbeit nicht verfügbar waren. Anders ist dies bei der EMPIRE10-Studie. Hier partizipierte das Institut für Medizinische Informatik der Universität zu Lübeck unter Beteiligung des Verfassers der vorliegenden Dissertation mit dem diffeomorphen Registrierungsschema mit aktiven und maskierten Thirion-Kräften sowie diffusivem Regularisierer. Der Fokus der Studie lag allerdings nicht allein auf der Bewegungsfeldschätzung in 4D-Bilddaten; als Beispiel waren auch Follow-Up-CT-Daten u. ä. zu registrieren. Insofern war eine Vorregistrierung der Daten erforderlich (hier: oberflächenbasierte Registrierung der Lungen; für Details siehe [Ehrhardt et al. 2010b]), so dass nicht ausschließlich die in der vorliegenden Arbeit im Mittelpunkt stehende nicht-lineare Registrierung evaluiert wurde. Der in der Studie erreichte dritte Platz (von ursprünglich 34 eingereichten Verfahren; siehe [Murphy et al. 2011a]) lässt aber auch auf eine hohe Genauigkeit für die Bewegungsfeldschätzung in 4D-CT-Daten schließen.

Als weitere Evaluationsplattform veröffentlicht das DIR-lab des University of Texas M.D. Anderson Cancer Centers auf ihrer Webseite TRE-Werte, die sich für verschiedene Registrierungsverfahren für die bereitgestellten Bilddaten und Landmarkensets ergeben. Derzeit (Stand: März 2012) sind Ergebnisse zu 13 Verfahren abrufbar. Das beste Verfahren (für diesbezügliche Details siehe [Castillo et al. 2010a]) erzielt dem-

3.6 Interpretation der Resultate

Tabelle 3.7: Abschließende Einordnung der verschiedenen Registrierungsverfahren im Hinblick auf das betrachtete Rankingverfahren. Die angegebenen Werte geben den über die Evaluationskriterien gemittelten Rang an, der durch das jeweilige Verfahren erzielt wurde (Evaluationskriterien: Target-Registration-Error, Genauigkeit der Tumorübertragung, Anteil der Singularitäten in den Feldern, Symmetriefehler). Für die einzelnen Kriterien entspricht der Rang der über die individuellen Patienten/Datensätze gemittelten Platzierung des Verfahrens (siehe Kapitel 3.4.4). Die hinsichtlich des gemittelten Rangs bestplatzierten Verfahren wurden wiederum grau hervorgehoben.

	Durchschnittlicher Rang, gemittelt über die Evaluationskriterien		
Regularisierungs- + Kraftterm	nicht-diffeomorphe Registrierung	diffeomorphe Registrierung	sym.-diffeomorphe Registrierung
— Maskierte Kraftberechnung —			
$\mathcal{A}^{\text{diff}} + f^{\text{SSD}}$	25.87 ± 9.01	24.18 ± 3.08	24.83 ± 4.21
$\mathcal{A}^{\text{diff}} + f^{\text{Th,P}}$	26.24 ± 15.16	21.66 ± 10.92	20.63 ± 4.33
$\mathcal{A}^{\text{diff}} + f^{\text{Th,A}}$	25.71 ± 13.56	23.07 ± 12.67	21.69 ± 4.64
$\mathcal{A}^{\text{diff}} + f^{\text{Th,D}}$	23.19 ± 15.16	20.60 ± 8.85	19.90 ± 5.67
$\mathcal{A}^{\text{elas}} + f^{\text{SSD}}$	22.56 ± 7.47	24.86 ± 4.94	20.85 ± 11.40
$\mathcal{A}^{\text{elas}} + f^{\text{Th,P}}$	15.50 ± 5.59	19.82 ± 6.58	21.05 ± 5.39
$\mathcal{A}^{\text{elas}} + f^{\text{Th,A}}$	17.62 ± 7.42	22.32 ± 11.28	22.49 ± 7.69
$\mathcal{A}^{\text{elas}} + f^{\text{Th,D}}$	14.81 ± 9.40	19.04 ± 7.54	22.12 ± 7.25
— Unmaskierte Kraftberechnung —			
$\mathcal{A}^{\text{diff}} + f^{\text{SSD}}$	37.52 ± 6.59	33.80 ± 10.88	31.95 ± 11.74
$\mathcal{A}^{\text{diff}} + f^{\text{Th,P}}$	36.87 ± 11.68	31.17 ± 11.95	23.15 ± 7.43
$\mathcal{A}^{\text{diff}} + f^{\text{Th,A}}$	31.38 ± 11.25	28.90 ± 10.18	21.89 ± 7.62
$\mathcal{A}^{\text{diff}} + f^{\text{Th,D}}$	32.54 ± 11.20	27.98 ± 8.87	21.12 + 7 23
$\mathcal{A}^{\text{elas}} + f^{\text{SSD}}$	32.49 ± 8.81	31.58 ± 9.47	30.25 ± 14.42
$\mathcal{A}^{\text{elas}} + f^{\text{Th,P}}$	25.01 ± 4.70	29.22 ± 7.20	20.04 ± 11.37
$\mathcal{A}^{\text{elas}} + f^{\text{Th,A}}$	19.88 ± 2.41	25.41 ± 4.14	19.19 ± 9.67
$\mathcal{A}^{\text{elas}} + f^{\text{Th,D}}$	20.71 ± 5.28	24.66 ± 2.98	18.69 ± 8.73

nach einen TRE von 1.32 mm, das zweitbeste (siehe hierzu [Gu et al. 2010]) einen Wert von 1.53 mm. Der optimale Wert für die in der vorliegenden Arbeit betrachteten Verfahren beträgt 1.34 mm (diffeomorphes Registrierungsschema, duale und maskierte Thirion-Kräfte, diffusiver Regularisierer) und liegt somit in der Größenordnung des TRE des besten, auf der Webseite genannten Verfahrens. Weiterhin liegen sämtliche betrachtete nicht-diffeomorphe und (einfach-)diffeomorphe Ansätze mit maskierten Thirion-Kräften unterhalb von 1.53 mm. Auch dies kann als Indiz für die Qualität der Verfahren interpretiert werden – zumal die verwendeten Registrierungsparameter wie beschrieben lediglich anhand der WashU-Datensätze und somit insbesondere auch nicht spezifisch für die jeweils einzelnen DIR-lab-Datensätze optimiert wurden.

Über die ausschließliche Betrachtung des TRE bzw. TRE-m zur Beurteilung der Genauigkeit der Verfahren hinaus wurde in der zweiten Studienphase eine Multi-Kriterien-Evaluation durchgeführt. In einem Versuch, das „optimale" Verfahren über ein Ranking-System zu ermitteln, ergab sich als solches die Kombination aus elastischem Regularisierer und dualen Thirion-Kräften im nicht-diffeomorphen Registrierungsschema mit einem durchschnittlichen Rang über die betrachteten Evaluationskriterien von 14.8 ± 9.4 (siehe Tabelle 3.7). Die vergleichsweise große Standardabweichung belegt allerdings, dass für die verschiedenen Kriterien deutliche Unterschiede der Einordnungen der Verfahren bestehen. Somit hängt die Wahl des Registrierungsverfahrens selbst für einen verhältnismäßig speziellen Bereich wie der Bewegungsfeldschätzung in 4D-Bilddaten letztendlich von der intendierten Anwendung ab. Als Beispiel birgt der diffusive Regularisierungsansatz für das nicht-diffeomorphe Setting im Vergleich zum elastischen Ansatz eine größere Gefahr des Auftretens von Singularitäten, zeichnet sich aber durch eine geringere Komplexität/Rechenzeit aus. Gleiches gilt für den Vergleich von nicht-diffeomorphem und diffeomorphen Registrierungsschema. Letzteres bietet allerdings zusätzlich eine effiziente Möglichkeit zur Invertierung der Bewegungsfelder, die in bestimmten Anwendungsfeldern von Vorteil ist. Der symmetrisch-diffeomorphe Ansatz bietet wiederum einen geringen Symmetriefehler (gilt insbesondere bei unmaskierter Berechnung) durch gleichgewichtete Berücksichtigung der Informationen aus Referenz- und Targetbild. Dieser Aspekt ist weniger bei der Bewegungsfeldschätzung in den beschriebenen 4D-CT-Bilddaten als vielmehr bei Registrierung von Daten verschiedener Patienten oder von Follow-Up-Daten relevant [Avants et al. 2004]; für diese Anwendungsfälle ist das Vorliegen korrespondierender Strukturen in den zu registrierenden Daten nicht unbedingt gewährleistet. Dieser Aspekt kommt in dem nachfolgenden Kapitel zur Modellierung der mittleren Lungenbewegung in einem Patientenkollektiv zum Tragen.

Somit bleibt festzuhalten, dass sämtliche der beschriebenen Verfahren unter Verwendung maskierter Thirion-Kräfte eine im Vergleich zur derzeitigen Literaturlage präzise Bewegungsfeldschätzung in 4D-CT-Daten ermöglichen und als Grundlage nachfolgender Anwendungen und Analysen verlässlich erscheinen. Welches Verfahren im Detail eingesetzt werden sollte, hängt von dem jeweiligen Anwendungsfall ab.

Kapitel 4

Modellierung der mittleren Lungenbewegung in einem Patientenkollektiv

Die im vorherigen Kapitel erarbeiteten und evaluierten Verfahren zur registrierungsbasierten Bewegungsfeldschätzung erlauben eine genaue Bewegungsanalyse in 4D-CT-Bilddaten und somit im Kontext der 4D-Bestrahlungsplanung eine verlässliche Abschätzung dosimetrischer Effekte der in den 4D-Bilddaten abgebildeten Bewegungen. Wie einleitend beschrieben stellt die 4D-Computertomographie jedoch nicht den klinischen Standard dar [Simpson et al. 2009]; die Grundlage der Bestrahlungsplanung ist in der Regel noch immer und auch für potentiell atmungsbedingt bewegte Tumoren durch die 3D-Computertomographie gegeben.

In diesem Kapitel wird nun auf Basis von 4D-CT-Daten eines Patientenkollektivs ein Ansatz zur Erstellung eines mittleren Modells der Lungenbewegung innerhalb des Kollektivs entwickelt und evaluiert. Die Analyse des Modells erlaubt einerseits nähere Einblicke in die Physiologie der Atmung. Durch Anwendung des Modells zur Bewegungsprädiktion wird aber insbesondere auch eine modellbasierte Abschätzung atmungsbedingter dosimetrischer Effekte in der Strahlentherapie möglich – selbst dann, wenn lediglich ein 3D-Planungs-CT eines Patienten verfügbar ist.

Das Kapitel gliedert sich wie folgt: In Abschnitt 4.1 werden zunächst die prinzipielle Modellierungsidee skizziert und bestehende Ansätze im gegebenen Themenkontext beschrieben. In Abschnitt 4.2 werden dann der entwickelte Modellierungsansatz detailliert ausgeführt und in Abschnitt 4.3 Methoden zur Anwendung des Modells zur Bewegungsprädiktion erläutert. Letztere bilden die Grundlage einer ersten Evaluation des Modells. Hierzu durchgeführte Experimente und eingesetzte Daten werden in Abschnitt 4.4 beschrieben, diesbezügliche Resultate in Abschnitt 4.5 dargestellt und abschließend in Abschnitt 4.6 im Hinblick auf das intendierte Anwendungsfeld kurz interpretiert.

4.1 Modellierungsidee und Beschreibung bestehender alternativer Ansätze

Sei also eine Menge von 4D-CT-Daten unterschiedlicher Patienten der Ausgangspunkt der Modellierung. Dann können wie beschrieben mittels der im vorherigen Kapitel dargestellten (Registrierungs-)Verfahren die jeweiligen patientenindividuellen Bewegungsfelder berechnet werden. Wie zuvor stehe die Lunge als zentrales Organ der Atmung im Fokus, d. h. mit Bewegungsfeldschätzung ist im Detail die Berechnung lungeninterner Bewegungsfelder gemeint. Dann zielt der zu beschreibende Modellierungsansatz unter der Annahme einer grundsätzlichen Ähnlichkeit der Atembewegungen unterschiedlicher Patienten darauf ab, aus den verschiedenen patientenindividuellen Bewegungsfeldschätzungen ein statistisches und hierbei insbesondere ein mittleres Modell der Lungenbewegungen zu gewinnen. Das Modell wird nachfolgend auch als 4D-MMM bezeichnet (engl.: 4D-Mean-Motion-Model; vergleiche zugehörige Publikationen [Ehrhardt et al. 2010a; Ehrhardt et al. 2011a]).

Die statistische Modellierung von Lungenbewegungen ist ein sehr junges Forschungsfeld. Bestehende Ansätze zur statistischen Interpatienten-Modellierung von physiologischen Bewegungsabläufen finden sich derzeit überwiegend für den Anwendungsfall der Herzbewegungen. So wurden z. B. in [Chandrashekara et al. 2003] und [Perperidis et al. 2005] nicht-lineare Registrierungsverfahren genutzt, um patientenspezifische Herzbewegungen in Magnetresonanztomographie (MRT)-Bildsequenzen zu schätzen und die Bildsequenzen von unterschiedlichen Patienten in einem gemeinsamen Referenzkoordinatensystem auszurichten. Das Referenzkoordinatensystem ermöglichte dann statistische Betrachtungen, z. B. anhand von Pseudolandmarken auf den Oberflächen der interessierenden anatomischen Strukturen [Perperidis et al. 2005] oder auch direkt auf den berechneten Deformationsfeldern [Chandrashekara et al. 2003].

Erste Schritte in Richtung einer statistischen Analyse atmungsbedingter Lungenbewegungen verschiedener Personen sind in [Sundaram et al. 2004; Sundaram et al. 2005] beschrieben. Basierend auf 2D+t-Lungen-MRT-Daten war der eigentliche Gegenstand der Untersuchung jedoch eine Reparametrisierung der patientenindividuellen Zeitreihen zur Generierung mittlerer Intensitätsbilder aus MRT-Daten korrespondierender Atemphasen; die Modellierung der Bewegung war nicht primär adressiert. Erste Ansätze zur statistischen Interpatienten-Modellierung der Lungenbewegung auf Basis von 3D+t-Bildsequenzen sind erst vor kurzem vorgestellt worden [Klinder et al. 2008b; Klinder et al. 2009]; entsprechende Modelle sind offenbar zeitgleich zu ersten Arbeiten an dem in dieser Dissertation beschriebenen Vorgehen entstanden. Es handelt sich bei dem hier

4.2 Modellgenerierung

dargestellten Ansatz also um eines der ersten Modelle seiner Art. Der gewählte Modellierungsansatz folgt zunächst konzeptuell grob [Chandrashekara et al. 2003]; d. h. der Modellierungsprozess wird in drei zentrale Schritte unterteilt (siehe auch Abb. 4.1; nähere Ausführungen folgen in den nachstehenden Abschnitten):

- **Schritt 1:** Patientenspezifische registrierungsbasierte Bewegungsfeldschätzung in den 4D-CT-Daten der zu betrachtenden Patienten.

- **Schritt 2:** Erstellung eines mittleren Form- und Intensitätsbildes im Sinne der Definition eines Referenz- bzw. Atlaskoordinatensystems.

- **Schritt 3:** Überführung der patientenspezifischen Bewegungsfeldschätzungen in das Atlaskoordinatensystem und Berechnung der gesuchten Statistiken.

Neben dem allerdings ohnehin verschiedenen Anwendungsfall (Lungen- statt Herzbewegung) unterscheidet sich der entwickelte Modellierungsansatz über die Unterteilung in die aufgeführten Schritte hinaus zudem im Detail deutlich von dem in [Chandrashekara et al. 2003] beschriebenen Vorgehen. So wird zur Schätzung der patientenindividuellen Bewegungsfelder der im vorherigen Kapitel vorgestellte diffeomorphe Registrierungsansatz verwendet. Hierdurch wird es möglich, die gewünschten statistischen Betrachtungen in dem Raum der diffeomorphen Transformationen Diff(Ω) vorzunehmen und so (im Gegensatz zu [Chandrashekara et al. 2003]) im Hinblick auf die intendierte modellbasierte Bewegungsprädiktion sinnvolle Eigenschaften wie die Invertierbarkeit resultierender Transformationen garantieren zu können. Zudem ist durch die Parametrisierung der diffeomorphen Transformationen anhand von stationären Geschwindigkeitsfeldern der Einsatz des Log-Euklidischen-Frameworks nach [Arsigny 2006] und so eine im Vergleich zu anderen Ansätzen [Beg et al. 2005; Pennec 2006] effiziente Berechnung von Statistiken auf Diff(Ω) möglich. Anders als z. B. in [Klinder et al. 2008b; Klinder et al. 2009; Perperidis et al. 2005] ist eine Beschränkung der Betrachtung auf Oberflächenmodelle oder Pseudolandmarken folglich nicht erforderlich.

4.2 Modellgenerierung

4.2.1 Patientenspezifische Bewegungsfeldschätzung in den verfügbaren 4D-CT-Daten

Seien folgend die 4D-CT-Datensätze der Patienten des zu betrachtenden Kollektivs mit $(I_{p,j})_{j \in \{0,\ldots,n_{\text{Ph}}-1\}}$ bezeichnet, wobei $p \in \{1, \ldots, n_{\text{Pat}}\}$ für den jeweiligen Patienten stehe und vereinfachend Anzahl und Atemphasen der 4D-Bildsequenzen als zueinander

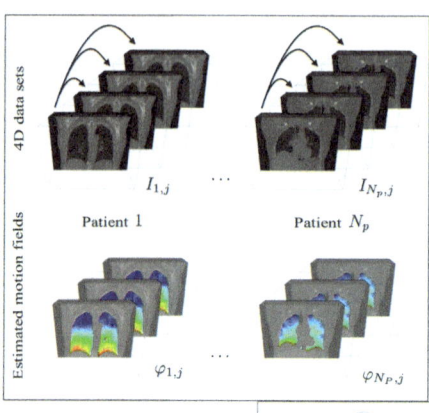

Step 1:
Subject specific motion fields are estimated for each 4D image sequence by registering the 3D image frames.

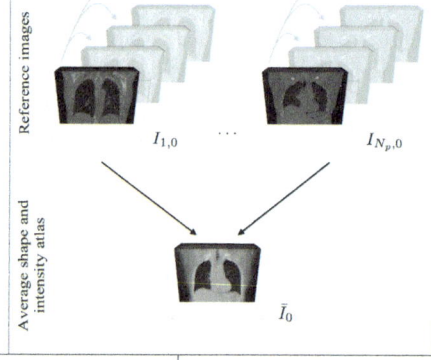

Step 2:
A 3D average shape and intensity model is generated from the reference frames of the 4D CT image sequences.

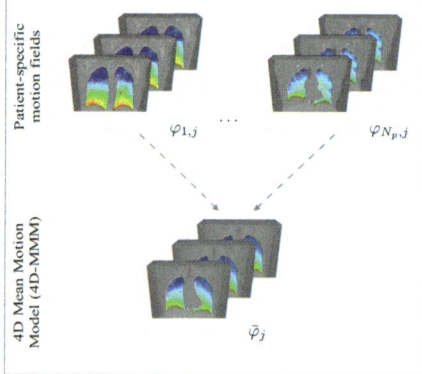

Step 3:
The average shape and intensity model is used as an anatomical reference frame to match all subject-specific motion models and to build an average inter-subject model of the respiratory motion.

Abb. 4.1: Übersicht der zentralen Schritte zur Erstellung des Modells der mittleren Lungenbewegung (4D-MMM). Die Skizzen entstammen aus [Ehrhardt et al. 2011a].

korrespondierend angenommen werden. Wie in Abschnitt 3.2.2 motiviert werden zur patientenspezifischen Bewegungsfeldschätzung in den 4D-CT-Daten alle Atemphasen auf eine Referenzphase registriert, nachstehend mit $I_{p,0}$ bezeichnet; diese entspreche im vorliegenden Fall ohne Beschränkung der Allgemeinheit nachfolgender Ausführungen der maximalen Einatmung. Die aus der Registrierung von $I_{p,0}$ und $I_{p,j}$ ($j \in \{1, \ldots, n_{\mathrm{Ph}} - 1\}$) resultierenden Transformationen werden wiederum mit $\varphi_{p,j}$ benannt.

Die diffeomorphe Registrierung erfolgt hierbei auf Basis von Algorithmus 3 mit aktiven Thirion-Kräften[1] (Gleichung 3.27; Parameterwahl analog zu Abschnitt 3.5.1) in symmetrisierter, maskierter Variante (Gleichungen 3.30, 3.31) und dem diffusiven Regularisierungsterm (Gleichung 3.32). Die Vorteile der diffeomorphen Registrierung wurden bereits einleitend hervorgehoben. Thirion-Kräfte zeichnen sich im Vergleich zu den gewöhnlichen SSD-Kräften durch eine verbesserte Registrierungsgenauigkeit aus. Eine Symmetrisierung der Kräfte ist zur patientenspezifischen Bewegungsfeldschätzung gemäß Kapitel 3 zwar nicht unbedingt erforderlich; im Kontext der Interpatienten- bzw. Patienten-Atlas-Registrierung in den nachfolgenden Modellierungsschritten ist eine gleichgewichtete Berücksichtigung der Bildinformationen aus Target- und Referenzbild jedoch vorteilhaft [Avants et al. 2004]. Im Sinne der Verwendung eines einheitlichen Registrierungsschemas für die gesamte Erstellung des 4D-MMM wurde weiterhin auch für die Intrapatienten-Registrierung auf symmetrisierte Kräfte zurückgegriffen. Der Einsatz des diffusiven Regularisierungsansatzes war durch das im Vergleich zu dem elastischen Regularisierungsterm günstige Laufzeitverhalten motiviert. Es sei aber darauf hingewiesen, dass der gewählte Modellierungsansatz prinzipiell unabhängig von einer spezifischen Wahl für Distanzmaß und Regularisierungsterm ist.

4.2.2 Berechnung eines mittleren Form- und Intensitätsbildes unter Nutzung des Log-Euklidischen Frameworks

Um die patientenspezifischen Bewegungsfeldschätzungen Voxel für Voxel miteinander vergleichen zu können, ist es erforderlich, Korrespondenzen zwischen den verschiedenen Patienten zu erstellen, z. B. durch Definition eines gemeinsamen Referenzkoordinatensystems [Chandrashekara et al. 2003; Perperidis et al. 2005]. Die Bereitstellung eines

---

[1] Die Arbeiten an dem mittleren Modell wurden bereits begonnen, bevor sämtliche Auswertungen zu Kapitel 3 abgeschlossen waren. Zu dem damaligen Zeitpunkt zeichneten sich die (geringfügigen) Unterschiede zwischen dualen und aktiven Thirion-Kräften im Hinblick auf die Registrierungsgenauigkeit noch nicht ab. Aufgrund der einfacheren Formulierung wurden die aktiven Kräfte gewählt; ein signifikanter Einfluss dieser Wahl auf die Genauigkeit des 4D-MMMs ist gemäß den vorliegenden Resultaten jedoch auch aus jetziger Sicht nicht zu erwarten.

Algorithmus 5 : Erzeugung eines mittleren Form- und Intensitätsatlas der Lunge; in Anlehnung an [Guimond et al. 2000]

Input:
Set of 3D images $I_{p,0}$ ($p = 1, \ldots, n_{\text{Pat}}$).

Output:
Average shape and intensity atlas $\bar{I}_0$.

1: Choose an initial reference image, e.g. $\bar{I}_0^0 = I_{1,0}$, set $n = 0$.
2: **repeat**
3:    **for all** subjects p **do**
4:       Compute the transformation ψ_p to register $I_{p,0}$ and $\bar{I}_0^n$ using an affine pre-registration and a (symmetric) diffeomorphic non-linear registration (cf. sect. 3.3.2).
5:    **end for**
6:    Compute the average transformation
$$\bar{\psi} = \exp\left(\tfrac{1}{n_{\text{Pat}}} \sum_p \log\left(\psi_p^{-1}\right)\right).$$
7:    Generate the new average intensity and shape image
$$\bar{I}_0^{n+1}(x) = \tfrac{1}{n_{\text{Pat}}} \sum_p \left(\left(I_{p,0} \circ \psi_p^{-1}\right) \circ \bar{\psi}\right)(x), \quad x \in \Omega.$$
8:    $n \leftarrow n+1$
9: **until** $\|\bar{I}_0^{n+1} - \bar{I}_0^n\| < \epsilon$ or $n > n_{\max}$

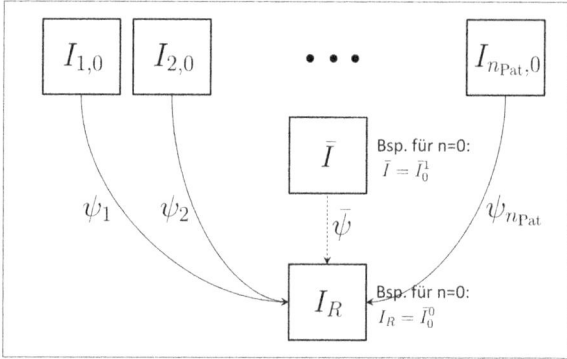

Abb. 4.2: Illustration der Bedeutung der zur Erzeugung des mittleren Form- und Intensitätsbildes der Lunge eingeführten Transformationen bzw. Bezeichnungen.

solchen Referenzkoordinatensystems ist Gegenstand dieses zweiten Schrittes der Modellgenerierung. Da die Transformationen $\varphi_{p,j}$ jeweils für das Referenzbild $I_{p,0}$ der Patienten $p \in \{1, \ldots, n_{\text{Pat}}\}$ definiert sind, wird hierzu als naheliegender Ansatz aus den Referenzbildern $I_{p,0}$ des Kollektivs ein mittleres Form- und Intensitätsbild $\bar{I}_0$ der Lunge zur Referenzatemphase generiert, auch als (Lungen-)Atlas bezeichnet.

4.2 Modellgenerierung

Das zur Erstellung des mittleren Form- und Intensitätsbildes eingesetzte Verfahren ist in Algorithmus 5 zusammengefasst. Die Struktur orientiert sich an [Guimond et al. 2000]. Nach Auswahl eines initialen Referenzpatienten bzw. -bildes $\bar{I}_0^0$ werden die Referenzbilder $I_{p,0}$ der anderen Patienten zunächst affin (zum Ausgleich von Positionierungs- und globalen Formunterschieden) und nachfolgend nicht-linear auf $\bar{I}_0^0$ registriert. Die resultierenden zusammengesetzten Transformationen seien nachfolgend durch $\psi_p : \Omega_p \to \Omega_A$ beschrieben (nota bene: Im vorliegenden Fall gilt in der Regel $\Omega_A = \Omega_p = \Omega$; die hier eingeführte Unterscheidung der Bildräume dient vorrangig dem Verständnis der Methodik). Eine Mittelung der transformierten Referenzbilder $I_{p,0} \circ \psi_p^{-1}$ führt dann zu einem mittleren Intensitätsbild in dem durch den ausgewählten Referenzpatienten bzw. $\bar{I}_0^0$ festgelegten Koordinatensystem. Wird nun aus den einzelnen Transformationen ψ_p die mittlere Transformation $\bar{\psi}$ berechnet und zur weiteren Transformation der Bilder $I_{p,0} \circ \psi_p^{-1}$ genutzt, gelangt man zu dem gesuchten mittleren Intensitäts- und Formbild. Die Zusammenhänge sind noch einmal in Abb. 4.2 illustriert.

Um einen bias-freien[2] Atlas zu erzeugen, muss das skizzierte Vorgehen iteriert werden. Allerdings zeichnet sich das Verfahren nach [Guimond et al. 2000] dadurch aus, dass die Anzahl der erforderlichen Iterationen gering ist; entsprechend den Empfehlungen in [Guimond et al. 2000] wird hier $n_{\max} = 3$ gewählt. Für alternative Ansätze, wie unter anderem in [Joshi et al. 2004; Park et al. 2005] beschrieben, würden z. B. $n_{\text{Pat}}(n_{\text{Pat}}-1)/2$ bzw. $k \cdot n_{\text{Pat}}$ mit $k \gg 100$ statt $3 \cdot n_{\text{Pat}}$ Registrierungen benötigt – womit in Anbetracht der Größe der Bilddaten bzw. des Zeitaufwandes für eine Registrierung deren Einsatz für die vorliegende Anwendung nur schwer möglich wäre.

Zur nicht-linearen Registrierung wird, wie einleitend motiviert, das in Abschnitt 4.2.1 beschriebene symmetrisch-diffeomorphe Schema genutzt. Dessen Eigenschaften ausnutzend wird (im Gegensatz zu [Guimond et al. 2000]) die Mittelung der Patienten-Atlas-Transformationen im Log-Euklidischen Raum durchgeführt, d. h. die mittlere Transformation berechnet sich über

$$\bar{\psi} = \exp\left(\frac{1}{N_p} \sum_p \log\left(\psi_p^{-1}\right)\right)$$
$$= \exp\left(-\frac{1}{N_p} \sum_p w_p\right). \tag{4.1}$$

mit $\psi_p = \exp(w_p)$. Die Betrachtung des Log-Euklidischen Raums impliziert hierbei in Analogie zu Kapitel 3.3.2 die Interpretation der Diffeomorphismen in ihrer Eigenschaft

---

[2] Die Atlaserzeugung wird im gegebenen Kontext als bias-frei bezeichnet, wenn der resultierende Atlas nicht von der Wahl des Referenzpatienten bzw. -bildes zur Festlegung von $\bar{I}_0^0$ abhängt.

als Mannigfaltigkeit bzw. Lie-Gruppe. Den darüber hinausgehenden Ansatz, in Übereinstimmung mit dieser Sichtweise nun zwischen zwei Diffeomorphismen zunächst eine Distanz über eine Norm auf $\mathcal{T}_{id}\left(\text{Diff}\left(\Omega\right)\right)$ zu definieren und dann wiederum anhand dieser Distanz Statistiken auf den Diffeomorphismen zu berechnen, wird als Log-Euklidisches Framework bezeichnet. An dieser Stelle sei die zu betrachtende Distanz für Diffeomorphismen $\phi_1 = \exp(v_1)$ und $\phi_2 = \exp(v_2)$ definiert als dist $(\phi_1, \phi_2) := \|v_1 - v_2\|$. Bezeichnet man weiter die Umkehrabbildung der in Kapitel 3.3.2 eingeführten Gruppen-Exponentialabbildung als Gruppen-Logarithmus log : Diff $(\Omega) \to$ g, so folgt, dass dist $(\phi_1, \phi_2) = \|\log(\phi_1) - \log(\phi_2)\|$. Für aber genau diese Form der Distanzfunktion lässt sich zeigen, dass die anhand von Gleichung 4.1 berechnete diffeomorphe Transformation die zu dist korrespondierende Fréchet-Funktion minimiert, d. h. das zugehörige Fréchet-Mittel repräsentiert [Arsigny 2006] – was die Bezeichnung von $\bar{\psi}$ als mittlere Transformation folglich rechtfertigt.

Anders als bei einer klassischen Statistik direkt auf Vektorfeldern kann also durch den Einsatz des Log-Euklidischen Frameworks gewährleistet werden, dass Statistiken auf Diff (Ω) berechnet werden – und im Speziellen z. B. auch die gesuchte mittlere Transformation diffeomorph bleibt. Die vorgenommene Wahl der Distanzfunktion als Grundlage der statistischen Betrachtungen indes hat rein praktische Gründe. Als Nachteil der gewählten Funktion wird in der Regel ausgeführt, dass sie nicht translationsinvariant sei; alternative, auch translationsinvariante Definitionen der Distanzfunktion resultieren aber häufig in aufwändigen Berechnungsvorschriften für die korrespondierenden Fréchet-Mittel [Bossa et al. 2007], was es im vorliegenden Fall zu vermeiden galt.

In Bezug auf Gleichung 4.1 sei abschließend darauf hingewiesen, dass das Geschwindigkeitsfeld $w_p = \log(\psi_p)$ bereits während der Registrierung bestimmt wird, d. h. eine explizite Berechnung des Logarithmus hier nicht erforderlich ist. Auch die benötigte Invertierung von ψ_p ist gemäß $\log\left(\psi_p^{-1}\right) = -\log(\psi_p) = -w_p$ mit geringem Rechenaufwand bereitzustellen, was wiederum den Nutzen des gewählten diffeomorphen Registrierungsschemas demonstriert.

4.2.3 Überführung der Bewegungsfelder in das Atlas-Koordinatensystem und Berechnung der Statistiken

Zur Verdeutlichung des Modellierungskonzepts die Unterscheidung zwischen Atlas- und Patientenkoordinatensystem bzw. Ω_A und Ω_p aufrechterhaltend seien nun also das mittlere Form- und Intensitätsbild $\bar{I}_0 : \Omega_A \to \mathbb{R}$ sowie die patientenspezifisch geschätzten Bewegungsfelder bzw. Transformationen $\varphi_{p,j} : \Omega_p \to \Omega_p$ gegeben ($p \in \{1, \ldots, n_{\text{Pat}}\}, j \in \{1, \ldots, n_{\text{Ph}} - 1\}$). Gemäß den Ausführungen in Abschnitt 4.2.2

4.2 Modellgenerierung

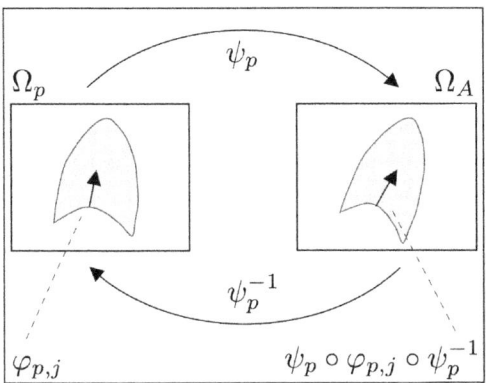

Abb. 4.3: Zum Übergang zwischen Patienten- und Atlaskoordinatensystem: Sei eine patientenspezifische Bewegungsfeldschätzung $\varphi_{p,j}$ gegeben, dann ist das in das Atlaskoordinatensystem transformierte Feld über $\psi_p \circ \varphi_{p,j} \circ \psi_p^{-1}$ beschrieben. Abbildung aus [Ehrhardt et al. 2011a].

definiert $\bar{I}_0 : \Omega_A \to \mathbb{R}$ das Referenzkoordinatensystem, in das die Transformationen $\varphi_{p,j}$ zu transformieren sind, um nach dem hierdurch erfolgten Ausgleich von Positionierungs-, Größen- und Formunterschieden in Bezug auf die in den Bilddaten $I_{p,0}$ abgebildete patientenindividuelle Anatomie die Bewegungsfelder der unterschiedlichen Patienten miteinander vergleichen zu können.

Hierzu wird auf die Abbildungen $\psi_p : \Omega_p \to \Omega_A$ zurückgegriffen, die den Übergang zwischen den patientenindividuellen Referenzbildern $I_{p,0}$ und dem mittleren Form- und Intensitätsbild $\bar{I}_0$ beschreiben. Bezeichne folgend $x \in \Omega_A$ einen Punkt des Atlas und $x' = \psi_p^{-1}(x) \in \Omega_p$ den korrespondierenden Punkt in dem Koordinatensystem für einen Patienten p. Dann wird dieser Punkt anhand eines für diesen Patienten geschätzten Bewegungsfeldes bzw. der zugehörigen Transformation $\varphi_{p,j}$ auf einen Punkt $y' = \varphi_{p,j}(x') \in \Omega_p$ abgebildet, der wiederum zu dem Punkt $y = \psi_p(y')$ in Ω_A korrespondiert. Folglich wird das patientenspezifische Bewegungsfeld bzw. die zugehörige Transformation $\varphi_{p,j}$ durch

$$\tilde{\varphi}_{p,j} = \psi_p \circ \varphi_{p,j} \circ \psi_p^{-1} \tag{4.2}$$

in das Referenzkoordinatensystem überführt (wobei entsprechend $\tilde{\varphi}_{p,j} : \Omega_A \to \Omega_A$ gilt). Das Prinzip der Transformation ist in Abb. 4.3 skizziert. Es orientiert sich an [Rao et al. 2004], wobei allerdings – wiederum als Folge des eingesetzten diffeomorphen Registrierungsschemas zur Bestimmung von ψ_p – die inverse Transformation ψ_p^{-1} direkt verfügbar ist und nicht numerisch approximiert werden muss.

4.2.3.1 Statistik auf Diffeomorphismen: PCA-Repräsentation der Lungenbewegung im Patientenkollektiv

Sind sämtliche patientenindividuelle Bewegungsfeldschätzungen in das Atlaskoordinatensystem übertragen, so können schließlich auf Basis der resultierenden Felder bzw. Transformationen $\tilde{\varphi}_{p,j}$, $p \in \{1, \ldots, n_{\text{Pat}}\}$, $j \in \{1, \ldots, n_{\text{Ph}} - 1\}$ die gesuchten statistischen Betrachtungen angestellt werden.

Gemäß der einleitend beschriebenen Intention der Modellierung liegt der Fokus in dieser Arbeit auf der Berechnung der mittleren Lungenbewegung in einem Patientenkollektiv. Um einen genaueren Einblick in Ähnlichkeit und Variabilität der Bewegungsmuster unterschiedlicher Patienten zu gewinnen, wird allerdings statt einer einfachen Berechnung der mittleren Bewegung eine Hauptkomponentenanalyse durchgeführt (PCA; engl.: Principal Component Analysis). Wie in Abschnitt 4.2.2 werden die Statistiken im Log-Euklidischen Raum berechnet und somit statt der Abbildungen $\tilde{\varphi}_{p,j}$ die zugehörigen Logarithmen

$$\tilde{v}_{p,j} = \log\left(\tilde{\varphi}_{p,j}\right)$$
$$= \log\left(\psi_p \circ \varphi_{p,j} \circ \psi_p^{-1}\right) \qquad (4.3)$$

betrachtet. Anders als zuvor werden die gesuchten Logarithmen der Komposition $\psi_p \circ \varphi_{p,j} \circ \psi_p^{-1}$ jedoch nicht im Rahmen der Registrierung bestimmt und müssen explizit berechnet werden. Hierzu wird das in Algorithmus 6 skizzierte Verfahren nach [Bossa et al. 2008] eingesetzt.

Seien also für eine Atemphase j die zugehörigen Geschwindigkeitsfelder $\{\tilde{v}_{1,j}, \ldots, \tilde{v}_{n_{\text{Pat}},j}\}$ sämtlicher Patienten des Kollektivs berechnet. Dann werden im Sinne einer statistischen Analyse die einzelnen Felder $\tilde{v}_{p,j}$ jeweils als mehrdimensionale Zufallsvariable $\mathbf{V}_{p,j}$ interpretiert, die die $\tilde{v}_{p,j}$-Komponenten sämtlicher Voxel in Ω_A hintereinander geschrieben in Spaltenform enthalten (d. h. für ein Vektorfeld der Dimension $n_1 \times n_2 \times n_3$ enthält $\mathbf{V}_{p,j}$ $m = 3n_1n_2n_3$ Einträge). Seien die $\mathbf{V}_{p,j}$ weiterhin zentriert, also als

$$\mathbf{V}_{p,j}^{\text{zentriert}} = \mathbf{V}_{p,j} - \bar{\mathbf{V}}_j$$

mit dem Mittelwert

$$\bar{\mathbf{V}}_j = \frac{1}{n_{\text{Pat}}} \sum_{p=1}^{n_{\text{Pat}}} \mathbf{V}_{p,j}$$

berechnet, und in einer Datenmatrix $\mathbf{V}_j = \left(\mathbf{V}_{1,j}^{\text{zentriert}}, \ldots, \mathbf{V}_{n_{\text{Pat}},j}^{\text{zentriert}}\right) \in \mathbb{R}^{m \times n_{\text{Pat}}}$ zusammengefasst. Dann zielt die Hauptkomponentenanalyse letztlich darauf ab, die Eigenvektoren der Kovarianzmatrix $\mathbf{\Sigma}_j = \frac{1}{n_{\text{Pat}}} \mathbf{V}_j \mathbf{V}_j^T$ zu bestimmen. Aufgrund der Größe von $\mathbf{\Sigma}_j$

4.2 Modellgenerierung

Algorithmus 6 : Berechnung des Gruppen-Logarithmus $v = \log(\varphi)$ zu einem gegebenen Diffeomorphismus φ nach [Bossa et al. 2008]

Set $v^0 = \varphi - id$ and $n = 1$.

repeat

    Compute the correction field $\delta v^{n-1} = \exp(-v^{n-1}) \circ \varphi - id$.

    Smooth correction field to stabilize computation.

    Update previous guess of the logarithm by $v^n = v^{n-1} + \delta v^{n-1} + \frac{1}{2}\left[v^{n-1}, \delta v^{n-1}\right]$
with $[\cdot,\cdot]$ denoting the Lie bracket defined by

$$[v,w] = \sum_{i=1}^{3}\left(w_i \frac{\partial v}{\partial x_i} - v_i \frac{\partial w}{\partial x_i}\right).$$

    Let $n \leftarrow n+1$

until $n \geq n_{max}$

($m \times m$ Einträge) ist eine direkte Berechnung ihrer Eigenvektoren jedoch aufwändig; zur Vereinfachung wird deshalb eine Singulärwertzerlegung der Datenmatrix $\mathbf{V}_j$ durchgeführt. Sei diese über $\mathbf{V}_j = \mathbf{U}_j \mathbf{\Sigma}_j \mathbf{W}_j^T$ mit $\mathbf{U}_j$ als orthogonaler ($m \times m$)-Matrix, $\mathbf{\Sigma}_j$ als ($m \times n_{\text{Pat}}$)-Diagonalmatrix und $\mathbf{W}_j$ als orthogonaler ($n_{\text{Pat}} \times n_{\text{Pat}}$)-Matrix gegeben, dann folgt aufgrund der Eigenschaften der Matrizen

$$\mathbf{V}_j \mathbf{V}_j^T = \mathbf{U}_j \mathbf{\Sigma}_j \mathbf{W}_j^T \mathbf{W}_j \mathbf{\Sigma}_j^T \mathbf{U}_j^T = \mathbf{U}_j \left(\mathbf{\Sigma}_j \mathbf{\Sigma}_j^T\right) \mathbf{U}_j^T,$$
$$\mathbf{V}_j^T \mathbf{V}_j = \mathbf{W}_j \mathbf{\Sigma}_j^T \mathbf{U}_j^T \mathbf{U}_j \mathbf{\Sigma}_j \mathbf{W}_j^T = \mathbf{W}_j \left(\mathbf{\Sigma}_j^T \mathbf{\Sigma}_j\right) \mathbf{W}_j^T.$$

Die rechten Seiten der Gleichungen beschreiben aber gemäß $\mathbf{U}_j^T = \mathbf{U}_j^{-1}$ bzw. $\mathbf{W}_j^T = \mathbf{W}_j^{-1}$ gerade die Eigenwertzerlegung der linken Seiten. Folglich können über die Singulärwertzerlegung der ($n_{\text{Pat}} \times n_{\text{Pat}}$)-Matrix $\mathbf{V}_j^T \mathbf{V}_j$ zunächst die Matrizen $\mathbf{W}_j$ und $\mathbf{\Sigma}_j$ berechnet und hierüber dann anhand von $\mathbf{U}_j = \mathbf{V}_j \mathbf{W}_j \mathbf{\Sigma}_j^{-1}$ die Eigenvektoren ($=$ Spalten $\mathbf{U}_j^{(i)}$ von $\mathbf{U}_j$) der Kovarianzmatrix $\mathbf{\Sigma}_j$ ermittelt werden.

Werden die Einträge $\bar{\mathbf{V}}_j$ sowie die Spalten von $\bar{\mathbf{U}}_j$ nun wieder geeignet in die Form hierzu korrespondierender Vektorfelder $\bar{v}_j$ und $v_j^{(i)}$ umsortiert, ergibt sich final

$$\bar{\varphi}_j = \exp(\bar{v}_j) \tag{4.4}$$

als mittlere Lungenbewegung zwischen Referenzphase und Phase j sowie eine Menge von Hauptkomponenten oder Eigenmoden

$$\left\{v_j^{(1)}, \ldots, v_j^{(n)}\right\} \quad \text{bzw.} \quad \left\{\exp\left(v_j^{(1)}\right), \ldots, \exp\left(v_j^{(n)}\right)\right\} \tag{4.5}$$

($n < n_{\text{Pat}}$) zur Erklärung der Variabilität der Bewegung im Patientenkollektiv.

Nun alle Atemphasen betrachtend setzt sich das 4D-MMM in seiner Gesamtheit aus dem mittleren Form- und Intensitätsbild $\bar{I}_0$ zur Referenzatemphase, einer Menge von Bewegungsfeldern $\bar{\varphi}_j$ zur Beschreibung der mittleren Bewegung zwischen der Referenz- und den anderen Atemphasen j sowie jeweils zugehörigen PCA-Hauptkomponenten zur Repräsentation der atemphasenspezifischen Variabilität der Bewegungen bzw. der Geschwindigkeitsfelder der Patienten zusammen.

4.3 Anwendung des Modells zur Abschätzung patientenspezifischer Bewegungsfelder

Gemäß der beabsichtigten Anwendung in der Strahlentherapie bedarf es noch der Entwicklung von Verfahren zur modellbasierten Abschätzung patientenspezifischer Bewegungsfelder. In diesem Kapitel werden zwei Ansätze betrachtet. Zunächst wird die Nutzung der aus der PCA resultierenden Informationen zur Approximation bekannter Bewegungsfelder in 4D-CT-Daten beschrieben. Hierdurch sollen nachfolgend Einblicke in die Möglichkeiten und Grenzen des PCA-Modells gewonnen werden. Als zweiter Ansatz wird dann im Sinne eines anwendungsnahen Szenarios (d. h. dem Fehlen von zeitlich aufgelösten Bilddaten bei einer Bestrahlungsplanung eines Lungentumorpatienten) die Nutzung der mittleren Lungenbewegung des 4D-MMM zur Prädiktion unbekannter Bewegungsfelder erläutert.

4.3.1 Approximation bekannter Bewegungsfelder durch Adaption des PCA-Modells

Anhand des durch die Gleichungen 4.4 und 4.5 gegebenen PCA-Modells kann eine Transformation $\tilde{\varphi}_j$ über eine Linearkombination des mittleren Geschwindigkeitsfeldes $\bar{v}_j$ und der Hauptkomponenten $\left\{v_j^{(1)}, \ldots, v_j^{(n)}\right\}$ gemäß

$$\tilde{\varphi}_j = \exp\left(\bar{v}_j + \sum_{i=1}^{n} \lambda_i\, v_j^{(i)}\right), \tag{4.6}$$

beschrieben werden ($n < n_{\text{Pat}}$; λ_i = Gewicht der i-ten Haupkomponente). Für ein gegebenes Geschwindigkeitsfeld $\tilde{v}_{s,j}$ bzw. die zugehörige Zufallsvariable $\mathbf{V}_{s,j}$ eines Patienten s kann dann (im Sinne der Minimierung der Summe der quadrierten Residuen) unter wiederum der Betrachtung der zu $v_j^{(i)}$ und $\bar{v}_j$ korrespondierenden Zufallsvariablen $\mathbf{U}_j^{(i)}$ und $\bar{\mathbf{V}}$ der optimale Wichtungsvektor $\Lambda = (\lambda_1, \ldots, \lambda_n)^T$ über

$$\Lambda = \left(\mathbf{U}_j^{(1)}, \ldots, \mathbf{U}_j^{(n)}\right)^T \left(\mathbf{V}_{s,j} - \bar{\mathbf{V}}\right). \tag{4.7}$$

berechnet werden. Die resultierende Transformation $\hat{\varphi}_{s,j}$ ist allerdings (wie auch das vorgegebene Geschwindigkeitsfeld $\tilde{v}_{s,j}$) zunächst im Atlaskoordinatensystem Ω_A definiert. Zur modellbasierten Prädiktion der patientenspezifischen Lungenbewegung ist sie noch in das patientenindividuelle Koordinatensystem Ω_s zu überführen:

$$\hat{\varphi}_{s,j} = \psi_s^{-1} \circ \exp\left(\bar{v}_j + \sum_{i=1}^n \lambda_i\, v_j^{(i)}\right) \circ \psi_s. \tag{4.8}$$

Anders als in Abschnitt 4.2.2 wird $\psi_s : \Omega_s \to \Omega_A$ nun durch Registrierung von geglätteten Lungenmasken gewonnen, die zu dem patientenspezifischen Referenzbild $I_{s,0}$ und dem mittleren Form- und Intensitätsbild $\bar{I}_0$ korrespondieren. Hierdurch soll für Patienten bzw. Datensätze, die pathologische Strukturen wie große Tumoren aufweisen, der Einfluss fehlender korrespondierender Strukturen in $\bar{I}_0$ auf die Patienten-Atlas-Registrierung reduziert werden.

4.3.2 Prädiktion unbekannter Bewegungsfelder anhand der mittleren Lungenbewegung

Die Anpassung der Gewichte nach Gleichung 4.7 setzt die Kenntnis bzw. vorherige Berechnung des zu approximierenden Geschwindigkeitsfeldes voraus, das Vorliegen patientenspezifischer 4D-Bilddaten eingeschlossen. Um nicht nur bestehende Bewegungsfelder approximieren zu können, sondern modellbasiert die patientenspezifischen Lungenbewegungen zu prädiktieren, wird als ein erster Ansatz das zuvor beschriebene Vorgehen vereinfacht, indem die PCA-Hauptkomponenten in die Modellanpassung nicht mit einbezogen werden. Gleichung 4.8 reduziert sich dann zu

$$\hat{\varphi}_{s,j} = \psi_s^{-1} \circ \exp\left(\bar{v}_j\right) \circ \psi_s, \tag{4.9}$$

d. h. es fließen keine patientenspezifischen Bewegungsinformationen in die Prädiktion der Transformationen bzw. Felder ein.

4.4 Modellevaluation: Studiendesign

Die Evaluation des 4D-MMM bzw. die zugrunde liegende Modellerstellung basierte auf 4D-CT-Daten von insgesamt 17 Patienten des eigenen Patientenkollektivs. Analog zu Kapitel 3.4.1 wurden die Bilddaten zur Reduktion von Rechenzeit und Speicherbedarf auf eine räumliche Auflösung von 1.5×1.5×1.5 mm^3 reduziert.

4.4.1 Experimente zur PCA-basierten Bewegungsfeldschätzung

Die Experimente zur PCA-basierten Approximation bestehender Bewegungsfelder gliederten sich in zwei Teile: die Untersuchung des Einflusses der Modellparameter auf das Modellverhalten und eine Analyse der Genauigkeit, mit der patientenspezifische Bewegungsfeldschätzungen durch das PCA-Modell approximiert werden.

4.4.1.1 Untersuchung des Einflusses der Modellparameter auf das Modellverhalten

Die zentralen Charakteristika des PCA-Modells sind der Umfang und die Zusammensetzung des zur Modellgenerierung gewählten Patientenkollektivs (= Trainingsdatensatz) sowie – im Kontext der Anwendung des Modells zur Approximation von Bewegungsfeldern – die Anzahl der zu berücksichtigenden Hauptkomponenten.

In einem ersten Experiment zur Untersuchung des Einflusses der Parameter auf das Modellverhalten wurden zunächst zufällig drei derjenigen Patienten ausgewählt, für die aus den vorherigen Untersuchungen manuell detektierte Landmarken für eine quantitative Evaluation der Modellgenauigkeit verfügbar waren (siehe Abschnitt 3.4). Diese bildeten den Testdatensatz. Aus den übrigen Patienten wurden sechs Trainingsdatensätze unterschiedlicher Größe und Zusammensetzung zusammengestellt (A, B, C mit 9 Patienten, E, F mit 11 Patienten, G mit 12 Patienten). Für jeden Trainingsdatensatz wurde ein 4D-MMM generiert. Die zugehörigen PCA-Modelle wurden gemäß Gleichungen 4.7 und 4.8 zur Approximation der in den 4D-CT-Bildsequenzen der Testdatensätze patientenspezifisch bestimmten Bewegungsfeldschätzungen angewendet (Bewegungsfeldschätzung anhand des auch zur 4D-MMM-Generierung eingesetzten Registrierungsverfahrens). Die Untersuchung beschränkte sich auf die Bewegungsfeldschätzung zwischen maximaler Ausatmung und maximaler Einatmung (= Referenzphase). Seien die patientenspezifisch geschätzten Bewegungsfelder als $\varphi_{s_i,\mathrm{EE}}$ und deren Approximationen mit $\hat{\varphi}_{s_i,\mathrm{EE}}$ bezeichnet ($i = 1, 2, 3$ für die Patienten im Testdatensatz), so wurde der Einfluss der Modellparameter anhand der TRE-m-Werte für $\hat{\varphi}_{s_i,\mathrm{EE}}$ bzw. $\varphi_{s_i,\mathrm{EE}}$ sowie der Differenz $\|\hat{\varphi}_{s_i,\mathrm{EE}} - \varphi_{s_i,\mathrm{EE}}\|$ analysiert.

4.4.1.2 Leave-One-Out-Tests zur Evaluation der Modellgenauigkeit

Um genauere Aussagen über die Modellierungsgenauigkeit treffen zu können, wurde unter Berücksichtigung der Ergebnisse des ersten Teils in dem zweiten Teil der Experimente zur PCA-basierten Bewegungsfeldschätzung eine Reihe von Leave-One-Out-Tests durchgeführt. Die quantitative Evaluation basierte wiederum auf den zehn Patienten, die bereits in Kapitel 3.4.1 zum Vergleich von Registrierung und biophysikalischem Modell herangezogen wurden. Abgesehen von jeweils einem dieser Datensätze, der in dem entsprechenden Leave-One-Out-Test als Testdatensatz fungierte, wurde aus allen verbleibenden (also prinzipiell 16) Datensätzen ein 4D-MMM generiert. Dieses wurde dann gemäß Abschnitt 4.3.1 zur Approximation der registrierungsbasierten Bewegungsfeldschätzung des Test-Patienten genutzt.

Zur Vermeidung des Einflusses von pathologischen Lungenbewegungsmustern auf die Modellerstellung wurden zur Generierung des PCA-Modells nun allerdings für alle Patienten nur diejenigen Lungenflügel berücksichtigt, die gemäß der in Kapitel 3.5.2 eingeführten Klassifizierung nach [Plathow et al. 2004b] keine größeren Lungentumoren enthielten (Tumordurchmesser < 3 cm). Weiterhin wurden Patienten mit offensichtlich durch andere Faktoren (z. B. Emphyseme) beeinflussten Bewegungsmustern ausgeschlossen. Jeweilige Patienten wurden ebenfalls nicht zur Berechnung des mittleren Form- und Intensitätsbildes eingesetzt. Insgesamt verblieben für eine Bewegungsmodellerstellung 16 Datensätze für die linke und elf für die rechte Lunge; letztere Zahl gilt auch für das mittlere Form- und Intensitätsbild (Werte je einschließlich des bei der Erstellung auszulassenden Datensatzes).

Wie zuvor wurde ausschließlich die Bewegungsfeldschätzung zwischen maximaler Ein- und Ausatmung betrachtet. Als Evaluationskriterien wurde der TRE-m für die anhand des PCA-Modells approximierten Bewegungsfelder sowie korrespondierende Maßzahlen zur Beurteilung der Übertragung der manuell erstellten Lungentumorsegmentierungen bestimmt (vergleiche Kapitel 3.4.3.3). Die statistische Analyse der Resultate orientierte sich an Kapitel 3.4.4.

4.4.2 Evaluation der modellbasierten Prädiktion unbekannter Bewegungsfelder

Zur Evaluation der Prädiktion unbekannter Bewegungsfelder wurde eine zu Abschnitt 4.4.1.2 analoge Leave-One-Out-Strategie verfolgt. Die patientenspezifischen Bewegungsfelder wurden nun jedoch gemäß Gleichung 4.9 ausschließlich auf Basis der mittleren Bewegung im Trainingsdatensatz prädiktert. Weiterhin wurden als über das Modell abzubildende Atemphasen neben maximaler Einatmung (Referenzphase; Phase 50% gemäß Abb. 2.5) und Ausatmung (EE = 0%) auch eine mittlere Phase der Ein- (MI = 21%) und Ausatmung (ME = 79%) berücksichtigt.

Die Resultate wurden mit denen der PCA-basierten Bewegungsfeldschätzung und den Ergebnissen der Intrapatienten-Registrierung verglichen.

4.5 Ergebnisse

In Abbildung 4.4 sind zunächst exemplarisch für vier Patienten die mittels Intrapatienten-Registrierung berechneten Bewegungsfelder zwischen maximaler Ein- und Ausatmung illustriert. Die Beispiele demonstrieren einerseits die auftretende Variabilität von Lungengeometrie und Bewegungsamplituden, die es in dem mittleren Modell zu kompensieren bzw. im Rahmen der Statistik zu erfassen galt. Andererseits lässt sich aber auch die prinzipielle Ähnlichkeit der patientenspezifischen Bewegungsfeldschätzungen erkennen (geringste Bewegungen im Bereich der Lungenspitze, maximale Bewegungen nahe dem Zwerchfell, dazwischen ein mehr oder minder glatter Übergang; vergleiche auch Kapitel 3.5), die die Erstellung eines mittleren Modells rechtfertigt.

Die zentralen Komponenten eines solchen Modells sind exemplarisch in Abbildung 4.5 dargestellt. Auf der linken Seite der Abbildung ist das auf Basis der CT-Daten zu maximaler Einatmung sämtlicher verfügbarer Patienten erstellte mittlere Form- und Intensitätsbild $\bar{I}_0$ zu erkennen, das das Referenzkoordinatensystem für nachfolgende statistische Berechnungen definierte. Es zeigt sich, dass die Lungengrenzen präzise aufeinander abgebildet wurden. Auch prägnante Strukturen innerhalb der Lunge wie große Äste und Verzweigungen des Bronchialbaums sind erkennbar aufeinander registriert worden. Strukturen außerhalb der Lungen wurden aufgrund der Fokussierung der Registrierung auf die Lunge (Maskierung der Kräfte) nicht scharf aufeinander abgebildet. Auf der rechten Seite der Abbildung ist dann die mittlere Bewegung $\bar{\varphi}_{EE}$ des Kollektivs visualisiert. Auch das Muster der mittleren Bewegung zeigt deutlich den für die patientenindividuellen Bewegungsfeldschätzungen zu erkennenden Übergang von starken Bewegungen nahe dem Zwerchfell zu geringen Bewegungsamplituden nahe der Lungenspitze. Ausgeprägte patientenspezifische Asymmetrien zwischen den Bewegungen von linker und rechter Lunge, wie in Abb. 4.4 für die Beispiele 3 und 4 zu beobachten, sind aufgrund der Mittelung während der Modellerstellung ausgeglichen worden. Eigenmoden der bei Modellerstellung durchgeführten Hauptkomponentenanalyse der in das Atlaskoordinatensystem übertragenen patientenspezifischen Bewegungsfeldschätzungen sind exemplarisch in Abb. 4.6 visualisiert; abgebildet sind drei der gemäß Abschnitt 4.4.1.1 definierten Trainingsdatensätze, anhand derer der Einfluss der Modellparameter auf das Modellverhalten untersucht werden sollte.

4.5.1 Einfluss der Modellparameter auf das Modellverhalten

Im Hinblick auf den Einfluss der Zusammensetzung des Trainingsdatensatzes auf das Modellverhalten können die in Abb. 4.6 dargestellten Felder als exemplarisch angesehen

4.5 Ergebnisse

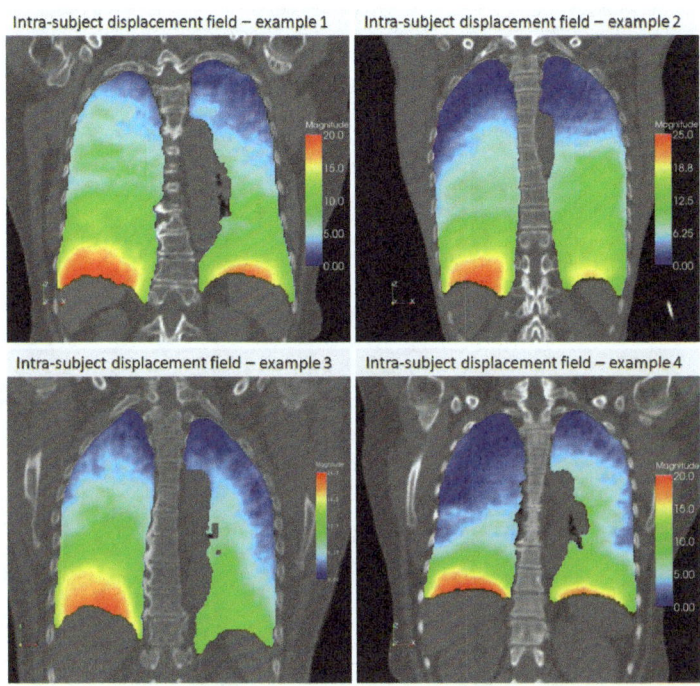

Abb. 4.4: Beispiele für patientenspezifisch berechnete Bewegungsfelder. Dargestellt ist jeweils die Amplitude der Bewegungen zwischen maximaler Ein- und Ausatmung (blau: keine Bewegung; rot: maximale Bewegung; Skalen siehe Abbildung). Lungengeometrien und Bewegungsamplituden variieren, das prinzipielle Bewegungsmuster erscheint aber ähnlich.

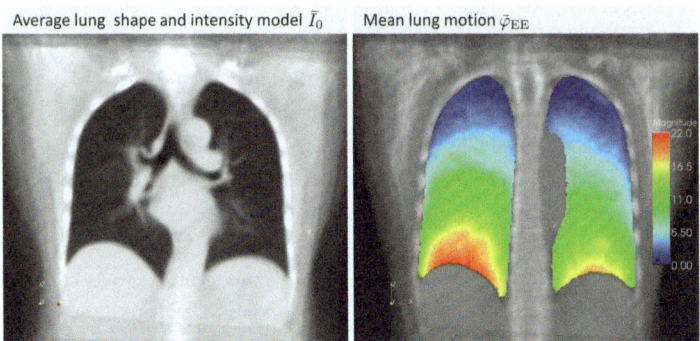

Abb. 4.5: Visualisierung des mittleren Form- und Intensitätsbildes im Zustand maximaler Einatmung (links) und der mittleren Lungenbewegung im betrachteten Patientenkollektiv zwischen maximaler Ein- und Ausatmung (rechts). Abbildung nach [Ehrhardt et al. 2011a].

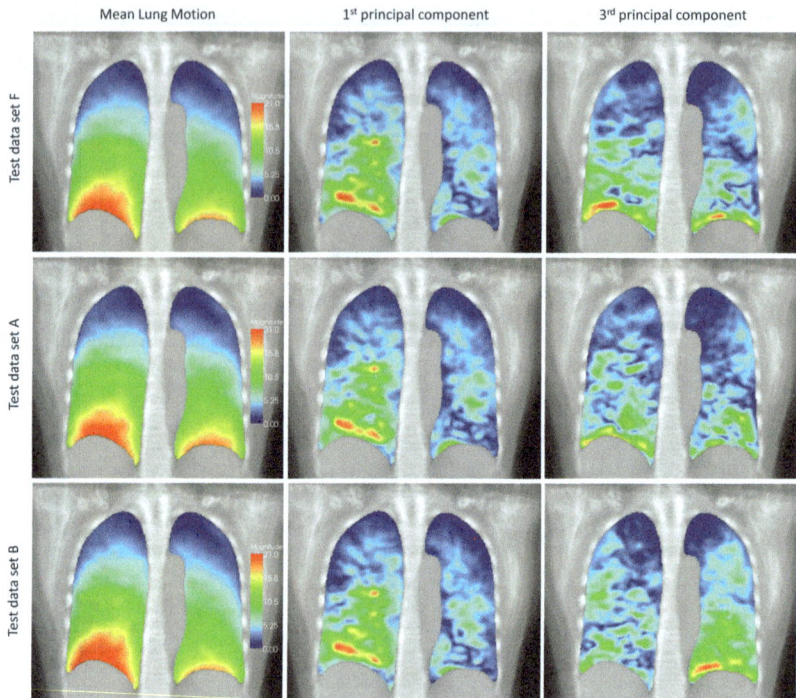

Abb. 4.6: Exemplarische Visualisierung der PCA-Modelle der Lungenbewegung für drei unterschiedliche Trainingsdatensätze. Datensatz F enthält zwölf, A und B neun Patientendaten (sämtlich bereits in F enthalten); A und B stimmen in sechs der neun Datensätze überein. Dargestellt sind jeweils die mittlere Bewegung sowie die erste und die dritte Hauptkomponente der PCA-Modelle. Abbildung nach [Ehrhardt et al. 2010a].

werden. Insbesondere für die mittlere Bewegung sowie die ersten beiden Hauptkomponenten waren zumindest visuell keine nennenswerten Unterschiede zu erkennen und somit Zusammensetzung und Größe der Trainingsdatensatzes von verhältnismäßig geringer Bedeutung. Deutlichere Differenzen traten erst ab der dritten Eigenmode zu Tage. Die Analyse der Eigenwerte der Hauptkomponenten zeigte weiter, dass für alle Trainingsdatensätze alleine durch die erste Hauptkomponente zwischen 31% und 35% und durch eine Berücksichtigung der ersten fünf Hauptkomponenten jeweils mehr als 75% der Variabilität der Bewegungsfelder erklärt war. Da zudem die quantitative Evaluation der PCA-basierten Prädiktion der vorberechneten Bewegungsfelder der Testpatienten belegte, dass im Hinblick auf sowohl TRE-m als auch die Differenz $\|\hat{\varphi}_{s_i,\text{EE}} - \varphi_{s_i,\text{EE}}\|$ keine signifikante Verbesserung der Prädiktionsqualität bei Berücksichtigung von > 5 Eigen-

4.5 Ergebnisse

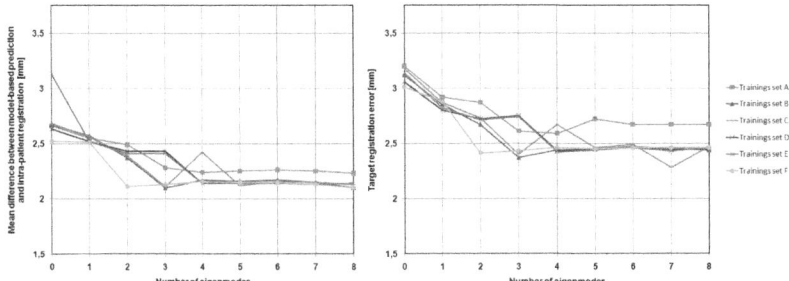

Abb. 4.7: Einfluss der Anzahl der zur Approximation eines gegebenen Bewegungs- bzw. Geschwindigkeitsfeldes genutzten Hauptkomponenten sowie der Zusammensetzung des Trainingsdatensatzes am Beispiel des ersten Testdatensatzes (WashU 31; keine Hauptkomponente = Approximation nur auf Basis der mittleren Bewegung $\bar{\varphi}_{EE}$). Links: Mittlere Differenzen $\|\hat{\varphi}_{s_i,EE} - \varphi_{s_i,EE}\|$; rechts: TRE-m-Werte für $\hat{\varphi}_{s_i,EE}$. Abbildung nach [Ehrhardt et al. 2010a].

moden zu erzielen war, wurden die nachfolgenden Leave-One-Out-Tests zur detaillierten Evaluation der Modellgenauigkeit unter Einbeziehung der ersten fünf Hauptkomponenten durchgeführt. Die Abhängigkeit von TRE-m und $\|\hat{\varphi}_{s_i,EE} - \varphi_{s_i,EE}\|$ von der Anzahl der betrachteten Eigenmoden ist exemplarisch für einen Testdatensatz (aber alle Trainingsdatensätze) in Abb. 4.7 dargestellt; ein analoges Verhalten zeigte sich auch für die anderen beiden Testdatensätze.

4.5.2 Landmarkenbasierte Evaluation der Prädiktion der Lungenbewegung

Die patientenindividuellen mittleren Target-Registration-Error-Werte (TRE-m) für die Intrapatienten-Registrierung zwischen EI und EE, für die modell- bzw. PCA-basierte Approximation der patientenspezifischen Registrierung sowie die Prädiktion der Bewegung auf Basis von ausschließlich der mittleren Bewegung im betrachteten Patientenkollektiv sind in Tabelle 4.1 zusammengefasst. Die Werte sind nach rechtem und linken Lungenflügel aufgegliedert. Zur besseren Einschätzung der Resultate sind diejenigen Lungenflügel gekennzeichnet, die große Tumoren oder andere offensichtliche Pathologien aufwiesen. Die zu erfassende Landmarkenbewegung betrug 6.8 ± 1.7 mm (Mittelwert über die patientenindividuellen Mittelwerte der landmarkenspezifischen Bewegungsamplituden) und als mittlere Intraobserver-Variabilität der Landmarkendetektion wurde ein Wert von 0.9 ± 0.1 mm ermittelt. Wie in Kapitel 3 beschrieben repräsentiert die Intraobserver-Variabilität der Landmarkendetektion im Prinzip die im Rahmen der Bewegungsfeldschätzung anzustrebende untere Grenze des TRE-m. Im vorliegenden Fall sei allerdings

Tabelle 4.1: Zur landmarkenbasierten Auswertung der Modellgenauigkeit: Bewegungsamplituden der manuell detektierten Landmarken und zugehörige Target-Registration-Error-Werte für die Intrapatienten-Registrierung, die PCA-basierte Approximation der aus der Registrierung resultierenden Bewegungsfeldschätzung und die Prädiktion des Feldes auf Basis der mittleren Bewegung des 4D-MMM. Angegeben sind jeweils die patientenindividuellen Mittelwerte und Standardabweichungen, aufgegliedert in rechte und linke Lunge. Lungenflügel mit einem großen Tumor oder anderen offensichtlichen Lungenanomalien sind durch graue Schrift gekennzeichnet.

			Target-Registration-Error TRE-m [mm]		
Datensatz	Lungen-flügel	Landmarken-bewegung [mm]	Intrapat.-Registrierung	PCA-Modell-anpassung	Modellbasierte Prädiktion
WashU 02	links	5.0 ± 4.8	1.5 ± 1.3	2.4 ± 2.2	2.5 ± 1.3
	rechts	7.3 ± 4.5	1.4 ± 0.8	3.8 ± 2.0	4.1 ± 2.1
WashU 03	links	7.1 ± 2.9	2.3 ± 1.7	3.8 ± 1.4	4.4 ± 1.3
	rechts	4.2 ± 1.8	1.2 ± 0.6	3.2 ± 1.1	3.9 ± 1.1
WashU 04	links	6.2 ± 2.3	1.4 ± 0.7	3.1 ± 1.3	3.7 ± 1.3
	rechts	6.3 ± 2.0	1.8 ± 1.1	2.8 ± 1.2	3.8 ± 1.4
WashU 31	links	6.7 ± 2.6	1.5 ± 0.9	2.3 ± 1.2	4.3 ± 1.6
	rechts	6.2 ± 3.5	1.4 ± 0.8	2.1 ± 1.4	2.3 ± 1.1
WashU 35	links	5.8 ± 2.0	1.5 ± 0.8	2.7 ± 1.1	3.1 ± 1.2
	rechts	3.2 ± 3.4	1.3 ± 1.0	3.4 ± 2.9	3.9 ± 2.3
WashU 36	links	9.7 ± 8.3	1.6 ± 1.4	3.4 ± 2.2	6.3 ± 2.4
	rechts	11.9 ± 7.1	1.6 ± 1.0	5.1 ± 2.6	6.2 ± 3.0
WashU 41	links	8.2 ± 6.5	2.5 ± 2.2	3.8 ± 2.1	4.0 ± 2.1
	rechts	5.0 ± 6.7	1.5 ± 1.5	2.7 ± 2.4	2.9 ± 2.3
WashU 44	links	5.8 ± 4.1	1.2 ± 0.6	3.3 ± 1.5	4.3 ± 2.4
	rechts	6.3 ± 5.6	1.2 ± 1.0	3.4 ± 2.3	4.7 ± 3.8
WashU 48	links	7.4 ± 5.3	1.4 ± 1.2	3.1 ± 1.8	2.9 ± 2.0
	rechts	8.4 ± 5.2	1.7 ± 1.0	3.3 ± 2.0	2.7 ± 1.5
WashU 53	links	7.6 ± 5.8	1.9 ± 2.1	3.5 ± 2.7	3.4 ± 2.8
	rechts	8.9 ± 6.8	1.8 ± 1.3	5.3 ± 2.4	5.4 ± 2.7

hinsichtlich der Interpretation der TRE-Werte darauf hingewiesen, dass die Landmarken in den CT-Daten mit ursprünglicher räumlicher Auflösung detektiert worden sind (ca. $1 \times 1 \times 1.5$ mm³; siehe Tab. 2.1). Registrierung und Modellbildung basierten hingegen auf der reduzierten Bilddatenauflösung von $1.5 \times 1.5 \times 1.5$ mm³.

Bei dieser Auflösung ergab sich für die Intrapatienten-Registrierung ein mittlerer TRE-m-Wert von 1.6 ± 0.2 mm. Für die PCA-basierte Approximation der patientenspezifischen Registrierung betrug er 3.2 ± 0.6 mm, für die Prädiktion der Bewegung anhand der mittleren Bewegung ergab sich ein Wert von 3.9 ± 1.0 mm. Die Unterschiede zwischen den drei Verfahren waren jeweils signifikant (p-Werte für den Vergleich zur Intrapatienten-Registrierung je <0.001; PCA- vs. mittleres Modell: p=0.002), was ebenfalls für den Vergleich mit dem unregistrierten Fall galt (d. h. die Bewegungsfeldschätzung ging für alle Verfahren zumindest in die richtige Richtung; $p < 0.001$). Da im Gegensatz zur PCA-basierten Approximation bei der modellbasierten Prädiktion keinerlei patienten-

Tabelle 4.2: Zur landmarkenbasierten Auswertung der Modellgenauigkeit: Bewegungsamplituden der zur Evaluation verwendeten Landmarken und resultierende TRE-m-Werte für eine Intrapatienten-Registrierung sowie die Prädiktion der Bewegung anhand der mittleren Lungenbewegung des 4D-MMM. Die Werte sind, ausgehend von der Referenzphase maximaler Einatmung (EI), gemäß der Zielphase aufgliedert (EE = maximale Ausatmung; MI = mittlere Einatmung; ME = mittlere Ausatmung). Für die modellbasierte Prädiktion wird wiederum zwischen krankhaften und nicht weiter beeinträchtigten Lungen unterschieden. Angegeben sind die Mittelwerte (und Standardabweichungen) über die patientenindividuellen Mittelwerte.

		Target-Registration-Error TRE-m [mm]		
Zielphase j	Landmarken-bewegung [mm]	Intrapat.-Registrierung	Modellbasierte Prädiktion	
			gesunde Lunge	path. Lunge
EI → EE	6.8 ± 1.7	1.6 ± 0.2	3.7 ± 1.0	4.5 ± 1.1
EI → MI	5.0 ± 1.3	1.6 ± 0.2	3.0 ± 0.7	3.4 ± 0.7
EI → ME	2.5 ± 0.7	1.5 ± 0.2	1.9 ± 0.3	2.3 ± 0.4

spezifische Bewegungsinformationen in die Bewegungsfeldschätzung einflossen, war zu erwarten gewesen, dass für Letztere eine geringere Modellierungsgenauigkeit resultierte. Dementsprechend erscheint es aber durchaus bemerkenswert, dass die modellbasierte Prädiktion zumindest für einige Patienten – gerade im Vergleich zu der PCA-basierten Approximation – zu ähnlichen, teils sogar geringeren TRE-m-Werten führte.

Wie bereits in Kapitel 3.5.2 für das biophysikalische Modell, so zeigte sich auch bei der modellbasierten Approximation und Prädiktion ein Unterschied der TRE-m-Werte für Lungen mit großen Tumoren oder anderen Pathologien und für „normale" Lungenflügel (PCA-basierte Approximation für die Bewegungsfeldschätzung zwischen EI und EE: 3.9 ± 0.9 mm vs. 3.0 ± 0.6 mm [Unterschiede signifikant; p=0.02]; modellbasierte Prädiktion: 4.5 ± 1.1 mm vs. 3.7 ± 1.0 mm [p=0.07]; der Trend bestand ebenfalls für die modellbasierte Prädiktion der Bewegungen zwischen EI und MI bzw. ME, siehe auch Tabelle 4.2). Lediglich Datensatz WashU 36 fiel diesbezüglich aus dem Rahmen. Bei diesem Patienten ist es allerdings durchaus wahrscheinlich, dass die Bewegung des linken Lungenflügels nicht als normal eingeschätzt werden sollte: Für die linke Lunge kann von einer Art Kompensationsbewegung ausgegangen werden, die darauf abzielt, die Einschränkung der Bewegung der rechten Lunge auszugleichen, die durch den hierin enthaltenen großen Tumor entstanden ist.

4.5.3 Modellbasierte Prädiktion von Tumorbewegungen

Die Resultate zum Vergleich der Distanzen der Tumormassezentren, die sich zwischen den zur maximalen Ein- und Ausatmung manuell erstellten Tumorsegmentierungen

Tabelle 4.3: Evaluation der modellbasierten Prädiktion von Tumorbewegungen: Tumorbewegung und Abstände der Masseschwerpunkte der zur Phase maximaler Einatmung (EI) manuell segmentierten Lungentumoren und der von der Phase maximaler Ausatmung (EE) anhand von berechneten Bewegungsfeldern übertragenen Segmentierungen. Betrachtet wird die Übertragung anhand der Intrapatienten-Registrierung der EI- und EE-CT-Daten, der PCA-basierten Approximation dieser und der auf Basis der mittleren Lungenbewegung des 4D-MMM prädiktierten patientenspezifischen Bewegung. Für weitere Analysen ist gekennzeichnet, ob der jeweilige Tumor als groß klassifiziert wurde und/oder an der Brustwand angewachsen ist (Details siehe Text).

			Abstände der Tumorschwerpunkte [mm]				
Datensatz	Lunge	Tumor-bew. [mm]	Intrapat.-Registrierung	PCA-Modellanpassung	Modellbasierte Prädiktion	groß	angew.
WashU 02	rechts	12.2	0.5	3.0	3.2		
WashU 03	rechts	2.2	1.4	2.0	4.2	X	
WashU 04	links	6.7	0.4	2.6	4.1	X	
WashU 35	rechts	2.3	2.0	2.4	5.8	X	
	rechts	1.7	1.1	1.1	5.0	X	X
WashU 36	links	19.5	2.1	3.4	10.5		
	rechts	13.8	1.0	2.2	5.2	X	
WashU 41	rechts	1.3	0.4	1.1	0.6		
WashU 44	rechts	6.2	0.9	2.1	1.8	X	
WashU 48	rechts	8.4	0.3	2.8	0.8	X	X
WashU 53	rechts	1.8	1.0	7.9	5.8	X	X

sowie den EI- und den anhand der Verfahren zur Bewegungsfeldschätzung übertragenen EE-Segmentierungen ergaben, sind in Tabelle 4.3 aufgeführt. Im Fall einer perfekten manuellen Tumorsegmentierung und Bewegungsfeldschätzung sollte die übertragene EE- der EI-Segmentierung entsprechen und somit die Distanz gleich Null sein. Als Verfahren zur Bewegungsfeldschätzung wurden neben der Intrapatienten-Registrierung wie zuvor die PCA-basierte Approximation dieser und die modellbasierte Prädiktion anhand der mittleren Lungenbewegung im Patientenkollektiv eingesetzt.

Die mittlere Schwerpunktdistanz betrug für die Intrapatienten-Registrierung 1.0 ± 0.6 mm (Wertebereich: 0.3–2.0 mm); der Wert vor Registrierung war 6.9 ± 6.1 mm (1.3–19.5 mm); die Genauigkeit der Tumorübertragung lag für die Intrapatienten-Registrierung also in der Größenordnung und unterhalb des zugehörigen TRE-m. Die modellbasierten Verfahren erbrachten Distanzen von 2.8 ± 1.8 mm (Bereich: 1.1–7.9 mm; PCA-Approximation der Intrapatienten-Registrierung) bzw. 4.3 ± 2.8 mm (Bereich: 0.6–10.5 mm; modellbasierte Prädiktion). Die Unterschiede zwischen den Werten der Intrapatienten-Registrierung und denen der modellbasierten Verfahren waren jeweils signifikant (p=0.009 bzw. p=0.001), die Letzterer jedoch nicht (p=0.11).

Die Überlappungskoeffizienten der manuellen EI-Tumorsegmentierungen und der übertragenen EE-Segmentierungen sind in Tabelle 4.4 zu finden. Mittlere Jaccard-Indizes

4.5 Ergebnisse

Tabelle 4.4: Evaluation der modellbasierten Prädiktion von Tumorbewegungen: Jaccard-Index (TO, Tumor-Overlap) der manuellen EI-Tumorsegmentierungen und übertragener EE-Tumorsegmentierungen (Methoden zur Übertragung siehe Tabelle 4.3).

Datensatz	Lunge	Tumor-vol. [ml]	Jaccard-Index TO der Tumorübertragung		
			Intrapat.-Registrierung	PCA-Modell-anpassung	Modellbasierte Prädiktion
WashU 02	rechts	7	0.77	0.54	0.53
WashU 03	rechts	8	0.71	0.58	0.41
WashU 04	links	13	0.72	0.63	0.55
WashU 35	rechts	8	0.70	0.66	0.51
	rechts	17	0.82	0.75	0.60
WashU 36	links	3	0.71	0.43	0.13
	rechts	128	0.85	0.73	0.70
WashU 41	rechts	3	0.80	0.73	0.77
WashU 44	rechts	18	0.81	0.65	0.57
WashU 48	rechts	89	0.89	0.74	0.75
WashU 53	rechts	96	0.82	0.65	0.70

der Übertragung für die Intrapatienten-Registrierung, die PCA-basierte Approximation dieser und die Prädiktion anhand der mittleren Lungenbewegung im Patientenkollektiv waren 0.78 ± 0.06, 0.64 ± 0.10 sowie 0.57 ± 0.18. Vor Übertragung war der mittlere Wert 0.50 ± 0.26. Unterschiede zwischen den Werten für die Intrapatienten-Registrierung und denen der modellbasierten Übertragung waren wieder jeweils signifikant ($p<0.001$); die Differenzen zwischen den Werten der modellbasierten Verfahren waren es dieses Mal ebenfalls ($p=0.03$). Es sei allerdings darauf hingewiesen, dass insbesondere bei einer Interpretation der patientenspezifischen Werte des Jaccard-Indexes berücksichtigt werden muss, dass nicht nur die Registrierungs- bzw. Prädiktionsgenauigkeit reflektiert wird, sondern auch Inkonsistenzen der manuellen Segmentierung der Tumoren zu einer negativen Beeinflussung dieser beitragen. Der relative Einfluss von Inkonsistenzen hängt wiederum von der Tumorgröße ab, so dass bei einem Quervergleich der Werte für unterschiedliche Patienten Vorsicht geboten ist. Ein Beispiel für Inkonsistenzen der manuellen Tumorsegmentierung zu EE und EI ist in Abb. 4.8 (rechtes Bild; Datensatz: WashU 35) gegeben. Als Beispiel für die Schwierigkeit eines Quervergleichs von Jaccard-Werten sei zudem auf Abb. 4.9 verwiesen. Letztere basiert auf dem Datensatz WashU 02. Nach visuellen Aspekten führt die modellbasierte Prädiktion der Tumorbewegung für diesen Patienten (auch in Anbetracht der verhältnismäßig großen Tumorbeweglichkeit) zu einer recht zufriedenstellenden Tumorübertragung. Der Jaccard-Index beträgt jedoch lediglich 0.51 – und stimmt somit annähernd mit dem Wert für Datensatz WashU 35 überein, bei dem die modellbasierte Prädiktion jedoch zu einer nicht zufriedenstellenden Übertragung führt (siehe wiederum Abb. 4.8).

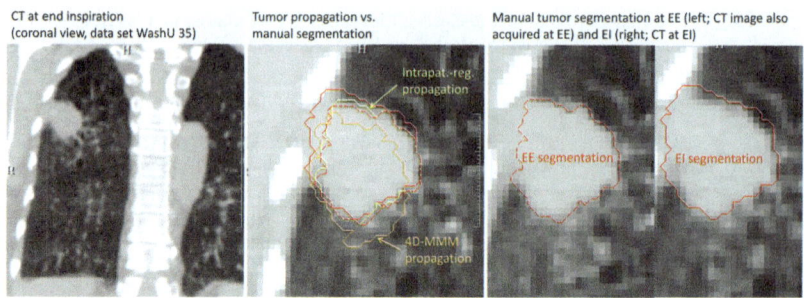

Abb. 4.8: Illustration von Problemen, die bei einer (modellbasierten) Tumorübertragung zwischen Ein- und Ausatmung auftreten können (Datensatz WashU 35). Übertragen werden soll die Segmentierung eines an der Brustwand festgewachsenen Tumors (links). In dem mittleren Bild sind die Konturen der manuellen Tumorsegmentierung zu EE und EI (rot) sowie die Kontur der Übertragung anhand der Intrapatienten-Registrierung (gelb) und der modellbasierten Prädiktion (orange) dargestellt. Bei perfekter manueller Segmentierung und Bewegungsfeldschätzung sollte die übertragene der manuellen Segmentierung zu EI entsprechen. Hier sind die manuellen Segmentierungen zu EE und EI jedoch inkonsistent (Bild rechts). Da diese aber als Ground-Truth dienen, ergibt sich z. B. für die visuell ansprechende Übertragung der manuellen EE-Segmentierung anhand der Intrapatienten-Registrierung lediglich ein Jaccard-Index von 0.70. Unabhängig hiervon verdeutlicht das mittlere Bild zudem die Problematik der modellbasierten Übertragung für angewachsene Tumoren: Da der Tumor durch Infiltration der Brustwand nicht der allgemeinen Lungenbewegung folgt, wird die Tumorbewegung durch das Modell überschätzt.

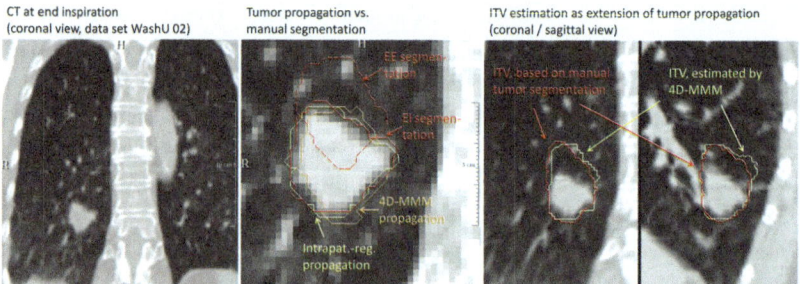

Abb. 4.9: Beispiel für eine erfolgreiche modellbasierte Tumorübertragung (Datensatz WashU 02): Zu übertragen war ein Tumor in der rechten Lunge (siehe CT-Schnitt im linken Bild; Tumorbewegung: 12.2 mm). Im mittleren Bild sind die Konturen der manuellen Tumorsegmentierungen (rot) sowie des anhand der Intrapatienten-Registrierung (gelb) und der modellbasierten Prädiktion übertragenen (orange) Tumors dargestellt. Sie zeigen ein hohes Maß an Übereinstimmung. Rechts ist als Erweiterung der Anwendung für diesen Patienten eine modellbasierte Abschätzung des Internal-Target-Volumens (ITV) illustriert. In diesem Fall ist die EI-Tumorsegmentierung auf die EE-, MI- und ME-Phasen übertragen; die Umhüllende der Übertragungen dient der ITV-Abschätzung. Als Vergleich ist die Umhüllende der manuell segmentierten Tumoren zu EE, EI, MI und ME eingezeichnet.

Anders als für den TRE-m bzw. die modellbasierte Bewegungsfeldschätzung der Lunge konnte bei der Fokussierung auf die Tumorbewegung kein signifikanter Einfluss der Tumorgröße auf die Prädiktionsqualität festgestellt werden (PCA-Modell: p=0.55; mittleres Modell: 0.52; je Betrachtung der Tumormassezentren nach Prädiktion). Gleiches gilt auch für den Zusammenhang zwischen Tumorbewegungsamplitude und modellbasierter Prädiktionsqualität (p=0.06 bzw. p=0.13). Auffällig war aber, dass bei der Schätzung der Tumorbewegung anhand des mittleren Modells Probleme auftraten, wenn die Tumoren an Brustwand und/oder Lungenwurzel angewachsen waren (siehe Tabelle 4.3 für die zugehörige Klassifikation der Tumoren; p-Wert der Unterschiede der Massezentrendistanzen: 0.06). Dies erklärt sich dadurch, dass der Tumor sich in diesen Fällen nicht wie das umliegende Lungengewebe bewegt, sondern durch die Infiltration der (Nicht-Lungen-)Struktur in der Bewegung eingeschränkt ist – ein Effekt, der durch ein Modell der „normalen" Lungenbewegung nicht zu erfassen ist.

4.6 Möglichkeiten und Grenzen des Modells

In diesem Kapitel wurde ein Ansatz vorgestellt, der es erlaubt, aus 4D-(Lungen-)CT-Daten verschiedener Patienten ein mittleres Modell der Atembewegung der gesunden Lungen zu generieren. Hierzu wurden CT-Datensätze und Bewegungsfelder der Patienten auf eine Referenzanatomie abgebildet und unter Nutzung des Log-Euklidischen Frameworks gemittelt. Das Modell beschreibt dann für jedes Lungenvoxel in dem Referenzkoordinatensystem die durchschnittliche atembedingte 3D-Bewegung des Kollektivs. Um nähere Einblicke in das Modellverhalten zu gewinnen, wurde über die Mittelung hinaus eine Hauptkomponentenanalyse (PCA) der Bewegungsfelder der unterschiedlichen Patienten umgesetzt. Zuletzt wurden Methoden vorgestellt, um die jeweiligen Modelle zur Approximation bestehender Bewegungsfelder sowie zur Prädiktion unbekannter Felder zu nutzen.

Obgleich die Modellbildung bislang auf einem relativ kleinen Patientenkollektiv beruhte, zeigte die resultierende mittlere Lungenbewegung ein typisches Bewegungsmuster. Auch erste Evaluationsergebnisse erscheinen durchaus erfolgsversprechend. So liegt der TRE-m der modellbasierten Prädiktion für zumindest Patienten mit lediglich kleinem Lungentumor und weiterhin nicht offensichtlich pathologischem Bewegungsmuster mit im Mittel 3.7 mm in der Größenordnung von 2-3 Voxeln (zugrunde liegende Voxelseitenlänge: 1.5 mm) und damit in der Größenordnung von biophysikalischer Modellierung und der Registrierung der Lungensegmentierungen (siehe Kapitel 3.5.2). Dies ist insofern bemerkenswert, als dass tatsächlich keine (!) Informationen über die patientenspezifische Bewegung zur modellbasierten Prädiktion genutzt wurden. Die positive Einschätzung wird durch die Ergebnisse zur Prädiktion der Tumorbewegungen gestützt; die Tumorübertragung erbringt z. B. für einige Patienten zumindest visuell überzeugende Resultate (siehe Abb. 4.9).

Hinsichtlich einer modellbasierten Bewegungsprädiktion legt die durchgeführte Evaluation jedoch auch Probleme und Grenzen des Modells offen. So ist die Qualität der Prädiktion der Lungenbewegung für Patienten mit großen Lungentumoren oder anderen Pathologien im Vergleich geringer (gemessen anhand des TRE-m) und die modellbasierte Übertragung von Tumorsegmentierungen inbesondere für angewachsene Tumoren schwierig. Die Problematik ist jeweils darin begründet, dass das 4D-MMM konzipiert wurde, um eine mittlere „normale" Lungenbewegung zu bestimmen. Angewachsene Tumoren und andere Pathologien bedingen (zumindest lokale) Abweichungen hiervon. Als zentrale und ideale Anwendungsfälle einer modellbasierten Bewegungsprädiktion im Kontext der Strahlentherapie verbleiben somit Patienten mit kleinen und nicht angewachsenen Lungentumoren, die aber gerade bei der Bestrahlung eine große Herausforderung darstellen, da sie gegebenenfalls noch kurativ zu behandeln sind. In dem betrachteten Patientenkollektiv erfüllen lediglich die Datensätze WashU 02 und 41 diese Kriterien, durch die als „Proof-of-Concept" obige Aussage belegt wird. Statistisch fundierte Aussagen sind aber ersichtlich aufgrund der geringen Fallzahl nicht möglich.

Die bei der Bewegungsprädiktion auftretenden Probleme eröffnen ferner Anwendungsfelder über die in dieser Arbeit adressierte Strahlentherapie hinaus. Als Beispiel diene die computergestützte Diagnostik: Da das 4D-MMM eben gerade eine „normale" Lungenbewegung repräsentiert, können bei Vorliegen patientenspezifischer 4D-Bilddaten und Bewegungsfeldschätzungen durch einen Vergleich dieser und des Modells Regionen pathologischer Bewegungen identifiziert werden. Dies ist in Abb. 4.10 anhand der Datensätze WashU 48 und 53 demonstriert. In beiden Fällen liegen jeweils in dem rechten Lungenflügel große Tumoren vor, die ihrerseits in Übereinstimmung mit den Vorbemerkungen das Bewegungsverhalten zu beeinflussen scheinen. Zumindest zeigen sich jeweils für den befallenen Lungenflügel (und nur für diesen!) deutliche Abweichungen zwischen den anhand der Intrapatienten-Registrierung geschätzten und der modellbasiert prädizierten Bewegung.

Die in diesem Abschnitt beschriebene Prädiktion der patientenspezifischen Lungenbewegung anhand der mittleren Bewegung des 4D-MMM trägt der in dem Anwendungskontext aufgeworfenen Problematik Rechnung, dass zu einer Bestrahlungsplanung oftmals lediglich ein 3D-CT-Datensatz des Patienten vorliegt. Gleichermaßen ist aber auch bekannt, dass die Atembewegung inter- und intraindividuellen Bewegungsvariationen unterliegen (vergleiche z. B. die Atemvolumina der Patienten in Tabelle 2.1). Anhand der durchgeführten Hauptkomponentenanalyse der Bewegungsfelder sollte ein besseres

4.6 Möglichkeiten und Grenzen des Modells

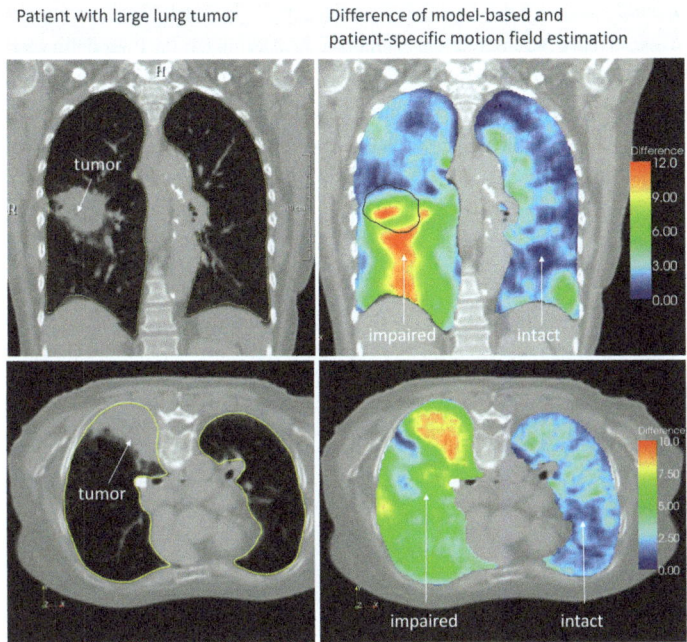

Abb. 4.10: Computergestützte Diagnostik als Anwendungsmöglichkeit des 4D-MMM: Da das 4D-MMM eine „normale" Lungenbewegung repräsentiert, können über einen Vergleich von patientenindividueller Bewegungsschätzung und modellbasierter Bewegungsprädiktion Regionen pathologischer Bewegungen identifiziert werden. Obere Reihe: Koronare CT-Ansicht für Patient WashU 48. Der Tumor in der rechten Lunge beeinflusst offenbar die Bewegung der darunter liegenden Lungenareale. Untere Reihe (angelehnt an [Ehrhardt et al. 2011a]): Datensatz WashU 53, axialer Schnitt. Auch in diesem Fall ergeben sich für den befallenen Lungenflügel große Abweichungen zwischen Intrapatienten-Registrierung und Modell. Für den nicht befallenen Lungenflügel treten nur geringe Differenzen auf.

Verständnis der diesbezüglichen Interpatienten-Variabilität in dem betrachteten Patientenkollektiv gewonnen werden. Es bestand insbesondere die Hoffnung, dass zumindest die ersten Eigenmoden eine klare physiologische Interpretation zulassen würden und diese weitergehend über die Anpassung der zugehörigen Koeffizienten gemäß Gleichung 4.6 zur Simulation von typischen Atemmustern genutzt werden könnten (z. B. tiefe vs. flache Atmung, Brust- vs. Bauchatmung). Gegebenenfalls bedingt durch das kleine Patientenkollektiv war eine solche Interpretierbarkeit der Eigenmoden (zumindest nach Ansicht des Autors der vorliegenden Dissertation; vergleiche Abb. 4.6) jedoch nicht bzw. nur sehr eingeschränkt möglich. Zudem erscheint der Unterschied der Genauigkeit zwischen PCA-basierter Approximation bestehender Bewegungsfelder und der modellbasierten Prädiktion dieser als verhältnismäßig gering (Beispiel: mittlerer Jaccard-Wert der PCA-basierten Übertragung der Tumorsegmentierungen: 0.64; modellbasierte Prädiktion: 0.57). Es stellt sich somit die Frage nach alternativen Konzepten, um die (hier: Interpatienten-)Variabilität der Atmung im Rahmen der modellbasierten Bewegungsfeldschätzung bzw. -prädiktion zu berücksichtigen; dies bildet den Ausgangspunkt des nachfolgenden Kapitels.

Kapitel 5

Berücksichtigung von Bewegungsvariabilitäten: Individuelle und situationsbezogene Adaption von Bewegungsfeldschätzungen

Ergänzend zu den bislang dargestellten Verfahren zur Bewegungsfeldschätzung und -prädiktion, die ausschließlich auf der Verwendung von 4D-CT-Bildsequenzen beruhten, werden in dem vorliegenden Kapitel methodische Ansätze präsentiert, die auf eine Einbeziehung zusätzlicher patientenspezifischer Bewegungsinformationen abzielen. Adressiert werden hierdurch zwei im gegebenen Kontext bestehende Probleme: die Berücksichtigung intraindividueller Bewegungsvariationen, die durch die in der 4D-Bestrahlungsplanung übliche Bewegungsfeldschätzung gemäß Kapitel 3 anhand eines einzelnen 4D-CT-Datensatzes des Patienten nicht abgebildet werden können (siehe Kapitel 2.2.2), und Unterschiede in den Atemmustern verschiedener Patienten, die die erreichbare Genauigkeit einer Bewegungsprädiktion anhand modellbasierter Verfahren wie dem 4D-MMM limitieren können (vergleiche Kapitel 4.6).

Die hierzu gewählte Herangehensweise ist durch den gegebenen klinischen Kontext geprägt: Wie beschrieben werden in der 4D-Strahlentherapie verschiedene, meist niedrigdimensionale Bewegungsindikatoren, auch als Surrogate der Lungen-/Tumorbewegung bezeichnet, eingesetzt, um während der 4D-Bildgebung und/oder einer atemkorrelierten Bestrahlung die Atemphase des zu behandelnden Patienten festzustellen. Dies sind z. B. Spirometer, Bauchgurte oder kamerabasierte Systeme zur Abtastung der Patientenoberfläche; für eine detailliertere Übersicht zu Bewegungsindikatoren sei auf Kapitel 2.1.2.2 verwiesen. Insofern liegt es nun aber nahe, diese im Hinblick auf die oben genannten Probleme auch als Informationsquellen hinsichtlich des Auftretens und der Ausprägung von Bewegungsvariationen zu verstehen – und letztlich mit dem Ziel einer optimierten Bewegungsprädiktion für eine individuelle, situationsbezogene Adaption der anhand von 4D-Bilddaten berechneten Bewegungsfeldschätzungen zu nutzen. Sind die anzupassenden Bewegungsfeldschätzungen hierbei etwa durch das 4D-MMM gegeben, können

Informationen, die anhand patientenspezifischer Surrogatmessungen gewonnen werden, im Rahmen einer Bewegungsprädiktion zu einer individuellen Anpassung der mittleren Bewegungsfelder verwendet werden. Andererseits können die anzupassenden Bewegungsfelder auch die mittels Intrapatienten-Registrierung in den patientenindividuellen 4D-Bilddaten berechneten Felder sein, die anhand der Bewegungsindikatorinformationen dann situationsabhängig angepasst werden. Ein klinisches Anwendungsszenario eines solchen Vorgehens wäre z. B. eine bewegungsindikatorgestützte Abschätzung der Position von Tumoren und Risikoorganen während einer bewegungskorrelierten Bestrahlung. Ein direkter Ansatz zur surrogatbasierten Adaption von Bewegungsfeldern ist deren Skalierung in Abhängigkeit von dem Signal eines eindimensionalen Bewegungsindikators [Ehrhardt et al. 2009; Ehrhardt et al. 2011a]. In Anbetracht der Diskussion um die Eignung verschiedener Bewegungsindikatoren zur Bestimmung von Atemlage und Tumor- bzw. OAR-Positionen (siehe Kapitel 2.1.2 und 2.2.1) wird dieser Ansatz hier verallgemeinert; der Zusammenhang zwischen Surrogatsignal und Bewegungsfeld wird als multilinearer Zusammenhang modelliert bzw. anhand einer multivariaten linearen Regression bestimmt (auch: multilineare Regression, MLR). Der resultierende Ansatz ist dann weder von der spezifischen Ausprägung des Surrogats noch der Dimensionalität des Signals abhängig; prinzipiell ist auch eine Kombination der Informationen verschiedener Indikatoren möglich. Entsprechende methodische Grundlagen – einschließlich eines Überblicks des Standes der Forschung – werden in Kapitel 5.1 dargestellt. Hieran anschließend wird die Methodik gemäß den beiden skizzierten Anwendungsfällen eingesetzt: In Abschnitt 5.2 werden Bewegungsindikatorinformationen im Sinne einer Berücksichtigung von Intrapatienten-Bewegungsvariabilitäten zur situationsbezogenen Anpassung der in den 4D-CT-Daten des betrachteten Patienten berechneten Bewegungsfelder genutzt und eine Abschätzung der Genauigkeit eines solchen Vorgehens gegeben. In Kapitel 5.3 werden dann mit dem Ziel einer optimierten modellbasierten Bewegungsprädiktion Strategien zur Adaption des 4D-MMM-Ansatzes zur Berücksichtigung interindividueller Unterschiede von Atemmustern vorgestellt und evaluiert. In Kapitel 5.4 folgt abschließend eine kurze Interpretation der Resultate.

5.1 Verknüpfung von Bewegungsfeldschätzung und -indikatorsignal

5.1.1 Stand der Forschung

Der klinische Einsatz von Bewegungsindikatoren zur individuellen und situationsabhängigen Anpassung von Bewegungsfeldschätzungen bzw. der Prädiktion von at-

5.1 Verknüpfung von Bewegungsfeldschätzung und -indikatorsignal

mungsbedingten Bewegungen lungeninterner Strukturen basiert auf der Annahme eines (Wirkungs-)Zusammenhanges zwischen Signal und Bewegung. Erste detaillierte Untersuchungen entsprechender Zusammenhänge wurden bereits vor Einführung moderner 4D-bildgebender tomographischer Verfahren durchgeführt. So wurde z. B. in [Schweikard et al. 2000] mittels Fluoroskopie die atmungsbedingte Auslenkung einzelner Punkte auf der Patientenoberfläche mit Bewegungen von in die Lunge eingebrachten Markern verglichen und die Stärke der Korrelation im Sinne des Pearson-Korrelationkoeffizienten analysiert. Die Dreidimensionalität der Bewegungen berücksichtigend schlossen sich später und zumeist unter Verwendung von 4D-Bilddaten Berechnungen von Korrelationsmatrizen der Punktbewegungen an (z. B. SI- vs. SI/AP/RL-Bewegung, etc.); siehe u. a. [Koch et al. 2004; Liu et al. 2004; Ozhasoglu et al. 2002]. Auch diese lassen jedoch nur bedingt auf einen tatsächlichen Wirkungszusammenhang und insbesondere nicht auf dessen konkrete Ausprägung schließen. In [Ehrhardt et al. 2007a; Werner 2007a; Werner et al. 2007b] wurde hierzu schließlich in Erweiterung der vorstehenden Ansätze eine multilineare Regression herangezogen und im Rahmen der Untersuchung des Zusammenhangs zwischen Bewegungen der Hautoberfläche und von Lungentumoren in 4D-Bilddaten zum Vergleich von einzelnen Punkttrajektorien eingesetzt.

Als Verfahren der multivariaten Statistik ist die Anwendbarkeit der multilinearen Regression allerdings nicht auf die Auswertung des Zusammenhanges der Bewegungen zweier Punkte beschränkt. Insofern konsequent wurde in [Zhang et al. 2007] wenig später die MLR für die auch in dem vorliegenden Dissertationskapitel adressierte Verknüpfung eines (beliebig, aber endlich-dimensionalen) Bewegungsindikators und aus 4D-CT-Daten extrahierten Bewegungsfeldern beschrieben. Die in [Zhang et al. 2007] im Detail eingesetzte Methodik ist in weiten Teilen auf [Manke et al. 2003] zurückzuführen, die als affin angenommene atmungsbedingte Bewegungen des Herzens zur Korrektur von Bewegungsartefakten in koronaren MR-Angiographien anhand von Messungen der Zwerchfellbewegung abschätzten. Nichtsdestotrotz wird in der Regel [Zhang et al. 2007] als Ausgangsbasis der aktuellen, dem thematisierten Kontext zuzuordnenden Arbeiten betrachtet. So wurde z. B. in [Li et al. 2011] eine ausführliche, mathematisch orientierte Analyse des Ansatzes präsentiert. Ebenfalls als auf die Modellierungsidee nach [Zhang et al. 2007] zurückgehend beschrieben wurde zudem in [Liu et al. 2009] ein MLR-basierter Ansatz dargestellt, anhand dessen atmungsbedingte Formänderungen der Lunge und lungeninterne Bewegungsfelder miteinander in Zusammenhang gebracht wurden. Mit dem Ziel einer potentiell eingängigeren Interpretation resultierender Zusammenhangsmaße und motiviert durch z. B. [Gao et al. 2008] erweiterten Liu et al. zudem den ursprünglichen Prädiktionsansatz durch Einbeziehung einer kanonischen Korrelationsanalyse (CCA; engl.: Canonical Correlation Analysis) und einem Partial-

114 Kapitel 5 – Berücksichtigung von Bewegungsvariabilitäten

Least-Squares-Ansatz (PLS) [Liu et al. 2010; Liu 2011]; im Hinblick auf die Genauigkeit einer Bewegungsprädiktion erscheint deren Nutzen im Vergleich zu dem MLR-Ansatz jedoch beschränkt [Liu 2011]. Ebenfalls dem Bereich der MLR-basierten Prädiktion lungeninterner Bewegungen zuzuordnen sind zuletzt die Erweiterungen der bereits in Kapitel 4 dargestellten, im größten Teil zeitgleich zu der vorliegenden Dissertation entstandenen Arbeiten von Klinder et al. (siehe insbesondere [Klinder et al. 2008b; Klinder et al. 2009; Klinder et al. 2010]).

5.1.2 Einordnung des intendierten Vorgehens

Die bislang in der Literatur beschriebenen Ansätze widmen sich in der Regel der Modellierung des Zusammenhanges zwischen einem patientenspezifische Bewegungsindikatorsignal und hierzu korrespondierenden Bewegungsfeldern, die in 4D-Bilddaten des Patienten geschätzt wurden. Es wird also überwiegend der einleitend erst genannte Anwendungsfall adressiert. In diesem Zusammenhang grenzen sich die nachstehend beschriebenen, im Rahmen des vorliegenden Promotionsvorhabens durchgeführten Arbeiten vor allem durch methodische Details wie etwa die betrachteten Bewegungsindikatoren ab. Auch wird zur Bewegungsprädiktion wieder auf das Log-Euklidische Framework zurückgegriffen, um zu garantieren, dass resultierende Transformationen Diffeomorphismen sind.

Demgegenüber ist die intendierte Berücksichtigung der Unterschiede der Atemmuster verschiedener Personen zur optimierten modellbasierten Prädiktion von Bewegungsfeldern ein vergleichsweise neues Vorgehen, bislang lediglich auch von Klinder et al. in [Klinder et al. 2008b; Klinder et al. 2009] adressiert. Die gewählte Herangehensweise unterscheidet sich allerdings maßgeblich von dem von Klinder et al. beschriebenen Ansatz. Insbesondere ist bei Letzterem nicht die explizite Berechnung von Statistiken über Bewegungs- im Sinne dichter Vektorfelder adressiert[1]; die Arbeiten basieren vielmehr auf der Extraktion von Bewegungsvektoren für verschiedene Oberflächenpunkte von Lunge und Bronchialbaum, die mittels oberflächenbasierter Registrierung bestimmt werden [von Berg et al. 2007]. Im Rahmen dieses Prozesses werden Oberflächennetze generiert, deren Knoten für verschiedene Patienten und Atemphasen Punkt-zu-Punkt-Korrespondenzen repräsentieren und für die dann direkt Deformationsstatistiken berechnet werden [Klinder et al. 2008b; Klinder et al. 2009].

In der vorliegenden Arbeit sollen hingegen in Weiterführung der in den letzten Kapiteln beschriebenen Verfahren die vollständigen Bewegungsinformationen im Sinne dichter

---
[1] Als dichte Vektorfelder werden im gegebenen Kontext Bewegungs-/Vektorfelder bezeichnet, die jedem Voxel des betrachteten Bildes einen (Verschiebungs-)Vektor zuweisen.

Bewegungsfelder in die Modellierung einbezogen werden. Damit sind dann (wie bereits im Rahmen der Erstellung des mittleren Bewegungsmodells der Lunge beschrieben) die Definition und Nutzung eines gemeinsamen Koordinatensystems erforderlich, in dem die in den Feldern der verschiedenen Patienten enthaltenen Bewegungsinformationen miteinander verglichen werden können.

5.1.3 Theoretische Grundlagen: Surrogatbasierte Bewegungsprädiktion über multilineare Regression

Der Verständlichkeit der Darstellung wegen sei das prinzipielle Vorgehen bei einer MLR-basierten Verknüpfung von Bewegungsfeldschätzung und Bewegungsindikator- bzw. Surrogatsignalen zunächst anhand des Anwendungsfalls der Berücksichtigung der Bewegungsvariationen eines einzelnen Patienten illustriert. Hierbei sei weiterhin vereinfachend angenommen, dass die Bewegungsfelder anhand eines einzelnen 4D-CT-Datensatzes des Patienten berechnet wurden und somit in einem gemeinsamen, nämlich dem patientenspezifischen Koordinatensystem definiert sind. In Fortführung der Nomenklatur der vorherigen Kapitel seien die Transformationen zwischen dem CT-Datensatz I_0 der ausgewählten, aber beliebigen Referenzatemphase und den weiteren Atemphasen der Bildsequenz $(I_j)_{j \in \{0,\ldots,n_{\text{Ph}}-1\}}$ mit $(\varphi_j)_{j \in \{0,\ldots,n_{\text{Ph}}-1\}}$ benannt; φ_0 repräsentiert wie zuvor die Identitätsabbildung. Ohne eine Einschränkung der Gültigkeit der nachstehenden Herleitungen sei zudem davon ausgegangen, dass die Transformationen unter Verwendung des in Kapitel 4.2.1 beschriebenen und motivierten diffeomorphen Registrierungsschemas berechnet wurden. Die zugehörigen Geschwindigkeits- und Bewegungsfelder seien wiederum als $(v_j)_{j \in \{0,\ldots,n_{\text{Ph}}-1\}}$ bzw. $(u_j)_{j \in \{0,\ldots,n_{\text{Ph}}-1\}}$ bezeichnet.
Seien nun zusätzlich zu den Transformationen bzw. Feldern zeitlich korrespondierende Messungen $(\zeta_j)_{j \in \{0,\ldots,n_{\text{Ph}}-1\}} = \{\zeta_0, \ldots, \zeta_{n_{\text{Ph}}-1}\}$ ($\zeta_j \in \mathbb{R}^{n_{\text{Ind}}}$, $n_{\text{Ind}} \geq 1$) des zu betrachtenden Bewegungsindikators bzw. -surrogats gegeben. Dann werden analog zu Kapitel 4.2.3.1 und im Sinne der beabsichtigten nachfolgenden statistischen Analysen die interessierenden Felder und Surrogatsignale jeweils als mehrdimensionale Zufallsvariable aufgefasst. Da eine Umsetzung der Methodik unter Verwendung des Log-Euklidischen Frameworks intendiert ist, werden als interessierende Felder zunächst die Geschwindigkeitsfelder herangezogen; die korrespondierenden Zufallsvariablen seien als $\mathbf{V}_j$ bezeichnet[2], wobei $\mathbf{V}_j$ die Komponenten der Vektoren des Feldes v_j für alle

---

[2] Man beachte, dass die exakte Bedeutung der Bezeichner im Vergleich zu Kapitel 4.2.3.1 differiert: Während in Kapitel 4.2.3.1 die Bewegungsinformationen unterschiedlicher Patienten in jeweilige Datenmatrizen zusammengefasst wurden, werden im vorliegenden Abschnitt gemäß dem gewählten Anwendungsfall lediglich Bewegungsinformationen eines einzelnen Patienten betrachtet.

$n_1 n_2 n_3$ Voxel in Ω zu einem Spaltenvektor der Länge $m = 3 n_1 n_2 n_3$ zusammenfasst. Die entsprechend definierten Zufallsvariablen zu den Bewegungsindikatorsignalmessungen werden als $\mathbf{Z}_j$ bezeichnet.

Die Tupel $(\mathbf{V}_j, \mathbf{Z}_j)$ werden nun in Bezug auf die durchzuführende Regression als Beobachtungen interpretiert, auf deren Grundlage der gesuchte multilineare (Wirkungs-)Zusammenhang gewonnen werden soll. Hierzu werden die einzelnen Geschwindigkeitsfelder bzw. die zugehörigen Zufallsvariablen noch einmal zu

$$\mathbf{V} = \left(\mathbf{V}_0^{\text{zentriert}}, \dots, \mathbf{V}_{n_{\text{Ph}}-1}^{\text{zentriert}} \right) \in \mathbb{R}^{m \times n_{\text{Ph}}} \tag{5.1}$$

mit $\mathbf{V}_j^{\text{zentriert}} = \mathbf{V}_j - \bar{\mathbf{V}}$ (vergleiche Kapitel 4.2.3.1; hier: $\bar{\mathbf{V}}$ als zeitliches Mittel) als zu erklärende Größe oder Regressand kombiniert.[3] Die Surrogatmessungen werden analog als Regressor oder erklärende Größe

$$\mathbf{Z} = \left(\mathbf{Z}_0^{\text{zentriert}}, \dots, \mathbf{Z}_{n_{\text{Ph}}-1}^{\text{zentriert}} \right) \in \mathbb{R}^{n_{\text{Ind}} \times n_{\text{Ph}}} \tag{5.2}$$

zusammengefasst. Ziel einer multilinearen Regressionsanalyse ist dann die Abschätzung des Zusammenhangs zwischen Regressor und Regressand der Form

$$\mathbf{V} = \mathbf{B} \cdot \mathbf{Z}, \tag{5.3}$$

wobei die Modellparameter, gegeben als Matrix $\mathbf{B} \in \mathbb{R}^{m \times n_{\text{Ind}}}$, anhand der Methode der kleinsten Quadrate (OLS, engl.: Ordinary Least Squares) geschätzt werden:

$$\text{tr}\left[(\mathbf{V} - \mathbf{BZ})(\mathbf{V} - \mathbf{BZ})^T \right] \xrightarrow{\mathbf{B}} \min. \tag{5.4}$$

Unter der Bedingung der Invertierbarkeit von $\mathbf{ZZ}^T$ folgt als Ausdruck für $\mathbf{B}$

$$\mathbf{B} = \mathbf{VZ}^T \left(\mathbf{ZZ}^T \right)^{-1} = \mathbf{\Sigma}_{\mathbf{VZ}} \mathbf{\Sigma}_{\mathbf{ZZ}}^{-1}. \tag{5.5}$$

$\mathbf{\Sigma}_{\mathbf{ZZ}}$ repräsentiert hierbei die Kovarianzmatrix zu $\mathbf{Z}$ und $\mathbf{\Sigma}_{\mathbf{VZ}}$ die (Kreuz-)Kovarianzmatrix von $\mathbf{V}$ und $\mathbf{Z}$.

Sei an dieser Stelle nun davon ausgegangen, dass der Schätzer $\mathbf{B}$ des Zusammenhangs zwischen Bewegungsindikator und Geschwindigkeitsfeld anhand eines geeigneten Trainingsdatensatzes bestimmt wurde. Dann können für weitere Messungen $\hat{\zeta} = \hat{\mathbf{Z}} \in \mathbb{R}^{n_{\text{Ind}}}$ des Bewegungsindikators die korrespondierenden Geschwindigkeitsfelder $\hat{v}$ bzw. assozi-

---

[3] Natürlich ist es auch möglich, lediglich eine Untermenge der verfügbaren Beobachtungen bzw. Atemphasen als Trainingsdatensatz heranzuziehen.

5.1 Verknüpfung von Bewegungsfeldschätzung und -indikatorsignal

ierte Zufallsvariablen $\hat{\mathbf{V}}$ gemäß

$$\hat{\mathbf{V}} = \bar{\mathbf{V}} + \mathbf{B}\left(\hat{\mathbf{Z}} - \bar{\mathbf{Z}}\right) \tag{5.6}$$

ermittelt bzw. prädiktiert werden. Das Geschwindigkeitsfeld $\hat{v}$ folgt aus Umsortierung der Einträge in $\hat{\mathbf{V}}$, und das gesuchte Bewegungsfeld ergibt sich gemäß $\hat{\varphi} = \exp(\hat{v})$ bzw. $\hat{\varphi} = id + \hat{u}$.

Die Forderung nach Invertierbarkeit von $\boldsymbol{\Sigma}_{\mathbf{ZZ}}$ führt allerdings ersichtlich zu Problemen, falls zwei oder mehrere der erklärenden Variablen linear voneinander abhängig sind. Die Regressormatrix $\mathbf{Z}$ besitzt dann keinen vollen Zeilenrang, $\boldsymbol{\Sigma}_{\mathbf{ZZ}}$ ist singulär und die Schätzung des Zusammenhangs gemäß Gleichung 5.5 nicht definiert. Neben dieser so genannten perfekten Multikollinearität kann es sich im Kontext einer Regressionsanalyse jedoch bereits als problematisch erweisen, wenn eine starke Korrelation zwischen erklärenden Variablen besteht. Zwar kann dann (abgesehen eben von einer perfekten Multikollinearität) ein Inverses zu $\boldsymbol{\Sigma}_{\mathbf{ZZ}}$ und der Schätzer $\mathbf{B}$ nach Gleichung 5.5 berechnet werden; die Schätzung wird aber gegebenenfalls ungenau (d. h. die Standardfehler der einzelnen Koeffizienten werden groß) und insbesondere eine Untersuchung des Beitrages der einzelnen Regressorvariablen zur Erklärung der Regressanden schwierig; für diesbezüglich detaillierte Ausführungen sei auf entsprechende Fachbücher wie [Belsley et al. 2004; Fahrmeir et al. 1984] verwiesen. Im vorliegenden Anwendungsfall ist allerdings grundsätzlich sowohl mit dem Auftreten perfekter Multikollinearitäten als auch mit hoch korrelierten erklärenden Variablen zu rechnen, da bei Nutzung unterschiedlicher oder mehrdimensionaler Bewegungsindikatoren trotz einander gegebenenfalls ergänzender Informationen letztlich durch die einzelnen Signale oftmals eine mehr oder weniger typische Atemkurve des Patienten repräsentiert sein wird; es bedarf also der Umsetzung von Verfahren zur Detektion von und dem Umgang mit Multikollinearitäten.

Zur Detektion von Multikollinearitäten werden in der Fachliteratur unterschiedliche Ansätze präsentiert, unter ihnen als eine Art „Daumenregel" die Berechnung des so genannten Konditionsindex, die in der vorliegenden Arbeit eingesetzt wird. Hierbei wird der Konditionsindex der Kovarianzmatrix $\boldsymbol{\Sigma}_{\mathbf{ZZ}}$ definiert über

$$\kappa = \left(\frac{\lambda_{\max}(\boldsymbol{\Sigma}_{\mathbf{ZZ}})}{\lambda_{\min}(\boldsymbol{\Sigma}_{\mathbf{ZZ}})}\right)^{1/2},$$

wobei $\lambda_{\max}(\boldsymbol{\Sigma}_{\mathbf{ZZ}})$ bzw. $\lambda_{\min}(\boldsymbol{\Sigma}_{\mathbf{ZZ}})$ den größten und kleinsten Eigenwert von $\boldsymbol{\Sigma}_{\mathbf{ZZ}}$ repräsentieren. Aus der positiven Semidefinitheit von Kovarianzmatrizen folgt, dass der Konditionsindex unter der Bedingung, dass keine perfekte Multikollinearität vorliegt, stets berechnet werden kann. Als kritische κ-Werte werden dann in der Regel Werte größer als 30 betrachtet; diese werden als Indiz einer ausgeprägten Kollinearität interpretiert [Albers et al. 2009]. In solchen Fällen wird dann eine Tikhonov-Regularisierung durchgeführt, d. h. die Kovarianzmatrix zu $\mathbf{Z}$ über

$$\Sigma_{\mathbf{ZZ}} \approx \mathbf{Z}\mathbf{Z}^T + \gamma \mathbf{I}_{n_{\text{Ind}} \times n_{\text{Ind}}}$$

approximiert [Klinder et al. 2008b; Klinder et al. 2009]; γ stellt einen positiven, in der Regel kleinen Regularisierungsfaktor dar. Für die nachfolgenden Untersuchungen wird γ, beginnend mit $\gamma = 0.001$, inkrementell erhöht, bis der Konditionsindex der approximierten Kovarianzmatrix unter die beschriebene Schwelle fällt.

5.1.4 Skalierung von Bewegungsfeldern als trivialer Spezialfall einer multilinearen Regression

Der Einsatz der multilinearen Regression zur Verknüpfung von Bewegungsindikatormessung und Bewegungsfeldschätzung wurde einleitend als Verallgemeinerung des Ansatzes nach [Ehrhardt et al. 2009; Ehrhardt et al. 2011a] motiviert, bei dem Bewegungsbzw. im Rahmen des Log-Euklidischen Frameworks Geschwindigkeitsfelder zur Berücksichtigung von Bewegungsvariationen anhand der Signalstärke eines eindimensionalen Bewegungsindikators skaliert wurden. Nachfolgend sei deshalb gezeigt, dass eine Skalierung von Bewegungs- bzw. Geschwindigkeitsfeldern als trivialer Spezialfall der MLR durch vorstehende Ausführungen mit abgebildet wurde.
Zur Veranschaulichung sei also ein eindimensionales Surrogatsignal mit Messungen $(\zeta_0 = 0, \zeta_1)$ bzw. mittelwertbereinigt als $(-\zeta_1/2, +\zeta_1/2)$ betrachtet, das zu Vektorfeldern $(\mathbf{V}_0 = 0, \mathbf{V}_1)$ bzw. $(-\mathbf{V}_1/2, +\mathbf{V}_1/2) \in \mathbb{R}^{m \times 2}$ korrespondiert. Dann gilt

$$\Sigma_{\mathbf{ZZ}}^{-1} = \left(\frac{1}{2}\zeta_1^2\right)^{-1} = \frac{2}{\zeta_1^2}$$

sowie

$$\begin{aligned}\Sigma_{\mathbf{VZ}} &= \left(-\frac{1}{2}\mathbf{V}_1, +\frac{1}{2}\mathbf{V}_1\right)\left(-\frac{1}{2}\zeta_1, +\frac{1}{2}\zeta_1\right)^T \\ &= \left(-\frac{1}{2}\right)^2(\zeta_1\mathbf{V}_1) + \left(\frac{1}{2}\right)^2(\zeta_1\mathbf{V}_1) \\ &= \frac{1}{2}\zeta_1\mathbf{V}_1.\end{aligned}$$

Als Schätzer resultiert dann

$$\mathbf{B} = \Sigma_{\mathbf{VZ}}\Sigma_{\mathbf{ZZ}}^{-1} = \frac{1}{\zeta_1}\mathbf{V}_1, \tag{5.7}$$

5.1 Anwendung 1: Intraindividuelle Bewegungsvariationen

womit die Prädiktion eines Feldes $\hat{\mathbf{V}}$ anhand eines Signalwertes $\hat{\zeta} \in \mathbb{R}$ über

$$\hat{\mathbf{V}} = \frac{1}{2}\mathbf{V}_1 + \mathbf{B}\left(\hat{\zeta} - \frac{1}{2}\zeta_1\right) = \frac{1}{2}\mathbf{V}_1 + \frac{1}{\zeta_1}\mathbf{V}_1\left(\hat{\zeta} - \frac{1}{2}\zeta_1\right) = \frac{\hat{\zeta}}{\zeta_1}\mathbf{V}_1 \qquad (5.8)$$

gegeben ist. Dies entspricht aber gerade einer Skalierung von $\mathbf{V}_1$.

5.2 Anwendung 1: Situationsbezogene Adaption von Bewegungsfeldern zur Berücksichtigung intraindividueller Bewegungsvariationen

Zur Veranschaulichung und Evaluation des Einsatzes von Bewegungsindikatorinformationen zur Berücksichtigung von intraindividuellen Bewegungsvariabilitäten im Rahmen einer situationsbezogenen Anpassung der Bewegungsfelder, die in den 4D-Bilddaten des Patienten berechnet wurden, wurden erneut die zehn Patienten herangezogen, anhand derer in Kapitel 3.4.1 bereits registrierungsbasierte und biophysikalische Bewegungsmodellierung gegenübergestellt worden sind. Wie zuvor wurde zur Reduktion von Rechenzeit und Speicherbedarf auf die Bilddaten mit einer räumlichen Auflösung von 1.5×1.5×1.5 mm^3 zurückgegriffen. Für jeden Patienten liegt allerdings lediglich ein einzelner 4D-CT-Datensatz vor, der wiederum nur einen Atemzyklus repräsentiert. Eine umfassende Auswertung der Eignung der beschriebenen Methodik zur Einbeziehung von patientenindividuellen Bewegungsvariationen, die über im klinischen Kontext relevante Zeiträume auftreten können (d. h. im Prinzip während der gesamten Therapiedauer), ist folglich anhand der vorliegenden Bilddaten nicht möglich. In diesem Abschnitt wird stattdessen auf eine Leave-(One-)Out-Strategie zurückgegriffen, um zumindest einen Nachweis der prinzipiellen Anwendbarkeit der Methodik zu erbringen. Hierbei werden Teilmengen der 3D-Bilddaten des 4D-CT-Datensatzes des jeweiligen Patienten als Trainingsdatensatz des zu etablierenden Zusammenhangs zwischen Surrogatsignal und Bewegungsfeldschätzung interpretiert; der Zusammenhang wird dann anhand verbleibender CT-Daten evaluiert. Das im Detail gewählte Vorgehen und die hierbei betrachteten Bewegungsindikatoren werden nachfolgend dargestellt.

5.2.1 Simulationen zur Abschätzung der Genauigkeit

5.2.1.1 Betrachtete Bewegungsindikatoren

Als erstes Beispiel eines Surrogats der zu schätzenden lungeninternen Bewegungen wurden in den nachstehenden Untersuchungen die Spirometriemessungen genutzt, die

während der Datenaufnahme der eingesetzten 4D-CT-Bildsequenzen aufgezeichnet wurden (vergleiche Kapitel 2.3.1). Für jeden Patienten seien die zu dem 4D-CT-Datensatz $(I_j)_{j\in\{0,\ldots,n_{\mathrm{Ph}}-1\}}$ korrespondierenden Signale nachstehend mit $\left(\zeta_j^{\mathrm{spiro}}\right)_{j\in\{0,\ldots,n_{\mathrm{Ph}}-1\}}$ bezeichnet. Hierbei sei $j = 0$ als Referenzphase betrachtet, so dass die Einträge ζ_j^{spiro} als Differenz zu dem Spirometervolumen zu $j = 0$ angegeben werden. Es gilt dann $\zeta_0^{\mathrm{spiro}} = 0\,\mathrm{ml}$, und $\zeta_{n_{\mathrm{Ph}}/2+1}^{\mathrm{spiro}}$ sind die in Tabelle 2.1 aufgeführten Atemzugvolumina.
Spirometersignale repräsentieren ein typisches Beispiel eines eindimensionalen Bewegungsindikators. Um die prinzipiellen Möglichkeiten einer MLR als multivariates Verfahren zu demonstrieren, wurde als Beispiel eines mehrdimensionalen Bewegungsindikators zusätzlich eine Verfolgung der Bewegung verschiedener Punkte des Zwerchfells simuliert. Wie in Kapitel 3.1 dargestellt, bestimmt die Muskelkontraktion des Zwerchfells maßgeblich den Ventilationsprozess und somit die auftretenden Atemmuster; es besteht also die Erwartung, dass die Verfolgung der Zwerchfellbewegung zu einer plausiblen Prädiktion der Bewegungen lungeninterner Bewegungen führt. Zudem kann die Zwerchfellbewegung anhand verschiedener Bildgebungsmodalitäten vergleichsweise einfach erkannt werden [Klinder et al. 2008b], so dass die Nutzung entsprechender Bewegungsinformationen als während der Therapie zu erfassender Bewegungsindikator möglich ist bzw. bereits in ersten Publikationen beschrieben wurde [Cerviño et al. 2009; Zhang et al. 2010].
Für die vorliegende Machbarkeitsstudie wird die Zwerchfellbewegung allerdings ohne direkten Bezug auf jeweilige Systeme unter Verwendung der aufgezeichneten CT-Daten bzw. Lungensegmentierungen exemplarisch aus den bereits berechneten Bewegungsfeldern extrahiert. Bezeichne hierbei $n_{\mathrm{Dia}} \geq 1$ die Anzahl der Punkte des Zwerchfells, die verfolgt werden sollen, und $x_i^{\mathrm{dia}} \in \Omega$, $i \in \{1,\ldots,n_{\mathrm{Dia}}\}$ die Punktpositionen in dem durch das Referenz-CT I_0 definierten Koordinatensystem. Dann ist das zu betrachtende Surrogatsignal $\left(\zeta_j^{\mathrm{dia}}\right)_{j\in\{0,\ldots,n_{\mathrm{Ph}}-1\}} = \{\zeta_0^{\mathrm{dia}},\ldots,\zeta_{n_{\mathrm{Ph}}-1}^{\mathrm{dia}}\}$ als

$$\zeta_j^{\mathrm{dia}} = \left(u_{j,1}\left(x_1^{\mathrm{dia}}\right), u_{j,2}\left(x_1^{\mathrm{dia}}\right), u_{j,3}\left(x_1^{\mathrm{dia}}\right),\ldots,\right.$$
$$\left. u_{j,1}\left(x_{n_{\mathrm{Dia}}}^{\mathrm{dia}}\right), u_{j,2}\left(x_{n_{\mathrm{Dia}}}^{\mathrm{dia}}\right), u_{j,3}\left(x_{n_{\mathrm{Dia}}}^{\mathrm{dia}}\right)\right)^T \in \mathbb{R}^{3\cdot n_{\mathrm{Dia}}}$$

gegeben ($\{u_{j,1}, u_{j,2}, u_{j,3}\}$: Komponenten des Bewegungsfeldes $u_j : \Omega \to \mathbb{R}^3$). Die Positionen x_i^{dia} der interessierenden Punkte wurden nach dem Prinzip eines Ray Castings bestimmt. Zunächst wurden für die beiden Lungenflügel anhand der Lungensegmentierungen zur Referenzphase die umschließenden Quader berechnet. Auf den inferioren Seiten der Quader wurde dann je Lungenflügel ein geeigneter initialer Punkt bestimmt, von dem aus ein Sehstrahl in superiore Richtung gesendet wurde. Traf der Sehstrahl auf das entsprechende Lungenflügelsegment, wurde hierdurch ein erster der gesuchten und über den Atemzyklus des Patienten zu verfolgenden Punkte des Zwerchfells definiert. Zur

5.2 Anwendung 1: Intraindividuelle Bewegungsvariationen

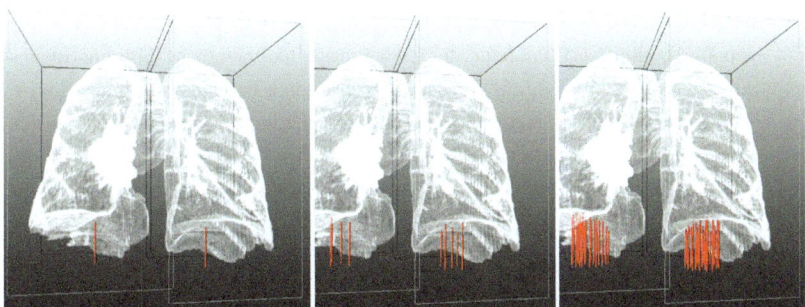

Abb. 5.1: Veranschaulichung des Prinzips der Detektion und der Lage der Zwerchfellpunkte, deren Bewegung in diesem Kapitel als Beispiel eines mehrdimensionalen Bewegungsindikators betrachtet wird. Links: Für jeden Lungenflügel wird ein initialer Punkt des umschließenden Quaders gewählt. Von diesem aus wird ein Sehstrahl gesendet (rot). Trifft der Strahl auf den Lungenflügel, ist dieses der zu verfolgende Zwerchfellpunkt. Zusätzliche Zwerchfellpunkte werden durch Definition konzentrischer Kreise um den Ausgangspunkt des Sehstrahls herum festgelegt (Mitte: vier Punkte auf einem Kreis mit Radius 10 mm; rechts: drei Kreise mit Radien 5/10/15 mm und 4/8/16 Punkten).

Festlegung weiterer zu verfolgender Zwerchfellpunkte wurden dann (wiederum auf der inferioren Seite der umschließenden Quader) mit den initialen Punkten als Mittelpunkte konzentrische Kreise definiert, auf denen Punkte gleichverteilt angeordnet wurden. Für jeden dieser Punkte wurde wie zuvor beschrieben ein Sehstrahl ausgesendet, um die gesuchte Position des Zwerchfellpunktes festzulegen. Die resultierende Punkteverteilung ist in Abb. 5.1 veranschaulicht.

5.2.1.2 Ausgeführte Versuchsreihen

Entsprechend den einleitenden Ausführungen wurde zur Abschätzung der Genauigkeit der MLR-basierten Anpassung der in den patientenspezifischen 4D-CT-Daten berechneten Bewegungsfeldschätzungen eine Leave-(One-)Out-Strategie eingesetzt. Als Grundlage der Berechnung des Zusammenhang **B** zwischen Bewegungsindikator und den zu betrachtenden Vektorfeldinformationen dienten jeweils die patientenspezifischen Bewegungs- bzw. Geschwindigkeitsfelder, die bereits zur Generierung des 4D-MMM herangezogen worden sind; für Details zu dem eingesetzten diffeomorphen Registrierungsansatz sei folglich auf Kapitel 4.2.1 verwiesen. Wie zuvor wurden auch im gegebenen Kontext letztlich die zu prädiktierenden Bewegungsfelder zwischen maximaler Einatmung (EI, Referenzphase der Registrierung der CT-Daten) und maximaler Ausatmung (EE), zwischen EI und mittlerer Einatmung (MI) sowie zwischen EI und mittlerer Ausatmung (ME) zur quantitativen Auswertung herangezogen. Zur Evaluation wurden folgende Experimente durchgeführt:

- **MLR-basierte Bewegungsfeldschätzung, EI→EE:** Der Schätzer B wurde gemäß Abschnitt 5.1.3 anhand der Bewegungsindikatorsignale (Spirometriemessungen, Zwerchfellbewegung) und der Geschwindigkeitsfelder bestimmt. Hierbei wurde die Zwerchfellbewegung über die Bewegung von 1, 5 und 29 Punkten pro Lungenflügel beschrieben. Im Sinne der Leave-(One-)-Out-Strategie nicht in das MLR-Training mit einbezogen wurden die Informationen zu den Atemphasen $j = \text{EE}$, $j = \text{EE} - 1$ und $j = \text{EE} + 1$.

- **MLR-basierte Bewegungsfeldschätzung, EI→MI bzw. EI→ME:** Das Vorgehen entspricht dem zuvor beschriebenen; allerdings wurden zur Bestimmung von B nun die Informationen zur Phase $j = \text{MI}$ bzw. $j = \text{ME}$ nicht berücksichtigt.

Die Bewegungsindikatormessungen zu EE/MI/ME wurden dann gemäß Gleichung 5.6 zur Prädiktion eines Geschwindigkeitsfeldes genutzt.

In Ergänzung wurden die Spirometriedaten in Anlehnung an [Ehrhardt et al. 2011a] auch für den MLR-Spezialfall einer Skalierung der registrierungsbasiert berechneten Geschwindigkeitsfelder genutzt:

- **Skalierung der Geschwindigkeitsfelder, EI→EE:** Als Datengrundlage dienten die Geschwindigkeitsfelder zwischen EI und $j = (\text{EE} - 2)$ bzw. $j = (\text{EE} + 2)$, die im Sinne einer Extrapolation (d. h. Skalierungsfaktor > 1) anhand der Spirometerinformationen zu EE und (EE-2) bzw. (EE+2) skaliert wurden.

- **Skalierung der Geschwindigkeitsfelder, EI→MI bzw. EI→ME:** In diesem Fall wurden die Geschwindigkeitsfelder zwischen EI und EE im Sinne einer Interpolation (d. h. Skalierungsfaktor < 1) anhand der Spirometerinformationen skaliert.

Aus den prädiktierten Geschwindigkeitsfeldern wurden analog zu Kapitel 3.2.2 die letztlich auszuwertenden Bewegungsfelder berechnet. Als Evaluationskriterien wurden wie in den Kapiteln 3 und 4 der Target-Registration-Error TRE-m sowie für die Prädiktion der Bewegungsfelder zwischen EI und EE die bekannten Maßzahlen zur Übertragung der bestehenden EE-Lungentumorsegmentierungen herangezogen. Die statistische Analyse der Resultate orientierte sich wiederum an Kapitel 3.4.4.

5.2.2 Ergebnisse

Zur Einschätzung der bei einer MLR-basierten Berücksichtigung von Intrapatienten-Bewegungsvariationen erreichbaren Genauigkeit sind in Tabelle 5.1 zunächst die TRE-m der vorstehend dargestellten Experimente aufgelistet; zusätzlich sind in Tabelle 5.2

5.2 Anwendung 1: Intraindividuelle Bewegungsvariationen

Tabelle 5.1: Target-Registration-Error-(TRE-m-)Werte zur Einschätzung der Genauigkeit einer MLR-basierten Berücksichtigung patientenindividueller Bewegungsvariationen, aufgelistet nach eingesetztem Bewegungsindikator. Angegeben sind Mittelwerte und Standardabweichungen der patientenindividuellen TRE-m-Mittelwerte. Grundlage des Trainings des Schätzers **B** waren die in den patientenindividuellen 4D-CT-Daten anhand diffeomorpher Registrierung berechneten Geschwindigkeitsfelder, wobei zur Evaluation gemäß einer Leave-(One-)Out-Strategie verfahren wurde (siehe Kapitel 5.2.1 für Details). Die TRE-m-Werte vor und nach diffeomorpher Registrierung der jeweiligen CT-Daten wurden als Vergleichsmaßstab ebenfalls aufgeführt.

	Target-Registration-Error TRE-m [mm]		
Ansatz zur Bewegungsfeldschätzung	EI → EE	EI → MI	EI → ME
keine Bewegungsfeldschätzung	6.8 ± 1.7	5.0 ± 1.3	2.5 ± 0.7
Intrapat.-Registrierung	1.6 ± 0.2	1.6 ± 0.2	1.5 ± 0.2
Skalierung; Surrogat = Spirometermessung	2.2 ± 0.4	1.9 ± 0.2	1.8 ± 0.3
MLR; Surrogat = Spirometermessung	2.0 ± 0.3	2.0 ± 0.3	1.8 ± 0.3
MLR; Surrogat = Zwerchfell, 1 Punkt	2.2 ± 0.4	1.8 ± 0.2	1.7 ± 0.3
MLR; Surrogat = Zwerchfell, 5 Punkte	2.0 ± 0.3	1.8 ± 0.2	1.7 ± 0.2
MLR; Surrogat = Zwerchfell, 29 Punkte	2.0 ± 0.3	1.8 ± 0.2	1.6 ± 0.2

Tabelle 5.2: Evaluation der zur Berücksichtigung patientenindividueller Bewegungsvariationen eingesetzten MLR-basierten Prädiktion von Lungentumorbewegungen. Aufgeführt sind die Abstände der Massenschwerpunkte der manuell erstellten EE- und EI-Tumorsegmentierungen nach Übertragung der EE-Segmentierung anhand der aufgelisteten Ansätze zur Bewegungsfeldschätzung sowie die Jaccard-Indizes der EI- und der übertragenen EE-Tumorsegmentierungen (je Mittelwerte und Standardabweichungen der Werte für die einzelnen Tumoren).

Ansatz zur Bewegungsfeldschätzung	Abstände der Tumormassezentren [mm]	Jaccard-Index TO der Tumorübertragung
keine Bewegungsfeldschätzung	6.9 ± 6.1	0.50 ± 0.26
Intrapat.-Registrierung	1.0 ± 0.6	0.78 ± 0.06
Skalierung; Surrogat = Spirometermessung	1.4 ± 0.8	0.68 ± 0.14
MLR; Surrogat = Spirometermessung	1.6 ± 1.2	0.72 ± 0.11
MLR; Surrogat = Zwerchfell, 1 Punkt	1.9 ± 1.1	0.70 ± 0.12
MLR; Surrogat = Zwerchfell, 5 Punkte	1.9 ± 1.4	0.70 ± 0.15
MLR; Surrogat = Zwerchfell, 29 Punkte	1.8 ± 1.4	0.70 ± 0.15

quantitative Maßzahlen zur Beurteilung der anhand der prädiktierten Bewegungsfelder vorgenommenen Übertragung der manuell erstellten Lungentumorsegmentierung von der Phase maximaler Aus- zur Phase maximaler Einatmung zusammengefasst. Mittlere TRE-m-Werte von ≤ 2.2 mm bei zugleich Abständen der Tumormasseschwerpunkte nach Übertragung von im Durchschnitt ≤ 1.9 mm zeugen von einer vergleichsweise hohen Genauigkeit der prädiktierten Bewegungsfelder. Dieses gilt für sämtliche der betrachteten Prädiktionsansätze. Zwar sind korrespondierende Werte insbesondere für die Bewegungsfeldschätzung zwischen maximaler Ein- und Ausatmung signifikant größer als diejenigen, die mittels des für die vorliegenden Untersuchungen eingesetzten Registrierungsschemas erreicht wurden (TRE-m = 1.6 mm; p-Werte der Unterschiede je < 0.001); andererseits liegen sie aber in einer Größenordnung, die z. B. bei Anwendung von nicht speziell für die Registrierung von Lungen-CT-Bilddaten optimierten Verfahren zu erwarten sind (vergleiche u. a. Tabelle 3.3).

Die anhand der Tabellenwerte weiterhin abzuleitenden Aussagen zum Vergleich der verschiedenen Bewegungsindikatoren bzw. MLR-Ansätze erscheinen hingegen zunächst widersprüchlich: Fokussierend auf die Bewegungsprädiktion anhand der Verfolgung von Zwerchfellpunkten erbringt die Einbeziehung einer größeren Anzahl an Punkten und der hierdurch verfügbaren zusätzlichen Bewegungsinformationen in der Tendenz eine erhöhte Genauigkeit. Andererseits führt aber die MLR-basierte Prädiktion anhand des lediglich eindimensionalen Spirometersignals zu vergleichbaren TRE-m-Werten – bei im Hinblick auf die Tumorübertragung zugleich tendenziell günstigeren Resultaten. Die besten diesbezüglichen Ergebnisse werden sogar bei einer Skalierung der vorberechneten Felder anhand von Spirometriedaten, d. h. dem einfachsten Fall einer MLR-basierten Prädiktion, erzielt (mittlerer Abstand Tumorschwerpunkt: 1.4 mm, Jaccard-Index nach Übertragung: 0.72; maximaler Skalierungsfaktor: > 1.5). Für die Interpretation der Daten sei allerdings darauf hingewiesen, dass jeweilige Unterschiede letztlich nicht als statistisch signifikant nachzuweisen sind; eine belastbare Aussage bezüglich der im Hinblick auf die Genauigkeit der Bewegungsprädiktion zu bevorzugenden Bewegungsindikatoren bzw. MLR-Ansätze ist somit an dieser Stelle und für den gegebenen Anwendungsfall nicht möglich. Vielmehr ist im Sinne der Zielsetzung der durchgeführten Experimente die prinzipielle Anwendbarkeit einer surrogatbasierten situationsbezogenen Adaption von Bewegungsfeldschätzungen zur Berücksichtigung von Intrapatienten-Bewegungsvariationen als gegeben zu betrachten.

5.3 Anwendung 2: Erweiterung des Modells der mittleren Lungenbewegung zur Einbeziehung von Interpatienten-Bewegungsvariabilitäten

Um nun patientenspezifische Bewegungsindikatorinformationen im Sinne einer Erweiterung des Ansatzes des 4D-MMM zur Berücksichtigung interindividueller Variationen der Atmung bzw. einer optimierten 4D-MMM-basierten Bewegungsprädiktion nutzen zu können, muss zunächst die in Abschnitt 5.1.3 gewählte Darstellung der theoretischen

5.3 Anwendung 2: 4D-MMM & Interindividuelle Bewegungsunterschiede   125

Grundlagen dem intendierten Anwendungsfall angepasst werden. Hierbei bestehen prinzipiell unterschiedliche Möglichkeiten, um Surrogatsignal und Bewegungsfeldschätzung zu verknüpfen. Die in der vorliegenden Arbeit umgesetzten Ansätze werden im nachfolgenden Abschnitt 5.3.1 ausgeführt; zur Evaluation der resultierenden Prädiktionsgenauigkeit durchgeführte Experimente und zugehörige Ergebnisse werden dann in den Abschnitten 5.3.2 und 5.3.3 beschrieben.

5.3.1 Umgesetzte Ansätze zur Verknüpfung von Modell und patientenindividueller Bewegungsindikatormessung

5.3.1.1 Skalierung der mittleren Bewegungsfelder anhand von Spirometermessungen

Als erster Ansatz zur individualisierten Bewegungsprädiktion anhand des 4D-MMM wurden die für den zu betrachtenden Patienten aufgezeichneten Spirometriedaten zur Skalierung der mittleren Geschwindigkeitsfelder des 4D-MMM genutzt. Das Vorgehen ist in Abb. 5.2 skizziert und angelehnt an [Ehrhardt et al. 2011a; Werner et al. 2012a]. Hierbei bleibt die in Kapitel 4 beschriebene Form des 4D-MMM unverändert. Da für diese allerdings zu den mittleren Geschwindigkeitsfeldern assoziierte Spirometriewerte nicht bekannt sind, ist eine direkte Übertragung der in Abschnitt 5.1.4 dargestellten Theorie bzw. insbesondere die Anwendung von Gleichung 5.8 nicht möglich; für die Dimensionierung des Skalierungsfaktors wurde folglich ein alternatives Vorgehen gewählt. Die Nomenklatur aus Kapitel 4 beibehaltend bezeichne $\hat{\varphi}_{s,j} = \psi_s^{-1} \circ \exp(\bar{v}_j) \circ \psi_s$ die aus dem Atlaskoordinatensystem Ω_A in das patientenindividuelle Koordinatensystem Ω_s übertragene Transformation, die die mittlere Bewegung des zur 4D-MMM-Erstellung herangezogenen Patientenkollektivs zwischen Referenzphase und Atemphase $j \in \{1, \ldots, n_{\text{Ph}} - 1\}$ repräsentiert; $\hat{v}_{s,j} = \log(\hat{\varphi}_{s,j})$ sei das zugehörige Geschwindigkeitsfeld. Gesucht wird dann ein Skalierungsfaktor $\lambda \in \mathbb{R}$, so dass statt einer Bewegungsprädiktion gemäß Gleichung 4.9 die Lungenbewegung des Patienten s über

$$\hat{\varphi}_{s,j}^{(\lambda)} = \exp(\lambda \hat{v}_{s,j}) = \exp(\lambda \log(\hat{\varphi}_{s,j})) \tag{5.9}$$

abgeschätzt wird. Zur Dimensionierung von λ wurde nun zunächst ausgenutzt, dass zwischen dem spirometrisch gemessenen Luftfluss und der Änderung des Luftvolumens der Lunge abgesehen von einer geringen zeitlichen Verschiebung[4] ein linearer Zusammenhang besteht. Sei wie zuvor davon ausgegangen, dass die zur 4D-MMM-Erstellung

---
[4] ca. 0.1 s, vergleiche [Werner et al. 2010b]

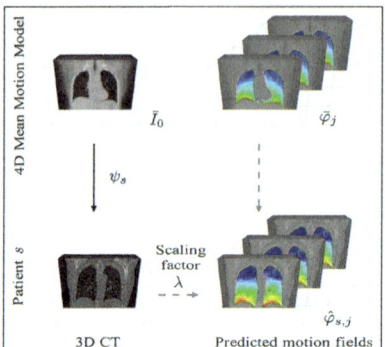

Abb. 5.2: Schematische Darstellung der Bewegungsprädiktion anhand des 4D-MMM. Im vorliegenden Fall wird der Skalierungsfaktor zur Anpassung der in das Patientenkoordinatensystem übertragenen mittleren Transformationen bzw. Geschwindigkeitsfelder des 4D-MMM anhand von für den Patienten aufgezeichneten Spirometriedaten dimensioniert. Abbildung angelehnt an [Ehrhardt et al. 2011a].

gewählte Referenzphase der Phase maximaler Einatmung EI entspricht, für die wiederum der korrespondierende CT-Datensatz $I_{s,0} = I_{s,\text{EI}}$ des zu betrachtenden Patienten vorliegt. Bezeichne weiter ΔV_{Luft} die Änderung des Lungenluftvolumens zwischen EI und EE und $\Delta V_{\text{Spiro}} = \zeta_{s,\text{EI}}^{\text{spiro}} - \zeta_{s,\text{EE}}^{\text{spiro}}$ die Differenz der Spirometervolumina zwischen EI und EE. Dann folgt entsprechend den Vorbemerkungen

$$\Delta V_{\text{Luft}} \approx \beta \Delta V_{\text{Spiro}}, \tag{5.10}$$

wobei sich die Proportionalitätskonstante über das ideale Gasgesetz gemäß

$$\beta \approx \frac{T_{\text{Lunge}} (P_{\text{Spiro}} - P_{\text{Spiro,Wasser}})}{T_{\text{Spiro}} (P_{\text{Lunge}} - P_{\text{Lunge,Wasser}})} = 1.11$$

herleitet [Hlastala et al. 2001; Lu et al. 2006b; Werner et al. 2010b]. T_{Lunge}, T_{Spiro}, P_{Lunge}, P_{Spiro}, $P_{\text{Lunge,Wasser}}$ und $P_{\text{Spiro,Wasser}}$ beschreiben die Temperaturen, den hydrostatischen Druck der Luft und den Wasserdampfdruck in Lunge und Spirometer. Für obige Berechnungen wurde $T_{\text{Lunge}}=310$ K (Körpertemperatur), $T_{\text{Spiro}}=295$ K (Raumtemperatur), $P_{\text{Lunge}}=P_{\text{Spiro}}=1000$ hPa (Umgebungsdruck), $P_{\text{Lunge,Wasser}}=63$ hPa sowie $P_{\text{Spiro,Wasser}}=14$ hPa angenommen (Werte aus [Hlastala et al. 2001; Lu et al. 2006b]). Basierend auf dem Zusammenhang zwischen Spirometer- und Lungenluftvolumen wurde dann als nächster Schritt zur Dimensionierung von λ ausgenutzt, dass das Lungenluftvolumen auch bildbasiert, im vorliegenden Fall für den gegebenen CT-Datensatzes $I_{s,\text{EI}}$, berechnet werden kann [Lu et al. 2005b]. Sei hierbei $x \in \Omega_s$ ein Lungenvoxel des Bildes

5.3 Anwendung 2: 4D-MMM & Interindividuelle Bewegungsunterschiede

$I_{s,\text{EI}}$, so ist dessen Hounsfield-Wert $I_{s,\text{EI}}(x)$ im Wesentlichen durch das Verhältnis des abgebildeten Lungengewebes und der Lungenluft geprägt. Sei der Hounsfield-Wert des Lungengewebes mit 55 abgeschätzt und der von Luft durch -1000 gegeben, so lässt sich der Anteil des Luftvolumens an dem Voxelvolumen an x gemäß

$$\frac{V_{\text{Luft}}(x)}{V(x)} = 1 - \frac{1000 + I_{s,\text{EI}}(x)}{1000 + 55}$$

ermitteln; $V(x)$ gibt das Voxelvolumen an, $(1000 + I_{s,\text{EI}}(x))/(1000 + 55)$ repräsentiert den Anteil des Lungengewebes an dem Voxelvolumen.

Geht man nun von einer nicht-singulären Bewegungsfeldschätzung bzw. Transformation φ aus und wendet diese auf $I_{s,\text{EI}}$ an, kann gemäß den Ausführungen in Kapitel 3.4.3.4 bzw. A.2 der Wert der Jacobi-Determinante $\det(\nabla\varphi(x))$ gerade als durch φ hervorgerufene Volumenänderung an x interpretiert werden. Die zusätzliche Annahme einer Massenerhaltung des in dem Voxel enthaltenen Lungengewebes während der Atmung[5] erlaubt es dann, das Lungenluftvolumen an x in $I_{s,\text{EI}} \circ \varphi$ gemäß

$$V_{\text{Luft}}(x, \varphi(x)) = V(x)\left(\det(\nabla\varphi(x)) - \frac{1000 + I_{s,\text{EI}}(x)}{1000 + 55}\right)$$

anzugeben. Sei als eine solche auf $I_{s,\text{EI}}$ anzuwendende Transformation nun das Inverse $\left(\hat{\varphi}_{s,\text{EE}}^{(\lambda)}\right)^{-1} = \hat{\varphi}_{s,\text{EE}}^{(-\lambda)} = \exp(-\lambda\hat{v}_{s,\text{EE}})$ der in das Patientenkoordinatensystem übertragenen 4D-MMM-Bewegung zwischen EI und EE betrachtet. Dann wurde in der vorliegenden Arbeit entsprechend den vorstehenden Ausführungen der gesuchte Skalierungsfaktor λ gerade derart bestimmt, dass die durch $\hat{\varphi}_{s,\text{EE}}^{(-\lambda)}$ bedingte Änderung des Lungenluftvolumens in $I_{s,\text{EI}}$ möglichst die Änderung der gemessenen Spirometrievolumina bzw. der korrespondierenden Lungenluftvolumina widerspiegeln sollte:

$$\begin{aligned}\lambda &= \arg\min_{\lambda}\left|V_{\text{Luft}}(I_{s,\text{EI}}) - V_{\text{Luft}}\left(I_{s,\text{EI}},\hat{\varphi}_{s,\text{EE}}^{(-\lambda)}\right) - \Delta V_{\text{Luft}}\right|\\ &= \arg\min_{\lambda}\left|\left(1 - \overline{\det\left(\nabla\hat{\varphi}_{s,\text{EE}}^{(-\lambda)}\right)}\right)V - 1.11 \cdot \Delta V_{\text{Spiro}}\right|.\end{aligned} \quad (5.11)$$

Hierbei bezeichnen $V_{\text{Luft}}(I_{s,\text{EI}})$ und $V_{\text{Luft}}\left(I_{s,\text{EI}},\hat{\varphi}_{s,\text{EE}}^{(-\lambda)}\right)$ die Summe von $V_{\text{Luft}}(x)$ bzw. $V_{\text{Luft}}\left(x,\hat{\varphi}_{s,\text{EE}}^{(-\lambda)}\right)$ über alle Lungenvoxel $x \in \Omega_s$ mit $I_{s,\text{EI}}(x) < -250$, V das Gesamtvolumen dieser Voxel und $\overline{\det\left(\nabla\hat{\varphi}_{s,\text{EE}}^{(-\lambda)}\right)}$ die korrespondierende mittlere Jacobiante. Der Schwellwert von -250 Hounsfield-Einheiten wurde eingeführt, um große Lungengefäße bei der Berechnung der mittleren Jacobiante auszusparen.

---

[5] Tatsächlich ist dies eine vereinfachende Annahme, da z. B. Massenveränderungen durch Perfusion vernachlässigt werden. Entsprechende Variationen liegen gemäß [Guerrero et al. 2006] in einer Größenordnung von $< 10\%$; der Einfluss auf den Skalierungsfaktor sollte folglich relativ gering sein.

5.3.1.2 Einbeziehung von Bewegungsindikatorinformationen in die Modellformulierung

Um die theoretischen Ausführungen zur multilinearen Regression über den vorstehenden Ansatz hinaus im Rahmen einer modellbasierten Bewegungsprädiktion explizit zur Berücksichtigung von Interpatienten-Bewegungsvariabilitäten zu nutzen, wurde als zusätzliche Option eine Erweiterung des 4D-MMM-Ansatzes definiert. Ziel war es, ergänzend zu der mittleren Lungenbewegung des Patientenkollektivs den anhand einer MLR für das Kollektiv abgeschätzten Zusammenhang zwischen Bewegung und Bewegungsindikatorsignal zu repräsentieren bzw. zur Bewegungsprädiktion zu nutzen. Wie bei der ursprünglichen Definition des 4D-MMM wurden hierfür die für die einzelnen Atemphasen vorliegenden Bewegungsinformationen unabhängig voneinander betrachtet. Sei also ein Kollektiv aus n_Pat Patienten gegeben und eine feste, aber beliebige Atemphase $j \in \{0, \ldots, n_\text{Ph} - 1\}$ ausgewählt. Werden nun die in das Atlaskoordinatensystem übertragenen Bewegungsfeldschätzungen $(\tilde{\varphi}_{p,j})_{p \in \{1,\ldots,n_\text{Pat}\}}$ bzw. die zugehörigen Geschwindigkeitsfelder $(\tilde{v}_{p,j})_{p \in \{1,\ldots,n_\text{Pat}\}} = (\log(\tilde{\varphi}_{p,j}))_{p \in \{1,\ldots,n_\text{Pat}\}}$ der verschiedenen Patienten als Grundlage der Formulierung des Regressanden $\mathbf{V} \in \mathbb{R}^{m \times n_\text{Pat}}$ gemäß Gleichung 5.1 herangezogen und hierzu korrespondierende, für die Patienten aufgezeichnete Bewegungsindikatorsignale $(\zeta_{p,j})_{p \in \{1,\ldots,n_\text{Pat}\}}$ zentriert und gemäß Gleichung 5.2 als Regressor $\mathbf{Z} \in \mathbb{R}^{n_\text{Ind} \times n_\text{Pat}}$ interpretiert, so lassen sich die Herleitungen aus Abschnitt 5.1.4 direkt auf den adressierten Kontext übertragen: Gesucht ist entsprechend Gleichung 5.3 bzw. 5.5 ein OLS-Schätzer $\mathbf{B} = \mathbf{\Sigma_{VZ} \Sigma_{ZZ}^{-1}}$, der dann den gewünschten Zusammenhang zwischen $(\tilde{v}_{p,j})_{p \in \{1,\ldots,n_\text{Pat}\}}$ und $(\zeta_{p,j})_{p \in \{1,\ldots,n_\text{Pat}\}}$ darstellt.

Jeweilige Berechnungen für die verschiedenen Atemphasen ausführend enthält das erweiterte 4D-MMM dann wie zuvor das mittlere Form- und Intensitätsbild $\bar{I}_0$, das nun durch eine Menge von Tripeln $\left(\bar{\mathbf{V}}_j, \mathbf{B}_j, \bar{\mathbf{Z}}_j\right)$ ergänzt wird. $\bar{\mathbf{V}}_j$ korrespondiert hierbei zu dem mittleren Geschwindigkeitsfeld $\bar{v}_j$ bzw. der Bewegung $\bar{\varphi}_j = \exp(\bar{v}_j)$ des ursprünglichen 4D-MMM; $\bar{\mathbf{Z}}_j = \bar{\zeta}_j$ beschreibt das mittlere Bewegungsindikatorsignal zur Atemphase j. Zur Prädiktion der Bewegung eines Patienten s zwischen der Referenz- und einer Zielatemphase j wird dann unter Verwendung einer patientenspezifischen Bewegungsindikatormessung $\hat{\zeta}_{s,j} = \mathbf{Z}_{s,j}$ zunächst gemäß Gleichung 5.6, d. h. über

$$\hat{\mathbf{V}}_{s,j} = \bar{\mathbf{V}}_j + \mathbf{B}_j \left(\bar{\mathbf{Z}}_j - \hat{\mathbf{Z}}_{s,j}\right),$$

eine Abschätzung des gesuchten patientenspezifischen Geschwindigkeitsfeldes $\hat{\mathbf{V}}_{s,j}$ bzw. $\hat{v}_{s,j}$ berechnet. Diese wird abschließend und analog zu Gleichung 4.9 gemäß

$$\hat{\varphi}_{s,j} = \psi_s^{-1} \circ \exp\left(\hat{\tilde{v}}_{s,j}\right) \circ \psi_s \qquad (5.12)$$

5.3 Anwendung 2: 4D-MMM & Interindividuelle Bewegungsunterschiede   129

aus dem Atlas- in das patientenspezifische Koordinatensystem übertragen. Es sei angemerkt, dass der beschriebene Ansatz zur 4D-MMM-/MLR-basierten Bewegungsprädiktion prinzipiell für beliebige Bewegungsindikatoren anwendbar ist. Zur Evaluation des Ansatzes wurde in dieser Arbeit auf die bereits in Abschnitt 5.2.1.1 eingeführten Surrogate, d. h. Spirometriemessungen und eine Abtastung der Zwerchfellbewegung, zurückgegriffen. Die im Detail zur Evaluation durchgeführten Versuchsreihen werden nachfolgend beschrieben.

5.3.2 Evaluation der Prädiktionsgenauigkeit: Durchgeführte Experimente

Um die Genauigkeit der in Abschnitt 5.3.1 präsentierten Ansätze zur patientenspezifischen Bewegungsprädiktion zu evaluieren, wurde zur Erstellung des 4D-MMM bzw. der eingeführten Erweiterung des Modells wiederum auf das bereits in Kapitel 4 beschriebene Patientenkollektiv zurückgegriffen. Wie zuvor wurden als über das Modell abzubildende Atemphasen die Phasen zu maximaler Einatmung (Referenzphase), maximaler Ausatmung sowie mittlerer Ein- und Ausatmung berücksichtigt. Die eingesetzten Evaluationskriterien entsprechen ebenfalls denen aus Kapitel 4, so dass jeweilige Ergebnisse direkt miteinander vergleichbar sind: Betrachtet wurden der TRE-m und die bekannten Maßzahlen zur Beurteilung der Übertragung der manuell erstellten Lungentumorsegmentierungen von EE nach EI. Zur Evaluation wurden im Detail folgende Experimente durchgeführt:

- **Skalierung der mittleren Geschwindigkeitsfelder des 4D-MMM** (Surrogat: Spirometriemessungen[6]; vergleiche Abschnitt 5.3.1.1).

- **4D-MMM-/MLR-basierte Bewegungsprädiktion, Verknüpfung der Felder mit den ursprünglichen Bewegungsindikatorinformationen:** Die erste Versuchsreihe zu dem in Abschnitt 5.3.1.2 dargestellten Ansatz wurde unter Verwendung der ursprünglichen Bewegungsindikatorinformationen durchgeführt, d. h. der Spirometrie- und Zwerchfellbewegungsinformationen der verschiedenen Patienten. Letztere wurden wie in Abschnitt 5.2 aus den registrierungsbasiert

---

[6] Für einige Patienten waren die Spirometriedaten infolge von etwa Lecks durch nicht korrekten Sitz des Spirometermundstücks hinsichtlich der intendierten Interpretation als Surrogat des Lungenluftvolumens nicht verlässlich. In solchen Fällen wurde statt der Spirometerwerte das anhand der CT-Daten zu EI und EE berechnete Lungenluftvolumen zur Skalierung der Felder herangezogen bzw. für nachfolgende Versuchsreihen in einen korrespondierenden Spirometerwert umgerechnet. Natürlich wäre ein solches Vorgehen in der Praxis, d. h. bei ausschließlichen Vorliegens eines 3D-CT-Datensatzes des Patienten, nicht möglich.

berechneten Bewegungsfeldern $\varphi_{p,j}$ ($j = $ EE, MI, ME) extrahiert; wie zuvor wurde die Zwerchfellbewegung von 1, 5 und 29 Punkten ausgewertet.

- **4D-MMM-/MLR-basierte Bewegungsprädiktion, Bewegungsindikatorinformationen übertragen in Atlaskoordinatensystem:** In der zweiten Versuchsreihe zur 4D-MMM-/MLR-basierten Bewegungsprädiktion wurde untersucht, inwieweit die Prädiktionsgenauigkeit dadurch beeinflusst wird, dass die zu verknüpfenden Bewegungsinformationen in der vorherigen Versuchsreihe in unterschiedlichen Koordinatensystemen definiert waren (Surrogat: Patienten-; Geschwindigkeitsfeld: Atlaskoordinatensystem). Streng genommen war hierdurch eine direkte Übereinstimmung der Bedeutung der Indikatorsignalwerte der verschiedenen Patienten nicht gegeben. Als alternativer Ansatz wurden die als Bewegungsindikator betrachteten Zwerchfellbewegungsinformationen nun aus den in das Atlaskoordinatensystem übertragenen Bewegungsfeldschätzungen $\tilde{\varphi}_{p,j}$ extrahiert.

In einem ersten Durchlauf wurden die Versuchsreihen anhand eines sämtliche Patienten umfassenden Trainingsdatensatzes zur Erzeugung der 4D-MMM-Modelle durchgeführt und ausgewertet. Ziel war es, angesichts des verhältnismäßig kleinen Patientenkollektivs ein Verständnis der prinzipiellen Eignung der verschiedenen Ansätze zur Bewegungsprädiktion zu gewinnen. In einem zweiten Durchlauf wurde dann analog zu Kapitel 4 und dem intendierten Anwendungsfall in der Strahlentherapie entsprechend eine Leave-One-Out-Strategie angewendet, d. h. der zur Prädiktion betrachtete Patient war nicht Teil der Erstellung bzw. des Trainings des jeweiligen Modells.

5.3.3 Ergebnisse

Bewegungsfelder, die anhand der verschiedenen Ansätze zur Einbeziehung von Bewegungsindikatorinformationen zur 4D-MMM-basierten Bewegungsprädiktion berechnet wurden, sind exemplarisch in Abb. 5.3 für einen Patienten und die Bewegungsfeldschätzung zwischen EI und EE dargestellt. Zu erkennen ist zunächst, dass die anhand des ursprünglichen 4D-MMM prädiktierten Felder und die Bewegungen, die unter Einbeziehung der Spirometrieinformationen abgeschätzt wurden, große Ähnlichkeiten aufweisen [siehe Verfahren (2)-(4) in der Abbildung]. Der Unterschied zu einer Einbeziehung mehrdimensionaler Bewegungssurrogate in die modellbasierte Bewegungsprädiktion wird bei Vergleich zu den Feldern deutlich, bei deren Berechnung die Zwerchfellbewegung als Indikator der Lungenbewegung betrachtet wurde [Verfahren (5)-(6)]; die hieraus resultierenden Bewegungsmuster erscheinen deutlich komplexer.

Sowohl der Vergleich mit dem mittels Intrapatienten-Registrierung abgeschätzten Bewegungsfeld als auch die in Abb. 5.3 ebenfalls dargestellten, zu den einzelnen Ansätzen

5.3 Anwendung 2: 4D-MMM & Interindividuelle Bewegungsunterschiede

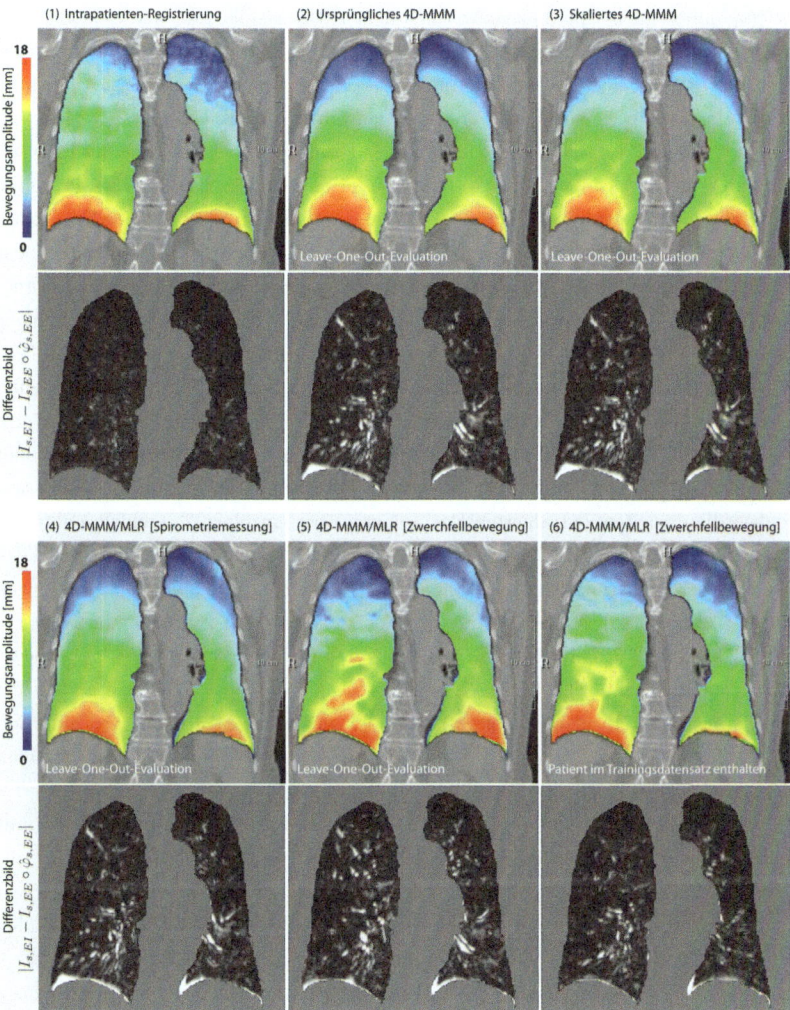

Abb. 5.3: Veranschaulichung der Bewegungsfelder, die anhand der verschiedenen Ansätze zur Einbeziehung von Bewegungsindikatorinformationen zur 4D-MMM-basierten Bewegungsprädiktion berechnet wurden (Datensatz: WashU 02; farbkodiert: Bewegungsamplituden zwischen Ein- und Ausatmung; Zwerchfellbewegung anhand von 29 Punkten des Zwerchfells abgeschätzt). Ungenauigkeiten der Bewegungsfeldschätzung sind anhand der Differenzen zwischen Referenzbild $I_{s,\mathrm{EI}}$ und dem transformierten CT-Datensatz zur Ausatmung, $I_{s,\mathrm{EE}} \circ \hat{\varphi}_{s,\mathrm{EE}}$, illustriert. Als Vergleich sind entsprechende Informationen ebenfalls für die Intrapatienten-Registrierung und das ursprüngliche 4D-MMM visualisiert. Man beachte, dass das Bewegungsfeld (2) bei ausschließlicher Kenntnis von $I_{s,\mathrm{EI}}$ und (3)-(5) bei lediglich weiterer Einbeziehung zugehöriger Bewegungssurrogatinformationen prädiktiert wurden.

korrespondierenden Differenzen zwischen dem Ausgangsbild $I_{s,\text{EI}}$ und dem transformierten Zielbild $I_{s,\text{EE}} \circ \hat{\varphi}_{s\text{EE}}$ verdeutlichen allerdings, dass weitere Information bzw. Struktur in den Feldern nicht unbedingt eine präzisere modellbasierte Bewegungprädiktion bedingt. Dies wird auch durch die quantitative Auswertung belegt, die in den Tabellen 5.3 und 5.4 zusammengefasst ist. So kann für die Leave-One-Out-Tests weder durch die Einbeziehung der Spirometrieinformationen noch bei Berücksichtigung der Zwerchfellbewegung ein signifikant geringerer TRE-m als bei einer Prädiktion der patientenindividuellen Bewegung anhand des ursprünglichen 4D-MMM erreicht werden. Vielmehr führt die Einbeziehung der Zwerchfellbewegung für das betrachtete Kollektiv im Mittel zumeist sogar zu einer unpräziseren Abschätzung der Lungenbewegung. Die höchsten TRE-m-Werte ergaben sich hierbei bei Einsatz der in dem Atlaskoordinatensystem extrahierten Zwerchfellbewegung (Bewegungsfeldschätzung zwischen EE und EI: 4.3-5.5 mm; ursprüngliches 4D-MMM: 3.9±1.0 mm; p-Werte der Unterschiede zum 4D-MMM je ≤ 0.1). Die günstigsten TRE-Werte bei einer 4D-MMM-/MLR-basierten Prädiktion waren noch bei Einbeziehung der in dem Patientenkoordinatensytem extrahierten Bewegungen eines einzelnen Zwerchfellpunktes zu beobachten (EE-EI: 3.9±0.7 mm); doch auch diese lagen im Mittel oberhalb des Fehlers bei einfacher Skalierung der Geschwindigkeitsfelder anhand der Spirometriemessungen (EE-EI: 3.8±0.8 mm). Allerdings traten bei der Leave-One-Out-Evaluation insbesondere für die 4D-MMM-/MLR-basierte Bewegungsprädiktion anhand der Zwerchfellbewegung deutliche Unterschiede zwischen den TRE-m-Werten von rechtem und linken Lungenflügel auf. Liegt z. B. der mittlere TRE-m für die MLR-basierte Prädiktion der Bewegung zwischen EE und EI unter Einbeziehung der Bewegung eines einzelnen Zwerchfellpunktes für den rechten Flügel mit 4.5±1.2 mm deutlich oberhalb des Wertes des ursprünglichen 4D-MMM (4.0±1.2, p=0.10), so ist dies für den linken Flügel mit 3.3±0.5 mm genau andersherum (4D-MMM: 3.9±1.0 mm; p=0.10).
Abgesehen von den Unterschieden der TRE-m-Werte zwischen rechtem und linkem Lungenflügel werden die vorstehenden Aussagen weitestgehend durch die Maßzahlen zur Beurteilung der Übertragung der Tumorsegmentierungen von EE nach EI bestätigt, wobei diesbezüglich die 4D-MMM-/MLR-basierten Ansätze im Vergleich etwas günstigere Werte aufweisen.
Mögliche Ursachen der durch die Leave-One-Out-Evaluation belegten, vergleichsweise unpräzisen Bewegungsprädiktion bei Einsatz der 4D-MMM-/MLR-basierten Ansätze werden in dem nachfolgenden Abschnitt 5.4 erörtert. Der prinzipiell mögliche Nutzen der MLR und der Einbeziehung auch mehrdimensionaler Bewegungsindikatoren in die 4D-MMM-basierte Bewegungsprädiktion konnte allerdings anhand der Testläufe belegt werden, bei denen sämtliche Patienten für die Erstellung bzw. das Training

5.3 Anwendung 2: 4D-MMM & Interindividuelle Bewegungsunterschiede

Tabelle 5.3: Target-Registration-Error-(TRE-m)-Werte bei Anwendung der Verfahren zur modellbasierten Bewegungsprädiktion. Angegeben sind die Mittelwerte der patientenindividuellen Mittelwerte sowie zugehörige Standardabweichungen. Zur Einordnung der Resultate sind auch die Landmarkenabstände vor Bewegungsfeldschätzung und nach Registrierung der patientenindividuellen CT-Daten aufgeführt.

	Target-Registration-Error TRE-m [mm]		
Ansatz zur Bewegungsfeldschätzung	EI → EE	EI → MI	EI → ME
keine Bewegungsfeldschätzung	6.8 ± 1.7	5.0 ± 1.3	2.5 ± 0.7
Intrapat.-Registrierung	1.6 ± 0.2	1.6 ± 0.2	1.5 ± 0.2
— Modellerstellung/MLR-Training anhand aller Patienten —			
Ursprüngliches 4D-MMM	3.7 ± 0.8	2.9 ± 0.5	2.0 ± 0.3
Verknüpfung von Surrogat und Feld im Pat.-Koordinatensystem			
Skalierung; Surrogat = Spirometermessung	3.6 ± 0.7	2.9 ± 0.4	2.0 ± 0.3
Surrogat: Pat.-Koordinatensystem; Feld: Atlas-Koordinatensystem			
MLR; Surrogat = Spirometermessung	3.4 ± 0.7	2.8 ± 0.5	2.0 ± 0.3
MLR; Surrogat = Zwerchfell, 1 Punkt	3.0 ± 0.4	2.6 ± 0.3	1.9 ± 0.2
MLR; Surrogat = Zwerchfell, 5 Punkte	2.4 ± 0.4	2.1 ± 0.2	1.7 ± 0.1
MLR; Surrogat = Zwerchfell, 29 Punkte	2.3 ± 0.4	2.0 ± 0.2	1.7 ± 0.2
Verknüpfung von Surrogat und Feld im Atlas-Koordinatensystem			
MLR; Surrogat = Zwerchfell, 1 Punkt	3.3 ± 0.5	2.7 ± 0.4	1.9 ± 0.2
MLR; Surrogat = Zwerchfell, 5 Punkte	2.3 ± 0.4	2.0 ± 0.2	1.7 ± 0.2
MLR; Surrogat = Zwerchfell, 29 Punkte	2.3 ± 0.4	2.0 ± 0.2	1.7 ± 0.2
— Leave-One-Out-Tests —			
Ursprüngliches 4D-MMM	3.9 ± 1.0	3.1 ± 0.5	2.1 ± 0.5
Verknüpfung von Surrogat und Feld im Pat.-Koordinatensystem			
Skalierung; Surrogat = Spirometermessung	3.8 ± 0.8	3.0 ± 0.5	2.0 ± 0.3
Surrogat: Pat.-Koordinatensystem; Feld: Atlas-Koordinatensystem			
MLR; Surrogat = Spirometermessung	3.9 ± 1.0	3.1 ± 0.6	2.1 ± 0.3
MLR; Surrogat = Zwerchfell, 1 Punkt	3.9 ± 0.7	3.3 ± 0.6	2.2 ± 0.3
MLR; Surrogat = Zwerchfell, 5 Punkte	5.3 ± 1.0	4.2 ± 0.8	2.7 ± 0.5
MLR; Surrogat = Zwerchfell, 29 Punkte	4.4 ± 0.8	3.5 ± 0.7	2.2 ± 0.4
Verknüpfung von Surrogat und Feld im Atlas-Koordinatensystem			
MLR; Surrogat = Zwerchfell, 1 Punkt	4.4 ± 0.9	3.3 ± 0.6	2.1 ± 0.3
MLR; Surrogat = Zwerchfell, 5 Punkte	5.5 ± 0.7	4.2 ± 0.7	2.7 ± 0.5
MLR; Surrogat = Zwerchfell, 29 Punkte	4.3 ± 0.7	3.3 ± 0.5	2.3 ± 0.4

Tabelle 5.4: Evaluation der modellbasierten Prädiktion von Tumorbewegungen: Abstände der Masseschwerpunkte der zur Phase maximaler Einatmung (EI) manuell segmentierten Lungentumoren und der von der Phase maximaler Ausatmung (EE) anhand von prädiktierten Bewegungsfeldern übertragenen Segmentierungen sowie zugehörige Jaccard-Indizes. Zur Einordnung der Resultate sind wiederum korrespondierende Werte vor der Bewegungsfeldschätzung und nach Registrierung der patientenindividuellen CT-Daten aufgeführt.

Ansatz zur Bewegungsfeldschätzung	Abstände der Tumormassezentren [mm]	Jaccard-Index TO der Tumorübertragung
keine Bewegungsfeldschätzung	6.9 ± 6.1	0.50 ± 0.26
Intrapat.-Registrierung	1.0 ± 0.6	0.78 ± 0.06
— MODELLERSTELLUNG/MLR-TRAINING ANHAND ALLER PATIENTEN —		
Ursprüngliches 4D-MMM	4.0 ± 2.4	0.57 ± 0.17
VERKNÜPFUNG VON SURROGAT UND FELD IM PAT.-KOORDINATENSYSTEM		
Skalierung; Surrogat = Spirometermessung	4.2 ± 2.2	0.58 ± 0.16
SURROGAT: PAT.-KOORDINATENSYSTEM; FELD: ATLAS-KOORDINATENSYSTEM		
MLR; Surrogat = Spirometermessung	3.6 ± 1.8	0.59 ± 0.14
MLR; Surrogat = Zwerchfell, 1 Punkt	3.1 ± 1.7	0.62 ± 0.13
MLR; Surrogat = Zwerchfell, 5 Punkte	2.3 ± 1.1	0.66 ± 0.11
MLR; Surrogat = Zwerchfell, 29 Punkte	1.9 ± 0.8	0.67 ± 0.09
VERKNÜPFUNG VON SURROGAT UND FELD IM ATLAS-KOORDINATENSYSTEM		
MLR; Surrogat = Zwerchfell, 1 Punkt	3.1 ± 1.8	0.61 ± 0.15
MLR; Surrogat = Zwerchfell, 5 Punkte	1.9 ± 0.9	0.67 ± 0.09
MLR; Surrogat = Zwerchfell, 29 Punkte	1.8 ± 0.8	0.67 ± 0.09
— LEAVE-ONE-OUT-TESTS —		
Ursprüngliches 4D-MMM	4.3 ± 2.8	0.57 ± 0.18
VERKNÜPFUNG VON SURROGAT UND FELD IM PAT.-KOORDINATENSYSTEM		
Skalierung; Surrogat = Spirometermessung	4.5 ± 2.3	0.56 ± 0.16
SURROGAT: PAT.-KOORDINATENSYSTEM; FELD: ATLAS-KOORDINATENSYSTEM		
MLR; Surrogat = Spirometermessung	4.2 ± 2.3	0.56 ± 0.15
MLR; Surrogat = Zwerchfell, 1 Punkt	4.0 ± 2.2	0.58 ± 0.14
MLR; Surrogat = Zwerchfell, 5 Punkte	5.0 ± 2.6	0.53 ± 0.16
MLR; Surrogat = Zwerchfell, 29 Punkte	4.2 ± 2.3	0.56 ± 0.17
VERKNÜPFUNG VON SURROGAT UND FELD IM ATLAS-KOORDINATENSYSTEM		
MLR; Surrogat = Zwerchfell, 1 Punkt	4.7 ± 2.4	0.54 ± 0.17
MLR; Surrogat = Zwerchfell, 5 Punkte	5.3 ± 2.0	0.51 ± 0.11
MLR; Surrogat = Zwerchfell, 29 Punkte	4.5 ± 2.6	0.55 ± 0.13

der Modelle herangezogen wurden. Hier zeigte sich mit zunehmender Dimensionalität des Surrogatsignals im Mittel eine durchgehende Verbesserung des TRE-m und der Maßzahlen zur Tumorübertragung. Jeweilige Werte belegen weiterhin eine signifikant präzisere Bewegungsfeldschätzung als durch das ursprüngliche 4D-MMM (EE-EI: p < 0.001 bei Vergleich der Mittelwerte der Verfahren) – ein Verhalten, das in ähnlicher Form auch für die Leave-One-Out-Tests erwartet worden war.

5.4 Einschätzung der präsentierten Verfahren

In diesem Kapitel wurden erste, im Wesentlichen auf der Anwendung einer multilinearen Regression basierende Ansätze präsentiert, mittels derer in der 4D-Strahlentherapie gebräuchliche Bewegungsindikatoren genutzt werden können, um anhand von 4D-Bilddaten berechnete Bewegungsfeldschätzungen individuell und situationsbezogen zu adaptieren – und so durch die Berücksichtigung der anhand der Indikatoren repräsentierten Informationen über Bewegungsvariabilitäten zu einer optimierten Bewegungsfeldschätzung bzw. -prädiktion zu gelangen. Die Motivation hierzu bezog sich einerseits aus der Möglichkeit des Auftretens einer gewissen Variabilität der Atemmuster einzelner Patienten über die Zeit und andererseits aus beobachteten Unterschieden der Atemmuster verschiedener Patienten. Beide Aspekte wurden im Rahmen entsprechender Anwendungsszenarien näher ausgeführt und die Eignung der MLR unter Verwendung von Spirometriemessungen und der Einbeziehung von Zwerchfellbewegungen als Bewegungsindikatoren zur Berücksichtigung jeweiliger Bewegungsvariabilitäten untersucht.

Hierbei zeigte sich der Einsatz der MLR insbesondere für den Anwendungsfall der Berücksichtigung der Intrapatienten-Bewegungvariabilität, d. h. einer situationsbezogenen Anpassung der in den 4D-CT-Daten des Patienten berechneten Bewegungsfelder, als erfolgversprechend. Dies gilt sowohl für beide betrachteten Bewegungsindikatoren als auch die gewählten MLR-Varianten (Skalierung eines einzelnen Feldes, Training des OLS-Schätzers anhand der verfügbaren Bewegungsinformationen zu verschiedenen Atemphasen). Wie in Abschnitt 5.2 bereits beschrieben bedarf eine abschließende Beurteilung der Eignung der gewählten Ansätze und Indikatoren jedoch der Anwendung und Auswertung der Verfahren anhand von Bildsequenzen, die Variabilitäten der Atemmuster über im Idealfall den gesamten Behandlungszeitraum des Patienten abbilden. Dies verbleibt als Gegenstand zukünftiger Untersuchungen (siehe Kapitel 7.1).

Für den Anwendungsfall der Berücksichtigung von Unterschieden der Bewegungsmuster verschiedener Patienten im Rahmen einer modellbasierten Bewegungsprädiktion konnte der Nutzen einer MLR-basierten Erweiterung des in Kapitel 4 präsentierten Prädiktionsansatzes anhand des 4D-MMM zwar prinzipiell in einer ersten Evaluationsphase belegt werden, für die sämtliche verfügbaren Patientendatensätze für das 4D-MMM-/MLR-Training herangezogen wurden. Auch konnte hierbei erwartungsgemäß eine Steigerung der Prädiktionsgenauigkeit mit zunehmender Dimensionalität des Surrogatsignals beobachtet werden. Im Hinblick auf die intendierte Anwendung des Ansatzes, d. h. die Prädiktion der Lungenbewegung eines zur Trainingsphase nicht bekannten Patienten, sind allerdings letztlich die Resultate der durchgeführten Leave-One-Out-Evaluation entscheidend; in dieser konnten die Aussagen der ersten Evaluationsphase jedoch nicht bestätigt werden.

Die für die Leave-One-Out-Tests bei der 4D-MMM-/MLR-basierten Prädiktion beobachteten Unterschiede der TRE-m-Werte der beiden Lungenflügel bieten einen Ansatz zur Erklärung: Während für die Berechnung des OLS-Schätzers für den linken Lungenflügel 15 Datensätze einbezogen werden konnten, wurden für den rechten Flügel lediglich 10 Patienten berücksichtigt (vergleiche Abschnitt 4.4.1). Die Größe und Zusammensetzung des Trainingsdatensatzes scheint also einen merklichen Einfluss auf die resultierende Prädiktionsqualität zu haben; zumindest zum Teil sind die Ergebnisse der Leave-One-Out-Evaluation also vermutlich auf das vergleichsweise kleine Patientenkollektiv zurückzuführen, das zur Durchführung der Untersuchungen verfügbar war und bereits im Kontext der Interpretation des PCA-Modells der Lungenbewegung in 4.6 als problematisch eingeschätzt wurde. Hierüber hinaus bieten gegebenenfalls auch der Einsatz und die Kombination alternativer Bewegungsindikatoren, die im besten Fall einander ergänzende Bewegungsinformationen repräsentieren, die Möglichkeit, eine genauere Prädiktion zu erzielen. Jeweilige Aspekte bieten Anknüpfungspunkte für nachfolgende Arbeiten und werden näher in Kapitel 7.1 ausgeführt.

Kapitel 6

4D-Dosisberechnung: Einsatz von Bewegungsfeldschätzungen zur Analyse atmungsbedingter dosimetrischer Effekte

In den letzten Kapiteln wurden optimierte Verfahren zur Bewegungsfeldschätzung anhand von patientenspezifischen 4D-CT-Daten sowie Techniken zur modellbasierten Prädiktion der Bewegungen anhand von 4D-Bilddaten eines Patientenkollektivs präsentiert. In diesem Kapitel werden diese Verfahren nun eingesetzt, um anhand von 4D-Dosisberechnungen für Lungentumorpatienten Auswirkungen von Atembewegungen während der Bestrahlung abzuschätzen und zu analysieren.

Zu erwartende Dosisbeeinflussungen werden immer auch von der eingesetzten Bestrahlungstechnik abhängen. Für eine präzise Abschätzung müssen somit die Charakteristika der Techniken in dem algorithmischen Schema einer 4D-Dosisberechnung abgebildet werden. Als Bestrahlungstechniken werden in dieser Arbeit die weit verbreiteten Verfahren der konventionellen 3D-CRT und der Step-&-Shoot-IMRT betrachtet. Die Step-&-Shoot-IMRT kann hierbei im Hinblick auf die durchzuführende 4D-Dosisberechnung als Erweiterung der 3D-CRT verstanden werden: In beiden Fällen beinhaltet ein Bestrahlungsplan in der Regel die Spezifikation verschiedener Richtungen, aus denen jeweils ein so genanntes Strahlenfeld appliziert wird. Anzahl und Winkel der Einstrahlrichtungen sowie die Form der Strahlenfelder werden derart gewählt, dass sich gemäß Planungszielvorgabe eine möglichst optimale Dosisabdeckung des PTV bei gleichzeitiger Schonung der Risikoorgane ergibt. Als wesentlicher Unterschied zwischen beiden Techniken wird der Patient bei der 3D-CRT mit Strahlenfeldern homogener Intensität bestrahlt, während bei der IMRT zusätzlich die Intensität innerhalb der Felder variiert bzw. entsprechend Lage und Form von Tumor und OAR moduliert wird; hierdurch kann die Konformität der Bestrahlung deutlich erhöht werden. Der Zusammenhang ist in Abb. 6.1 illustriert.

Technisch werden intensitätsmodulierte Strahlenfelder zumeist mittels Lamellenblenden

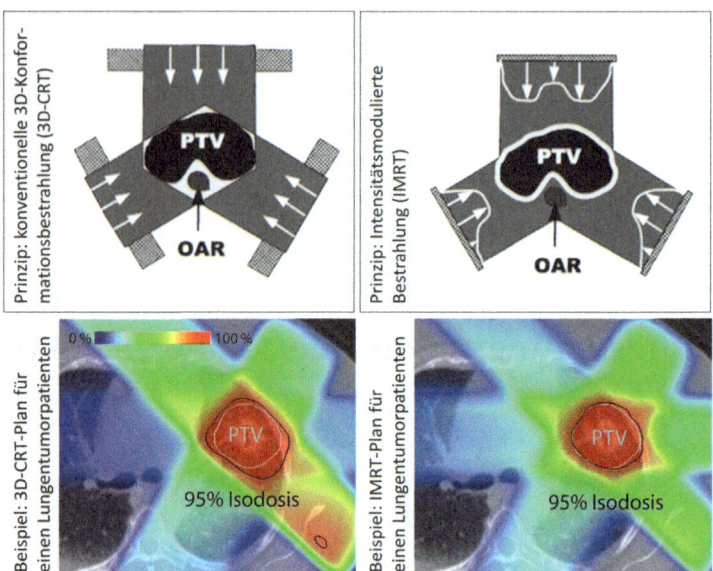

Abb. 6.1: Vergleichende Darstellung von konventioneller 3D-Konformationsbestrahlung (3D-CRT; links) und Intensitätsmodulierter Strahlentherapie (IMRT; rechts). Obere Reihe: Illustration des prinzipiellen Unterschiedes; bei der 3D-CRT ist die Intensität der einzelnen Strahlenfelder homogen, bei der IMRT wird sie variiert. Durch die Modulation der Intensität kann mittels einer IMRT eine höhere Konformität der Bestrahlung erzielt werden (Normalgewebe, das innerhalb des Hochdosisbereichs liegt, ist hell dargestellt; Abbildung nach [Dietrich 2005]). Dies ist in der unteren Reihe anhand von Bestrahlungsplänen für einen Lungentumorpatienten (hier: WashU 04) noch einmal verdeutlicht (rot: hohe Strahlendosis).

(MLC, engl.: MultiLeaf Collimator) realisiert. Um ein inhomogenes Strahlenfeld zu erzeugen, wird das Feld in mehrere Teilfelder (Segmente) homogener Intensität unterschiedlicher Feldform unterteilt; sequentiell appliziert addieren sich die Segmente zu dem gewünschten intensitätsmodulierten Strahlenfeld [Dietrich 2005][1]. Wird weiter während des Übergangs zwischen einzelnen Teilfeldern durchgehend bestrahlt, wird dieses als dynamische IMRT-Technik bezeichnet; andernfalls spricht man von Step-&-Shoot-IMRT. Da in dieser Arbeit ausschließlich Letztere betrachtet wird, ist nachfolgend mit IMRT stets die Step-&-Shoot-IMRT gemeint.

Die Zerlegung der Strahlenfelder in mehrere Teilfelder, die ihrerseits mitunter nur

---

[1] Tatsächlich entspricht die Summation nur idealisiert exakt dem gewünschten Strahlenfeld. In der Praxis beeinflussen in dieser Arbeit zu vernachlässigende Effekte wie Durchlassstrahlung benachbarter MLC-Lamellen und die Ausprägung eines Halbschattens der Feldränder (= Randunschärfe der Felder) die resultierende Dosis.

Kapitel 6 – 4D-Dosisberechnung

geringe Anteile zu der Gesamtdosis der Felder beitragen, stellt im Kontext der Strahlentherapie atmungsbewegter Tumoren jedoch ein Problem dar. Zum Verständnis sei nach [Bortfeld et al. 2004] zunächst das Grundproblem der Atembewegung während der Bestrahlung mit Hilfe einer Analogie aus dem Bereich der Photographie erläutert: „*When we take a photo of an object that moves significantly during the exposure, the image will be blurred. Similarly, irradiating a patient who moves during the treatment or whose inner organs move leads to a blurry, unsharpened dose distribution.*" Diesem Bild folgend kann zunächst approximativ angenommen werden, dass Atembewegungen in erster Linie zu einer Verwischung der ursprünglich geplanten Dosisverteilung führen – wenn davon ausgegangen wird, dass die Bestrahlungszeit länger als die Dauer eines Atemzyklus des zu behandelnden Patienten ist. Letztere Bedingung ist aber im Kontext der IMRT kritisch, da für die einzelnen IMRT-Teilfelder mitunter Bestrahlungszeiten auftreten, die deutlich kürzer als typische Atemperioden sind [Seco et al. 2007]. In diesem Fall ist die Verwischung (auch als Blurring bezeichnet [aus dem Englischen]) aber nicht unbedingt der wesentliche zu beobachtende Bewegungseffekt; es ist vielmehr zu differenzieren zwischen einer Verwischung der Dosisverteilung und so genannten Interplay-Effekten [Seco et al. 2007]. Interplay-Effekte bezeichnen hierbei die Situation, dass einzelne IMRT-Teilfelder überwiegend oder gänzlich an einer im Vergleich zur Bestrahlungsplanung unterschiedlichen räumlichen Position appliziert werden. Anders als bei einer ausschließlichen Verwischung der Dosis können Interplay-Effekte somit dazu führen, dass sich selbst bei angemessen dimensionierten bewegungsorientierten Sicherheitssäumen die applizierte Dosis im CTV nicht wie gewünscht akkumuliert. Hierdurch werden dann wiederum die Vorteile der höheren Konformität einer IMRT, die in Planungsstudien auch für die Behandlung von Lungentumoren belegt wurden [Dogan et al. 2003; Komosinska et al. 2008], konterkariert. Diese Problematik im Allgemeinen sowie die Entwicklung eines zur Erfassung der Interplay-Effekte angemessenen 4D-Dosisberechnungsschemas im Speziellen stehen im Vordergrund des Kapitels.

Das Kapitel gliedert sich hierzu wie folgt: In Abschnitt 6.1 werden zunächst bestehende Ansätze zur 4D-Dosisberechnung skizziert; das in dieser Arbeit eingesetzte Prinzip der Dosisakkumulation wird in Abschnitt 6.2 detailliert erläutert. Letzeres schließt die Herleitung des Berechnungsschemas zur Berücksichtigung von Interplay-Effekten mit ein. In Abschnitt 6.3 werden dann anhand der hergleiteten Verfahren zu erwartende dosimetrische Effekte atmungsbedingter Bewegungen in der IMRT und der 3D-CRT untersucht und zur Einschätzung des Risikos durch Interplay-Effekte in der IMRT einander gegenübergestellt. Weiterhin wird der Einfluss verschiedener Faktoren (zeitliche Auflösung der 4D-Bilddaten, eingesetztes Registrierungsverfahren) auf die akkumulierte Dosis illustriert.

Die Untersuchungen zu Abschnitt 6.3 beruhen gemäß den Ausführungen in der Einleitung der Arbeit auf 4D-CT-Daten des zu betrachtenden Patienten und hierin registrierungsbasiert geschätzten Bewegungsfeldern; vergleiche Abb. 1.2. Über diesen Ansatz hinaus werden in Abschnitt 6.4 im Sinne eines „Proof-of-Concepts" zunächst das mittlere Lungenmodell zur modellbasierten 4D-Dosisberechnung eingesetzt und die resultierende modellbasierte Abschätzung atmungsbedingter Bewegungseffekte auf die Dosisverteilung mit den vorherigen Ergebnissen verglichen (Kapitel 6.4.1). Anschließend wird auf Basis des in Kapitel 5 präsentierten Verfahrens zur MLR-basierten Bewegungsprädiktion der in der derzeitigen Praxis zumeist vernachlässigte Einfluss von Intrapatienten-Bewegungsvariabilitäten auf die Dosisverteilung veranschaulicht (Kapitel 6.4.2). Die erarbeiteten Resultate werden dann in Kapitel 6.5 – vorrangig hinsichtlich möglicher klinischer Implikationen – interpretiert.

6.1 Ansätze zur 4D-Dosisberechnung: Faltung vs. Dosisakkumulation

Dem einleitenden Zitat nach [Bortfeld et al. 2004] entsprechend wurde bereits vor einiger Zeit damit begonnen, Bewegungseffekte in der Strahlentherapie durch Faltung der geplanten Dosisverteilung mit einem für die Atmung charakteristischen Bewegungskern zu simulieren [Beckham et al. 2002; Bortfeld et al. 2004; Lujan et al. 1999]. Ein solcher Bewegungskern ist als Dichtefunktion (PDF; engl.: Probability Density Function) zu interpretieren, der die Auftrittswahrscheinlichkeit der einzelnen Bildvoxel (bzw. der korrespondierenden anatomischen Punkte) für die unterschiedlichen Raumpositionen in Relation zu ihrer Referenzposition im Planungs-CT repräsentiert [Bortfeld et al. 2004]. Spezifische Ausprägungen des Bewegungskerns können im Prinzip aus Atemsignalmessungen oder 4D-Bildsequenzen extrahiert und somit effektiv berechnet werden [Lujan et al. 1999; Werner et al. 2007a]. Die Anwendbarkeit eines solchen Faltungsansatzes ist jedoch (zumindest in seiner grundlegenden Form) im Detail durch zwei dem Ansatz inhärente Annahmen eingeschränkt: räumliche Invarianz der Faltung/des Faltungskerns und zeitliche Invarianz der Dosisverteilung [Bortfeld et al. 2004; Lujan et al. 1999]. Die Annahme einer räumlichen Invarianz der Faltung beschreibt den Umstand, dass der Faltungskern in gleicher Weise auf den gesamten Bildraum des Planungs-CT wirkt. Ersichtlich können dann allerdings Unterschiede der Bewegungen verschiedener Organe oder auch lokale Unterschiede der Bewegungen innerhalb einzelner Organe (wie sie z. B. für die Lunge zu beobachten sind) und resultierend deren Auswirkungen auf die Dosisverteilung nicht adäquat abgebildet werden. Die zeitliche Invarianz der Dosisverteilung beschreibt weiter die Annahme, dass die Organe sich in einer „stationären Dosiswolke" bewegen [Bortfeld et al. 2004]. Vernachlässigt werden somit zunächst Beeinflussungen der Dosisverteilungen durch z. B. atmungsbedingte Dichteunterschiede des Lungengewebes und unterschiedliche Lungentumorpositionen; vor allem ist diese Annahme aber auch nicht mit den für die IMRT mitunter kurzen Bestrahlungszeiten für die einzelnen Strahlenfelder in Einklang zu bringen.

Zu einer präzisen 4D-Dosisberechnung wurden somit die Entwicklung und der Einsatz alternativer Techniken erforderlich. Begründet durch die zunehmende Verfügbarkeit von 4D-Bilddaten wurde in den letzten Jahren überwiegend auf den Ansatz der Dosisakkumulation zurückgegriffen. Das Prinzip wurde bereits in Kapitel 1.1.2.2 skizziert: Davon ausgehend, dass auf Basis eines 3D-CT-Datensatzes ein Bestrahlungsplan erstellt sowie (zunächst ohne weitere Berücksichtigung von Bewegungen) die zugehörige 3D-Dosisverteilung berechnet wurde und weiterhin ein 4D-Bilddatensatz des Patienten zur Repräsentation der Atembewegung vorliegt, wird üblicherweise zunächst das eigentliche 3D-Planungs-CT auf die verschiedenen Atemphasen des 4D-Datensatzes registriert [Sarrut 2006]. Aus den hierdurch geschätzten Bewegungsfeldern lassen sich dann die Trajektorien der einzelnen Bildpunkte des Planungs-CT approximieren (siehe Abschnitt 3.2.2). Werden weiterhin für den bestehenden Plan und alle Atemphasen der 4D-Bildsequenz die jeweiligen 3D-Dosisverteilungen bestimmt, die sich für die gegebene Konstellation aus Bestrahlungsapparatur sowie anatomischen und pathologischen Strukturen ergeben, können über die Trajektorien diejenigen Dosisanteile gewichtet akkumuliert werden, die die Voxel während der unterschiedlichen Atemphasen an der jeweiligen räumlichen Position erhalten. Das Resultat ist die gesuchte akkumulierte oder 4D-Dosisverteilung.

Beispiele für die Abschätzung von Bewegungseffekten durch Dosisakkumulation sind für die 3D-CRT u. a. zu finden in [Brock et al. 2003; Colgan et al. 2008; Guerrero et al. 2005; Rosu et al. 2007b; de Xivry et al. 2007]; für die intensitätsmodulierte Strahlentherapie sei exemplarisch auf [Flampouri et al. 2006; Rosu et al. 2005; Rosu et al. 2007a; Seco et al. 2008] verwiesen. Trotz aller bisheriger Forschungsaktivitäten besteht noch immer eine Vielzahl offener Fragen. In weiten Teilen ist dies der Komplexität der Problemstellung geschuldet, da der Akkumulationsprozess neben der Grundvoraussetzung einer präzisen Bewegungsfeldschätzung von einer Vielzahl von Parametern abhängt: zeitliche und räumliche Auflösung der 4D-Bilddaten, räumliche Auflösung des der Bestrahlungsplanung zugrunde liegenden Dosisgitters, Dosisrate, patientenspezifische Bewegungsmuster (Atemperiode, Variabilität der Atmung) et cetera. In der Praxis werden bei der Entwicklung von Akkumulationsschemata entsprechend zumeist vereinfachende Annahmen getätigt. Als Beispiel werden die Dosisbeiträge der einzelnen Strahlenfelder zu unterschiedlichen Atemphasen in der bestehenden Literatur oftmals im Sinne einer Gleichgewichtung akkumuliert [Admiraal et al. 2008; Rietzel et al. 2005]. Tatsächlich ist ein solches Vorgehen allerdings nur dann sinnvoll, wenn die Bestrahlungszeiten der Strahlenfelder lang im Vergleich zu der patientenspezifischen Atemperiode sind; begründet ist dies analog zu der Einschränkung der Annahme einer zeitlichen Invarianz der Dosisverteilung im Kontext des Faltungsansatzes. Insbesondere für die IMRT ist die Anwendbarkeit einer Gleichgewichtung also fraglich. Ausgehend von einer kontinuierlichen Beschreibung des Problems der Dosisakkumulation wird deshalb nachfolgend ein diesbezüglich präziseres Gewichtungsschema hergeleitet; aus dem resultierenden plan- und patientenspezifischen Ansatz folgt der gebräuchliche Gleichgewichtungsansatz als Spezialfall. Die Herleitung des Schemas sowie die Darstellung folgender Experimente und Resultate entspricht dabei weitgehend [Werner et al. 2010d; Werner et al. 2012b; Werner et al. 2012a].

6.2 Herleitung des Prinzips der Dosisakkumulation aus der kontinuierlichen Problemformulierung

Sei als Ausgangspunkt der Dosisakkumulation also ein 3D-CT-Datensatz $R : \Omega \to \mathbb{R}$ eines Patienten gegeben, für den zunächst ein (3D-)Bestrahlungsplan zu erstellen ist. Zur Vereinfachung der Notation sei davon ausgegangen, dass es sich hierbei um einen IMRT-Plan mit n_Seg einzelnen Segmenten handelt. Die Herleitungen bleiben allerdings auch für die 3D-CRT uneingeschränkt gültig; im Hinblick auf den Sprachgebrauch müssten lediglich statt der Segmente bzw. Teilfelder die Strahlenfelder selbst betrachtet werden. Weiterhin sei zur Vereinfachung der Notation davon ausgegangen, dass es sich bei dem Planungs-CT R um einen der 3D-CT-Datensätze $I_i : \Omega \to \mathbb{R}$ der 4D-Bildsequenz $(I_0, \ldots, I_{n_\text{Ph}-1}) = (I_i)_{i \in \{0, \ldots, n_\text{Ph}-1\}}$ des Patienten handelt, die der Dosisakkumulation zugrunde liegen soll; auch diese Annahme schränkt die Gültigkeit der nachfolgenden Herleitungen nicht ein. Wie zuvor bezeichnet $i \in \{0, \ldots, n_\text{Ph} - 1\}$ die durch den jeweiligen CT-Datensatz repräsentierte Atemphase; die weiteren bereits eingeführten Bezeichnungen der vorherigen Kapitel behalten ebenfalls ihre Gültigkeit. Sei nun ein Voxel $x \in \Omega$ des Planungs-CT betrachtet und die Bewegung des korrespondierenden anatomischen Punktes während einer Bestrahlungsfraktion über

$$x : \left[t^{(0)}, t^{(e)}\right] \to \Omega, \quad t \mapsto x(t)$$

als Trajektorie beschrieben, wobei $\left[t^{(0)}, t^{(e)}\right]$ die Zeitspanne der Fraktion bezeichne. Dann kann unter Vernachlässigung der einleitend genannten technischen Aspekte die

6.2 Grundlagen der Dosisakkumulation

Dosis $D^{\text{Frakt,4D}} : \Omega \to \mathbb{R}_+$, der x während der Fraktion ausgesetzt ist, über

$$D^{\text{Frakt,4D}}(x) = \int_{t^{(0)}}^{t^{(e)}} \dot{D}(x(t),t)\,dt \tag{6.1}$$

bzw. unter Berücksichtigung der sequentiellen Applikation der einzelnen Segmente als

$$D^{\text{Frakt,4D}}(x) = \sum_{j=1}^{n_{\text{Seg}}} \int_{t_j^{(0)}}^{t_j^{(e)}} \dot{D}(x(t),t)\,dt. \tag{6.2}$$

ausgedrückt werden. Hierbei beschreiben $\dot{D} : \Omega \times [t^{(0)}, t^{(e)}] \to \mathbb{R}_+$ die Dosisleistung oder -rate (Dosis pro Zeiteinheit) und $\left([t_j^{(0)}, t_j^{(e)}]\right)_{j \in \{1,\ldots,n_{\text{Seg}}\}}$ die Bestrahlungszeiten der IMRT-Segmente. Zum Verständnis sei betont, dass die Dosisrate in vorstehenden Gleichungen als explizit zeitabhängig definiert worden ist, um einerseits Gleichung 6.1 trotz des Umstandes, dass zwischen den einzelnen Segmenten keine Dosis appliziert wird, kompakt schreiben zu können. Andererseits soll die Schreibweise auf die Möglichkeit lokaler zeitlicher Variationen der Dosisleistung infolge atmungsbedingter Veränderungen der Patientenanatomie hinweisen (z. B. als Folge von Dichteänderungen des Lungengewebes). Die ebenfalls als Dosisrate bezeichnete Leistung des zur Bestrahlung angenommenen Linearbeschleunigers, im Allgemeinen in Monitoreinheiten pro Minute (MU/min; engl.: MU = Monitor Units) angegeben, wird hingegen als konstant angesehen.
Basierend auf der kontinuierlichen Problemformulierung gemäß Gleichung 6.2 werden zur effektiven bildbasierten Berechnung von $D^{\text{Frakt,4D}}$ nun verschiedene vereinfachende Annahmen getätigt. Zunächst wird davon ausgegangen, dass die Atembewegungen streng periodisch verlaufen; die entsprechende patientenspezifische Periode sei nachfolgend mit T bezeichnet. Unter dieser Periodizitätsannahme kann mit dem Ziel einer Reparametrisierung obiger Gleichungen eine Funktion

$$s : \left[t^{(0)}, t^{(e)}\right] \to [0, T), \quad t \mapsto s(t)$$

definiert werden, die jedem Zeitpunkt t der Bestrahlungsfraktion eine korrespondierende Atemphase s des Patienten zuordnet.
Führt man nun teilfeldspezifische Dosisraten $\dot{D}_j$ ein, ist es möglich, die einzelnen Summanden aus Gleichung 6.2 derart umzuschreiben, dass die Integration über die Atemphasen bzw. den Atemzyklus des Patienten verläuft,

$$\int_{t_j^{(0)}}^{t_j^{(e)}} \dot{D}(x(t),t)\,dt =$$
$$\int_{s(t_j^{(0)})}^{T} \dot{D}_j(x(s),s)\,ds + \alpha_j \int_0^T \dot{D}_j(x(s),s)\,ds + \int_0^{s(t_j^{(e)})} \dot{D}_j(x(s),s)\,ds. \tag{6.3}$$

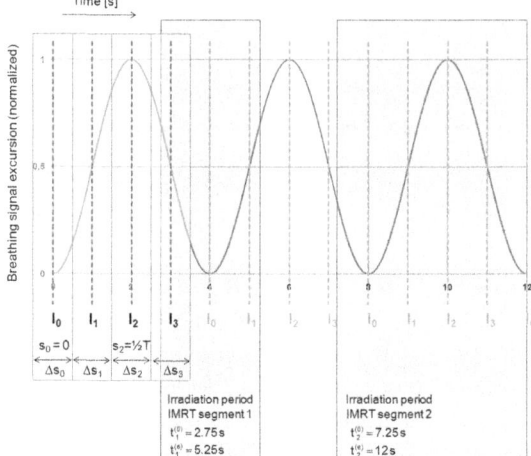

Abb. 6.2: Veranschaulichung der Bezeichnungen aus Abschnitt 6.2 am Beispiel einer sinusförmigen Atemkurve der Periode $T=4$ s. $s_0,...,s_3$ bezeichnen hierbei die durch die 4D-Bildsequenz $\{I_0, \ldots, I_3\}$ repräsentierten Atemphasen. Diesen entsprechend wird der Atemzyklus zur Dosisakkumulation in vier Intervalle der Länge $\Delta s_i=1$ s unterteilt. Ebenfalls eingezeichnet sind exemplarische Bestrahlungszeiten für zwei IMRT-Segmente; jeweils resultierende Werte der Wichtungskoeffizienten α_j, $\alpha_{i,j}^{(1)}$, $\alpha_{i,j}^{(2)}$ sind rechts aufgeführt. Abbildung aus [Werner et al. 2012b].

Die Reparametrisierung des Problems ist wiederum Grundlage der zeitlichen Diskretisierung: Seien die durch die Bilddaten $(I_0, \ldots, I_{n_\mathrm{Ph}-1}) = (I_i)_{i\in\{0,\ldots,n_\mathrm{Ph}-1\}}$ repräsentierten Atemphasen als $(s_0, \ldots, s_{n_\mathrm{Ph}-1}) = (s_i)_{i\in\{0,\ldots,n_\mathrm{Ph}-1\}}$ mit $s_i \in [0,T)$ bezeichnet, so definieren diese eine naheliegende Zerlegung des Atemzyklus in n_Ph Teile, die je in s_i zentriert sind und die Länge $\Delta s_i = \frac{1}{2}(s_{i+1} - s_{i-1})$ haben. Anhand der Zerlegung kann dann der Übergang von Integration zur Summation erfolgen,

$$\int_{t_j^{(0)}}^{t_j^{(e)}} \dot{D}(x(t),t)\, dt \approx \sum_{i\in\{0,\ldots,n_\mathrm{Ph}-1\}} \alpha_{j,i}^{(1)} \dot{D}_j(x(s_i),s_i)\, \Delta s_i + \\ \sum_{i\in\{0,\ldots,n_\mathrm{Ph}-1\}} \alpha_j \dot{D}_j(x(s_i),s_i)\, \Delta s_i + \\ \sum_{i\in\{0,\ldots,n_\mathrm{Ph}-1\}} \alpha_{j,i}^{(2)} \dot{D}_j(x(s_i),s_i)\, \Delta s_i. \tag{6.4}$$

Die Bedeutung der Koeffizienten ist in Abbildung 6.2 veranschaulicht. α_j beschreibt die Anzahl der vollständigen Atemzyklen ($s = 0$ bis T), die während der Bestrahlungszeit des j-ten Teilfeldes überstrichen werden:

6.2 Grundlagen der Dosisakkumulation

$$\alpha_j = \begin{cases} \dfrac{\left(t_j^{(e)} - t_j^{(0)}\right) - \left(T - s\left(t_j^{(0)}\right)\right) - s\left(t_j^{(e)}\right)}{T} & \text{falls } t_j^{(e)} - t_j^{(0)} \geq T \\ 0 & \text{sonst.} \end{cases}$$

Die verbleibende Bestrahlungszeit wird über $\alpha_{j,i}^{(1)}$ (Phasen zwischen $s\left(t_j^{(0)}\right)$ und T) sowie $\alpha_{j,i}^{(2)}$ (Phasen zwischen 0 und $s\left(t_j^{(e)}\right)$) erfasst. Im allgemeinen Fall ist $\alpha_{j,i}^{(1)}$ über

$$\alpha_{j,i}^{(1)} = \begin{cases} 1 & \text{falls } s_i - \tfrac{1}{2}\Delta s_i \geq s\left(t_j^{(0)}\right) \\ \dfrac{\left(s_i + \tfrac{1}{2}\Delta s_i\right) - s\left(t_j^{(0)}\right)}{\Delta s_i} & \text{falls } s_i + \tfrac{1}{2}\Delta s_i > s\left(t_j^{(0)}\right) > s_i - \tfrac{1}{2}\Delta s_i \\ 0 & \text{sonst} \end{cases}$$

definiert. Für $\alpha_{j,i}^{(2)}$ und $s\left(t_j^{(e)}\right)$ gilt analog

$$\alpha_{j,i}^{(2)} = \begin{cases} 1 & \text{falls } s_i + \tfrac{1}{2}\Delta s_i \leq s\left(t_j^{(e)}\right) \\ \dfrac{s\left(t_j^{(e)}\right) - \left(s_i - \tfrac{1}{2}\Delta s_i\right)}{\Delta s_i} & \text{falls } s_i - \tfrac{1}{2}\Delta s_i < s\left(t_j^{(e)}\right) < s_i + \tfrac{1}{2}\Delta s_i \\ 0 & \text{sonst.} \end{cases}$$

Im Speziellen bedarf es für bestimmte Konstellationen (z. B., falls ein vollständiges Teilfeld während eines einzelnen Atemzyklus $[0, T]$ appliziert wird, d. h. $t_j^{(e)} - t_j^{(0)} < T$ und $s\left(t_j^{(0)}\right) < s\left(t_j^{(e)}\right)$) noch gewisser einfacher Adaptionen der obigen Definitionen, die der Übersichtlichkeit wegen hier nicht weiter ausgeführt werden.

Zur praktischen Berechnung ist weiterhin die teilfeldspezifische Dosisrate $\dot{D}_j$ zur Atemphase s_i gemäß

$$\dot{D}_j\left(x\left(s_i\right), s_i\right) = \frac{D_{j,i}\left(x\left(s_i\right)\right)}{\left(t_j^{(e)} - t_j^{(0)}\right)}$$

zu ersetzen. $D_{j,i} : \Omega \to \mathbb{R}_+$ bezeichnet hierbei diejenige Dosisverteilung, die sich aus einer 3D-Dosisberechnung für die geplante Konfiguration zur Bestrahlung des j-ten Teilfeldes ergibt (d. h. Einstrahlrichtung, MLC-Konfiguration etc. identisch zum ursprünglichen Plan), wenn dieser statt des Planungs-CT der CT-Datensatz I_i zugrunde liegt.

Repräsentiert man zuletzt die Voxeltrajektorie $\left(x\left(s_i\right)\right)_{i \in \{0, \ldots, n_{\mathrm{Ph}}-1\}}$ durch die in Gleichung 3.11 eingeführte Notation, so lässt sich final die akkumulierte Dosis für die betrachtete Bestrahlungsfraktion schreiben als

$$D^{\text{Frakt,4D}}(x) = \sum_{j=1}^{n_{\text{Seg}}} \sum_{i=0}^{n_{\text{Ph}}-1} \left(\frac{\left(\alpha_{j,i}^{(1)} + \alpha_j + \alpha_{j,i}^{(2)}\right)}{\left(t_j^{(e)} - t_j^{(0)}\right)} \Delta s_i \right) D_{j,i}(\varphi_i(x))$$

$$= \sum_{j=1}^{n_{\text{Seg}}} \sum_{i=0}^{n_{\text{Ph}}-1} \hat{\alpha}_{j,i} D_{j,i}(\varphi_i(x)), \tag{6.5}$$

wobei $\hat{\alpha}_{j,i}$ die zuvor eingeführten plan- und patientenspezifischen Größen zusammenfasst und φ_i in der Regel die aus einer Registrierung von Planungs-CT und I_i hervorgehende Transformation bzw. Bewegungsfeldschätzung bezeichnet. Im gegebenen Kontext kann φ_i natürlich auch modellbasiert berechnet werden.

Ausgehend von Gleichung 6.5 wird somit deutlich, dass – abgesehen von einer präzisen 3D-Dosisberechnung, die für sich genommen ein eigenes, jedoch nicht im Fokus dieser Arbeit liegendes Problemfeld definiert [Fogliata et al. 2007; Knöös et al. 2006; Miften et al. 2001] – der Prozess der Dosisakkumulation im Wesentlichen auf zwei Schritte zurückzuführen ist: die Dimensionierung der Koeffizienten $\hat{\alpha}_{j,i}$ zur Gewichtung der einzelnen Dosisbeiträge $D_{j,i}$ und eine präzise Bewegungsfeldschätzung zur Berechnung der Voxeltrajektorien $\varphi_i(x)$.

6.2.1 Einbeziehung von Fraktionierungseffekten in die Dosisakkumulation

Gleichung 6.5 gibt allerdings lediglich das Vorgehen bei einer Dosisakkumulation für eine einzelne Bestrahlungsfraktion wieder. Wie erläutert unterteilt sich die Therapie eines Patienten jedoch bei konventioneller Fraktionierung in etwa 20 bis 40 Bestrahlungssitzungen. Möchte man dosimetrische Bewegungseffekte untersuchen, sollten mit der Fraktionierung verbundene Effekte nicht außer Acht gelassen werden. So kann zumindest für die IMRT selbst bei Vernachlässigung von technischen Aspekten wie den Problemen der Reproduzierbarkeit der Patientenlagerung, der gerätespezifischen Dosisleistung etc. sowie der Variabilität der Atmung des Patienten davon ausgegangen werden, dass sich die während der einzelnen Fraktionen applizierten Dosisverteilungen unterscheiden, da die Anfangsphase $s(t^{(0)})$ variieren wird.

Geht man diesbezüglich – wie es in dem Beispiel aus Abb. 6.2 dargestellt und für sämtliche in dieser Arbeit betrachteten Daten der Fall ist – davon aus, dass die der Dosisakkumulation zugrunde liegenden 4D-Bilddaten eine zeitlich äquidistante Abtastung des Atemzyklus des Patienten bilden (d. h. $\forall i : \Delta s_i = T/n_{\text{Ph}}$), so lassen sich die Anfangsphasen als zufällig verteilt annehmen [Seco et al. 2007]. Entsprechend kann die für die gesamte Therapie resultierende akkumulierte Dosis angenommen werden als

6.2 Grundlagen der Dosisakkumulation

$$D^{\text{Total,4D}}(x) = \sum_{k=1}^{n_{\text{Frakt}}} D^{\text{Frakt,4D}}_{\xi(k)}(x), \qquad (6.6)$$

mit k als Index der Bestrahlungsfraktion und $\xi(k) \in \{0, \ldots, n_{\text{Ph}}-1\}$ als der zu $t^{(0)} = t_1^{(0)}$ korrespondierenden zufälligen Atemphase zu Beginn der Bestrahlung, die zur Berechnung von $D^{\text{Frakt,4D}}$ genutzt wird. Läge keine zeitlich äquidistante Abtastung des Atemzyklus vor, wären die anhand der Intervalllängen Δs_i auszudrückenden Gewichtungen der einzelnen Phasen s_i geeignet in die Funktion $\xi(k)$ zu integrieren.

6.2.2 Patienten- und plan-spezifische vs. Gleichgewichtung von Dosisbeiträgen

Wie beschrieben sind die Wichtungskoeffizienten $\hat{\alpha}_{j,i}$ im Prinzip in Abhängigkeit von patienten- und plan- bzw. gerätespezifischen Größen und Parametern zu dimensionieren. Ersteres betrifft die Periode des Atemzyklus des betrachteten Patienten; als plan- bzw. gerätespezifische Parameter fließen Anfangs- und Endzeitpunkte der einzelnen Teilfelder ein, die wiederum durch die Dosisrate des Beschleunigers sowie Verfahrzeiten der Gantry des Beschleunigers und des Lamellenkollimators geprägt sind. Die Berücksichtigung dieser Faktoren im Rahmen einer Dosisakkumulation wird nachstehend als patienten- und plan-spezifisches Gewichtungsschema bezeichnet.

Geht man allerdings davon aus, dass die Bestrahlungszeiten der einzelnen Strahlenfelder eines Plans im Vergleich zu der Atemperiode des Patienten lang sind, und nimmt als Konsequenz die über die Koeffizienten $\alpha_{j,i}^{(1)}$ und $\alpha_{j,i}^{(2)}$ beschriebenen Dosisanteile an der Gesamtdosis $D^{\text{Frakt,4D}}$ als zu vernachlässigen an, vereinfacht sich der Ausdruck für die Wichtungskoeffizienten $\hat{\alpha}_{j,i}$ zu

$$\hat{\alpha}_{j,i} \approx \frac{\alpha_j}{\left(t_j^{(e)} - t_j^{(0)}\right)} \Delta s_i \approx \frac{1}{\left(t_j^{(e)} - t_j^{(0)}\right)} \cdot \frac{\left(t_j^{(e)} - t_j^{(0)}\right)}{T} \Delta s_i = \frac{1}{T} \Delta s_i.$$

Bei Vorliegen einer zeitlich äquidistanten Verteilung der Phasen s_i bzw. entsprechend $\Delta s_i = T/n_{\text{Ph}}$ folgt dann weiter $\hat{\alpha}_{j,i} \approx 1/n_{\text{Ph}}$ und letztlich

$$\begin{aligned} D^{\text{Frakt,4D}}(x) &= \sum_{j=1}^{n_{\text{Seg}}} \sum_{i=0}^{n_{\text{Ph}}-1} \hat{\alpha}_{j,i} D_{j,i}(\varphi_i(x)) \approx \sum_{j=1}^{n_{\text{Seg}}} \sum_{i=0}^{n_{\text{Ph}}-1} \frac{1}{n_{\text{Ph}}} D_{j,i}(\varphi_i(x)) \\ &= \frac{1}{n_{\text{Ph}}} \sum_{i=0}^{n_{\text{Ph}}-1} \left(\sum_{j=1}^{n_{\text{Seg}}} D_{j,i}(\varphi_i(x)) \right) = \frac{1}{n_{\text{Ph}}} \sum_{i=0}^{n_{\text{Ph}}-1} D_i(\varphi_i(x)), \end{aligned} \qquad (6.7)$$

mit $D_i = \sum_{j=1}^{n_{\text{Seg}}} D_{j,i}$ als Dosisverteilung, die entstehen würde, wenn der ursprüngliche Bestrahlungsplan auf diejenige Patientenanatomie appliziert würde, die durch den CT-Datensatz I_i repräsentiert wird. Eine 4D-Dosisberechnung anhand von Gleichung 6.7 beschreibt dann aber gerade eine Gleichgewichtung der Dosisbeiträge der Strahlenfelder bzw. Teilfelder zu den unterschiedlichen Atemphasen, d. h. wie angekündigt resultiert der in derzeitigen Dosisakkumulationsschemata gebräuchliche Gleichgewichtungsansatz als Spezialfall des vorstehend hergeleiteten patienten- und plan-spezifischen Gewichtungsansatzes.

Im Vergleich zu Gleichung 6.5 wird deutlich, dass bei Gleichgewichtung die explizite Berechnung bzw. Vorhaltung der Dosisbeiträge der einzelnen Teilfelder für die unterschiedlichen Atemphasen nicht länger erforderlich ist – was eine nicht unerhebliche Reduktion von Rechenaufwand bzw. Speicherbedarf für die Dosisakkumulation darstellt. Wie beschrieben können jedoch resultierend Interplay-Effekte nicht berücksichtigt bzw. untersucht werden. Gleiches gilt für die in Abschnitt 6.2.1 aufgeworfene Fraktionierungsproblematik; für den Gleichgewichtungsansatz ergibt sich die über den gesamten Therapieverlauf akkumulierte Dosis zu

$$D^{\text{Total,4D}}(x) = \sum_{k=1}^{n_{\text{Frakt}}} D^{\text{Frakt,4D}}(x) = n_{\text{Frakt}} \cdot D^{\text{Frakt,4D}}(x). \quad (6.8)$$

Die Auswirkungen jeweiliger Aspekte im Kontext der Abschätzung atmungsbedingter dosimetrischer Bewegungseffekte sind Gegenstand der nachstehend beschriebenen Untersuchungen.

6.3 Untersuchung von atmungsbedingten dosimetrischen Bewegungseffekten und Einflussfaktoren auf die Dosisakkumulation

Die beschriebenen Dosisakkumulationsschemata wurden nun anhand ausgewählter Patienten bzw. deren 4D-CT-Daten und zugehörigen registrierungsbasiert berechneten Bewegungsfeldern zur Abschätzung der in der 3D-Strahlentherapie (3D-CRT und IMRT) zu erwartenden dosimetrischen Auswirkungen atmungsbedingter Bewegungen eingesetzt. Hierüber hinaus wurde der Einfluss verschiedener Faktoren auf den Prozess der Dosisakkumulation bzw. die akkumulierte Dosis untersucht (Auswirkungen des Gewichtungsschemas der Dosisbeiträge der IMRT-Teilfelder, zeitliche Auflösung der 4D-Bilddaten, Einfluss des eingesetzten Verfahrens zur Bewegungsfeldschätzung). Die diesbezüglichen Darstellungen gliedern sich wie folgt: In Abschnitt 6.3.1 wird zunächst das betrachtete

6.3 Dosisakkumulation: Untersuchung dosimetrischer Bewegungseffekte

Tabelle 6.1: Betrachtetes Patientenkollektiv, Details zur Tumorbeweglichkeit zwischen maximaler Einatmung EI und Ausatmung EE. Die Bewegungsperiode wurde aus den gleichzeitig zur CT-Datenaufnahme aufgezeichneten Spirometersignalen extrahiert (vergleiche Kapitel 2.3.1 bzw. [Low et al. 2003]). Die Angaben zur Tumorbeweglichkeit beziehen sich auf den Tumorschwerpunkt. Ausgehend von der Phase der Ausatmung repräsentieren positive Werte für die Bewegung entlang der superior-inferioren Achse eine Tumorbewegung von oben nach unten, entlang der anterior-posterioren Achse von vorne nach hinten und für die rechts/links-Achse eine Bewegung von rechts nach links.

Datensatz	Atemperiode [s]	Tumorvol. [ml]	Tumorbewegung zwischen EE und EI [mm]			
			3D (euklidisch)	superior-inferior	anterior-posterior	rechts-links
WashU 01	3.7	21	6.4	5.2	-2.4	-2.9
WashU 02	4.3	7	12.2	11.6	-3.6	1.2
WashU 04	4.1	13	6.7	2.9	-6.1	0.7
WashU 36	3.5	3	19.5	19.5	-0.3	1.2
WashU 63	3.9	22	1.2	1.0	0.5	0.3

Patientenkollektiv und die Bestrahlungsplanung beschrieben. Die zur Beurteilung der atmungsbedingten Effekte herangezogenen Dosisvergleichskriterien und die durchgeführten Experimente werden in den Abschnitten 6.3.2 bzw. 6.3.3 erläutert. Die Resultate der Experimente werden dann in Abschnitt 6.3.4 ausgeführt.

6.3.1 Patientenkollektiv und Bestrahlungsplanung

Für die Untersuchungen wurde auf Bilddaten von insgesamt fünf Lungentumorpatienten zurückgegriffen, deren Tumorbewegungsmuster in etwa repräsentativ für die in der Praxis zu beobachtenden Bewegungen sind (WashU 01, 02, 04, 36, 63; Datensatz WashU 36: lediglich Berücksichtigung des Tumors in der linken Lunge; Bewegungsamplituden siehe Tabelle 6.1; Literaturwerte zu Bewegungsamplituden von Lungentumoren sind in Tabelle 1.2 zusammengefasst).

Für alle Patienten wurden 3D-CRT- und IMRT-Pläne erstellt. Zur Bestrahlungsplanung wurde die Bestrahlungsplanungssoftware CMS XiO v.4.3.3 genutzt (Fa. Elekta; 15-MV-Photonenpläne; drei Einstrahlrichtungen mit je 120° Abstand; Dosisrate Linearbeschleuniger: 500 MU/min), wobei die Planung jeweils auf einem Datensatz zur Atemmittellage des 4D-CT-Datensatzes des Patienten beruhte (je mittlere Einatmung MI; Phasen zu 20% (WashU 01-04) bzw. 21% (WashU 36, 63) gemäß der in Kapitel 2.2 eingeführten Nomenklatur). Als Risikoorgane wurden Lungen, Herz und Spinalkanal berücksichtigt. Die Sicherheitssäume wurden der derzeitigen klinischen Praxis entsprechend gewählt (CTV = GTV + isotroper Sicherheitssaum von etwa 5 mm; PTV = CTV + isotroper Sicherheitssaum von ca. 10 mm; vergleiche z. B. [Rietzel et al. 2005;

Rosu et al. 2007a; Trofimov et al. 2005]). Die PTV-Zieldosis war 50 Gy bei einem konventionellen Fraktionierungsschema von 25×2 Gy.
Die Berechnung der zu den einzelnen 3D-Bilddaten der 4D-CT-Datensätze der verschiedenen Patienten und den jeweils geplanten Strahlenfeldern korrespondierenden 3D-Dosisverteilungen $D_{j,i}$ bzw. D_i erfolgte mittels des XiO Multigrid-Superpositions-Algorithmus der genutzten Bestrahlungsplanungssoftware (Dosisgitterauflösung: $2 \times 2 \times 2$ mm^3). Das Verfahren zählt auch hinsichtlich des Umgangs mit Inhomogenitäten innerhalb der Bilddaten (z. B. Übergang Weichteil-/Tumorgewebe zu Lungengewebe) zu dem derzeitigen Stand der Forschung und gestattet eine verlässliche 3D-Dosisberechnung; für physikalische und algorithmische Grundlagen des Verfahrens sei auf [Miften et al. 2000; Miften et al. 2001] verwiesen.

6.3.2 Dosisvergleichskriterien

Die zur Beurteilung der atmungsbedingten dosimetrischen Effekte in dieser Arbeit herangezogenen Maßzahlen orientieren sich im Wesentlichen an Definitionen, die in der Literatur in verwandtem Kontext zu finden sind.

6.3.2.1 Dosisdifferenzen und γ-Index

Als naheliegender Ansatz für den Vergleich zweier Dosisverteilungen $D_A : \Omega_A \to \mathbb{R}_+$ und $D_B : \Omega_B \to \mathbb{R}_+$ ($\Omega_A, \Omega_B \subset \mathbb{R}^3$) wurden zunächst einfache Dosisdifferenzen berechnet. Die Unterscheidung von Ω_A und Ω_B dient wiederum lediglich dem Verständnis der Methodik; wie zuvor gilt stets $\Omega_A = \Omega_B = \Omega$.
Der Nomenklatur in [Jiang et al. 2006] entsprechend sei eine Dosisdifferenz, ausgewertet an Punkten $x_0 \in \Omega_A$ und $x \in \Omega_B$ der Verteilungen, als

$$\Delta D(x_0, x) = D_A(x_0) - D_B(x)$$

bezeichnet. Dann lässt sich hierauf basierend die Dosisdifferenz an einem ausgewählten Vergleichspunkt x_0 definieren als

$$DD(x_0) = \Delta D(x_0, x)|_{x=x_0} = D_A(x_0) - D_B(x_0). \qquad (6.9)$$

Im Folgenden sei (soweit nicht anders angegeben) davon ausgegangen, dass die Referenzdosis D_A die ursprünglich geplante Dosis ist und die Vergleichsdosis D_B der akkumulierten Dosis entspricht. Im gegebenen Kontext von speziellem Interesse sind dann minimale und maximale Dosisdifferenzen innerhalb des klinischen Zielvolumens (DD_+^{CTV} bzw. DD_-^{CTV}), da sie bei Vergleich von geplanter und akkumulierter Dosis

6.3 Dosisakkumulation: Untersuchung dosimetrischer Bewegungseffekte

lokale Über- bzw. Unterdosierungen kennzeichnen, die durch die Einbeziehung der Atembewegungen während der Bestrahlung des Patienten zu erwarten sind. Vor allem im Kontext der IMRT wird eine ausschließliche Betrachtung von einfachen Dosisdifferenzen jedoch häufig kritisch eingeschätzt. Aufgrund der auftretenden steilen Dosisgradienten bedingen in der Regel bereits geringe Unterschiede der zu vergleichenden Dosisverteilungen (z. B. leichte Verschiebungen der Verteilungen gegeneinander) große lokale Dosisdifferenzen. Diese wiederum sind aber gegebenenfalls nur mit einer geringen klinischen Relevanz verbunden; gemäß [Low 1998] ist zu ihrer Beurteilung im Detail die Einbeziehung von sowohl dosimetrischen als auch räumlichen Kriterien sinnvoll. Diese Sichtweise führte zu der Einführung des Konzepts des γ-Index [Low 1998], das in der Strahlentherapie inzwischen weite Verbreitung findet [Jiang et al. 2006]. Zur Definition des γ-Index werden zunächst dosimetrische und räumliche Toleranzen $\delta D_0, \delta r_0 \in \mathbb{R}_+$ festgelegt. Der γ-Index an einem Vergleichspunkt x_0 entspricht dann der minimalen euklidischen Distanz zwischen der zu beurteilenden Dosisverteilung D_B in Bezug auf den Ursprung $(x_0, D_A(x_0))$ in dem um eine Dosis-Komponente erweiterten gewöhnlichen $\mathbb{R}^d$, skaliert anhand der Toleranzen (hier: $d = 3$):

$$\gamma(x_0) = \min_{x \in \Omega_B} \{\Gamma(x_0, x)\} \tag{6.10}$$

mit

$$\Gamma(x_0, x) = \left(\left(\frac{\Delta r(x_0, x)}{\delta r_0} \right)^2 + \left(\frac{\Delta D(x_0, x)}{\delta D_0} \right)^2 \right)^{1/2} \tag{6.11}$$

und $\Delta r(x_0, x) = \|x_0 - x\|$.
Die jeweiligen Terme sind in Abb. 6.3 illustriert. Gemäß der Form von Gleichung 6.11 und der Intention der eingeführten Toleranzen δD_0 und δr_0 wird das Volumen des in dem eingeführten Hyperraum durch $\Gamma = 1$ aufgespannten Ellipsoids auch als Akzeptanzregion bezeichnet. Ausgehend von der Referenzdosisverteilung und festgelegten δD_0 und δr_0 werden also Dosisunterschiede dann als relevant beurteilt, falls $\gamma(x_0) > 1$.
In nachstehenden Untersuchungen wurden in Anlehnung an bestehende Studien des gegebenen Kontextes als Toleranzkriterien für die Unterschiede von geplanter und akkumulierter Dosis $\delta D_0 = 3\%$ (Angabe in Prozent der verschriebenen PTV-Dosis) und $\delta r_0 = 2$ mm gewählt [Seco et al. 2008; Waghorn et al. 2010].

6.3.2.2 Auswertung von Dosis-Volumen-Histogrammen

Neben den vorherigen Ansätzen zum punktweisen Vergleich von Dosisverteilungen kommen in der Strahlentherapie zur Beurteilung von Dosisverteilungen auch häufig

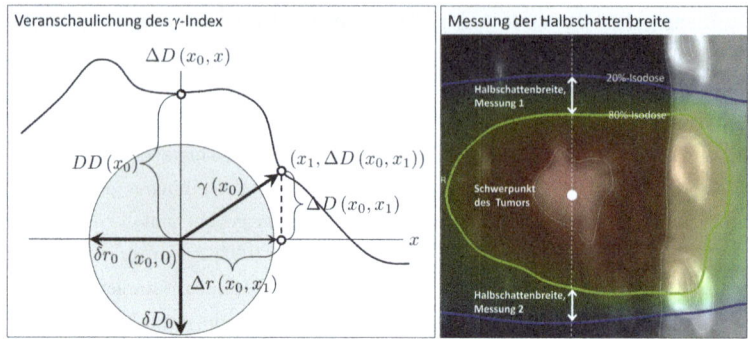

Abb. 6.3: Veranschaulichung der eingesetzten Dosisvergleichskriterien. Links: Illustration der zur Definition des γ-Index eingeführten Terme für $d = 1$. Ausgangspunkt des Vergleichs ist der Ursprung des Hyperraums, $(x_0, D_A(x_0) = 0)$. Gesucht ist derjenige Punkt $(x, D_B(x))$, der im Hinblick auf die skalierten Koordinaten $(D_B/\delta D_0, x/\delta r_0)$ die minimale Distanz zum Ursprung aufweist; im vorliegenden Fall ist dies $(x_1, D_B(x_1))$. Rechts: Verdeutlichung der Messungen der Halbschattenbreite anhand eines Ausschnitts eines koronaren CT-Bildes eines Lungentumorpatienten, rekonstruiert für die Position des Tumormassenzentrums und farbkodiert überlagert mit der geplanten Dosisverteilung. Die Halbschattenbreite wurde definiert als Distanz von 80%- und 20%-Isodosislinien (grün und blau hervorgehoben), jeweils gemessen entlang einer Linie in SI-Richtung durch das Tumormassenzentrum (gestrichelte weiße Linie). Abbildung angelehnt an [Werner et al. 2012b].

Dosis-Volumen-Histogramme (DVH) zum Einsatz. Sie geben für eine interessierende Struktur und jeden Dosiswert denjenigen Volumenanteil der Struktur an, der gemäß der zu analysierenden Dosisverteilung mindestens mit der betrachteten Dosis abgedeckt ist. Im gegebenen Kontext ist wiederum vor allem das CTV von Interesse. Für dieses wurden analog zu u. a. [Britton et al. 2009; Starkschall et al. 2009] aus den Histogrammen als in der Praxis geläufige Parameter die Größe D_{99} (d. h. die Dosis, die gemäß der zu analysierenden Dosisverteilung mindestens 99% des CTV abdeckt) sowie die minimale und die maximale CTV-Dosis extrahiert. Im Idealfall entsprechen die Größen jeweils 100% der verschriebenen PTV-Dosis; sie sollten gemäß ICRU-Richtlinien aber in jedem Fall zwischen 95% und 107% der verschriebenen Dosis liegen (siehe Kapitel 1.1.1).

6.3.2.3 Analyse der Halbschattenbreite

Aufgrund physikalischer Effekte wie z. B. der Streuung der Strahlung im Gewebe lässt sich für die einzelnen Strahlenfelder eines Bestrahlungsplanes (auch unabhängig von einem Auftreten atmungsbedingter Bewegungen) bei Betrachtung von Dosisquerprofilen eine Randunschärfe beobachten. Dieser Bereich wird als Halbschatten bezeichnet und die Unschärfe über die Auswertung der Distanz von spezifischen Isodosislinien quantifiziert.

6.3 Dosisakkumulation: Untersuchung dosimetrischer Bewegungseffekte

Der Abstand der Isodosislinien wird allerdings zusätzlich durch die beschriebene, durch Atembewegungen hervorgerufene Verwischung der Dosisverteilung beeinflusst. Insofern können in Erweiterung der ursprünglichen Bedeutung des Halbschatten-Begriffs jeweilige Distanzwerte auch zur Quantifizierung der Verwischung genutzt werden [Grohmann et al. 2009]. In der vorliegenden Arbeit wurde hierzu die atmungsbedingte Verbreiterung der Abstände der 80%- und 20%-Isodosislinien (Prozentangaben wiederum in Bezug auf die verschriebene PTV-Dosis) der ursprünglich geplanten und der akkumulierten Dosisverteilungen analysiert. Die Abstände wurden jeweils entlang einer Linie durch das Tumormassezentrum in superiorer/inferiorer (SI) Richtung gemessen (siehe Abb. 6.3). Die Beschränkung der Auswertung auf die SI-Richtung ist dadurch begründet, dass nur diese in jedem Fall senkrecht zur Bestrahlungsrichtung verläuft; letzteres ist die Voraussetzung dafür, dass in Übereinstimmung mit der Definition der Halbschattenbreite tatsächlich Dosisquerprofile betrachtet werden.

6.3.3 Durchgeführte Experimente

Falls nicht explizit angegeben, wurde im Rahmen der nachfolgend beschriebenen Experimente zur Bewegungsfeldschätzung auf das diffeomorphe Registrierungsschema mit diffusivem Regularisierungsansatz und maskierten aktiven Thirion-Kräften zurückgegriffen. Für eine detaillierte Diskussion der Vor- und Nachteile des Ansatzes sei auf Kapitel 3 verwiesen; die Registrierungsparameter wurden analog zu den dort durchgeführten Untersuchungen gewählt.

6.3.3.1 Abschätzung atmungsbedingter dosimetrischer Effekte

Zur Untersuchung der Bewegungseffekte in der intensitätsmodulierten Strahlentherapie wurden zunächst für alle Patienten anhand des patienten- und plan-spezifischen Gewichtungsschemas und der verschiedenen möglichen Atemphasen $k \in \{0, \ldots, n_{Ph} - 1\}$ zu Beginn der Applikation des ersten Teilfeldes des Plans die akkumulierten Dosisverteilungen $D^{\text{Frakt,4D}}$ berechnet. Der Vergleich der Verteilungen $D^{\text{Frakt,4D}}$ mit der geplanten Dosisverteilung $D^{\text{Frakt,Plan}} = 1/n_{\text{Frakt}} \cdot D^{\text{Plan}}$ diente der Abschätzung der während einzelner IMRT-Bestrahlungsfraktionen zu erwartenden Auswirkungen der Bewegungen. Da im vorliegenden Fall die Verfahrzeiten von Gantry und MLC nicht bekannt waren, wurde die Dauer der Übergänge zwischen den einzelnen IMRT-Segmenten im Rahmen der Simulation vereinfachend als 1 s angenommen.
Hieran anschließend wurden die gemäß Gleichung 6.6 bestimmten Dosisverteilungen $D^{\text{Total,4D}}$ mit den geplanten Dosisverteilungen verglichen und so die Bewegungseffekte analysiert, die bei einer IMRT zu erwarten sind, wenn statt wie zuvor eine ein-

zelne Fraktion nun die Gesamttherapiedauer von 25 Bestrahlungsfraktionen in die 4D-Dosisberechnung mit einbezogen wird. Da gemäß Definition $D^{\text{Total,4D}}$ von den Anfangsphasen für die einzelnen Fraktionen abhängig ist, wurden drei Durchläufe mit zufälligen Verteilungen dieser Phasen simuliert. Die Differenzen zwischen $D^{\text{Total,4D}}$ und D^{Plan} wurden folglich für jeden Patienten für drei Dosisverteilungen $D^{\text{Total,4D}}$ analysiert, die sich jeweils hinsichtlich der Atemphasen zu Beginn der einzelnen Bestrahlungsfraktionen unterschieden.

Den anhand des patienten- und plan-spezifischen Gewichtungsschemas berechneten Resultaten wurden für die IMRT weiterhin entsprechende Aussagen gegenübergestellt, die sich bei Anwendung des Gleichgewichtungsschemas ergaben. Zudem wurden die jeweiligen Bewegungseffekte mit denen verglichen, die für die 3D-CRT-Pläne der Patienten ermittelt wurden. Für die Abschätzung der Effekte in der 3D-CRT wurde allerdings ausschließlich der Gleichgewichtungsansatz eingesetzt, da die Annahme von in Bezug auf die Atemperiode der Patienten langen Bestrahlungszeiten der einzelnen Strahlenfelder für die jeweiligen Pläne gerechtfertigt erschien.

6.3.3.2 Untersuchung des Einflusses der zeitlichen Auflösung der Bildsequenzen auf die akkumulierte Dosis

Über die Analyse der Bewegungseffekte hinaus wurde der Einfluss der zeitlichen Auflösung der Bildsequenzen, die der Dosisakkumulation zugrunde lagen, auf die akkumulierte Dosisverteilung untersucht. Die Motivation hierzu bezieht sich aus der klinischen Praxis: Einschließlich der erforderlichen Registrierungen hängt der Berechnungsaufwand der Dosisakkumulation im Wesentlichen von der Anzahl der berücksichtigten Atemphasen bzw. der zeitlichen Auflösung der betrachteten 4D-Bilddaten ab. Für einen klinischen Einsatz ist also eine möglichst geringe zeitliche Auflösung wünschenswert, wobei gleichzeitig eine verlässliche 4D-Dosisberechnung gewährleistet sein muss. In den durchgeführten Untersuchungen sollte entsprechend abgeschätzt werden, ob bzw. inwieweit eine Reduktion der Anzahl der betrachteten Atemphasen einen Einfluss auf die prädiktierten Bewegungseffekte hat.

Ausgehend von der vollständigen Auflösung der bereits für die vorstehenden Untersuchungen eingesetzten 4D-Bilddaten wurden hierzu Bildsequenzen reduzierter Auflösung erstellt, indem je vier Atemphasen wiederholt aus den Sequenzen entfernt wurden (zwei während der Ein- und zwei während der Ausatmung); die Phasen zur maximalen Ein- und Ausatmung verblieben in der Sequenz. Als Beispiel wurden aus den Bildsequenzen, die ursprünglich 14 Atemphasen aufwiesen (0%,14%,...,86%,100% Einatmung = 0% Ausatmung,...), zunächst die Bilder zu den 28%- und 70%-Phasen entfernt (zehn Phasen verbleibend), dann die 14%- und 86%-Phasen (sechs Phasen verbleibend), und zuletzt die Phasen zu 42% und 56%. Für die so zusammengestellten Bildsequenzen wurden die Untersuchungen aus Abschnitt 6.3.3.2 wiederholt und jeweilige Ergebnisse miteinander verglichen.

6.3.3.3 Illustration des Einflusses des eingesetzten Registrierungsverfahrens auf die akkumulierte Dosis

Abschließend wurde gemäß der Motivation der vorliegenden Dissertation für die Patienten mit größter Tumorbeweglichkeit (WashU 02, WashU 36) und den Gleichgewichtungsansatz exemplarisch die Abhängigkeit der akkumulierten Dosis von dem zur Bewegungsfeldschätzung eingesetzten Registrierungsverfahren betrachtet. Hierfür wurden den zuvor berechneten Dosisverteilungen solche gegenübergestellt, die sich bei Einsatz der unmaskierten SSD-Kräfte ergaben (Registrierungsschema ansonsten wie zuvor; Parameter wie in Kapitel 3 beschrieben). Die Wahl der unmaskierten SSD-Kräfte war einerseits dadurch motiviert, dass ihre Anwendung weit verbreitet ist (siehe Kapitel 3.2.3). Weiterhin zeigten sich im Vergleich zu den für die vorstehenden Untersuchungen eingesetzten maskierten Thirion-Kräften im Rahmen der Bewegungsfeldschätzung aber auch signifikante Unterschiede in Bezug auf die Genauigkeit der berechneten Felder (siehe Kapitel 3.5.3); diesbezügliche Konsequenzen hinsichtlich der Anwendung zur Dosisakkumulation sollten illustriert werden.

6.3.4 Ergebnisse

6.3.4.1 Atmungsbedingte dosimetrische Effekte in konventioneller und intensitätsmodulierter 3D-Konformationsbestrahlung

Die verschiedenen Maßzahlen zur Quantifizierung des Einflusses atmungsbedingter Bewegungen auf die Dosisverteilung sind in den Tabellen 6.2 und 6.3 zusammengefasst. Unabhängig von der Bestrahlungstechnik hängt das Ausmaß der Bewegungseffekte überwiegend von der Tumorbeweglichkeit ab. Am stärksten ausgeprägt sind sie folglich für den Datensatz WashU 36, dessen Tumorbewegung (Bewegungsamplitude zwischen EE und EI: 19.5 mm) nicht durch die während der Bestrahlungsplanung gewählten Standard-Sicherheitssäume abgedeckt werden konnte. Zugehörige Effekte sind in Abb. 6.4 am Beispiel der IMRT illustriert. Die Abbildung belegt zunächst das Auftreten des Verwischungseffekts; die hieraus folgende Abflachung des SI-Dosisgradienten ist bei Vergleich von geplanter und akkumulierter Dosisverteilung anhand der typischen Verteilung von negativen/positiven bzw. positiven/negativen Dosisdifferenzen oberhalb und unterhalb des Tumors zu erkennen. Als Konsequenz ist die Halbschattenbreite für die dargestellten

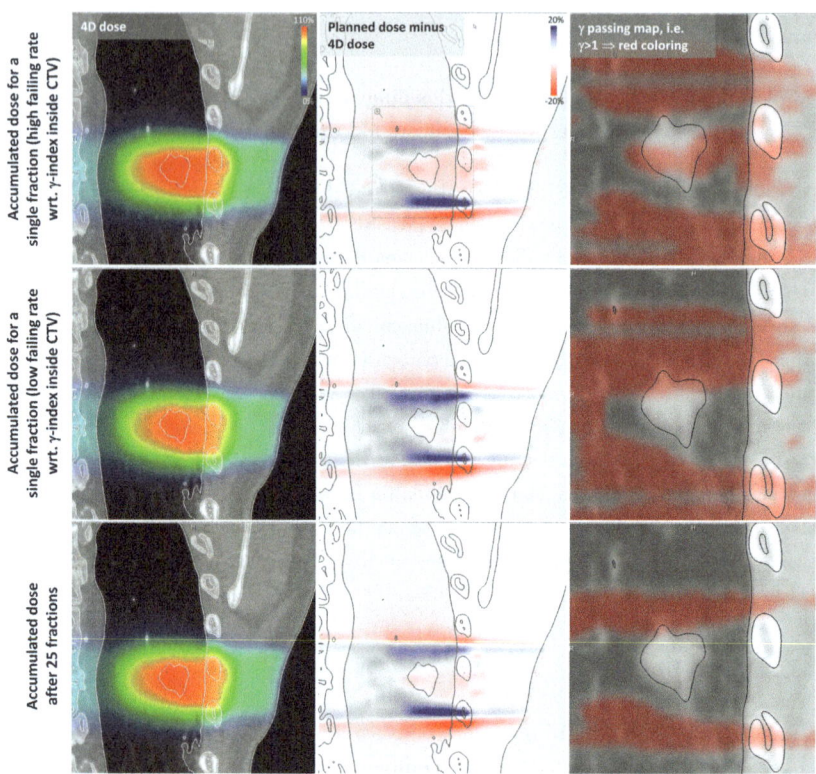

Abb. 6.4: Veranschaulichung der atmungsbedingten Bewegungseffekte bei einer Step-&-Shoot-IMRT eines stark beweglichen Lungentumors (Datensatz WashU 36, Tumorbewegung ca. 2 cm). Die ersten beiden Reihen repräsentieren Beispiele für die akkumulierte Dosisverteilung einer einzelnen Fraktion, berechnet anhand des patienten- und plan-spezifischen Gewichtungsansatzes. Dargestellt sind je die akkumulierten Dosisverteilungen (linkes Bild), die Differenzen im Vergleich zum Plan (Mitte; blau: Unterdosierung bei Berücksichtigung der Bewegungen; rot: Überdosierungen) und die Akzeptanzregion im Hinblick auf den γ-Index (rechts; rot: $\gamma > 1$). Die erste Reihe entspricht dem Szenario mit der in Bezug auf den γ-Index höchsten Fehlerrate innerhalb des CTV; die zweite Reihe der niedrigsten Fehlerrate.
Die untere Reihe ist ein Beispiel für die Verteilung $D^{\text{Total},4\text{D}}$, d. h. es werden die Bewegungseffekte nach Berücksichtigung von 25 Fraktionen illustriert. Insbesondere im Hinblick auf den γ-Index ist zu erkennen, dass sich die Bewegungseffekte der einzelnen Fraktionen über den gesamten Behandlungszeitraum zumindest zum Teil aufheben.
Abbildung aus [Werner et al. 2012b].

6.3 Dosisakkumulation: Untersuchung dosimetrischer Bewegungseffekte

Szenarien im Vergleich zur ursprünglichen Planung um ca. 80-90% größer (siehe auch Tabelle 6.2).
Hierüber hinaus verdeutlicht Abb. 6.4 allerdings ebenfalls den Einfluss des IMRT-spezifischen Interplay-Effekts. So kommt es z. B. für den Vergleich der geplanten und der für eine einzelne Bestrahlungsfraktion akkumulierten Dosisverteilung, die in der oberen Reihe der Abbildung dargestellt ist, innerhalb des CTV zu Dosisdifferenzen bzw. Überdosierungen von bis zu 10% der verschriebenen Dosis. Andererseits und allein als Folge der Variation der Atemphase, die zu Beginn der Bestrahlung als vorliegend angenommen wurde, treten für das in der zweiten Reihe abgebildete Szenario vorrangig CTV-Unterdosierungen auf, die bis zu 9% betragen. Vergleichbare Effekte lassen sich ebenfalls – wenn auch in geringerem Maße – für die IMRT-Pläne der anderen Patienten beobachten. Primär durch den Interplay-Effekt bedingt sind z. B. für den Datensatz WashU 02 lokale CTV-Dosisdifferenzen von bis zu etwa 9% und für den Datensatz WashU 01 (für genau eine bestimmte Atemphase zu Beginn der Bestrahlungsfraktion) von bis zu 5% der geplanten Dosis festzustellen. Wie in der letzten Reihe in Abb. 6.4 zu erkennen, heben sich die für die einzelnen Fraktionen durch den Interplay-Effekt bedingten Unter- und Überdosierungen im CTV allerdings über den gesamten Behandlungszeitraum von im vorliegenden Fall 25 Fraktionen weitgehend gegenseitig auf. Verbleibende IMRT-Bewegungseffekte entsprechen dann etwa denen, die für 3D-CRT-Bestrahlungspläne zu erwarten sind, d. h. auftretende Differenzen zu der geplanten Dosisverteilung sind im Wesentlichen auf eine Dosisverwischung zurückzuführen (vergleiche hierzu in den Tabellen 6.2 und 6.3 die Werte zu den IMRT-Verteilungen $D^{\text{Total},4D}$ aus dem patienten- und plan-spezifischen Gewichtungsschema mit denen des Gleichgewichtungsansatzes).
Weiterhin illustrieren die durchgeführten Untersuchungen gemäß den Resultaten zu den Datensätzen WashU 01 und 04, dass sich auch die Bewegungsrichtung des Tumors auf das Ausmaß der Bewegungseffekte auswirken kann: Alle quantitativen Dosisvergleichskriterien weisen auf eine stärkere Beeinflussung der Dosis für den Datensatz WashU 01 hin, obgleich die Tumorbewegungsamplituden der beiden Datensätze und die Planungsparameter vergleichbar sind. Bedingt durch seine Lage nahe der vorderen Brustwand bewegt sich der Tumor von Patient WashU 04 jedoch vornehmlich in AP-Richtung, während für WashU 01 die Tumorbewegung überwiegend in SI-Richtung erfolgt. SI-Bewegungen sind aber wiederum während der Bestrahlung immer orthogonal zur Einstrahlrichtung orientiert, während dies für AP nur für Gantry-Winkel von 90° und 270° der Fall ist. Insofern ist die Wahrscheinlichkeit, dass der Tumor sich bei überwiegender SI-Bewegung (d. h. für den Datensatz WashU 01) aus dem Hochdosisbereich herausbewegt und folglich stärkere dosimetrische Bewegungseffekte auftreten, größer als bei vornehmlicher AP-Bewegung wie für den Datensatz WashU 04.

Tabelle 6.2: Werte der DVH-bezogenen Kriterien zur Beurteilung der Dosisabdeckung des klinischen Zielvolumens CTV sowie die Halbschattenbreite für die ursprünglichen Bestrahlungspläne und die akkumulierten Dosisverteilungen (je gelistet für die einzelnen Patienten). Die dosimetrischen Größen sind in Bezug auf die verschriebene PTV-Dosis angegeben (2 Gy für einzelne Bestrahlungsfraktionen, 50 Gy für die gesamte Bestrahlung); ideal wären somit jeweils Werte von 100%.

	D_{99}(**CTV**) [%]	D_{min}(**CTV**) [%]	D_{max}(**CTV**) [%]	**Halbschattenbreite**
	Ursprünglicher Bestrahlungsplan (IMRT / 3D-CRT)			
WashU 01	96.3 / 99.8	95.5 / 99.7	110.2 / 101.4	11.3 mm / 7.2 mm
WashU 02	97.0 / 99.3	95.2 / 98.4	109.9 / 103.3	8.6 mm / 7.5 mm
WashU 04	97.5 / 100.9	96.1 / 99.9	107.3 / 106.0	8.5 mm / 9.8 mm
WashU 36	99.9 / 99.1	98.1 / 98.5	109.7 / 102.2	7.7 mm / 7.5 mm
WashU 63	99.0 / 97.8	97.7 / 96.0	108.9 / 106.1	9.0 mm / 10.8 mm
	IMRT: Wertebereiche für einzelne Fraktionen des patienten- und plan-spezifischen Gewichtungsansatzes			
WashU 01	96.5 – 97.6	95.9 – 96.9	108.5 – 110.4	11.8 mm – 11.9 mm
WashU 02	96.5 – 97.2	93.1 – 94.9	108.0 – 111.4	12.5 mm – 13.3 mm
WashU 04	96.4 – 97.8	94.7 – 96.3	106.2 – 108.2	9.1 mm – 9.3 mm
WashU 36	92.6 – 98.7	90.8 – 97.5	107.4 – 112.3	14.2 mm – 14.6 mm
WashU 63	98.9 – 99.1	97.7 – 97.9	108.7 – 108.9	9.1 mm – 9.2 mm
	IMRT: Wertebereiche für den patienten- und plan-spezifischen Gewichtungsansatz nach 25 Fraktionen			
WashU 01	97.1 – 97.2	96.4	109.1 – 109.3	11.8 mm – 11.9 mm
WashU 02	97.1 – 97.2	94.1 – 94.2	108.0 – 108.2	12.7 mm – 12.8 mm
WashU 04	97.3 – 97.4	95.7 – 95.9	106.5 – 106.6	9.2 mm
WashU 36	95.7 – 95.8	94.6 – 94.7	108.7 – 109.0	14.4 mm
WashU 63	99.0	97.8	108.8	9.2 mm
	IMRT anhand des Gleichgewichtungsansatzes			
WashU 01	97.1	96.4	109.0	11.8 mm
WashU 02	97.2	94.1	108.2	12.8 mm
WashU 04	97.3	95.7	106.5	9.2 mm
WashU 36	95.4	94.3	108.6	14.4 mm
WashU 63	99.0	97.8	108.8	9.1 mm
	3D-CRT anhand des Gleichgewichtungsansatzes			
WashU 01	99.5	99.2	101.5	9.6 mm
WashU 02	96.5	94.8	103.0	12.2 mm
WashU 04	100.0	98.6	105.6	10.8 mm
WashU 36	92.8	92.3	102.0	14.2 mm
WashU 63	97.4	95.2	106.0	11.1 mm

6.3 Dosisakkumulation: Untersuchung dosimetrischer Bewegungseffekte

Tabelle 6.3: Vergleich der ursprünglich geplanten und der unter Berücksichtigung der Atembewegungen berechneten Dosisverteilungen. Aufgeführt sind Dosisdifferenzen innerhalb des klinischen Zielvolumens CTV (DD_+^{CTV} = lokale Überdosierung bei Einberechnung atmungsbedingter Effekte; DD_-^{CTV} = lokale Unterdosierung), der maximale auftretende Dosisdifferenzbetrag insgesamt sowie der Anteil der Voxel mit γ-Index ≤ 1, d. h. der Anteil der CTV-Voxel, für die die beobachteten Dosisdifferenzen innerhalb der definierten Toleranzgrenzen lagen. Die Angaben zu den Dosisdifferenzen sind wiederum auf die verschriebene PTV-Dosis bezogen.

	γ-Index ≤ 1 [% des CTV]	Dosisdifferenzen innerhalb des CTV [%] DD_+^{CTV}	DD_-^{CTV}	$DD_{\mathrm{mean}}^{\mathrm{CTV}}$	Max. $\lvert DD \rvert$ gesamt [%]
IMRT: Wertebereiche für einzelne Fraktionen des Patienten- und plan-spezifischen Gewichtungsansatzes					
WashU 01	92.2–100.0	2.3–5.0	2.9–4.1	0.2–0.8	17.0–19.2
WashU 02	76.0–96.3	2.6–8.9	5.2–6.2	-0.9–0.4	20.0–22.0
WashU 04	99.1–100.0	0.2–3.5	1.8–2.9	-0.6–1.2	9.7–11.1
WashU 36	44.9–77.7	2.3–10.0	4.3–11.7	-3.1–-2.2	19.8–27.8
WashU 63	100.0	0.5–0.7	0.4–0.7	-0.1–0.0	7.2–8.3
IMRT: Wertebereiche für den patienten- und plan-spezifischen Gewichtungsansatz nach 25 Fraktionen					
WashU 01	98.5–99.5	3.4–3.7	3.0–3.1	0.5	17.8–18.2
WashU 02	91.6–94.5	4.0–4.8	5.7–5.9	-0.1–0.0	20.4–20.6
WashU 04	100.0	1.0–1.4	1.9	0.2–0.3	10.2–10.5
WashU 36	77.4–80.0	5.1–5.4	7.2–7.4	-(0.6–0.2)	21.9–23.0
WashU 63	100.0	0.5–0.6	0.5	-0.1–0.0	7.4–7.5
IMRT anhand des Gleichgewichtungsansatzes					
WashU 01	98.6	3.6	3.1	0.5	18.1
WashU 02	91.7	4.8	5.8	-0.2	20.6
WashU 04	100.0	1.0	1.9	0.3	10.4
WashU 36	80.9	4.8	7.8	0.0	22.6
WashU 63	100.0	0.5	0.5	0.0	7.5
3D-CRT anhand des Gleichgewichtungsansatzes					
WashU 01	100.0	0.2	1.7	0.3	29.8
WashU 02	97.3	0.9	6.3	0.5	23.9
WashU 04	100.0	0.2	1.3	0.4	17.0
WashU 36	85.8	0.8	7.4	1.0	22.4
WashU 63	100.0	0.4	1.0	0.1	9.8

6.3.4.2 Dosisakkumulation in der intensitätsmodulierten Strahlentherapie: Vergleich der eingesetzten Gewichtungsschemata

Die beschriebenen Unterschiede der für einzelne Bestrahlungsfraktionen anhand des patienten- und plan-spezifischen Gewichtungsschemas berechneten IMRT-Dosisverteilungen erklären sich gemäß den Ausführungen zum Interplay-Effekt durch die vergleichsweise kurzen Bestrahlungszeiten der einzelnen IMRT-Segmente. Für die betrachteten Patienten bestanden die generierten IMRT-Pläne aus 11-24 Teilfeldern mit im Mittel 17.9 ± 10.6 MU/Segment, und ausgehend von den in Tabelle 6.1 aufgeführten Atemperioden war die Bestrahlungszeit von etwa 90% der geplanten IMRT-Segmente kürzer als die Dauer eines Atemzyklus des jeweiligen Patienten (mittlere Bestrahlungszeit: $56 \pm 36\%$ der jeweiligen Atemperiode).

In der Konsequenz belegen die Daten für das betrachtete Kollektiv, dass der Einfluss der zu Beginn der einzelnen Teilfelder vorliegenden Atemphasen auf die zu erwartende Dosisverteilung für einzelne IMRT-Bestrahlungsfraktionen nicht zu vernachlässigen ist. Die anhand des Gleichgewichtungsansatzes berechneten Maßzahlen bieten diesbezüglich nur eine unpräzise Approximation der tatsächlich zu erwartenden dosimetrischen Bewegungseffekte. Als Beispiel sei neben den bereits ausgeführten lokalen Dosisdifferenzen zwischen akkumulierter und geplanter Dosis insbesondere auf die in Tabelle 6.2 aufgeführten γ-Akzeptanzraten hingewiesen, die sich bei Anwendung des patienten- und plan-spezifischen Gewichtungsschemas für verschiedene Anfangsphasen teils sehr deutlich unterscheiden (Datensatz WashU 02: zwischen 76.0% und 96.3%; WashU 36: 44.9%–77.7%). Diese Variationen können methodisch bedingt durch den Gleichgewichtungsansatz nicht abgebildet werden.

Die in Abschnitt 6.3.4.1 beschriebenen Ergebnisse belegen allerdings ebenfalls, dass eine anhand des Gleichgewichtungsansatzes akkumulierte Dosisverteilung zumindest für ein konventionelles Bestrahlungsschema, d. h. eine größere Anzahl an Bestrahlungsfraktionen, aufgrund der Mittelungseffekte der für die einzelnen Fraktionen auftretenden, durch den Interplay-Effekt bedingten lokalen Über- und Unterdosierungen innerhalb des CTV durchaus zur Abschätzung der CTV-Dosis nach dem gesamten Behandlungszeitraum herangezogen werden kann.

6.3.4.3 Einfluss der zeitlichen Auflösung der 4D-Daten

Die verschiedenen Maßzahlen, die zur Evaluation des Einflusses der zeitlichen Auflösung der zur 4D-Dosisberechnung eingesetzten Bildsequenzen auf die resultierende Dosisverteilung ausgewertet wurden, sind in Tabelle 6.4 zusammengefasst. Sie bestätigen zunächst die in Anbetracht der bereits aufgeführten Resultate zu erwartende Aussage,

6.3 Dosisakkumulation: Untersuchung dosimetrischer Bewegungseffekte 161

dass auch das Ausmaß der Auswirkungen der Reduktion der zeitlichen Bildauflösung überwiegend von der Stärke der Tumorbewegung abhängt: Lagen etwa die maximalen punktweisen Dosisdifferenzen zwischen der anhand der vollständigen Auflösung akkumulierten Dosisverteilung und der Verteilung, die anhand von nur sechs Phasen berechnet wurde, für die Datensätze WashU 01, 04 und 63 je unterhalb von 5% der verschriebenen Dosis, so traten etwa für WashU 36 und das patienten- und plan-spezifische Gewichtungsschema Werte von bis zu 12% auf; selbst innerhalb des CTV waren Differenzen von bis zu 5% festzustellen.

Zugleich nahmen die Differenzen zu der anhand der vollständigen zeitlichen Auflösung akkumulierten Dosisverteilung generell mit reduzierter Anzahl der berücksichtigten Atemphasen zu. Insbesondere für das betrachtete 2-Phasen-Szenario, d. h. eine Dosiskumulation anhand von lediglich der CT-Daten zur maximalen Ein- und Ausatmung, traten unabhängig von der Bestrahlungstechnik und dem Akkumulationsschema Dosisdifferenzen auf, die resultierende Abschätzungen der dosimetrischen Bewegungseffekte als nicht verlässlich erscheinen lassen (WashU 36: Differenzen innerhalb des CTV von mehr als 10% selbst für den 3D-CRT-Plan bzw. den Gleichgewichtungsansatz; WashU 02: CTV-Dosisdifferenzen ebenfalls größer als 5% für alle Berechnungsschemata). Vergleichbare Einschätzungen zu der Eignung der 6- und 10-Phasen-Szenarien hängen im Detail von der modellierten Bestrahlungstechnik bzw. dem eingesetzten Gewichtungsschema ab. Wurde etwa zur Dosisakkumulation das Gleichgewichtungsschema verwendet, traten für beide Szenarien nur für einzelne Voxel größere CTV-Dosisdifferenzen auf (Dosisdifferenzen >3% für alle Patienten in lediglich <1% des CTV). Dies erscheint zumindest zur Abschätzung der CTV-Dosisabdeckung ausreichend. Korrespondierende Werte für den patienten- und plan-spezifischen Gewichtungsansatz zur Abschätzung der Interplay-Effekte bei einer IMRT-Bestrahlung waren hingegen insbesondere für die Patienten mit größerer Tumorbeweglichkeit signifikant höher (6-Phasen-Szenario für WashU 36: > 50% des CTV-Volumens weist Differenzen > 3% auf); entsprechend ist eine Reduktion der zeitlichen Auflösung der Bilddaten zur Reduktion des Aufwandes einer Dosisakkumulation in diesem Kontext als kritisch zu beurteilen.

6.3.4.4 Illustration der Auswirkungen des Einsatzes unterschiedlicher Registrierungsverfahren auf die akkumulierte Dosis

Der Einfluss des zur Bewegungsfeldschätzung eingesetzten Registrierungsverfahrens auf die akkumulierte Dosis ist in Abb. 6.5 exemplarisch für Datensatz WashU 36 und die 3D-CRT als Bestrahlungstechnik dargestellt. Die verglichenen Registrierungsverfahren unterschieden sich lediglich im Hinblick auf die Kraftberechnung; es wurden unmaskierte SSD-Kräfte maskierten Thirion-Kräften gegenübergestellt. Es zeigt sich,

Tabelle 6.4: Einfluss der Reduktion der zeitlichen Auflösung der 4D-Bilddaten auf die akkumulierte Dosisverteilung. Aufgeführt sind die maximalen Beträge der auftretenden Differenzen zwischen Dosisverteilungen, bei denen zur Dosisakkumulation einerseits die 4D-CT-Daten mit voller zeitlicher Auflösung und andererseits die Bilddsequenzen mit reduzierter zeitlicher Auflösung herangezogen wurden. Gelistet sind Werte für das klinische Zielvolumen CTV und für das gesamte Planungs-CT sowie die unterschiedlichen Bestrahlungstechniken bzw. Gewichtungsschemata.
Für die Datensätze WashU 01-04 ist die volle zeitliche Auflösung durch insgesamt 10 Atemphasen gegeben; entsprechend sind für die Spalte „Alle vs. zehn Phasen" keine Dosisdifferenzen aufgeführt („—").

	Max. Dosisdifferenzenbeträge in % der verschriebenen Dosis					
	Alle vs. zehn Phasen		Alle vs. sechs Phasen		Alle vs. zwei Phasen	
	CTV	Gesamt	CTV	Gesamt	CTV	Gesamt
IMRT: Wertebereiche für einzelne Fraktionen des patienten- und plan-spezifischen Gewichtungsansatzes						
WashU 01	—	—	1.2–1.7	3.4–3.9	3.3–4.6	7.1–7.8
WashU 02	—	—	1.1–1.6	3.8–5.5	5.6–5.8	18.5–20.1
WashU 04	—	—	0.4–0.9	1.8–2.5	0.8	6.3–8.1
WashU 36	1.3–6.2	2.2–6.8	2.2–5.5	9.1–11.6	16.1–18.4	24.5–27.1
WashU 63	0.2–0.3	1.5–1.9	0.3–0.6	3.4–4.6	0.6	5.8–8.4
IMRT: Wertebereiche für den patienten- und plan-spezifischen Gewichtungsansatz nach 25 Fraktionen						
WashU 01	—	—	1.3–1.4	3.6	3.8–4.0	7.2–7.4
WashU 02	—	—	0.9–1.3	4.0–4.4	5.7–5.8	20.2–20.4
WashU 04	—	—	0.2–0.7	2.0–2.1	0.6	6.7–7.1
WashU 36	3.5–4.2	4.1–4.9	3.1–3.9	9.2–10.6	17.2–17.9	25.5–26.1
WashU 63	0.1–0.2	1.8–1.9	0.2–0.3	3.8–3.9	0.6	7.4–8.4
IMRT anhand des Gleichgewichtungsansatzes						
WashU 01	—	—	1.3	3.5	4.0	7.3
WashU 02	—	—	1.1	4.4	5.7	19.9
WashU 04	—	—	0.2	2.0	0.6	6.9
WashU 36	3.1	3.9	3.1	9.7	17.0	18.9
WashU 63	0.1	1.7	0.2	3.9	0.5	7.1
3D-CRT anhand des Gleichgewichtungsansatzes						
WashU 01	—	—	1.1	4.3	2.4	12.4
WashU 02	—	—	0.5	5.1	8.4	20.5
WashU 04	—	—	0.1	2.9	0.2	8.3
WashU 36	1.5	2.5	1.7	8.3	12.8	22.0
WashU 63	0.1	1.5	0.2	2.7	0.4	6.9

6.3 Dosisakkumulation: Untersuchung dosimetrischer Bewegungseffekte 163

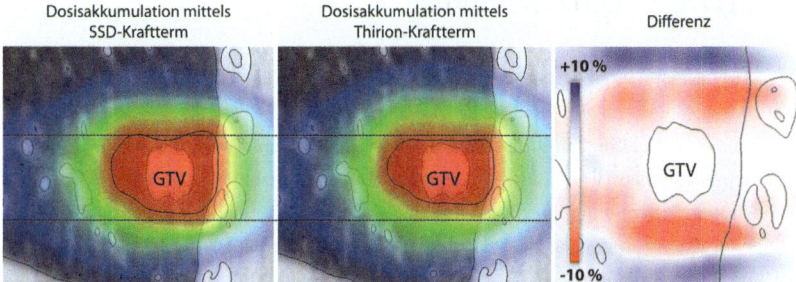

Abb. 6.5: Einfluss des eingesetzten Registrierungsverfahrens auf die akkumulierte Dosisverteilung am Beispiel von Datensatz WashU 36 (sagittaler Schnitt) und die 3D-CRT als Bestrahlungstechnik. Die Abbildung links repräsentiert die akkumulierte Dosis, die anhand einer Bewegungsfeldschätzung mittels diffeomorpher Registrierung mit diffusiver Regularisierung und unmaskierten SSD-Kräften berechnet wurde. In der Mitte ist die korrespondierende Dosisverteilung dargestellt, bei deren Berechnung allerdings nun maskierte Thirion-Kräfte zum Einsatz kamen. Rechts sind die Dosisdifferenzen in der unmittelbaren Umgebung des Tumors visualisiert (rot: SSD-Kräfte liefern eine im Vergleich höhere Dosis; Angabe in Prozent der verschriebenen PTV-Dosis). Es zeigt sich, dass die unmaskierten SSD-Kräfte im Vergleich zu den im Hinblick auf die Bewegungsfeldschätzung nachweislich präziseren Thirion-Kräften eine Unterschätzung der Bewegungseinflüsse erbringen; der Hochdosisbereich (hervorgehoben: 95%-Isodosislinie) ist deutlich größer.

dass bei Einsatz der unmaskierten SSD-Kräfte die berechnete atmungsbedingte Verwischung der Dosisverteilung geringer und folglich der Hochdosisbereich größer ausgeprägt ist. Dies ist anhand der Erläuterungen zum Einfluss der Kraftterme auf die Bewegungsfeldschätzung aus Kapitel 3 zu erklären, nach denen unmaskierte Kräfte nahe der Lungengrenze zu einer Unterschätzung der lungeninternen Bewegung führen und dieser Effekt für die SSD-Kräfte noch weiter verstärkt wird. Als Konsequenz werden die zu erwartenden dosimetrischen Bewegungseffekte in diesen Bereichen dann, wie in Abb. 6.5 zu erkennen, ebenfalls als geringer eingeschätzt. Die quantitative Auswertung der Differenzen erbrachte für diese Regionen lokale Dosisdifferenzen von bis zu 18% der verschriebenen PTV-Dosis; selbst innerhalb des CTV traten Differenzen von bis zu 5% auf. Legt man die anhand der maskierten Thirion-Kräfte berechneten Dosisverteilungen als Vergleichsmaßstab zugrunde, beschrieben diese Differenzen übereinstimmend mit den vorstehenden Erläuterungen eine Überschätzung der CTV-Dosis bei Anwendung der unmaskierten SSD-Kräfte.

6.4 Über die Dosisakkumulation in einzelnen 4D-CT-Daten hinaus

Dem Ablauf einer typischen 4D-Bestrahlungsplanung entsprechend basierten die vorstehend beschriebenen Untersuchungen zu dosimetrischen Bewegungseffekten auf der in Abschnitt 6.2 eingeführten Dosisakkumulation in patientenindividuellen 4D-CT-Daten; für einen gegebenen Bestrahlungsplan wurde also ein einzelner 4D-CT-Datensatz des betrachteten Patienten herangezogen, anhand dessen eine unter Berücksichtigung der abgebildeten Atembewegungen zu erwartende Dosisverteilung berechnet wurde. Wie bereits in Kapitel 1.2 ausgeführt, sind jedoch einerseits 4D-Bilddaten in der Strahlentherapie derzeit häufig nicht verfügbar. Andererseits repräsentiert ein einzelner 4D-CT-Datensatz gegebenenfalls nur einen Ausschnitt der während der Bestrahlung tatsächlich auftretenden Bewegungen des Patienten. Beiden Aspekten kann über die in den Kapiteln 4 und 5 präsentierten Verfahren zur modellbasierten Bewegungsfeldschätzung begegnet werden. Die prinzipielle Anwendbarkeit der jeweiligen Ansätze zur Bewegungsprädiktion wurde bereits in den entsprechenden Kapiteln belegt; in diesem Abschnitt wird nun ihr Einsatz zur modellbasierten Dosisakkumulation demonstriert.

6.4.1 Abschätzung von Bewegungseffekten anhand des mittleren Modells der Lungenbewegung

Zunächst wird als Lösungsansatz für die Situation, dass lediglich ein 3D-Planungsdatensatz eines Lungentumorpatienten vorliegt, das in Kapitel 4 präsentierte 4D-MMM bzw. unter Einbeziehung von patientenspezifischen Spirometriedaten dessen in Kapitel 5.3.1.1 beschriebene Variante zur modellbasierten Abschätzung der Atembewegungen von Lunge und Tumor und deren Auswirkungen auf die Dosisverteilung eingesetzt. Das prinzipielle, in Abschnitt 6.2 beschriebene Vorgehen zur Dosisakkumulation ändert sich nicht; bei Übereinstimmung der zu dem Bestrahlungsplanungs-CT korrespondierenden Atemphase des Patienten und der Referenzphase, die zur 4D-MMM-Erstellung gewählt wurde, sind im Wesentlichen die zuvor registrierungsbasiert geschätzten Transformationen φ_i aus Gleichung 6.5 bzw. 6.7 durch die modellbasierten Prädiktionen $\hat{\varphi}_i$ bzw. $\hat{\varphi}_i^{(\lambda)}$ aus den Gleichungen 4.9 bzw. 5.9 zu ersetzen. Weiterhin wird die Abhängigkeit der Dosisverteilungen $D_{j,i}$ von der Atemphase $i \in \{0, \ldots, n_{\text{Ph}} - 1\}$ vernachlässigt, d. h. als Dosisberechnungsgrundlage dient lediglich diejenige 3D-Dosisverteilung, die für das 3D-Planungs-CT des zu betrachtenden Patienten ermittelt wurde.
Zur Demonstration des Vorgehens wurden die Bestrahlungspläne für die Datensätze

6.4 Über die Dosisakkumulation in einzelnen 4D-CT-Daten hinaus

WashU 02 und 36, d. h. die Patienten mit der größten Tumorbeweglichkeit, herangezogen und für diese modellbasiert die unter Berücksichtigung der Atembewegung zu erwartenden Dosisverteilungen $D^{\text{Frakt},4\text{D}}$ abgeschätzt. Eingesetzt wurden diejenigen 4D-MMM-Modelle, die bereits im Rahmen der Leave-One-Out-Tests in Kapitel 4 bzw. in Abschnitt 5.3.1.1 zur Bewegungsprädiktion verwendet wurden. Folglich stimmten jedoch im vorliegenden Fall Bestrahlungsplanungsphase und 4D-MMM-Referenzphase nicht überein. Als Lösungsansatz wurden die gesuchten Transformationen $\hat{\varphi}_i = \hat{\varphi}_{\text{MI},i}$ bzw. $\hat{\varphi}_i^{(\lambda)} = \hat{\varphi}_{\text{MI},i}^{(\lambda)}$ unter Rückgriff auf die aus den vorherigen Kapiteln bekannten Transformationen und bei Vernachlässigung etwaiger Transitivitätsfehler über $\hat{\varphi}_{\text{MI},i} = \hat{\varphi}_{\text{EI},i} \circ \hat{\varphi}_{\text{EI},\text{MI}}^{-1}$ und analog für $\hat{\varphi}_i^{(\lambda)}$ approximiert. $\hat{\varphi}_{\text{EI},i} = \psi^{-1} \circ \exp(\bar{v}_{\text{EI},i}) \circ \psi$ waren gerade die mittels ψ aus dem Atlas- in das Patientenkoordinatensystem übertragenen 4D-MMM-Bewegungsfelder aus Kapitel 4; bei Einsatz der Methodik in der klinischen Praxis hätte stattdessen allerdings z. B. ein 4D-MMM mit geeigneter Referenzphase berechnet werden müssen.

Die für den Datensatz WashU 02 und den zugehörigen 3D-CRT-Plan anhand der modellbasiert abgeschätzten Bewegungsfelder akkumulierte Dosisverteilung ist zur Veranschaulichung in Abb. 6.6 dargestellt; als Vergleich sind ebenfalls die ursprünglich geplante Dosisverteilung und die unter Verwendung der 4D-CT-Daten des Patienten gemäß Abschnitt 6.2 akkumulierte Dosis abgebildet. Es zeigt sich, dass die akkumulierten Dosisverteilungen und somit die prädiktierten Bewegungseffekte sehr ähnlich erscheinen. Diese Beobachtung wird – gleichfalls für den Datensatz WashU 36 und die IMRT-Pläne – durch die in Tabelle 6.5 aufgeführten Werte zur Beurteilung der Dosisabdeckung des CTV weiter bestätigt; jeweilige Angaben zu minimaler und maximaler CTV-Dosis und maximalen CTV-Dosisdifferenzen zum ursprünglichen Bestrahlungsplan liegen nah beieinander. Für den Datensatz WashU 36 wird allerdings der Nutzen der Einbringung der patientenspezifischen Spirometriedaten zur modellbasierten Bewegungsfeldschätzung bzw. Dosisakkumulation deutlich: Für das ursprüngliche 4D-MMM wird die Tumorbewegung des Patienten unterschätzt (prädiktierte Tumorbewegungsamplitude: 12.0 mm; Bewegung gemäß 4D-CT-Daten: 19.5 mm); dieses kann zum Teil durch die Skalierung der Felder anhand der Spirometriedaten des Patienten kompensiert werden (hier: Skalierungsfaktor $\lambda = 1.15$; resultierende Tumorbewegungsamplitude: 13.8 mm). Insgesamt belegen die Ergebnisse somit im Hinblick auf das betrachtete Anwendungsszenario den potentiellen Nutzen einer 4D-MMM-basierten Abschätzung dosimetrischer Bewegungseffekte in der Strahlentherapie von Lungentumoren. Allerdings wurden natürlich lediglich zwei Patienten mit kleinen und nicht-angewachsenen Lungentumoren für den Nachweis herangezogen. Für solche ist wiederum gemäß den Ausführungen in Kapitel 4 bei einer 4D-MMM-basierten Bewegungsprädiktion gerade die höchste

Kapitel 6 – 4D-Dosisberechnung

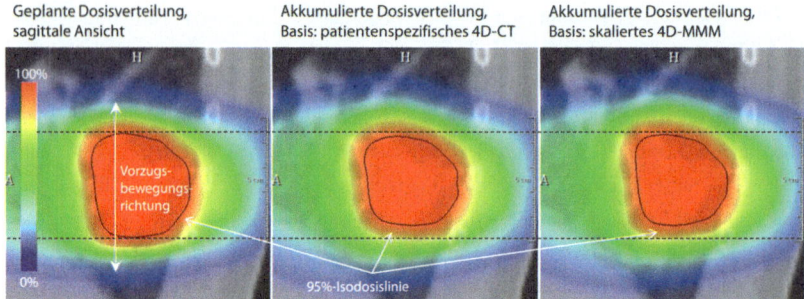

Abb. 6.6: Veranschaulichung der modellbasiert abgeschätzten dosimetrischen Bewegungseffekte am Beispiel von Datensatz WashU 02. Abgebildet sind die ursprünglich geplante 3D-CRT-Dosisverteilung (links), die zugehörige akkumulierte Dosisverteilung, die anhand der patientenspezifischen 4D-CT-Daten und registrierungsbasierter Bewegungsfeldschätzungen berechnet wurde (Mitte; Tumorbewegungsamplitude 12.2 mm) sowie die anhand der über die Spirometriedaten des Patienten skalierten 4D-MMM-Felder abgeschätzte 4D-Dosisverteilung (rechts; prädiktierte Tumorbewegungsamplitude 15.0 mm).

Tabelle 6.5: Quantitative Auswertung der 4D-MMM-basierten Dosisakkumulation: Maximale und minimale Dosis im klinischen Zielvolumen CTV sowie maximale Dosisdifferenzen innerhalb des CTV im Vergleich zu der ursprünglich geplanten Dosisverteilung. Angegeben sind Werte für eine Dosisakkumulation nach Abschnitt 6.4 (d. h. unter Berücksichtigung der patientenindividuellen 4D-CT-Daten und Bewegungsfeldschätzungen φ), eine Dosisakkumulation anhand des ursprünglichen 4D-MMM (Felder $\hat{\varphi}$) sowie für eine unter Einbeziehung eines anhand der patientenspezifischen Spirometriedaten skalierten 4D-MMM akkumulierte Dosisverteilung (Felder $\hat{\varphi}^{(\lambda)}$). Es ist zu beachten, dass für die IMRT-Pläne jeweilige Werte für einzelne Bestrahlungsfraktionen variieren (vergleiche Abschnitt 6.3.4); für die verschiedenen Ansätze zur Dosisakkumulation sind jeweils die bezüglich der einzelnen Kriterien ungünstigsten Werte aufgeführt.

Daten-	Bewe-	3D-CRT		IMRT	
satz	gungsfeld	$D_{\min}(\mathbf{CTV})$ / $D_{\max}(\mathbf{CTV})$ [%]	Max. $\|DD\|$ im CTV [%]	$D_{\min}(\mathbf{CTV})$ / $D_{\max}(\mathbf{CTV})$ [%]	Max. $\|DD\|$ im CTV [%]
WashU 02	φ	94.8 / 103.0	6.3	93.1 / 111.4	8.9
	$\hat{\varphi}$	94.6 / 103.0	5.2	94.9 / 111.0	6.9
	$\hat{\varphi}^{(\lambda=0.95)}$	95.4 / 103.1	6.0	95.0 / 110.9	6.2
WashU 36	φ	92.3 / 102.0	7.4	90.8 / 112.3	11.7
	$\hat{\varphi}$	95.6 / 103.9	3.9	92.4 / 111.1	13.8
	$\hat{\varphi}^{(\lambda=1.15)}$	94.5 / 103.8	5.7	91.1 / 111.1	15.0

6.4 Über die Dosisakkumulation in einzelnen 4D-CT-Daten hinaus

Genauigkeit zu erwarten. Es bleibt folglich zu untersuchen, inwieweit die präsentierten Resultate auch für angewachsene und größere Lungentumoren bzw. allgemein für größere Patientenkollektive bestätigt werden können.

6.4.2 Illustration des Einflusses von Intrapatienten-Bewegungsvariabilitäten auf die akkumulierte Dosis

Zuletzt die dosimetrischen Auswirkungen intraindividueller Variationen von Atemmustern adressierend wird nun der in Kapitel 5.2 präsentierte MLR-basierte Ansatz zur Verknüpfung patientenspezifischer Spirometrieaufnahmen und Bewegungsfeldschätzungen für eine surrogatbasierte Dosisakkumulation genutzt.
Seien hierzu $\varphi_i := \varphi_{\text{MI},i}$ ($i \in \{0, \ldots, n_{\text{Ph}} - 1\}$) die in Abschnitt 6.3 zur ursprünglichen Dosisakkumulation eingesetzten, registrierungsbasiert berechneten Bewegungsfelder zwischen der Bestrahlungsplanungsphase MI und den anderen Phasen des 4D-CT-Datensatzes des Patienten sowie ζ_i^{spiro} die zugehörigen Spirometriemessungen (Spirometriewerte relativ zu $\zeta_{\text{MI}}^{\text{spiro}}$ angegeben; siehe Kapitel 5.2). Dann wird zur Repräsentation des Zusammenhangs zwischen den Daten gemäß Gleichung 5.5 ein OLS-Schätzer $\mathbf{B}^{\text{spiro}}$ trainiert und dieser weiter genutzt, um unter Verwendung der patientenspezifischen Spirometriedaten auf einen Teil der vereinfachenden Annahmen, die bei Herleitung der Schemata zur Dosisakkumulation in 4D-CT-Daten im Kontext der zeitlichen Diskretisierung bzw. Gleichung 6.4 vorgenommen wurden, zu verzichten.
In Übereinstimmung mit Abschnitt 6.2 seien diesbezüglich mit $t_j^{(0)}$ und $t_j^{(e)}$ die Anfangs- und Endzeit des j-ten Feldes eines Bestrahlungsplans eines Patienten und mit $\hat{\zeta}^{\text{spiro}}$: $\left[t_j^{(0)}, t_j^{(e)}\right] \to \mathbb{R}$ die Spirometriewerte für Zeitpunkte $t \in \left[t_j^{(0)}, t_j^{(e)}\right]$ dieses Zeitintervalls bezeichnet. Sei $\hat{v} : \Omega \times \mathbb{R} \to \Omega$ zudem das gemäß Gleichung 5.6 über den OLS-Schätzer $\mathbf{B}^{\text{spiro}}$ und die Spirometriemessung $\hat{\zeta}^{\text{spiro}}$ prädiktierte Geschwindigkeitsfeld und $\hat{\varphi}\left(x, \hat{\zeta}^{\text{spiro}}(t)\right) = \exp\left(\hat{v}\left(x, \hat{\zeta}^{\text{spiro}}(t)\right)\right)$ die zugehörige Bewegungsfeldschätzung bzw. Transformation zu t. Dann lässt sich die in Gleichung 6.4 beschriebene zeitliche Diskretisierung des kontinuierlich formulierten Problems der Dosisakkumulation unter äquidistanter Zerlegung des Zeitintervalls $\left[t_j^{(0)}, t_j^{(e)}\right]$ in n Teilintervalle der Länge $\Delta t = \left(t_j^{(e)} - t_j^{(0)}\right)/n$ wie folgt umschreiben:

$$\int_{t_j^{(0)}}^{t_j^{(e)}} \dot{D}(x(t), t) \, dt \approx \sum_{l=1}^{n} \dot{D}_j(x(t_l), t_l) \, \Delta t$$

$$\approx \Delta t \sum_{l=1}^{n} \dot{D}_j\left(\hat{\varphi}\left(x, \hat{\zeta}^{\text{spiro}}(t_l)\right), t_l\right)$$

$$\approx \frac{\Delta t}{t_j^{(e)} - t_j^{(0)}} \sum_{l=1}^{n} D_j \left(\hat{\varphi} \left(x, \hat{\zeta}^{\text{spiro}}(t_l) \right), \hat{\zeta}^{\text{spiro}}(t_l) \right)$$

$$= \frac{1}{n} \sum_{l=1}^{n} D_j \left(\hat{\varphi} \left(x, \hat{\zeta}^{\text{spiro}}(t_l) \right), \hat{\zeta}^{\text{spiro}}(t_l) \right) \qquad (6.12)$$

mit $t_j^{(0)} = t_1 - 1/2\Delta t$ und $t_j^{(e)} = t_n + 1/2\Delta t$. Die Betrachtung einer gesamten Bestrahlungsfraktion bzw. des gesamten Therapiezeitraums ergibt sich als triviale Erweiterung des berücksichtigten Zeitintervalls.

In Gleichung 6.12 bezeichnet $D_j \left(\cdot, \hat{\zeta}^{\text{spiro}}(t_l) \right)$ diejenige Dosisverteilung, die sich für die gegebene Bestrahlungskonfiguration und die t_l bzw. $\hat{\zeta}^{\text{spiro}}(t_l)$ entsprechende anatomische Konstellation, d. h. die Lage und Beschaffenheit der Organe und Tumoren des Patienten, ergibt. Im vorliegenden Fall sind allerdings lediglich die bildbasiert berechneten Verteilungen $D_{j,i}$ für die zu den 4D-CT-Daten korrespondierenden Atemphasen $s_i, i \in \{0, \ldots, n_{\text{Ph}} - 1\}$ bekannt (vergleiche Abschnitt 6.2); für die nachstehenden Experimente wird aus diesen bzw. den zugehörigen Spirometriewerten die Verteilung $D_j \left(\cdot, \hat{\zeta}^{\text{spiro}}(t_l) \right)$ mittels Nächster-Nachbar-Interpolation bestimmt.

Zur Demonstration einer MLR-basierten Dosisakkumulation anhand von Gleichung 6.12 und resultierender Dosisverteilungen werden wiederum die Datensätze WashU 02 und 36 bzw. zugehörige IMRT-Bestrahlungspläne herangezogen und die Auswirkung der Bewegungsvariabilität während einzelner Bestrahlungsfraktionen betrachtet. Hierzu werden in den patientenspezifischen Spirometriedaten je zwei Messwertbereiche festgelegt, deren Länge der Dauer $\left(t^{(e)} - t^{(0)} \right)$ einer Fraktion des Bestrahlungsplans des Patienten entspricht. Die gewählten Bereiche zeichnen sich durch eine minimale bzw. maximale mittlere Abweichung der Messwerte von dem zur Bestrahlungsplanungsphase korrespondierenden Spirometrievolumen aus. Durch den ersten Bereich wird folglich ein Szenario minimaler Bewegungsvariabilität definiert; der zweite Bereich ist als Szenario maximaler Variabilität zu verstehen. Die Messwerte der beiden Bereiche werden mit einer Auflösung von $\Delta t = 0.1$ s abgetastet, und die zugehörigen Spirometriedaten repräsentieren dann die gesuchten Surrogatbeobachtungen $\hat{\zeta}^{\text{spiro}}(t_l)$.

Die eingesetzten Spirometriemessungen bzw. die zur Dosisberechnung genutzten Bereiche der Atemkurven beider Patienten sind in Abbildung 6.7 dargestellt. Die Kurven lassen hinsichtlich der Regelmäßigkeit der Atmung auf deutliche Unterschiede zwischen den Patienten schließen. Insbesondere weist die obere Atemkurve Abschnitte auf, die auf eine tiefere Einatmung hinweisen. Einer dieser Bereiche wurde für den Datensatz WashU 02 gemäß den vorstehenden Ausführungen für das Szenario maximaler Bewegungsvariabilität zur MLR-basierten Dosisakkumulation ausgewählt (Bereich II in der

6.4 Über die Dosisakkumulation in einzelnen 4D-CT-Daten hinaus

MLR-basierte Dosisakkumulation, Beispiel 1:

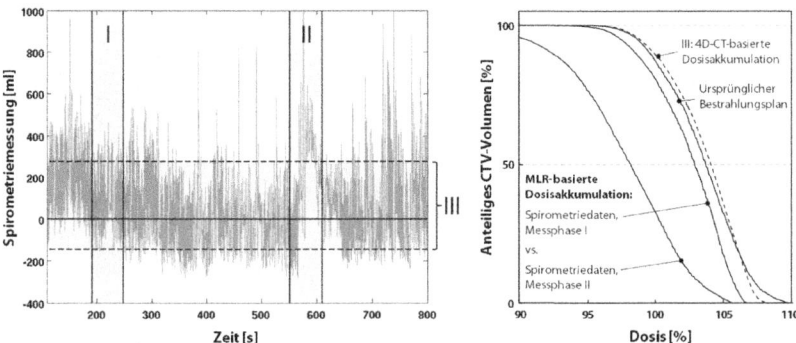

MLR-basierte Dosisakkumulation, Beispiel 2:

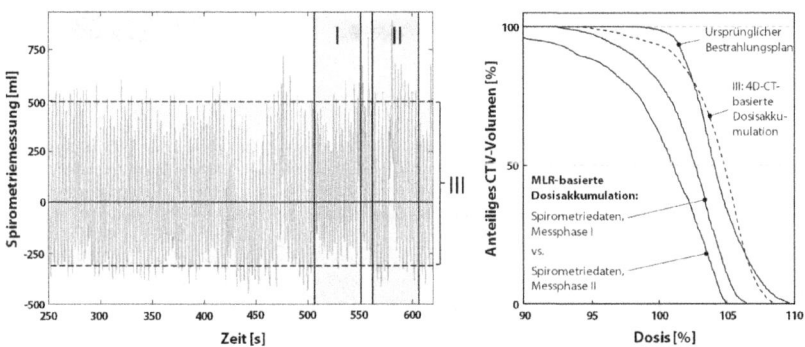

Abb. 6.7: Links: Während der 4D-CT-Datengewinnung aufgezeichnete exemplarische Spirometriesignale. Im vorliegenden Fall sind die Messwerte je um das Volumen zentriert, das der Atemphase des CT-Datensatzes entspricht, der zur Bestrahlungsplanung eingesetzt wurde (oben: Datensatz WashU 02; unten: WashU 36). Die gestrichelten horizontalen Linien kennzeichnen weiterhin jeweils den Median der lokalen Minima und Maxima der Atemkurven. Gemäß den Ausführungen in Kapitel 2.3.1 wurden hierdurch bei der 4D-CT-Rekonstruktion die Phasen der maximalen Ein- und Ausatmung festgelegt; die 4D-CT-Daten können folglich als die Bewegungen innerhalb der mit III bezeichneten Bereiche repräsentierend interpretiert werden. Die Messwertbereiche I und II sind diejenigen Datenbereiche, die zur MLR-basierten Dosisakkumulation herangezogen wurden (Bereich I: minimale mittlere Abweichung der Messwerte vom Spirometervolumen der Bestrahlungsplanungsphase; Bereich II: maximale Abweichung).
Rechts: Jeweils korrespondierendes Dosis-Volumen-Histogramm zur Veranschaulichung der CTV-Dosisabdeckung bei Berücksichtigung der Atembewegungen im Rahmen einer ausschließlich 4D-CT-basierten sowie einer MLR-basierten Dosisakkumulation (hier: MLR anhand der links aufgeführten Spirometriemessungen; Bestrahlungsplanungsmodalität IMRT; Dosisangaben je in Prozent der verschriebenen PTV-Dosis).

170   Kapitel 6 – 4D-Dosisberechnung

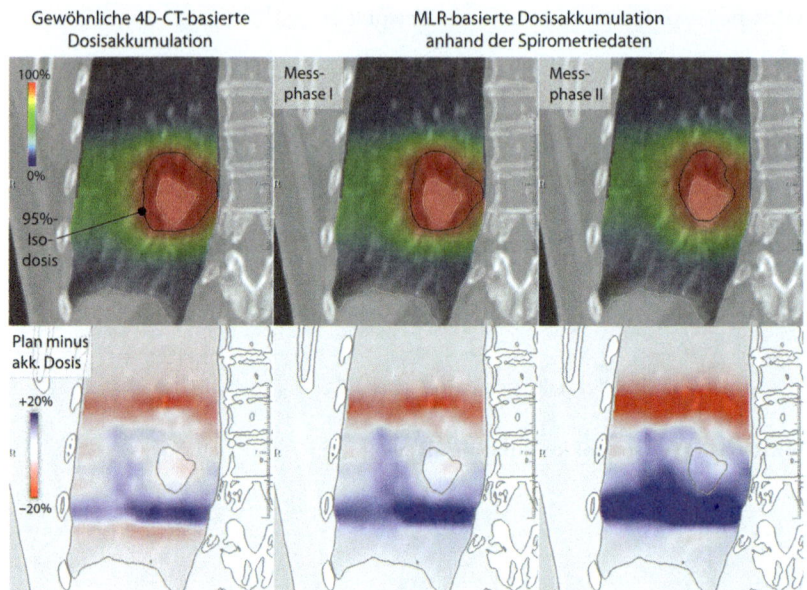

Abb. 6.8: Illustration der Auswirkungen der Berücksichtigung von Intrapatienten-Bewegungsvariabilitäten auf die akkumulierte Dosisverteilung. Links sind die akkumulierte Dosisverteilung und resultierende Dosisdifferenzen im Vergleich zur geplanten Dosisverteilung dargestellt, die sich bei einer Berechnung unter ausschließlicher Verwendung der 4D-CT-Daten des Patienten ergeben (hier: WashU 02; Dosisakkumulation anhand des Gleichgewichtungsschemas, siehe Kapitel 6.2 für Details). In der Mitte und rechts sind korrespondierende Verteilungen für anhand der 4D-CT-Daten sowie der Spirometriemessungen aus Abb. 6.7 durchgeführte MLR-basierte Dosisberechnungen gegeben. Die mittlere Spalte entspricht hierbei dem Messdatenbereich I und die rechte Spalte dem Bereich II aus Abb. 6.7.

Abbildung); die zu erwartenden Auswirkungen auf die Dosisverteilung sind in den Abbildungen 6.7 (rechte Seite) und 6.8 illustriert. Es zeigen sich deutliche Unterschiede zu sowohl der geplanten Dosisverteilung (maximale punktweise Dosisdifferenzen bis zu 38% der verschriebenen PTV-Dosis; maximale Differenzen innerhalb des CTV bis zu 23%) als auch zu den gemäß den Ausführungen in Kapitel 6.2 akkumulierten Dosisverteilungen, für deren Berechnung ausschließlich die in den 4D-CT-Daten repräsentierten Bewegungsinformationen genutzt wurden. Das zugehörige, in Abbildung 6.7 aufgeführte Dosis-Volumen-Histogramm demonstriert weiterhin, dass für dieses Szenario nur noch ca. 75% des klinischen Zielvolumens mindestens 95% der verschriebenen PTV-Dosis erhalten. Überdies bestätigt Abbildung 6.8 die durch die Spirometriemessungen geweckte Erwartung, dass dies vornehmlich dadurch bedingt ist, dass der Tumor sich durch die tiefere Einatmung aus dem Hochdosisbereich hinausbewegt und somit vor allem in inferioren Bereichen des CTV Unterdosierungen auftreten.

Über dieses Worst-Case-Szenario hinaus ist allerdings anzumerken, dass die DVH-CTV-Kurven der MLR-basierten Dosisakkumulation auch für den Datensatz WashU 36, d. h. einen Patienten mit recht regelmäßiger Atmung, und hierbei selbst für die Berechnungen anhand der Bereiche minimaler Bewegungsvariabilität im Vergleich zu einer Dosisakkumulation anhand von ausschließlich 4D-CT-Daten deutlich in den Bereich niedrigerer Dosis verschoben sind.

Zum Teil ist das beobachtete Verhalten auf die vorgenommene Definition der Phasen maximaler Ein- und Ausatmung im Rahmen der 4D-CT-Rekonstruktion zurückzuführen; vor allem die beschriebene Größenordnung der 4D-CT-basierten Unterschätzung der auftretenden Bewegungen bzw. der dosimetrischen Bewegungseffekte verbleibt zunächst anhand von z. B. Bildsequenzen, die mittels anderer Verfahren rekonstruiert wurden, zu bestätigen. Unabhängig von diesen und weiteren ausstehenden Untersuchungen und Evaluationen (siehe im Detail Kapitel 7.1) erwies sich der präsentierte Ansatz einer MLR-basierten Dosisakkumulation, anhand derer unter Einbeziehung von Bewegungsindikatorsignalen Informationen über Intrapatienten-Bewegungsvariabilitäten bei der Abschätzung zu erwartender dosimetrischer Bewegungseffekte berücksichtigt werden können, aber als zielführender methodischer Ansatz.

6.5 Interpretation der Resultate im Hinblick auf die klinische Praxis

Gegenstand dieses Kapitels war der Einsatz der in den vorherigen Kapiteln entwickelten Verfahren zur optimierten Bewegungsfeldschätzung, um unter Verwendung des Prinzips der Dosisakkumulation zu erwartende Auswirkungen von Lungentumorbewegungen auf die Dosisverteilung abzuschätzen und zu untersuchen. Die erarbeiteten Ergebnisse werden nun nachstehend hinsichtlich möglicher klinischer Implikationen interpretiert bzw. diesbezüglich bereits getroffene Aussagen noch einmal zusammengefasst. Hierbei ist zu beachten, dass das betrachtete Patientenkollektiv zwar etwa das Spektrum der in der Praxis zu erwartenden Tumorbewegungsmuster abbildet; aufgrund der geringen Kollektivgröße sind resultierende Aussagen allerdings dennoch vorbehaltlich einer Verifikation anhand eines größeren Patientenkollektivs zu verstehen.

Die durchgeführten Dosisberechnungen zeigen zunächst, dass die gewählten konventionellen CTV-PTV-Sicherheitssäume von ca. 10 mm nicht für alle Patienten ausreichen, um insbesondere Unterdosierungen innerhalb des CTV zu verhindern. Diese Aussage gilt sowohl für die betrachteten IMRT- als auch die 3D-CRT-Pläne. Weiterhin sei darauf hingewiesen, dass die Bestrahlungsplanung im vorliegenden Fall anhand von

CT-Daten zu einer Atemmittelphase durchgeführt wurde. Liegen für einen Patienten keine 4D-Bilddaten vor, kann dieses (zumindest ohne Einsatz eines ergänzenden Bewegungsindikators) nicht gewährleistet werden. Falls z. B. in der Praxis die Planungsdaten eher zu Extremphasen der Atmung korrespondieren, übersteigen die tatsächlichen Bewegungseffekte bei vergleichbarer Tumorbeweglichkeit und Sicherheitssaumdimensionierung das Ausmaß der in der vorliegenden Arbeit berechneten Bewegungseffekte. Für diesbezüglich weiterführende Informationen sei z. B. auf Simulationsstudien verwiesen, bei denen die Bestrahlungsplanung auf EE- oder EI-CT-Daten durchgeführt wurde [Brock et al. 2003; Guerrero et al. 2005; Rosu et al. 2005]. Aus klinischer Sicht können die Resultate und Aussagen folglich als Beleg für den Nutzen und so als ein Plädoyer für die Aufnahme von patientenspezifischen 4D-Bilddaten zur Dimensionierung von Sicherheitssäumen im Rahmen der Bestrahlungsplanung aufgefasst werden. Falls die Aufnahme von 4D-Bilddaten allerdings nicht möglich sein sollte, erscheint alternativ eine modellbasierte Abschätzung der zu erwartenden Bewegungen und resultierender dosimetrischer Bewegungseffekte anhand eines Ansatzes wie dem 4D-MMM sinnvoll.

Im Hinblick auf die 4D-CT-Bildgebung bzw. die erforderliche zeitliche Auflösung von 4D-Planungsdaten wurde für die betrachteten Patienten zudem gezeigt, dass zumindest für die 3D-CRT als Bestrahlungsplanungsmodalität bzw. eine Dosisakkumulation anhand des Gleichgewichtungsschemas die Rekonstruktion von Bilddaten zu ca. sechs Atemphasen (einschließlich maximaler Ein- und Ausatmung) als Grundlage einer verlässlichen bildbasierten 4D-Dosisberechnung ausreichen. Für die IMRT bzw. den Einsatz des patienten- und plan-spezifischen Gewichtungsschemas zur Abschätzung der Interplay-Effekte kann eine vergleichbare Aussage anhand des betrachteten Patientenkollektivs bislang nicht getroffen werden. Für beide Gewichtungsschemata zeigte sich jedoch, dass keine verlässliche Abschätzung der dosimetrischen Bewegungseffekte zu erwarten ist, wenn lediglich die Daten zu den Extremphasen der Atmung die Basis einer Dosisakkumulation bilden. Es sei an dieser Stelle darauf hingewiesen, dass die letzte Feststellung einerseits im direkten Gegensatz zu Aussagen in [Rosu et al. 2007a] steht, nach denen eine Berücksichtigung von zwei Atemphasen zur 4D-Dosisberechnung im Detail ausreiche; sie werden aber andererseits durch Beobachtungen in [Flampouri et al. 2006] gestützt, nach denen Differenzen zu Dosisberechnungen anhand von zehn Phasen (Dosisakkumulation anhand des Gleichgewichtungsansatzes) ab einer zeitlichen Bildauflösung von fünf Phasen vernachlässigbar seien.

Weiterhin illustrieren die exemplarischen Betrachtungen zu den dosimetrischen Auswirkungen der Intrapatienten-Bewegungsvariabilität jedoch, dass die durch einen 4D-CT-Datensatz repräsentierten Bewegungen und hierauf basierende 4D-Dosisberechnungen mitunter eine Unterschätzung der während der Bestrahlung zu erwartenden Bewegungen

6.5 Interpretation der Resultate im Hinblick auf die klinische Praxis

und Bewegungseffekte darstellen. Die Berücksichtigung der patientenindividuellen Veränderungen der Atemmuster erscheint aus klinischer Sicht somit ebenfalls als relevant, zumal sich die den durchgeführten Untersuchungen zugrunde liegende Modellbildung ausschließlich auf die Variabilität während eines vergleichsweise kurzen Zeitraums bezog (<10 min). Konsequenzen aus eventuell über den gesamten Therapieverlauf auftretenden Veränderungen der Atemmuster der Patienten bleiben bislang unklar. Der Einsatz von 4D-bildgebenden Verfahren, die eine Darstellung solcher Variabilitäten bzw. Veränderungen sowie eine diesbezügliche Anpassung der Sicherheitssäume erlauben, erscheint zumindest für Patienten mit stärkerer Tumorbewegung als sinnvoll. Mangels des Vorliegens solcher Datensätze ist das tatsächliche Ausmaß der Intrapatienten-Bewegungsvariabilitäten allerdings zurzeit weitgehend unbekannt. Diesbezügliche Untersuchungen sind Gegenstand aktueller Forschung und deren Resultate hinsichtlich einer abschließenden Einschätzung abzuwarten.

Für die IMRT im Speziellen bestätigte die Anwendung des patienten- und planspezifischen Gewichtungsschemas überdies, dass durch den Interplay-Effekt für einzelne Bestrahlungsfraktionen selbst bei angemessen dimensionierten Sicherheitssäumen Unter- und/oder Überdosierungen innerhalb des CTV auftreten können. In Übereinstimmung mit statistischen Betrachtungen in [Bortfeld et al. 2002] wurde allerdings ebenfalls gezeigt, dass sich diese über den gesamten Therapieverlauf (hier: konventionelles Fraktionierungsschema, 25×2 Gy) gegenseitig weitgehend aufheben. Die klinische bzw. strahlenbiologische Relevanz der für die einzelnen Fraktionen auftretenden lokalen Differenzen zur ursprünglich geplanten Dosisverteilung sind derzeit noch weitgehend unklar [Seco et al. 2007] und bedürfen weiterer Untersuchungen. Die Frage, inwieweit die IMRT vor diesem Hintergrund zur Bestrahlung von atmungsbewegten Tumoren geeignet ist, bleibt somit vorerst unbeantwortet.

Es sei abschließend darauf hingewiesen, dass sich vorstehende Aussagen vorrangig auf den in diesem Kapitel betrachteten Anwendungsfall einer 3D-Strahlentherapie beziehen. Grundsätzlich kann versucht werden, den beschriebenen Bewegungseffekten durch den Einsatz der in Kapitel 1.1.2.1 geschilderten Ansätze zur expliziten Berücksichtigung der Atembewegung während der Bestrahlung (atemgetriggerte Bestrahlung, aktive Tumorverfolgung) zu begegnen. Allerdings bleibt die Problematik einer angemessenen Sicherheitssaumdimensionierung aufgrund residualer Bewegungen bzw. verbleibender Lokalisierungsungenauigkeiten von Tumoren und OAR weiterhin bestehen – und mit ihr in der Regel die Notwendigkeit zur Durchführung von 4D-Dosisberechnungen (siehe wiederum Abb. 1.2). Hinsichtlich des diesbezüglichen klinischen Einsatzes von Verfahren zur Dosisakkumulation bzw. der Verlässlichkeit resultierender Aussagen sei jedoch entsprechend der Motivation zu der vorliegenden Dissertation und in Anbetracht der

Ergebnisse aus Abschnitt 6.3.4.4 noch einmal auf das Erfordernis einer gründlichen Evaluation der zugrunde liegenden Verfahren zur Bewegungsfeldschätzung hingewiesen – bzw. der Einsatz von hierzu optimierten Methoden wie z. B. den präsentierten Verfahren nahegelegt.

Kapitel 7

Zusammenfassung und Ausblick

Die vorliegende Dissertation ist in dem Kontext der Strahlentherapie atmungsbewegter Tumoren entstanden. Aus Anwendungssicht stand der klinisch wichtige Fall der Therapie von Lungentumoren im Vordergrund; hierbei lag der Fokus der Arbeit auf der 4D-Bestrahlungsplanung, die das zentrale Bindeglied zwischen Bildgebung und Bestrahlung sowie eine integrale Komponente von Konzepten zur Berücksichtigung atmungsbedingter Bewegungen während der Therapie darstellt, bzw. auf deren wesentlichen und für die Dissertation namensgebenden Bestandteilen der Bewegungsfeldschätzung und Dosisakkumulation. Eine 4D-Bestrahlungsplanung beruht in der Regel auf 4D-CT-Daten, die als zeitliche Sequenzen von 3D-Bilddaten die Patientenanatomie zu unterschiedlichen Atemphasen abbilden. Gegenstand der Bewegungsfeldschätzung ist die Abschätzung und Beschreibung der Bewegungen, die die abgebildeten anatomischen und pathologischen Strukturen zwischen diesen Atemphasen durchgeführt haben; resultierende Bewegungsfelder repräsentieren die Bewegungspfade der verschiedenen Strukturen bzw. der einzelnen Bildpunkte während der Atmung. Diese Trajektorien stellen wiederum die Basis der so genannten 4D-Dosisberechnung bzw. Dosisakkumulation dar, anhand derer das Risiko abgeschätzt wird, inwieweit eine geplante Dosisverteilung bei Berücksichtigung der patientenspezifischen Atemdynamik dem ursprünglichen Planungsziel gerecht wird bzw. ob die zu erwartende Dosis im klinischen Zielvolumen CTV der ursprünglich verschriebenen Dosis entspricht. Die Dosisakkumulation ist Grundlage der Entscheidung über die Akzeptanz eines Bestrahlungsplans und so von direkter klinischer Relevanz – was damit ebenfalls für die Genauigkeit der Bewegungsfeldschätzung gilt.

Gegenstand und Zielsetzung eines ersten Teils dieser Arbeit war deshalb die Implementierung und Optimierung von Verfahren zur Bewegungsfeldschätzung in thorakalen 4D-CT-Bilddaten hinsichtlich der Genauigkeit und Plausibilität der berechneten Felder. Auf den optimierten Methoden aufbauend sollten dann Verfahren zur modellbasierten Bewegungsfeldschätzung entwickelt werden. Dieser zweite Teil der Arbeit war im Wesentlichen dadurch motiviert, dass einerseits in der derzeitigen klinischen Praxis häufig keine 4D-Bilddaten zur Bestrahlungsplanung verfügbar sind. Andererseits bilden aber selbst 4D-CT-Bilddaten zumeist nur einen Ausschnitt der Atemdynamik des Patienten ab, so dass auch bei deren Vorliegen mögliche Bewegungsvariabilitäten gegebenenfalls nicht angemessen während der Therapieplanung berücksichtigt werden. Beide Herausforderungen sollten durch Einbringung statistischer Bewegungsinformationen bzw. -modelle in die Bewegungsfeldschätzung adressiert werden. Gegenstand des letzten Teils der Dissertation war es dann, die entwickelten Verfahren zur Bewegungsfeldschätzung gemäß dem klinischen Kontext der Arbeit zur Untersuchung dosimetrischer Effekte atmungsbedingter Bewegungen in der Strahlentherapie von Lungentumoren einzusetzen. Die zentralen methodischen Entwicklungen und Resultate der drei Arbeitsteile werden nun nachfolgend zusammengefasst.

Implementierung und Evaluation von optimierten Verfahren zur Bewegungsfeldschätzung in thorakalen 4D-Bilddaten

Methodische Ansätze zur Bewegungsfeldschätzung in 4D-Bilddaten lassen sich konzeptuell in zwei Gruppen unterteilen: Registrierungsbasierte Techniken und biophysikalische Modelle. In einem ersten Schritt wurden folglich zunächst Verfahren beider Ansätze miteinander verglichen. Hierbei erbrachte die registrierungsbasierte Bewegungsfeldschätzung (nicht-parametrische intensitätsbasierte Registrierung, variationeller Ansatz) für den gegebenen Anwendungsfall eine signifikant höhere Genauigkeit der berechneten Bewegungsfelder; sie wurde somit als erfolgversprechender Ansatz näher betrachtet bzw. im Hinblick auf Plausibilität und Genauigkeit der Felder weiter optimiert. Resultierende Verfahren wurden dann in einer umfassenden Multi-Kriterien-Evaluationsstudie einander gegenübergestellt.

Als zentrale Komponenten eines als variationelles Problem formulierten Registrierungsverfahrens wurden das während der Registrierung zu minimierende Distanzmaß und assoziierte Kraftterme, das gewählte Regularisierungsmodell und der heranzuziehende Transformationsraum betrachtet. Der Einfluss folgender Varianten der Komponenten auf die Bewegungsfeldschätzung wurde untersucht: SSD- vs. aktive/passive/duale Thirion-Kräfte (unmaskiert und anhand bestehender Lungensegmentierungen maskiert berechnet), diffusive vs. linear-elastische Regularisierung, je umgesetzt im Rahmen eines nicht-diffeomorphen (keine Einschränkung des Transformationsraums), eines (einfach-)diffeomorphen (Einschränkung auf diffeomorphe Transformationen) sowie eines symmetrisch-diffeomorphen Registrierungsschemas (wie diffeomorph, aber symmetrisierte Kraftberechnung). Die Evaluation erbrachte folgende zentrale Aussagen:

- Thirion-Kraftterme sind dem konventionellen SSD-Term gegenüber hinsichtlich Genauigkeit und Zeitaufwand zur Registrierung zu bevorzugen.

Kapitel 7 – Zusammenfassung und Ausblick

- Die zur Berücksichtigung der Diskontinuitäten zwischen Lungen- und Brustkorbbewegung eingeführte Maskierung der Kraftberechnung führt zu einer signifikant erhöhten Genauigkeit und gesteigerten Plausibilität der Bewegungsfelder.

- Der diffusive Regularisierungsansatz birgt bei nicht-diffeomorpher Registrierung im Vergleich zum elastischen Ansatz eine erhöhte Gefahr von Singularitäten in den Bewegungsfeldern (d. h. lokal nicht plausible Bewegungen); allerdings zeichnet er sich auch durch eine geringere Rechenkomplexität aus.

- Über vorstehende Aussagen hinaus sind die durch die verschiedenen Terme hervorgerufenen Unterschiede hinsichtlich der Genauigkeit der Bewegungsfeldschätzung gering. Die Auswahl des jeweils zu verwendenden Verfahrens sollte vornehmlich durch die intendierte Anwendung geprägt sein. So ist z. B. die Laufzeit einer diffeomorphen Registrierung einerseits länger als die einer nicht-diffeomorphen Registrierung; andererseits werden Felder ohne Singularitäten und eine effiziente Berechenbarkeit der inversen Transformation gewährleistet.

- Mit einem mittleren Target-Registration-Error unterhalb der Voxelabmaße der registrierten CT-Daten zählen die entwickelten Verfahren zu den genauesten Methoden zur Bewegungsfeldschätzung thorakalen 4D-CT-Daten, die derzeit verfügbar sind.

Letztere Aussage stützt sich unter anderem auf einen bei Teilnahme an der Vergleichsstudie EMPIRE10 (Evaluation of Methods for Pulmonary Image REgistration 2010; 34 teilnehmende Teams aus international renommierten Arbeitsgruppen; siehe [Murphy et al. 2011a]) in der Gesamtwertung erzielten dritten Rang. Auch wurde für die Evaluation auf zwei frei zugängliche Datenbasen zurückgegriffen (DIR-lab, POPI), für die Literaturreferenzwerte bekannt sind. Die erzielten Ergebnisse belegen die obige Aussage ebenfalls und wurden in Kapitel 3 explizit beschrieben, so dass sie in nachfolgenden Studien als Vergleichsmaßstab herangezogen werden können.

Entwicklung und Evaluation von Verfahren zur modellbasierten Bewegungsfeldschätzung und Berücksichtigung von Bewegungsvariabilitäten

Um dem genannten Umstand, dass in der derzeitigen klinischen Praxis häufig keine Möglichkeiten zur 4D-Bildgebung gegeben sind, Rechnung zu tragen, wurden unter Verwendung der optimierten Verfahren zur diffeomorphen Registrierung bzw. des Log-Euklidischen-Frameworks ein statistisches Modell der Lungenbewegung in einem Patientenkollektiv generiert und Verfahren zur Nutzung des Modells zur Prädiktion patientenspezifischer Bewegungsmuster entwickelt. Als erster methodischer Schritt wurde zur Kompensation anatomischer Variationen ein Referenzkoordinatensystem (Referenzanatomie, Form- und Intensitätsatlas des Kollektivs) definiert. In dieses wurden die in den 4D-CT-Bildsequenzen der einzelnen Patienten des Kollektivs berechneten Bewegungsfeldschätzungen überführt, um schließlich die gesuchten Bewegungsstatistiken zu berechnen (hier: mittlere Bewegung, Hauptkomponentenanalyse). Der Einsatz des diffeomorphen Registrierungsschemas und des Log-Euklidischen-Frameworks war hierbei dadurch motiviert, dass der Übergang vom patientenspezifischen in das Atlaskoordinatensystem und zurück der Anwendung und effizienten Berechnung inverser Verschiebungsfelder bzw. Transformationen bedarf.

Im Hinblick auf den klinischen Kontext war vor allem die mittlere Lungenbewegung des Kollektivs von Interesse (4D-MMM = 4D-Mean Motion Model), um anhand des entsprechenden Vektorfeldes auch dann zu einer Bewegungsprädiktion gelangen zu können, wenn z. B. zur Bestrahlungsplanung eines Lungentumorpatienten lediglich ein einzelner 3D-CT-Datensatz vorliegt. Es zeigte sich, dass die Bewegungsprädiktion anhand der mittleren Bewegung des 4D-MMM vor allem für Patienten mit kleineren und nicht angewachsenen Lungentumoren plausible Bewegungsfelder erbringt; der zugehörige TRE von 2-3 Voxeln belegte diese Feststellung. Überdies gestattete das 4D-MMM aber auch nähere Einblicke in die prinzipielle Physiologie der Atmung und einen möglichen Einsatz über das primär adressierte Anwendungsfeld hinaus. Dies wurde anhand eines Beispiels zur computergestützten Diagnostik demonstriert: Da durch das 4D-MMM durchschnittliche, nicht pathologische Bewegungsmuster repräsentiert werden, konnten im Vergleich mit patientenspezifisch geschätzten Feldern globale und/oder lokale pathologische Muster (z. B. durch größere Tumoren hervorgerufen) detektiert werden.

Zur Berücksichtigung von Informationen über Bewegungsvariabilitäten wurde dann auf Verfahren der multivariaten Statistik zurückgegriffen. Entsprechend der in der 4D-Strahlentherapie verbreiteten Praxis wurde davon ausgegangen, dass während der Bilddatenaufnahme und Bestrahlung die Atemkurve des Patienten durch so genannte Bewegungsindikatoren (Bewegungssurrogate, Techniken zur Echtzeit-Erfassung der Atemkurve/-bewegung) erfasst wird, in der sich wiederum Variationen oder Veränderungen der Atemmuster widerspiegeln. Im vorliegenden Fall wurde über eine multilineare Regression (MLR) ein Zusammenhang zwischen den bildbasiert berechneten Bewegungsfeldschätzungen und zeitlich hierzu korrespondierenden Bewegungsindikatormessungen abgeschätzt. Letztere als Regressoren oder erklärende Größen auffassend wird anhand des Zusammenhangs dann (im Sinne einer individuellen, situationsbezogenen Adaption der berechneten Bewegungsfelder) eine Prädiktion von zu weiteren Surrogatmessungen korrespondierenden Bewegungsfeldern möglich – und somit eine Einbeziehung von zunächst intraindividuellen Bewegungsvariationen in die patientenspezifische Bewegungsfeldschät-

… zung bzw. -prädiktion. Die Anwendbarkeit des gewählten Modellierungsansatzes ist allerdings nicht ausschließlich auf die Berücksichtigung intraindividueller Bewegungsvariationen beschränkt. Entsprechend wurde als Erweiterung des 4D-MMM zudem die Übertragung des Ansatzes zur Berücksichtigung interindividueller Bewegungsvariabilitäten und so die Option einer individualisierten 4D-MMM-basierten Bewegungsprädiktion vorgestellt. Zu beiden Anwendungsszenarien wurden Machbarkeitsstudien durchgeführt und erste Abschätzungen der erreichbaren Genauigkeit vorgenommen. Als Bewegungsindikatoren wurden hierbei Spirometrie- bzw. Lungenvolumenmessungen verwendet sowie eine Abtastung der Zwerchfellbewegung simuliert.

Die Eignung der Techniken und Indikatoren zur Berücksichtigung von intraindividuellen Bewegungsvariationen bzw. der resultierenden surrogatbasierten Bewegungsprädiktion wurde in Leave-Out-Tests anhand von 4D-CT-Daten verschiedener Patienten getestet. Die Ergebnisse waren mit einem Prädiktions- bzw. Target-Registration-Error in der Größenordnung von 1-2 Voxeln durchgehend erfolgversprechend, wobei die Lungenbewegung geringfügig präziser anhand der Zwerchfellbewegung prädiktiert werden konnte. Dieses erklärt sich vermutlich anhand der höheren Dimensionalität des Signals im Vergleich zur Spirometrie; eine ausführliche Evaluation der Verfahren anhand von Bildsequenzen, die – anders als die für das Promotionsvorhaben vorliegenden 4D-CT-Daten – Bewegungsvariationen über einen längeren Zeitraum abbilden, verbleibt jedoch Gegenstand zukünftiger Forschungen (siehe Kapitel 7.1).

Der Nutzen der Bewegungsindikatorinformationen zur optimierten 4D-MMM-basierten Bewegungsprädiktion ließ sich hingegen nur prinzipiell, d. h. für den Fall belegen, dass sämtliche verfügbaren Patientendatensätze für das 4D-MMM-/MLR-Training herangezogen wurden. Anhand z. B. der Zwerchfellbewegungsinformationen konnte der mittlere Prädiktionsfehler dann um bis zu 1.5 mm (1 Voxel) im Vergleich zum ursprünglichen 4D-MMM reduziert werden. Für die anwendungsnahe Leave-One-Out-Evaluation ließ sich hingegen keine genauere Bewegungsprädiktion nachweisen; hinsichtlich einer abschließenden Einschätzung der Eignung des Ansatzes verbleiben weitere Untersuchungen (z. B. anhand größerer Patientenkollektive) abzuwarten.

Einsatz von Bewegungsfeldschätzungen zur Untersuchung der Auswirkungen atmungsbedingter Bewegungen in der Strahlentherapie

Um anhand der entwickelten Verfahren zur Bewegungsfeldschätzung dosimetrische Effekte atmungsbedingter Bewegungen in der Strahlentherapie von Lungentumoren abzuschätzen, wurden für ausgewählte Patienten, deren Tumorbewegungen ein weites Spektrum der in der Praxis zu erwartenden Bewegungen abdeckten, in Anlehnung an das derzeit verbreitete klinische Vorgehen klassische 3D-Bestrahlungspläne erstellt;

d. h., die Bestrahlungsplanung erfolgte ohne nähere Kenntnis der patientenindividuellen Tumorbeweglichkeit. Als Bestrahlungstechniken kamen die gebräuchlichen Verfahren der konventionellen 3D-konformalen Strahlentherapie (3D-CRT) und der Step-&-Shoot-intensitätsmodulierten Strahlentherapie (IMRT) zum Einsatz. Für die Abschätzung der dosimetrischen Bewegungseffekte wurde auf das Prinzip der Dosisakkumulation zurückgegriffen. Hierbei werden entlang der aus den berechneten Bewegungsfeldschätzungen resultierenden Trajektorien der einzelnen Voxel des 3D-Planungs-CT die Dosisbeiträge, die sich entsprechend den räumlich-zeitlichen Voxelpositionen ergeben, über den Atemzyklus des Patienten bzw. die Behandlungsdauer integriert.

Derzeit gebräuchliche Verfahren zur Dosisakkumulation beruhen in der Regel auf der Annahme langer Bestrahlungszeiten einzelner Bestrahlungsfelder. Wird zugleich (wie es in der Praxis zumeist der Fall ist) durch die Atemphasen des Patienten, die zur Diskretisierung der Integration genutzt werden, eine zeitlich äquidistante Zerlegung des Atemzyklus gebildet, führt diese Annahme zu einer Gleichgewichtung der Dosisbeiträge, die sich für die verschiedenen Felder und Atemphasen ergeben. Vom Berechnungsaufwand her günstig, ist diese Annahme für eine realistische Abschätzung der Bewegungseffekte bei der IMRT jedoch problematisch, da bei dieser die Bestrahlungszeiten der Bestrahlungssegmente teils sehr kurz sind. Im Zusammenspiel mit der Atembewegung ergibt sich somit die Gefahr, dass die einzelnen Dosisbeiträge der Teilfelder vollständig an nicht intendierten Positionen appliziert werden – ein Risiko, das durch das Gleichgewichtungsschema nicht adäquat abgebildet wird. Ausgehend von einer kontinuierlichen Beschreibung des Problems der Dosisakkumulation wurde deshalb in der vorliegenden Arbeit zunächst ein patienten- und plan-spezifisches 4D-Dosisberechnungsschema hergeleitet, das die Möglichkeit des Auftretens dieser Interplay-Effekte berücksichtigt; das gewöhnliche Gleichgewichtungsschema resultiert als Grenzfall des Ansatzes. Im Gegensatz zu dem Gleichgewichtungsansatz erlaubt das patienten- und plan-spezifische Schema zudem die Untersuchung von Fraktionierungseffekten: Eine gewöhnliche Strahlentherapie wird in mehreren Fraktionen an aufeinander folgenden Tagen appliziert. Bei kurzen Bestrahlungszeiten für die IMRT-Segmente hängt die tatsächliche Dosisverteilung für die einzelnen Fraktionen folglich von den Atemphasen, die zu Beginn der Segmente vorliegen, und die Dosisverteilung nach gesamter Behandlung von deren Verteilung ab. Die Anwendung des hergeleiteten 4D-Dosisberechnungsschemas zur Abschätzung der dosimetrischen Bewegungseffekte erbrachte folgende zentrale Aussagen (hier unter Verwendung der Bewegungsfelder, die in den patientenindividuellen 4D-CT-Bildsequenzen anhand der optimierten Registrierungsverfahren ermittelt wurden):

- Die gewählten konventionellen Sicherheitssäume decken die auftretende Tumorbeweglichkeit nicht für alle Patienten ab. Stärkere Bewegungen (hier: > 10 mm;

Kapitel 7 – Zusammenfassung und Ausblick

Effekte allerdings auch abhängig von der Vorzugsrichtung der Tumorbewegung) führten im Vergleich zur geplanten Dosisverteilung selbst innerhalb des CTV zu lokalen Dosisdifferenzen von mehr als 5% sowie zu minimalen CTV-Dosiswerten von weniger als 95% der verschriebenen therapeutischen Dosis; außerhalb traten Differenzen von mehr als 25% auf.

- Jeweilige Effekte können sich für die IMRT für einzelne Bestrahlungsfraktionen durch den Interplay-Effekt noch verstärken. Selbst bei angemessen dimensionierten Sicherheitssäumen können relevante Über-/Unterdosierungen auftreten.

- Über den gesamten Therapieverlauf (hier: 25 Fraktionen) heben sich die Interplay-Effekte weitgehend auf; verbleibende Effekte sind vergleichbar mit denen in der 3D-CRT bzw. wie anhand des Gleichgewichtungsansatzes abgeschätzt, d. h. vor allem durch eine Verwischung der Dosis geprägt.

Weiterhin wurde der Einfluss unterschiedlicher Faktoren auf die Dosisakkumulation bzw. die akkumulierten Dosisverteilungen untersucht; es resultieren als Feststellungen:

- Zeitliche Auflösung der Bilddaten: Für den Gleichgewichtungsansatz ließen sich für das betrachtete Patientenkollektiv bereits bei Berücksichtigung von ca. sechs über den Atemzyklus gleichverteilte Atemphasen verlässliche Aussagen zu auftretenden Bewegungseffekten treffen[1]. Entsprechende Angaben konnten für die IMRT bzw. das patienten- und plan-spezifische Schema nicht abgeleitet werden.

- Bei Einsatz unterschiedlicher Registrierungsverfahren zur Dosisakkumulation wurden erhebliche lokale Differenzen der akkumulierten Dosisverteilungen beobachtet. Im Sinne einer verlässlichen Dosisakkumulation ist folglich der Einsatz eines ebenfalls verlässlichen Verfahrens zur Bewegungsfeldschätzung unerlässlich.

Über die Dosisakkumulation anhand der 4D-CT-Daten des jeweils betrachteten Patienten hinaus wurden zuletzt im Sinne eines Proof-of-Concepts auch die Verfahren zur modellbasierten Bewegungsfeldschätzung zur Abschätzung der dosimetrischen Bewegungseffekte eingesetzt. Hierbei konnte zunächst der potentielle Nutzen einer 4D-MMM-basierten Dosisakkumulation belegt werden, die es ermöglicht, auch dann zu einer Einschätzung dosimetrischer Effekte von Lungentumorbewegungen zu gelangen, falls keine 4D-Bilddaten des Patienten zur Bestrahlungsplanung verfügbar sind. Zumindest für die betrachteten Patienten waren die anhand des 4D-MMM abgeschätzten Effekte denen einer 4D-CT-basierten Dosisakkumulation sehr ähnlich. Gleichwohl erwies sich

---

[1] In der Literatur werden häufig ≥ 10 Phasen zur Akkumulation herangezogen, vergleiche [Admiraal et al. 2008; Colgan et al. 2008]. Die Reduktion der Anzahl der Phasen wäre gleichbedeutend mit einem geringeren Zeitaufwand zur 4D-CT-Rekonstruktion und der 4D-Dosisberechnung.

diesbezüglich die Einbeziehung von weiteren Bewegungsinformationen (hier: Spirometermessungen) zur Berücksichtigung patientenindividueller Atemmuster als hilfreich. Anhand entsprechender Bewegungsindikatorinformationen und der Verfahren zur MLR-basierten Bewegungsprädiktion wurden dann die Auswirkungen intraindividueller Variationen auf die akkumulierte Dosisverteilung illustriert. Es wurde gezeigt, dass die durch einen einzelnen 4D-CT-Datensatz des zu betrachtenden Patienten repräsentierten Bewegungen und hierauf basierende 4D-Dosisberechnungen mitunter eine deutliche Unterschätzung der während der Therapie zu erwartenden Bewegungen und bewegungsinduzierten Dosiseffekte darstellen – und folglich Informationen über Variabilitäten und Veränderungen der Atemmuster des Patienten im Rahmen einer 4D-Bestrahlungsplanung berücksichtigt werden sollten.

7.1 Anknüpfungspunkte für nachfolgende Arbeiten

Science is always wrong. It never solves a problem without creating ten more.

GEORGE BERNARD SHAW

Aus der vorliegenden Arbeit sind zahlreiche mögliche Anknüpfungspunkte für weitere Forschungstätigkeiten hervorgegangen, die nun nachfolgend ausgeführt werden.

4D-CT-Bildgebung: Reduktion residualer Bewegungsartefakte mittels optimierter Verfahren zur Bewegungsfeldschätzung

Wie in Kapitel 2 beschrieben verbleiben auch in 4D-CT-Bilddaten Bewegungsartefakte. In ihrer Ausprägung im Vergleich zur 3D-CT-Bildgebung zwar deutlich reduziert, sind diese trotz allem bei der Lokalisation und Bestimmung der Form/des Volumens von Tumoren und Risikostrukturen hinderlich. In der 4D-Strahlentherapie führen Effekte wie Verwischungen oder das Auftreten von Doppelstrukturen in einzelnen Bilddaten darüber hinaus zu Ungenauigkeiten bei der Bewegungsfeldschätzung (und resultierend der Abschätzung atmungsbedingter dosimetrischer Effekte), da eine eindeutige Korrespondenzfindung erschwert wird. Letzteres zeigte sich auch während der durchgeführten Evaluationsstudie der Verfahren zur Bewegungsfeldschätzung; Artefakte und deren Auswirkungen auf die Bewegungsfeldschätzung sind in Abb. 7.1 illustriert. Den Artefakten kann zum Teil dadurch begegnet werden, dass bei retrospektiver

7.1 Anknüpfungspunkte für nachfolgende Arbeiten 183

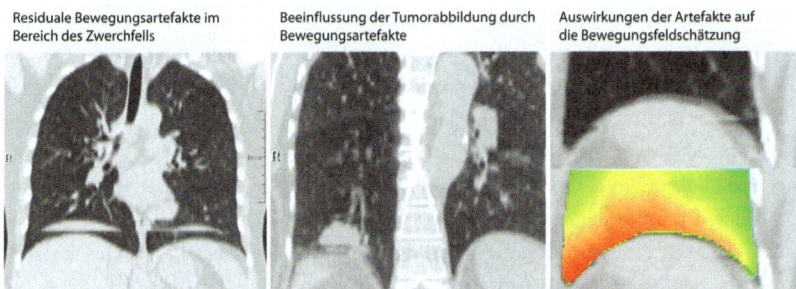

Abb. 7.1: Illustration von Bewegungsartefakten in 4D-CT-Bilddaten und deren Auswirkungen auf die Bewegungsfeldschätzung. Links: Bewegungsartefakte in einem 3D-CT-Datensatz einer 4D-CT-Sequenz, vorwiegend im Bereich des Zwerchfells zu erkennen (hier: Doppelstrukturen; zugrunde liegendes Aufnahmeverfahren analog zu den POPI-Phantom-Daten, siehe Kapitel 2.3.3). Mitte: Aus klinischer Sicht bedenklich sind die Artefakte insbesondere dann, wenn sie z. B. die Lokalisation und exakte Größenabschätzung von Tumoren erschweren (Datensatz: DIR-lab 10). Rechts, obere Abbildung: Verbleibende Bewegungsartefakte in dem CT-Datensatz zu maximaler Einatmung für Datensatz WashU 41. Aufgrund der gewählten Regularisierungsparameter scheint die Bewegungsfeldschätzung in den jeweiligen Bereichen nicht beeinflusst zu sein (untere Abbildung). Die verhältnismäßig starke Glättung führt jedoch im vorliegenden Fall lokal zu einer ungenaueren Bewegungsfeldschätzung; der TRE für den betroffenen Lungenflügel liegt etwa einen Millimeter höher als der des anderen Lungenflügel und der durchschnittliche TRE im gesamten Patientenkollektiv.

Rekonstruktion der Bilddaten Verfahren zur Bewegungsfeldschätzung für eine strukturerhaltende zeitliche Interpolation aufgezeichneter CT-Datensegmente eingesetzt werden (vergleiche Kapitel 2.2.1.2). In Fortführung der Arbeiten in unter anderem [Ehrhardt et al. 2007b; Werner et al. 2007a] ist von Interesse, inwieweit durch einen diesbezüglichen Einsatz optimierter Verfahren zur Bewegungsfeldschätzung im Vergleich zu den bislang eingesetzten Registrierungsverfahren tatsächlich eine weitere Reduktion der Artefakte erreicht werden kann.

Evaluation nicht-linearer Registrierungsverfahren: Automatische Detektion anatomischer Landmarkenkorrespondenzen

Als Teil der Evaluationsstudie der Verfahren zur Bewegungsfeldschätzung wurde ein Ansatz zur automatischen Detektion anatomischer Landmarkenkorrespondenzen in Lungen-CT-Daten einer 4D-CT-Bildsequenz vorgestellt. Die vorgenommenen Auswertungen belegen, dass der Ansatz bereits in der bestehenden Form weitgehend zur automatisierten Abschätzung der Registrierungsgenauigkeit geeignet ist. Dennoch verbleibt zu prüfen, ob z. B. der Anteil der detektierten Punkte mit einer für einen menschlichen Betrachter nachvollziehbaren Charakteristik durch Adaptionen des Distinctiveness-Terms – möglicherweise durch den Einsatz anderer als des verwendeten Differentialoperators oder auch die Kombination verschiedener Operatoren – weiter gesteigert werden kann. Auch die Problematik einer Korrelation zwischen den Ähnlichkeitsmaßen von Registrierung und Landmarkenübertragung gilt es näher zu untersuchen. Insbesondere bietet es sich aufgrund der positiven Erfahrungen allerdings an, den vorgestellten Ansatz über das Anwendungsfeld der vorliegenden Arbeit hinaus für weitere Einsatzszenarien zu testen und gegebenenfalls geeignet anzupassen. Dieses könnten die Evaluation der Registrierung von Follow-Up-CT-Aufnahmen (z. B. zur Therapiekontrolle) oder auch die Abschätzung der Genauigkeit der Registrierung von Bilddaten unterschiedlicher Patienten sein (z. B. zur Evaluation der Patienten-Atlas-Registrierung). Eine Übertragung des Ansatzes auf andere anatomische Strukturen als die Lunge ist ebenfalls naheliegend.

Integration von (Vor-)Wissen / ergänzenden Informationen in den Registrierungsprozess

In der vorliegenden Arbeit wurde eine Auswahl gängiger Distanzmaße und Regularisierungsansätze zur nicht-linearen Registrierung in 4D-CT-Daten evaluiert. Die Auswahl entspricht dem derzeitigen Stand der Forschung; gemäß den erzielten Ergebnissen ist prinzipiell nicht zu erwarten, dass die Verwendung anderer verbreiteter Terme (wie z. B. Kreuzkorrelation oder Mutual Information als Distanzmaß; vergleiche Kapitel 3.2.2) zu einer signifikant genaueren oder plausibleren Bewegungsfeldschätzung führen würde. Größeres Potential scheint hingegen die Einbeziehung von weiterem Vorwissen bzw. ergänzenden problemspezifischen Informationen in den Registrierungsprozess zu bieten. Dies kann zunächst den abzubildenden physiologischen Prozess und Vorwissen über anatomische Besonderheiten betreffen. Als Beispiel diene wiederum das Auftreten von Diskontinuitäten zwischen den Bewegungen von Brustkorb und Lunge im Bereich des Pleuraspalts. Die in dieser Arbeit gewählte pragmatische Lösung durch Maskierung der Kraftberechnung anhand von Lungensegmentierungen hat einen zentralen Nachteil: Die Bewegungsfeldschätzung ist auf die Lunge begrenzt; Aussagen über das Bewegungsverhalten der Hintergrundstrukturen (im gegebenen Kontext z. B. zur Abschätzung der Dosisbelastung von Risikostrukturen wie der Leber von Interesse) sind zunächst nicht gegeben. In Ergänzung zu den in Kapitel 3 beschriebenen Arbeiten wurde diesem Problem unter Mitwirkung des Autors der vorliegenden Dissertation entgegengewirkt, indem ein Ansatz zur richtungsabhängigen Regularisierung formuliert wurde [Schmidt-Richberg et al. 2009b; Schmidt-Richberg et al. 2012]. Das Prinzip ist in Abbildung 7.2 dargestellt; die (Weiter-)Entwicklung entsprechender Ansätze findet derzeit zunehmend Verbreitung [Delmon et al. 2011; Pace et al. 2011; Risser et al. 2011; Xie et al. 2011]. In diesem Kontext erscheint weiter eine Kombination der in der vorliegenden Arbeit betrachteten Modellierungsparadigmen zielführend [Li et al. 2008]. Beispielsweise könnten

7.1 Anknüpfungspunkte für nachfolgende Arbeiten

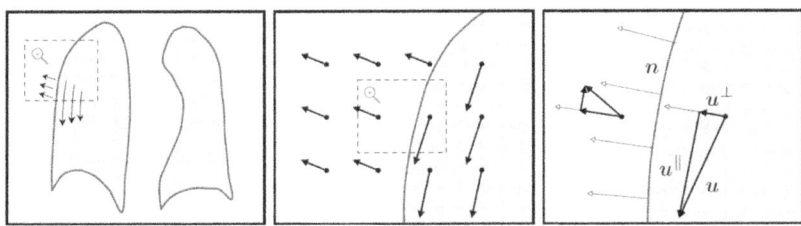

Abb. 7.2: Prinzip einer richtungsabhängigen Regularisierung: Links und in der Mitte ist jeweils das erwartete Bewegungsfeld einschließlich der Diskontinuitäten an der Lungengrenze im Bereich des Pleuraspalts visualisiert. Rechts: Um während der Regularisierung das Auftreten von Diskontinuitäten des Bewegungsfeldes an der Lungengrenze zu ermöglichen, werden die Bewegungsfeldkomponenten in Normalenrichtung ($u^\perp$) und tangential zur Lungengrenze ($u^\parallel$) entkoppelt. In dem betroffenen Bereich wird eine Glattheit des Feldes ausschließlich in Normalenrichtung gefordert. Abbildung aus [Schmidt-Richberg et al. 2009b].

die im Rahmen der biophysikalischen Modellierung explizit formulierten Randbedingungen zur Abbildung der Gleitbewegungen bei gleichzeitiger Beibehaltung einer der Registrierung inhärenten Berücksichtigung der Intensitätswerte innerhalb der betrachteten Organe genutzt werden. Auch eine Einbeziehung strukturspezifischer Materialeigenschaften im Sinne einer anatomisch plausiblen und ortsabhängigen Formulierung eines (elastischen) Regularisierungsterms könnte im Hinblick auf die Plausibilität einer registrierungsbasierten Bewegungsfeldschätzung sinnvoll sein [Kabus 2006].

Überdies wurde bislang die registrierungsbasierte Bewegungsfeldschätzung in 4D-CT-Daten als wiederholt ausgeführtes Registrierungsproblem zwischen jeweils zwei 3D-CT-Daten formuliert (Referenzbild zu einer ausgewählten Atemphase, Targetbild zu einer anderen Phase; letztere wird variiert). Die zeitliche Konsistenz der resultierenden Sequenz von Verschiebungsfeldern kann folglich z. B. durch vorgenannte Bewegungsartefakte beeinträchtigt sein. Vor diesem Hintergrund erscheint es wiederum naheliegend, die in Kapitel 3.2.2 gewählten Formulierungen derart zu adaptieren, dass sie dem vollständigen räumlich-zeitlichen Charakter der Problemstellung gerecht werden. Mögliche methodische Ansätze wären z. B. eine zeitliche Glättung der Bewegungsfelder oder die Formulierung des Problems der Bewegungsfeldschätzung in 4D-Bilddaten im Rahmen eines Ansatzes zur gruppenweisen Registrierung (siehe unter anderem [Bystrov et al. 2009; Yigitsoy et al. 2011]).

Über die die Anatomie und Physiologie betreffenden Aspekte hinaus bieten zudem die Parameterabhängigkeit des gewählten Registrierungsschemas und der präsentierte Ansatz zur automatisierten Detektion anatomischer Landmarkenkorrespondenzen Ansatzpunkte für eine weitere Optimierung der registrierungsbasierten Bewegungsfeldschätzung. Die automatisch detektierten Landmarkenkorrespondenzen können bei

grundsätzlicher Beibehaltung des gewählten Registrierungsschemas z. B. ergänzend zum eigentlichen Distanzmaß zur Überwachung der Konvergenz des Registrierungsvorgangs genutzt werden; erste entsprechende, unter Mitwirkung des Autors der vorliegenden Dissertation entstandene Umsetzungen sind in [Schmidt-Richberg et al. 2011; Wolf et al. 2011] beschrieben und erfolgversprechend. In [Schmidt-Richberg et al. 2011] wird weiter ein Ansatz präsentiert, die Landmarkenkorrespondenzen zur automatisierten und datensatzspezifischen Optimierung des Regularisierungsparameters α des gewählten Schemas heranzuziehen. Erste Erfahrungen zeigen, dass optimale Werte für α für unterschiedliche CT-Datenquellen und (bei Einsatz einer Multi-Resolution-Strategie) unterschiedliche Skalen teils deutlich variieren und durch eine datensatzspezifische Optimierung kann somit eine signifikante Verbesserung der Bewegungsfeldschätzung erreicht werden kann. Analoge Strategien könnten natürlich ebenfalls zur Wahl des Zeitschrittes τ des in der vorliegenden Arbeit gewählten semi-impliziten Lösungsverfahrens verwendet werden.
In Erweiterung des bislang propagierten intensitätsbasierten Registrierungsschemas bieten die detektierten Landmarkenkorrespondenzen weiterhin die Möglichkeit, einen hybriden, intensitäts- und merkmalsbasierten (hier: landmarkengesteuerten) Registrierungsansatz zu definieren. Für eine diesbezügliche, unter Beteiligung des Verfassers der vorliegenden Arbeit entstandene Formulierung sei auf [Ehrhardt et al. 2011b] verwiesen; als Beispiele für alternative aktuelle Ansätze siehe z. B. [Olesch et al. 2009; Han 2010].

Reduzierung der Laufzeit der Registrierungsverfahren

Trotz effizienter Implementierung (diffusive Regularisierung mittels Additive Operator Splitting, elastische Regularisierung im Fourierraum umgesetzt; sämtliche Rechenschritte parallelisiert) erscheinen die derzeitigen Laufzeiten der Registrierungsverfahren hinsichtlich eines klinischen Einsatzes noch als zu lang. Aufgrund des hohen erreichbaren Grads der Parallelisierung bleibt aber z. B. zu prüfen, inwieweit eine Übertragung einzelner Rechenschritte auf Grafikprozessoren zu kürzeren Zeiten führt [Köhnen et al. 2011].

Weiterführung der Arbeiten zur modellbasierten Bewegungsfeldschätzung

Die im Kontext der modellbasierten Bewegungsfeldschätzung durchgeführten Evaluationen basierten auf vergleichsweise kleinen Daten-/Patientenkollektiven, so dass bei Vorliegen geeigneter größerer Kollektive zunächst weitere Auswertungen durchzuführen und die in dieser Arbeit erzielten Ergebnisse zu verifizieren sind.
So ist für das 4D-MMM z. B. zu klären, ob die festgestellte schwierige physiologische Interpretation der aus der Hauptkomponentenanalyse resultierenden Eigenmoden tatsächlich auf das betrachtete Patientenkollektiv zurückzuführen ist oder aber gegebenenfalls

7.1 Anknüpfungspunkte für nachfolgende Arbeiten

methodisch bedingt ist; gleiches gilt für die MLR-basierte Verknüpfung von Bewegungsindikatorinformationen und Bewegungsfeldern zur 4D-MMM-/MLR-basierten Bewegungsprädiktion. In diesem Zusammenhang steht ebenfalls eine verlässliche Abschätzung der Genauigkeit der Patienten-Atlas-Registrierung aus. Zudem gilt es, mögliche Anwendungsszenarien des 4D-MMM über den in der vorliegenden Arbeit adressierten Projektrahmen hinaus zu identifizieren. Der skizzierte Einsatz zur computergestützten Detektion von pathologischen Lungenbewegungen stellt ein erstes solches Szenario dar. In diesem Kontext wäre eine Übertragung des Modellierungsansatzes auf andere Organe/Strukturen, die Anwendung des Modells zur Repräsentation von Intrapatientenvariabilitäten oder sogar eine kombinierte Beschreibung von Intra- und Interpatienten-Bewegungsvariabilitäten möglich.

Im Hinblick auf einen praktischen Einsatz der MLR-basierten Verfahren zur Bewegungsprädiktion sind darüber hinaus weitere in der Strahlentherapie zu verwendende Bewegungsindikatoren wie Bauchgurte oder die Abtastung der Bewegung der Patientenoberfläche zu modellieren, anhand derer auf Lungen- bzw. Tumorbewegungen geschlossen werden kann. Auch verbleibt die Frage nach Erreichbarkeit einer Echtzeitfähigkeit der Modellierungsansätze zu beantworten. Hiermit verbunden ist über den Einsatz von Verfahren zur Reduktion der Dimensionalität der Vektorfelder und/oder der Bewegungsindikatorsignale (z. B. anhand einer Kombination aus MLR und Hauptkomponentenanalyse im Rahmen einer Hauptkomponentenregression) nachzudenken.

Weiterführung der Untersuchungen zu den dosimetrischen Auswirkungen von intra- und interfraktionellen Bewegungsvariationen

Neben der Weiterentwicklung der modellbasierten Verfahren zur Berücksichtigung von intraindividuellen Bewegungsvariationen und Änderungen von Bewegungsmustern ist ebenfalls die Weiterführung der begonnenen Untersuchungen zu den dosimetrischen Auswirkungen der Intrapatienten-Bewegungsvariabilität von großem klinischen Interesse. Über die präsentierte Machbarkeitsstudie hinaus bedarf es der Verifikation der beobachteten Effekte anhand eines größeren Patientenkollektivs. Auch wäre die Einbeziehung möglicher interfraktioneller, gegebenenfalls therapiebedingter Veränderungen der Atemmuster der Patienten wünschenswert – was aber voraussetzen würde, dass zur Analyse geeignete zeitliche Sequenzen von 4D-Bilddaten verfügbar wären.

Anpassung und Weiterentwicklung der 4D-Dosisberechnungsverfahren zur Modellierung weiterer Bestrahlungstechniken

Über die modellierten Bestrahlungstechniken der 3D-CRT und der Step-&-Shoot-IMRT

hinaus bietet es sich nun an, weitere in der klinischen Praxis eingesetzte Bestrahlungstechniken zu betrachten. Dies betrifft z. B. IMRT-Verfahren wie die Tomotherapie oder Rapid-Arc, von deren Einsatz zur Bestrahlung atmungsbewegter Tumoren bereits in verschiedenen Publikationen berichtet wurde [Adkison et al. 2008; Verbakel et al. 2009]. Die Grundproblematik eines möglichen Auftretens von Interplay-Effekten besteht auch bei diesen Verfahren und bedarf näherer Untersuchungen. Im Hinblick auf eine Simulation der Techniken erscheint im Vergleich zur 4D-Dosisberechnung für die Step-&-Shoot-IMRT insbesondere die Einbeziehung der kontinuierlichen Bestrahlung des Patienten während des Verfahrens von Gantry und MLC interessant.

Obgleich in der vorliegenden Arbeit primär die klassische Strahlentherapie im Sinne einer Bestrahlung mit Photonen adressiert wurde, sei weiterhin erwähnt, dass die prinzipielle Problematik atmungsbedingter Bewegungen auch bei anderen Therapieformen wie der Partikeltherapie besteht bzw. aufgrund des im Vergleich zu Photonen veränderten Eindringverhaltens (Ort des Wirkungsmaximums durch Bragg-Peak gegeben) sogar verstärkt auftritt. Entsprechend stellen auch diese mögliche Anwendungsfelder der entwickelten Verfahren dar; allerdings sei der Vollständigkeit halber auf speziell in dem Kontext der Hadronentherapie umfangreiche Arbeiten zur expliziten Berücksichtigung atmungsbedingter Bewegungen an den diesbezüglichen Forschungszentren verwiesen (z. B. GSI Helmholtzzentrum für Schwerionenforschung Darmstadt; siehe auch [Bert et al. 2011; Rietzel et al. 2010]).

Unabhängig von der adressierten Bestrahlungstechnik und -art basieren die präsentierten 4D-Dosisberechnungsverfahren zurzeit auf 3D-Dosisverteilungen, die für die einzelnen Atemphasen und einen gegebenen 3D-Bestrahlungsplan vorberechnet sind. Im Hinblick auf eine 4D-Bestrahlungsplanung im eigentlichen Sinn erscheint es weiterhin naheliegend, die optimierten Verfahren zur Bewegungsfeldschätzung über die Abschätzung von Bewegungseffekten hinaus zur Optimierung von Bestrahlungsplänen (bzw. im Hinblick auf eine bewegungskorrelierte Bestrahlung zur Bereitstellung der zu unterschiedlichen Atemzuständen des zu behandelnden Patienten zu applizierenden angemessenen Dosisverteilungen; vergleiche [Suh et al. 2009]) einzusetzen.

Weiterführende Untersuchungen der Eignung von IMRT-Verfahren zur Bestrahlung bewegter Tumoren

Die Frage nach der prinzipiellen Anwendbarkeit von IMRT-Techniken (bzw. speziell der betrachteten Step-&-Shoot-IMRT) zur Bestrahlung atmungsbewegter Tumoren kann auch durch die vorliegende Arbeit nicht abschließend beantwortet werden. Neben der – wie bereits skizziert – näher zu untersuchenden allgemeinen Problematik möglicher intra- und interfraktioneller Variationen der Bewegungsmuster des zu behandelnden

7.1 Anknüpfungspunkte für nachfolgende Arbeiten

Patienten, die gegebenenfalls ein Auftreten von Interplay-Effekten begünstigen können, bleibt im Moment unklar, welche tatsächlichen Auswirkungen auf den Behandlungserfolg durch die Interplay-Effekte zu erwarten sind. Hierbei gilt es zu klären, welche strahlenbiologischen Konsequenzen sich aus den in einzelnen Behandlungsfraktionen zu beobachtenden Unter- und/oder Überdosierungen ergeben bzw. ob aufgrund des über den gesamten Behandlungszeitraum auftretenden Mittelungseffekts der Einsatz von intensitätsmodulierten Bestrahlungstechniken bei angemessen dimensionierten Sicherheitssäumen eventuell sogar unbedenklich ist.

Messtechnische Evaluation der durchgeführten 4D-Dosisberechnungen

Die in Kapitel 6 präsentierten Abschätzungen dosimetrischer Bewegungseffekte sind Ergebnis computergestützter Simulationen. Zur Verifikation und somit zur Beurteilung der Verlässlichkeit der Resultate ist ein detaillierter Vergleich der Simulationsresultate mit z. B. anhand von Bewegungsphantomen messtechnisch erfassten Bewegungseffekten unabdingbar. Erste diesbezügliche Untersuchungen wurden bereits durchgeführt und zeigen weitgehende Übereinstimmung der Effekte; für abschließende Beurteilungen bleiben allerdings weiterführende Untersuchungen durchzuführen.

Evaluation und Adaption der entwickelten Verfahren zum Einsatz unter Verwendung weiterer Bildmodalitäten

Gemäß den verfügbaren Bilddaten sind die in dieser Arbeit entwickelten Verfahren je für die Verwendung und anhand von 4D-CT-Daten evaluiert und optimiert worden. Die methodischen Ansätze sind jedoch prinzipiell unabhängig von der tatsächlichen Bildgebungsmodalität definiert und einsetzbar. Dies bleibt in nachfolgenden Arbeiten (z. B. unter Verwendung von 4D-MRT-Bildsequenzen) nachzuweisen.

Anhang A

Mathematische Herleitungen

A.1 Gâteaux-Ableitungen

In Abschnitt 3.3.1 wurde beschrieben, dass die Gâteaux-Ableitungen typischer Distanzmaße und Regularisierungsterme (unter Vernachlässigung eventueller Randintegrale) die Form

$$\delta \mathcal{D}[u, \eta] = \int_\Omega \langle f(x, u(x)), \eta(x) \rangle \, dx,$$

und

$$\delta \mathcal{S}[u, \eta] = \int_\Omega \langle \mathcal{A}[u](x), \eta(x) \rangle \, dx.$$

aufweisen (Gleichungen 3.13 und 3.14). Aus der Bedingung $\delta \mathcal{J} = \delta \mathcal{D} + \alpha \delta \mathcal{S} = 0$ folgt dann direkt die starke Form der Euler-Lagrange-Gleichungen,

$$f(x, u(x)) + \alpha \, \mathcal{A}[u](x) = 0,$$

(Gleichung 3.15).
Nachstehend werden nun die Gâteaux-Ableitungen der in dieser Arbeit betrachteten Terme explizit bestimmt und somit die Gültigkeit obiger Behauptung belegt.

A.1.1 Distanzmaß Sum-of-Squared-Differences

Die Definition des Distanzmaßes Sum-of-Squared-Differences (SSD) ist Gleichung 3.24 zu entnehmen. An dieser Stelle sei nun $\mathcal{D}^{SSD}[R, T, u + \epsilon \eta]$ betrachtet, d. h.

$$\mathcal{D}^{\text{SSD}}[R,T,u+\epsilon\eta] = \frac{1}{2}\int_\Omega \left(R(x) - T\bigl(x+u(x)+\epsilon\eta(x)\bigr)\right)^2 dx.$$

Entwickelt man weiter $T\bigl(x+u(x)+\epsilon\eta(x)\bigr)$ in eine Taylorreihe um $x+u(x)$ und vernachlässigt die Terme zweiter und höherer Ordnung, d. h.

$$T\bigl(x+u(x)+\epsilon\eta(x)\bigr) \approx T\bigl(x+u(x)\bigr) + \epsilon\nabla T\bigl(x+u(x)\bigr)\eta(x),$$

so lässt sich schreiben

$$\begin{aligned}
\mathcal{D}^{\text{SSD}}[R,T,u+\epsilon\eta] &= \frac{1}{2}\int_\Omega \left(R(x) - T\bigl(x+u(x)\bigr) - \epsilon\nabla T\bigl(x+u(x)\bigr)\eta(x)\right)^2 dx \\
&= \frac{1}{2}\int_\Omega \bigl(R(x)\bigr)^2 dx - \int_\Omega R(x)\,T\bigl(x+u(x)\bigr) dx \\
&\quad + \epsilon\int_\Omega R(x)\,\nabla T\bigl(x+u(x)\bigr)\eta(x)\,dx \\
&\quad + \frac{1}{2}\int_\Omega \bigl(T\bigl(x+u(x)\bigr)\bigr)^2 dx \\
&\quad - \epsilon\int_\Omega T\bigl(x+u(x)\bigr)\,\nabla T\bigl(x+u(x)\bigr)\eta(x)\,dx \\
&\quad + \frac{\epsilon^2}{2}\int_\Omega \bigl(\nabla T\bigl(x+u(x)\bigr)\eta(x)\bigr)^2 dx.
\end{aligned}$$

Gemäß Definition der Gâteaux-Ableitung folgt

$$\begin{aligned}
\delta\mathcal{D}^{\text{SSD}}[R,T,u,\eta] &= \frac{d}{d\epsilon}\mathcal{D}^{\text{SSD}}[R,T,u+\epsilon\eta]\bigg|_{\epsilon=0} \\
&= \int_\Omega R(x)\,\nabla T\bigl(x+u(x)\bigr)\eta(x)\,dx \\
&\quad - \int_\Omega T\bigl(x+u(x)\bigr)\,\nabla T\bigl(x+u(x)\bigr)\eta(x)\,dx \\
&= \int_\Omega \bigl(R(x) - T\bigl(x+u(x)\bigr)\bigr)\,\nabla T\bigl(x+u(x)\bigr)\eta(x)\,dx \\
&= \int_\Omega \left\langle \bigl(R(x) - T\bigl(x+u(x)\bigr)\bigr)\,\nabla T\bigl(x+u(x)\bigr), \eta(x)\right\rangle dx \\
&= \int_\Omega \left\langle f^{\text{SSD}}(u(x),x), \eta(x)\right\rangle dx
\end{aligned}$$

und somit Gleichung 3.25.

A.1.2 Diffusive Regularisierung

Der diffusive Regularisierungsterm ist gegeben über Gleichung 3.32. Sei weiter $\mathcal{S}^{\text{diff}}[u+\epsilon\eta]$ betrachtet, dann gilt (vergleiche z. B. [Heldmann 2006; Modersitzki 2003])

A.1 Gâteaux-Ableitungen

$$\mathcal{S}^{\text{diff}}[u + \epsilon\eta] = \frac{1}{2}\sum_{l=1}^{3}\int_{\Omega}\|\nabla u_l + \epsilon\nabla\eta_l\|^2\,dx$$

$$= \frac{1}{2}\sum_{l=1}^{3}\int_{\Omega}\left(\|\nabla u_l\|^2 + 2\epsilon\nabla u_l\nabla\eta_l + \epsilon^2\|\nabla\eta_l\|^2\right)dx$$

$$= \frac{1}{2}\sum_{l=1}^{3}\int_{\Omega}\|\nabla u_l\|^2\,dx + \epsilon\sum_{l=1}^{3}\int_{\Omega}\nabla u_l\nabla\eta_l\,dx + \frac{\epsilon^2}{2}\sum_{l=1}^{3}\int_{\Omega}\|\nabla\eta_l\|^2\,dx.$$

Die Ableitung $\delta\mathcal{S}^{\text{diff}}$ folgt wiederum gemäß Definition,

$$\delta\mathcal{S}^{\text{diff}}[u,\eta] = \frac{d}{d\epsilon}\mathcal{S}^{\text{diff}}[u + \epsilon\eta]\bigg|_{\epsilon=0}$$

$$= \sum_{l=1}^{3}\int_{\Omega}\nabla u_l\nabla\eta_l\,dx.$$

Mit der ersten Green'schen Identität, d. h.

$$\int_{\Omega}\eta_l\Delta u_l\,dx + \int_{\Omega}\nabla\eta_l\nabla u_l\,dx = \int_{\partial\Omega}\eta_l\,\langle\nabla u_l,n\rangle\,dS,$$

resultiert unter der Bedingung $\langle\nabla u_l,n\rangle = 0$ (n: nach außen gerichteter Normalenvektor auf $\partial\Omega$)

$$\delta\mathcal{S}^{\text{diff}}[u,\eta] = -\sum_{l=1}^{3}\int_{\Omega}\eta_l\Delta u_l\,dx$$

$$= \int_{\Omega}\langle-\Delta u,\eta\rangle\,dx$$

$$= \int_{\Omega}\left\langle\mathcal{A}^{\text{diff}}[u],\eta\right\rangle dx$$

und somit Gleichung 3.33.

A.1.3 Elastische Regularisierung

Die Berechnung der Gâteaux-Ableitung für den elastischen Regularisierungsansatz folgt weitgehend der Darstellung in [Heldmann 2006]. Gemäß Gleichung 3.34 ist das zugehörige Funktional gegeben über

$$\mathcal{S}^{\text{elas}}[u] = \int_{\Omega}\frac{\mu}{4}\sum_{i,k=1}^{3}\left(\frac{\partial u_k}{\partial x_i} + \frac{\partial u_i}{\partial x_k}\right)^2 + \frac{\lambda}{2}(\operatorname{div} u)^2\,dx$$

$$= \int_{\Omega}\frac{\mu}{4}\sum_{i,k=1}^{3}\left(\frac{\partial u_k}{\partial x_i} + \frac{\partial u_i}{\partial x_k}\right)\left(\frac{\partial u_k}{\partial x_i} + \frac{\partial u_i}{\partial x_k}\right) + \frac{\lambda}{2}\operatorname{div} u\operatorname{div} u\,dx.$$

Dieses entspricht gerade der Form

$$\mathcal{S}^{\text{elas}}[u] = \frac{1}{2}a[u,u]$$

mit $a[\cdot,\cdot]$ als symmetrischer Bilinearform, definiert über

$$a[u,\eta] = \int_\Omega \frac{\mu}{2} \sum_{i,k=1}^{3} \left(\frac{\partial u_k}{\partial x_i} + \frac{\partial u_i}{\partial x_k}\right)\left(\frac{\partial \eta_k}{\partial x_i} + \frac{\partial \eta_i}{\partial x_k}\right) + \lambda \operatorname{div} u \operatorname{div} \eta \, dx.$$

Entsprechend den Eigenschaften der Bilinearform folgt

$$\mathcal{S}^{\text{elas}}[u+\epsilon\eta] = \frac{1}{2}a[u,u] + \epsilon\, a[u,\eta] + \frac{\epsilon^2}{2}a[\eta,\eta],$$

womit die Gâteaux-Ableitung gerade der Gestalt

$$\delta\mathcal{S}^{\text{elas}}[u,\eta] = \frac{d}{d\epsilon}\mathcal{S}^{\text{elas}}[u+\epsilon\eta]\bigg|_{\epsilon=0}$$
$$= a[u,\eta]$$

ist. Um $\delta\mathcal{S}^{\text{elas}}[u,\eta]$ in die nach Gleichung 3.14 gesuchte Form zu bringen, bedarf es noch einigen Rechenaufwands. Definiert man als Hilfskonstrukte

$$F = \sum_{k=1}^{3} \eta_k \left(\nabla u_k + \frac{\partial u}{\partial x_k}\right),$$

$$G = \eta \operatorname{div} u,$$

so zeigt sich durch direktes (aber etwas aufwändigeres) Ausrechnen

$$\frac{\mu}{2}\sum_{i,k=1}^{3}\left(\frac{\partial u_k}{\partial x_i} + \frac{\partial u_i}{\partial x_k}\right)\left(\frac{\partial \eta_k}{\partial x_i} + \frac{\partial \eta_i}{\partial x_k}\right) = \mu \operatorname{div} F - \langle \mu\Delta u + \mu\nabla\operatorname{div} u, \eta\rangle,$$

$$\lambda \operatorname{div} u \operatorname{div} \eta = \lambda \operatorname{div} G - \langle \lambda\nabla\operatorname{div} u, \eta\rangle.$$

Eingesetzt in obige Gâteaux-Ableitung ergibt sich

$$\delta\mathcal{S}^{\text{elas}}[u,\eta] = \int_\Omega \mu \operatorname{div} F - \langle \mu\Delta u + \mu\nabla\operatorname{div} u, \eta\rangle + \lambda\operatorname{div} G - \langle \lambda\nabla\operatorname{div} u, \eta\rangle \, dx$$
$$= \int_\Omega \langle -(\mu\Delta u + (\lambda+\mu)\nabla\operatorname{div} u), \eta\rangle \, dx + \int_\Omega \operatorname{div}(\mu F + \lambda G) \, dx$$
$$= \int_\Omega \langle -(\mu\Delta u + (\lambda+\mu)\nabla\operatorname{div} u), \eta\rangle \, dx + \int_{\partial\Omega} \langle \mu F + \lambda G, n\rangle \, dS,$$

wobei der letzte Schritt dem Gaußschen Integralsatz entspricht und n wiederum die nach außen gerichtete Normale an $\partial\Omega$ repräsentiert. Unter Vernachlässigung des Randintegrals resultiert damit Gleichung 3.35.

A.2 Physikalische Interpretation der Jacobiante

In Kapitel 3.4.3.4 wird die Analyse der Jacobi-Determinante $\det(\nabla\varphi)$ bzw. $\det(\nabla u)$, auch als Jacobiante bezeichnet, als Möglichkeit zur quantitativen Erfassung der Plausibilität einer Bewegungsschätzung φ bzw. u eingeführt. Grundlegend hierfür ist die Interpretation als Maß für die durch φ bzw. u hervorgerufene lokale Volumenänderung. Diese Eigenschaft wird nachfolgend in Anlehnung an [Rey et al. 2002] mathematisch motiviert bzw. hergeleitet. Der Einfachheit der Notation wegen sei die Herleitung auf die Betrachtung von $\det(\nabla\varphi)$ beschränkt; der Zusammenhang mit $\det(\nabla u)$ ergibt sich über $\det(\nabla u) = \det(\nabla\varphi) - 1$.

Gemäß den Ausführungen in Kapitel 3 ist die Jacobi-Determinante von φ an einem Punkt $x \in \Omega$ definiert über

$$\det(\nabla\varphi) = \det(\nabla\varphi(x)) = \begin{vmatrix} \frac{\partial\varphi_1(x)}{\partial x_1} & \frac{\partial\varphi_1(x)}{\partial x_2} & \frac{\partial\varphi_1(x)}{\partial x_3} \\ \frac{\partial\varphi_2(x)}{\partial x_1} & \frac{\partial\varphi_2(x)}{\partial x_2} & \frac{\partial\varphi_2(x)}{\partial x_3} \\ \frac{\partial\varphi_3(x)}{\partial x_1} & \frac{\partial\varphi_3(x)}{\partial x_2} & \frac{\partial\varphi_3(x)}{\partial x_3} \end{vmatrix}.$$

Sei nun ausgehend von x ein infinitesimales Tetraeder $(x, x + \delta x_1, x + \delta x_2, x + \delta x_3)$ betrachtet, wie es in Abb. A.1 illustriert ist. Dann ist das Volumen δV des Tetraeders über das Spatprodukt seiner aufspannenden Vektoren gegeben:

$$\begin{aligned} \delta V &= \frac{1}{6} \begin{vmatrix} x_1 + \delta x_1 & x_1 & x_1 \\ x_2 & x_2 + \delta x_2 & x_2 \\ x_3 & x_3 & x_3 + \delta x_3 \end{vmatrix} \\ &= \frac{1}{6} \begin{vmatrix} \delta x_1 & 0 & 0 \\ 0 & \delta x_2 & 0 \\ 0 & 0 & \delta x_3 \end{vmatrix} \\ &= \frac{1}{6} \delta x_1 \, \delta x_2 \, \delta x_3. \end{aligned}$$

Gemäß der Annahme kleiner δx_i sei nun $\varphi(x + \delta x)$ in eine Taylorreihe um x entwickelt und Terme höherer Ordnung vernachlässigt, d. h.

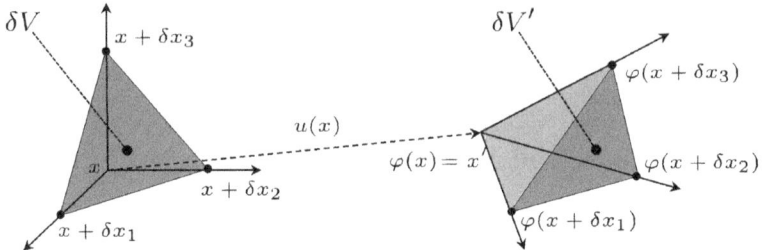

Abb. A.1: Sei x die initiale Position eines Punktes und x' seine finale Position. Sei weiterhin eine infinitesimale Umgebung von x betrachtet. Dann misst die Jacobi-Determinante gerade das Verhältnis des finalen und des initialen Volumens $\delta V'/\delta V$ dieser Umgebung.

$$\varphi\left(x + \delta x_i\right) \approx \varphi\left(x\right) + \frac{\partial \varphi\left(x\right)}{\partial x_i}\delta x_i, \quad i = 1, 2, 3.$$

Dann lässt sich anhand dieser Approximation auch das Volumen $\delta V'$ des verformten Tetraeders (siehe hierzu Abb. A.1) direkt berechnen über

$$\delta V' = \frac{1}{6}\begin{vmatrix} \frac{\partial \varphi_1(x)}{\partial x_1}\delta x_1 & \frac{\partial \varphi_1(x)}{\partial x_2}\delta x_2 & \frac{\partial \varphi_1(x)}{\partial x_3}\delta x_3 \\ \frac{\partial \varphi_2(x)}{\partial x_1}\delta x_1 & \frac{\partial \varphi_2(x)}{\partial x_2}\delta x_2 & \frac{\partial \varphi_2(x)}{\partial x_3}\delta x_3 \\ \frac{\partial \varphi_3(x)}{\partial x_1}\delta x_1 & \frac{\partial \varphi_3(x)}{\partial x_2}\delta x_2 & \frac{\partial \varphi_3(x)}{\partial x_3}\delta x_3 \end{vmatrix}.$$

Gemäß Multilinearität der Determinantenabbildung folgt dann

$$\delta V' = \frac{1}{6}\det\left(\nabla \varphi\right)\,\delta x_1\,\delta x_2\,\delta x_3$$

oder auch

$$\det\left(\nabla \varphi\right) = \frac{\delta V'}{\delta V}.$$

Hieraus resultieren wiederum die in Kapitel 3.4.3.4 getätigten Feststellungen: Falls $\det\left(\nabla \varphi\left(x\right)\right) > 1$, tritt lokal eine Expansion auf, $\det\left(\nabla \varphi\left(x\right)\right) = 1$ bedingt einen lokalen Volumenerhalt und $0 < \det\left(\nabla \varphi\left(x\right)\right) < 1$ eine Kontraktion.

Anhang B

Ergänzende Resultate zu Kapitel 3

B.1 Tabellen bezüglich des Vergleichs der einzelnen Registrierungsansätze

Ergänzend zu Kapitel 3 sind nachfolgend die im Kontext des Vergleichs unterschiedlicher Verfahren zur registrierungsbasierten Bewegungsfeldschätzung erhobenen Resultate zur Analyse von Singularitäten der berechneten Transformationen und des Symmetriefehlers aufgelistet (Tabelle B.1).

B.2 Tabellen bezüglich des Einflusses der Registrierungsterme und -schemata

In den Tabellen B.2 bis B.5 sind weiterhin die Daten für sämtliche Evaluationskriterien zusammengefasst, aufgegliedert nach den bei der Registrierung eingesetzten Kraft- und Regularisierungstermen bzw. dem Registrierungsschema. Die für einen Term bzw. ein Schema angegebenen Werte entsprechen Mittelwerten über die patientenindividuellen Mittelwerte der Maßzahlen der individuellen Registrierungsverfahren unter Verwendung des betrachteten Terms bzw. Schemas. Analog sind die angegebenen Differenzen ebenfalls Mittelwerte über patientenindividuelle Mittelwerte der Differenzen einander korrespondierender Bewegungsfeldschätzungen (Bsp. TRE-m-Wert *„SSD vs. Th,D"*: Für jeden Patienten werden die Differenzen der TRE-m-Werte der einzelnen Verfahren wie *„SSD-Kräfte + diffusiver Regularisierer + nicht-diffeomorphes Schema"* vs. *„duale Thirion-Kräfte + diffusiver Regularisierer + nicht-diffeomorphes Schema"* oder *„SSD-Kräfte + elastischer Regularisierer + nicht-diffeomorphes Schema"* vs. *„duale Thirion-Kräfte + elastischer Regularisierer + nicht-diffeomorphes Schema"* etc. berechnet und hierüber gemittelt).

Tabelle B.1: Anteil der Lungenvoxel, für die die Jacobi-Determinante der berechneten Transformation negativ ist (Werte in ‰), sowie Angaben zu dem Symmetriefehler ICE$[\varphi_{R\to T}, \varphi_{T\to R}]$ der verschiedenen Registrierungsverfahren. Der ICE gibt die Abweichung der Komposition der Transformationen, die aus der Registrierung durch Vertauschung von Target- und Referenzbild resultieren, von der Identität an (siehe Gleichung 3.40). Aufgeführt sind jeweils Mittelwerte über die patientenindividuellen Werte (WashU-, DIR-lab- und POPI-Daten). Die hinsichtlich des jeweiligen Rankings bestplatzierten Verfahren sind grau hinterlegt.

Regularisierungs- + Kraftterm	nicht-diffeomorphe Registrierung	diffeomorphe Registrierung	sym.-diffeomorphe Registrierung
Anteil der Lungenvoxel x mit det $(\nabla \varphi (x)) \leq 0$ [Angabe in ‰]			
— MASKIERTE KRAFTBERECHNUNG —			
$\mathcal{A}^{\text{diff}} + f^{\text{SSD}}$	0.04 ± 0.12	0.00 ± 0.00	$\forall \mathbf{x} : \det (\nabla \varphi) > 0$
$\mathcal{A}^{\text{diff}} + f^{\text{Th,P}}$	2.23 ± 1.96	$\forall \mathbf{x} : \det (\nabla \varphi) > 0$	$\forall \mathbf{x} : \det (\nabla \varphi) > 0$
$\mathcal{A}^{\text{diff}} + f^{\text{Th,A}}$	0.09 ± 0.07	$\forall \mathbf{x} : \det (\nabla \varphi) > 0$	$\forall \mathbf{x} : \det (\nabla \varphi) > 0$
$\mathcal{A}^{\text{diff}} + f^{\text{Th,D}}$	0.95 ± 0.88	$\forall \mathbf{x} : \det (\nabla \varphi) > 0$	$\forall \mathbf{x} : \det (\nabla \varphi) > 0$
$\mathcal{A}^{\text{elas}} + f^{\text{SSD}}$	0.00 ± 0.00	$\forall \mathbf{x} : \det (\nabla \varphi) > 0$	$\forall \mathbf{x} : \det (\nabla \varphi) > 0$
$\mathcal{A}^{\text{elas}} + f^{\text{Th,P}}$	$\forall \mathbf{x} : \det (\nabla \varphi) > 0$	$\forall \mathbf{x} : \det (\nabla \varphi) > 0$	$\forall \mathbf{x} : \det (\nabla \varphi) > 0$
$\mathcal{A}^{\text{elas}} + f^{\text{Th,A}}$	$\forall \mathbf{x} : \det (\nabla \varphi) > 0$	$\forall \mathbf{x} : \det (\nabla \varphi) > 0$	$\forall \mathbf{x} : \det (\nabla \varphi) > 0$
$\mathcal{A}^{\text{elas}} + f^{\text{Th,D}}$	$\forall \mathbf{x} : \det (\nabla \varphi) > 0$	$\forall \mathbf{x} : \det (\nabla \varphi) > 0$	$\forall \mathbf{x} : \det (\nabla \varphi) > 0$
— UNMASKIERTE KRAFTBERECHNUNG —			
$\mathcal{A}^{\text{diff}} + f^{\text{SSD}}$	0.07 ± 0.13	$\forall \mathbf{x} : \det (\nabla \varphi) > 0$	0.00 ± 0.00
$\mathcal{A}^{\text{diff}} + f^{\text{Th,P}}$	6.73 ± 4.97	$\forall \mathbf{x} : \det (\nabla \varphi) > 0$	$\forall \mathbf{x} : \det (\nabla \varphi) > 0$
$\mathcal{A}^{\text{diff}} + f^{\text{Th,A}}$	0.27 ± 0.22	$\forall \mathbf{x} : \det (\nabla \varphi) > 0$	$\forall \mathbf{x} : \det (\nabla \varphi) > 0$
$\mathcal{A}^{\text{diff}} + f^{\text{Th,D}}$	3.23 ± 2.74	$\forall \mathbf{x} : \det (\nabla \varphi) > 0$	$\forall \mathbf{x} : \det (\nabla \varphi) > 0$
$\mathcal{A}^{\text{elas}} + f^{\text{SSD}}$	0.00 ± 0.00	$\forall \mathbf{x} : \det (\nabla \varphi) > 0$	$\forall \mathbf{x} : \det (\nabla \varphi) > 0$
$\mathcal{A}^{\text{elas}} + f^{\text{Th,P}}$	0.02 ± 0.06	$\forall \mathbf{x} : \det (\nabla \varphi) > 0$	$\forall \mathbf{x} : \det (\nabla \varphi) > 0$
$\mathcal{A}^{\text{elas}} + f^{\text{Th,A}}$	0.00 ± 0.00	$\forall \mathbf{x} : \det (\nabla \varphi) > 0$	$\forall \mathbf{x} : \det (\nabla \varphi) > 0$
$\mathcal{A}^{\text{elas}} + f^{\text{Th,D}}$	0.03 ± 0.11	$\forall \mathbf{x} : \det (\nabla \varphi) > 0$	$\forall \mathbf{x} : \det (\nabla \varphi) > 0$
Symmetriefehler ICE$[\varphi_{R\to T}, \varphi_{T\to R}]$ [Angabe in mm]			
— MASKIERTE KRAFTBERECHNUNG —			
$\mathcal{A}^{\text{diff}} + f^{\text{SSD}}$	0.53 ± 0.21	0.68 ± 0.31	0.88 ± 0.69
$\mathcal{A}^{\text{diff}} + f^{\text{Th,P}}$	0.70 ± 0.18	0.87 ± 0.24	0.69 ± 0.57
$\mathcal{A}^{\text{diff}} + f^{\text{Th,A}}$	0.81 ± 0.44	1.12 ± 0.67	0.71 ± 0.45
$\mathcal{A}^{\text{diff}} + f^{\text{Th,D}}$	0.51 ± 0.13	0.75 ± 0.27	0.65 ± 0.49
$\mathcal{A}^{\text{elas}} + f^{\text{SSD}}$	0.48 ± 0.40	0.62 ± 0.36	0.37 ± 0.34
$\mathcal{A}^{\text{elas}} + f^{\text{Th,P}}$	0.47 ± 0.17	0.63 ± 0.21	0.75 ± 0.56
$\mathcal{A}^{\text{elas}} + f^{\text{Th,A}}$	0.72 ± 0.61	1.02 ± 0.75	0.93 ± 0.68
$\mathcal{A}^{\text{elas}} + f^{\text{Th,D}}$	0.34 ± 0.13	0.57 ± 0.25	0.75 ± 0.53
— UNMASKIERTE KRAFTBERECHNUNG —			
$\mathcal{A}^{\text{diff}} + f^{\text{SSD}}$	1.03 ± 0.51	1.08 ± 0.40	0.70 ± 0.43
$\mathcal{A}^{\text{diff}} + f^{\text{Th,P}}$	1.15 ± 0.55	1.24 ± 0.51	0.54 ± 0.34
$\mathcal{A}^{\text{diff}} + f^{\text{Th,A}}$	0.89 ± 0.44	1.09 ± 0.46	0.49 ± 0.33
$\mathcal{A}^{\text{diff}} + f^{\text{Th,D}}$	0.90 ± 0.52	1.04 ± 0.52	0.49 ± 0.36
$\mathcal{A}^{\text{elas}} + f^{\text{SSD}}$	0.73 ± 0.36	0.74 ± 0.26	0.57 ± 0.47
$\mathcal{A}^{\text{elas}} + f^{\text{Th,P}}$	0.70 ± 0.36	0.85 ± 0.32	0.34 ± 0.20
$\mathcal{A}^{\text{elas}} + f^{\text{Th,A}}$	0.59 ± 0.28	0.76 ± 0.32	0.35 ± 0.23
$\mathcal{A}^{\text{elas}} + f^{\text{Th,D}}$	0.52 ± 0.41	0.71 ± 0.39	0.37 ± 0.29

B.2 Einfluss der Registrierungsterme und -schemata

Tabelle B.2: Vergleichende Aufstellung der Werte der unterschiedlichen Evaluationskriterien, fokussierend auf die Auswirkungen der Maskierung der Kraftterme.

Regularisierungs-ansatz	Mittelwert	unmaskiert vs. maskiert
— TARGET-REGISTRATION-ERROR TRE-M [ANGABE IN MM] —		
unmaskiert	2.3 ± 1.4	$+0.8 \pm 0.9$ ($p < 0.001$)
maskiert	1.5 ± 0.6	*
— TARGET-REGISTRATION-ERROR TRE-A [ANGABE IN MM] —		
unmaskiert	2.0 ± 1.1	$+0.5 \pm 0.6$ ($p < 0.001$)
maskiert	1.5 ± 0.5	*
— ÜBERTRAGUNG TUMORSEGMENTIERUNG: JACCARD-KOEFFIZIENT —		
unmaskiert	0.78 ± 0.10	-0.02 ± 0.06 ($p=0.21$)
maskiert	0.80 ± 0.07	*
— ÜBERTRAGUNG TUMORSEGMENTIERUNG: DISTANZ TUMORMASSEZENTREN [ANGABE IN MM] —		
unmaskiert	1.2 ± 1.0	$+0.2 \pm 0.7$ ($p=0.35$)
maskiert	1.0 ± 0.7	*
— SINGULARITÄTEN [ANGABE IN ‰] —		
unmaskiert	0.43 ± 0.33	$+0.29 \pm 0.25$ ($p < 0.001$)
maskiert	0.14 ± 0.12	*
— SYMMETRIEFEHLER [ANGABE IN MM] —		
unmaskiert	0.7 ± 0.4	-0.1 ± 0.4 ($p=0.49$)
maskiert	0.7 ± 0.3	*

Tabelle B.3: Vergleichende Aufstellung der Werte der unterschiedlichen Evaluationskriterien, fokussierend auf die Auswirkungen der unterschiedlichen eingesetzten Kraftterme: SSD- vs. passive, aktive und duale Thirion-Kräfte.

Kraft-term	Mittel-wert	... vs. Th,D	... vs. Th,A	... vs. Th,P
\multicolumn{5}{c}{— TARGET-REGISTRATION-ERROR TRE-M [ANGABE IN MM] —}
SSD	2.6 ± 1.7	$+1.0 \pm 0.9$ ($p < 0.001$)	$+1.0 \pm 0.8$ ($p < 0.001$)	$+0.9 \pm 0.8$ ($p < 0.001$)
Th,P	1.7 ± 1.0	$+0.1 \pm 0.2$ ($p < 0.001$)	$+0.1 \pm 0.1$ ($p = 0.003$)	*
Th,A	1.7 ± 1.0	$+0.0 \pm 0.1$ ($p = 0.02$)	*	*
Th,D	1.6 ± 0.9	*	*	*
\multicolumn{5}{c}{— TARGET-REGISTRATION-ERROR TRE-A [ANGABE IN MM] —}
SSD	2.0 ± 1.2	$+0.4 \pm 0.4$ ($p < 0.001$)	$+0.4 \pm 0.4$ ($p < 0.001$)	$+0.4 \pm 0.4$ ($p < 0.001$)
Th,P	1.7 ± 0.9	$+0.1 \pm 0.1$ ($p < 0.001$)	$+0.0 \pm 0.1$ ($p = 0.003$)	*
Th,A	1.6 ± 0.9	$+0.0 \pm 0.0$ ($p < 0.001$)	*	*
Th,D	1.6 ± 0.8	*	*	*
\multicolumn{5}{c}{— ÜBERTRAGUNG TUMORSEGMENTIERUNG: JACCARD-KOEFFIZIENT —}
SSD	0.78 ± 0.09	-0.01 ± 0.03 ($p = 0.15$)	-0.01 ± 0.02 ($p = 0.03$)	-0.00 ± 0.03 ($p = 0.36$)
Th,P	0.79 ± 0.10	-0.00 ± 0.03 ($p = 0.68$)	-0.01 ± 0.02 ($p = 0.18$)	*
Th,A	0.79 ± 0.08	$+0.00 \pm 0.01$ ($p = 0.19$)	*	*
Th,D	0.79 ± 0.08	*	*	*
\multicolumn{5}{c}{— ÜBERTRAGUNG TUMORSEGMENTIERUNG: DISTANZ TUMORMASSEZENTREN [ANGABE IN MM] —}
SSD	1.2 ± 0.9	$+0.2 \pm 0.3$ ($p = 0.01$)	$+0.1 \pm 0.3$ ($p = 0.02$)	$+0.1 \pm 0.4$ ($p = 0.43$)
Th,P	1.1 ± 1.0	$+0.1 \pm 0.5$ ($p = 0.26$)	$+0.1 \pm 0.4$ ($p = 0.31$)	*
Th,A	1.0 ± 0.8	$+0.0 \pm 0.1$ ($p = 0.17$)	*	*
Th,D	1.0 ± 0.8	*	*	*
\multicolumn{5}{c}{— SINGULARITÄTEN [ANGABE IN ‰] —}
SSD	0.01 ± 0.02	-0.34 ± 0.39 ($p < 0.001$)	-0.02 ± 0.03 ($p < 0.001$)	-0.74 ± 0.73 ($p < 0.001$)
Th,P	0.75 ± 0.73	$+0.40 \pm 0.35$ ($p < 0.001$)	$+0.72 \pm 0.70$ ($p < 0.001$)	*
Th,A	0.03 ± 0.03	-0.32 ± 0.37 ($p < 0.001$)	*	*
Th,D	0.35 ± 0.39	*	*	*
\multicolumn{5}{c}{— SYMMETRIEFEHLER [ANGABE IN MM] —}
SSD	0.7 ± 0.4	$+0.1 \pm 0.2$ ($p = 0.03$)	-0.1 ± 0.4 ($p = 0.12$)	-0.0 ± 0.2 ($p = 0.06$)
Th,P	0.7 ± 0.3	$+0.1 \pm 0.1$ ($p < 0.001$)	-0.0 ± 0.3 ($p = 0.32$)	*
Th,A	0.8 ± 0.3	$+0.2 \pm 0.3$ ($p < 0.001$)	*	*
Th,D	0.6 ± 0.3	*	*	*

B.2 Einfluss der Registrierungsterme und -schemata

Tabelle B.4: Vergleichende Aufstellung der Werte der unterschiedlichen Evaluationskriterien, fokussierend auf die Auswirkungen der beiden eingesetzten Regularisierungsansätze: diffusive vs. elastische Regularisierung.

Regularisierungs-ansatz	Mittel-wert	diffusiv vs. elastisch
— TARGET-REGISTRATION-ERROR TRE-M [ANGABE IN MM] —		
diffusiv	1.9 ± 1.0	$+0.1 \pm 0.2$ (p < 0.001)
elastisch	1.8 ± 1.0	*
— TARGET-REGISTRATION-ERROR TRE-A [ANGABE IN MM] —		
diffusiv	1.8 ± 1.0	$+0.1 \pm 0.1$ (p = 0.003)
elastisch	1.7 ± 0.9	*
— ÜBERTRAGUNG TUMORSEGMENTIERUNG: JACCARD-KOEFFIZIENT —		
diffusiv	0.79 ± 0.09	$+0.00 \pm 0.01$ (p = 0.08)
elastisch	0.79 ± 0.09	*
— ÜBERTRAGUNG TUMORSEGMENTIERUNG: DISTANZ TUMORMASSEZENTREN [ANGABE IN MM] —		
diffusiv	1.1 ± 0.9	0.0 ± 0.1 (p = 0.20)
elastisch	1.1 ± 0.8	*
— SINGULARITÄTEN [ANGABE IN ‰] —		
diffusiv	0.57 ± 0.57	$+0.56 \pm 0.57$ (p < 0.001)
elastisch	0.00 ± 0.01	*
— SYMMETRIEFEHLER [ANGABE IN MM] —		
diffusiv	0.8 ± 0.4	$+0.2 \pm 0.1$ (p < 0.001)
elastisch	0.6 ± 0.3	*

Anhang B – Ergänzende Resultate zu Kapitel 3

Tabelle B.5: Vergleichende Aufstellung der Werte der unterschiedlichen Evaluationskriterien, fokussierend auf die Auswirkungen der drei betrachteten Registrierungsschemata: Nichtdiffeomorphe vs. diffemorphe vs. symmetrisch-diffeomorphe Registrierung.

Reg.-schema	Mittelwert	Unterschiede korrespondierender Verfahren ... vs. symm.-diffeomorph	... vs. diffeomorph
— TARGET-REGISTRATION-ERROR TRE-M [ANGABE IN MM] —			
nicht-diffeomorph	1.9 ± 1.1	-0.1 ± 0.4 ($p = 0.02$)	$+0.0 \pm 0.1$ ($p = 0.55$)
diffeomorph	1.8 ± 1.1	-0.2 ± 0.3 ($p = 0.004$)	*
symm.-diffeomporph	2.0 ± 1.2	*	*
— TARGET-REGISTRATION-ERROR TRE-A [ANGABE IN MM] —			
nicht-diffeomorph	1.7 ± 0.9	-0.1 ± 0.2 ($p = 0.03$)	$+0.0 \pm 0.1$ ($p = 0.09$)
diffeomorph	1.7 ± 0.9	-0.1 ± 0.2 ($p = 0.008$)	*
symm.-diffeomporph	1.8 ± 1.0	*	*
— ÜBERTRAGUNG TUMORSEGMENTIERUNG: JACCARD-KOEFFIZIENT —			
nicht-diffeomorph	0.79 ± 0.08	$+0.01 \pm 0.02$ ($p = 0.02$)	$+0.01 \pm 0.01$ ($p = 0.006$)
diffeomorph	0.78 ± 0.09	$+0.00 \pm 0.01$ ($p = 0.84$)	*
symm.-diffeomporph	0.78 ± 0.09	*	*
— ÜBERTRAGUNG TUMORSEGMENTIERUNG: DISTANZ TUMORMASSEZENTREN [ANGABE IN MM] —			
nicht-diffeomorph	1.1 ± 0.8	-0.0 ± 0.1 ($p = 0.76$)	-0.0 ± 0.2 ($p = 0.39$)
diffeomorph	1.1 ± 0.9	$+0.0 \pm 0.1$ ($p = 0.43$)	*
symm.-diffeomporph	1.1 ± 0.8	*	*
— SINGULARITÄTEN [ANGABE IN ‰] —			
nicht-diffeomorph	0.85 ± 0.87	$+0.85 \pm 0.87$ ($p < 0.001$)	$+0.85 \pm 0.87$ ($p < 0.001$)
diffeomorph	0.00 ± 0.00	-0.00 ± 0.00 ($p = 0.36$)	*
symm.-diffeomporph	0.00 ± 0.00	*	*
— SYMMETRIEFEHLER [ANGABE IN MM] —			
nicht-diffeomorph	0.7 ± 0.3	$+0.1 \pm 0.3$ ($p = 0.07$)	-0.2 ± 0.2 ($p < 0.001$)
diffeomorph	0.9 ± 0.4	$+0.3 \pm 0.3$ ($p < 0.001$)	*
symm.-diffeomporph	0.6 ± 0.4	*	*

Anhang C

Aus der Arbeit hervorgegangene Publikationen (Auswahl)

Einige Inhalte der Dissertation sind bereits in verschiedenen Zeitschrift- und Konferenzbeiträgen veröffentlicht worden. Eine Auswahl der diesbezüglich (aus Sicht des Verfassers der Arbeit) wichtigsten Publikationen ist nachfolgend aufgeführt.

Implementierung und Evaluation von optimierten Verfahren zur Bewegungsfeldschätzung in thorakalen 4D-Bilddaten

Werner, R., Ehrhardt, J., Schmidt-Richberg, A., Heiss, A. und Handels, H. „Estimation of motion fields by non-linear registration for local lung motion analysis in 4D CT image data." *Int J Comput Assist Radiol Surg* **5**(6): 595–605, 2010.

Werner, R., Wolf, J. C., Ehrhardt, J., Schmidt-Richberg, A. und Handels, H. „Automatische Landmarkendetektion und -übertragung zur Evaluation der Registrierung von thorakalen CT-Daten". In: *Bildverarbeitung für die Medizin 2010*. Hrsg. von T. M. Deserno, H. Handels, H. P. Meinzer und T. Tolxdorff. Informatik aktuell. Springer, 2010: 31–35.

Werner, R., Ehrhardt, J., Schmidt, R. und Handels, H. „Validation and comparison of a biophysical modeling approach and non-linear registration for estimation of lung motion fields in thoracic 4D CT data". In: *SPIE Medical Imaging 2009: Image Processing*. Hrsg. von J. P. W. Pluim und B. M. Dawant. Bd. 7259. Proc. of SPIE. 2009: 7259U–1–8.

Schmidt-Richberg, A., Ehrhardt, J., Werner, R. und Handels, H. „Evaluation and Comparison of Force Terms for the Estimation of Lung Motion by Non-Linear Registration of 4D-CT Image Data". In: *World Congress on Medical Physics and Biomedical Engineering (WC 2009)*. Hrsg. von O. Dössel und W. C. Schlegel. Bd. 25. IFBME Proceedings IV. Springer, 2009: 2128–2131.

Werner, R., Ehrhardt, J., Schmidt, R. und Handels, H. "Patientspecific finite element modeling of respiratory lung motion using 4D CT image data." *Med Phys* **36**(5): 1500–1511, 2009.

Entwicklung und Evaluation von Verfahren zur modellbasierten Bewegungsfeldschätzung und Berücksichtigung von Bewegungsvariabilitäten

Ehrhardt, J., Werner, R., Schmidt-Richberg, A. und Handels, H. "Statistical Modeling of 4D Respiratory Lung Motion Using Diffeomorphic Image Registration." *IEEE T Med Imaging* **30**(2): 251–65, 2011.

Ehrhardt, J., Werner, R., Schmidt-Richberg, A. und Handels, H. "A Statistical Shape and Motion Model for the Prediction of Respiratory Lung Motion". In: *SPIE Medical Imaging 2010: Image Processing*. Hrsg. von B. M. Dawant und D. R. Haynor. Bd. 7623. Proc. of SPIE. Orlando (USA), 2010: 531–539.

Einsatz von Bewegungsfeldschätzungen zur Untersuchung der Auswirkungen atmungsbedingter Bewegungen in der Strahlentherapie

Werner, R., Schmidt-Richberg, A., Handels, H. und Ehrhardt, J. "Model-based risk assessment for motion effects in 3D radiotherapy of lung tumors". In: *SPIE Medical Imaging 2012: Image-Guided Procedures, Robotic Interventions, and Modeling*. Hrsg. von D. R. Holmes und K. H. Wong. Bd. 8316. Proc. of SPIE. 2012: 83160C–1–8.

Werner, R., Ehrhardt, J., Schmidt-Richberg, A. et al. "Towards Accurate Dose Accumulation for IMRT: Impact of Weighting Schemes and Temporal Image Resolution on the Estimation of Dosimetric Motion Effects". *Z Med Phys* **22**(2): 109–122, 2012.

Werner, R., Ehrhardt, J., Schmidt-Richberg, A. et al. "Towards Accurate Dose Accumulation for IMRT: Impact of Weighting Schemes and Temporal Image Resolution on Predicted Interplay Effects". In: *41. Jahrestagung der Deutschen Gesellschaft für Medizinische Physik (DGMP)*. Hrsg. von N. Hodapp et al. Medizinische Physik. Freiburg, 2010: 515–518.[1]

Werner, R., Ehrhardt, J., Schmidt-Richberg, A. et al. "Dose Accumulation based on Optimized Motion Field Estimation using Non-Linear Registration in Thoracic 4D CT Image Data". In: *World Congress on Medical Physics and Biomedical Engineering (WC 2009)*. Hrsg. von O. Dössel und W. C. Schlegel. Bd. 25. IFBME Proceedings I. Springer, 2009: 855–858.

---

[1] ausgezeichnet mit dem Varian-Posterpreis 2010 der Deutschen Gesellschaft für Medizinische Physik

Literaturverzeichnis

[Adkison et al. 2008] Adkison, J. B., Khuntia, D., Bentzen, S. M. et al. „Dose escalated, hypofractionated radiotherapy using helical tomotherapy for inoperable non-small cell lung cancer: preliminary results of a risk-stratified phase I dose escalation study." *Technol Cancer Res Treat* **7**(6): 441–447, 2008.

[Admiraal et al. 2008] Admiraal, M. A., Schuring, D. und Hurkmans, C. W. „Dose calculations accounting for breathing motion in stereotactic lung radiotherapy based on 4D-CT and the internal target volume." *Radiother Oncol* **86**(1): 55–60, 2008.

[Al-Mayah et al. 2008] Al-Mayah, A., Moseley, J., Velec, M. und Brock, K. K. „Effect of Friction and Material Compressibility on Deformable Modeling of Human Lung". In: *International Symposium on Computational Models for Biomedical Simulation - ISBMS 2008*. Hrsg. von F. Bello und E. Edwards. Bd. 5104. Lecture Notes in Computer Science. London: Springer, Juli 2008: 98–106.

[Al-Mayah et al. 2008] Al-Mayah, A., Moseley, J. und Brock, K. K. „Contact surface and material nonlinearity modeling of human lungs." *Phys Med Biol* **53**(1): 305–317, 2008.

[Al-Mayah et al. 2009] Al-Mayah, A., Moseley, J., Velec, M. und Brock, K. K. „Sliding characteristic and material compressibility of human lung: parametric study and verification." *Med Phys* **36**(10): 4625–4633, 2009.

[Al-Mayah et al. 2010] Al-Mayah, A., Moseley, J., Velec, M., Hunter, S. und Brock, K. K. „Deformable image registration of heterogeneous human lung incorporating the bronchial tree." *Med Phys* **37**(9): 4560–4571, 2010.

[Albers et al. 2009] Albers, S., Klapper, D. und Konradt, U. *Methodik der empirischen Forschung*. Hrsg. von A. Walter und J. Wolf. 3. Auflage. Gabler, GWV Fachverlage GmbH, 2009.

[Arsigny 2006] Arsigny, V. „Processing Data in Lie Groups: An Algebraic Approach. Application to Non-Linear Registration and Diffusion Tensor MRI". Thèse de sciences (PhD Thesis). École polytechnique, Nov. 2006.

[Arsigny et al. 2006] Arsigny, V., Commowick, O., Pennec, X. und Ayache, N. „A Log-Euclidean Framework for Statistics on Diffeomorphisms". In: *Medical Image Computing and Computer-Assisted Intervention – MICCAI 2006*. Hrsg. von R. Larsen, M. Nielsen und J. Sporring. Bd. 4190. Lecture Notes in Computer Science. Springer, 2006: 924–931.

[Ashburner 2007] Ashburner, J. „A fast diffeomorphic image registration algorithm." *Neuroimage* **38**(1): 95–113, 2007.

[Avants et al. 2004] Avants, B. B., Sundaram, T. A., Duda, J. T., Gee, J. C. und Ng, L.: Kap. „Non-Rigid Image Registration". In: *Insight into Images: Principles and Practice for Segmentation, Registration, and Image Analysis*. Hrsg. von T. S. Yoo. Wellesey, MA, 2004. 307–348.

[Avants et al. 2004] Avants, B. B. und Gee, J. C. „Geodesic estimation for large deformation anatomical shape averaging and interpolation." *Neuroimage* **23 Suppl 1**: S139–S150, 2004.

[Avants et al. 2008] Avants, B. B., Epstein, C. L., Grossman, M. und Gee, J. C. „Symmetric diffeomorphic image registration with cross-correlation: evaluating automated labeling of elderly and neurodegenerative brain." *Med Image Anal* **12**(1): 26–41, 2008.

[Avants et al. 2009] Avants, B., Tustison, N. und Song, G. „Advanced Normalization Tools (ANTS)". *Insight Journal* http:/hdl.handle.net/10380/3113, 2009.

[Balter et al. 1996] Balter, J. M., Haken, R. K. T., Lawrence, T. S., Lam, K. L. und Robertson, J. M. „Uncertainties in CT-based radiation therapy treatment planning associated with patient breathing." *Int J Radiat Oncol* **36**(1): 167–174, 1996.

[Barnes et al. 2001] Barnes, E. A., Murray, B. R., Robinson, D. M. et al. „Dosimetric evaluation of lung tumor immobilization using breath hold at deep inspiration." *Int J Radiat Oncol* **50**(4): 1091–1098, 2001.

[Bathe 1990] Bathe, K.-J. *Finite-Elemente-Methoden*. Springer, 1990.

[Beckham et al. 2002] Beckham, W. A., Keall, P. J. und Siebers, J. V. „A fluence-convolution method to calculate radiation therapy dose distributions that incorporate random set-up error." *Phys Med Biol* **47**(19): 3465–3473, 2002.

[Beg et al. 2005] Beg, M. F., Miller, M. I., Trouvé, A. und Younes, L. „Computing Large Deformation Metric Mappings via Geodesic Flows of Diffeomorphisms". *International Journal of Computer Vision* **61**(2): 139–157, 2005.

[Belsley et al. 2004] Belsley, D. A., Kuh, E. und Welsch, R. E. *Regression Diagnostics: Identifying Influential Data and Sources of Collinearity*. John Wiley & Sons, 2004.

[Bender et al. 2009] Bender, E. T. und Tomé, W. A. „The utilization of consistency metrics for error analysis in deformable image registration." *Phys Med Biol* **54**(18): 5561–5577, 2009.

[Bert et al. 2011] Bert, C. und Durante, M. „Motion in radiotherapy: particle therapy." *Phys Med Biol* **56**(16): R113–R144, 2011.

[Boldea et al. 2008] Boldea, V., Sharp, G. C., Jiang, S. B. und Sarrut, D. „4D-CT lung motion estimation with deformable registration: quantification of motion nonlinearity and hysteresis." *Med Phys* **35**(3): 1008–1018, 2008.

[Bortfeld 2002] Bortfeld, T.: Kap. „Röntgencomputertomographie: Physikalisch-Technische Grundlagen". In: *Medizinische Physik 2: Medizinische Strahlenphysik*. Hrsg. von W. C. Schlegel und J. Bille. Springer, 2002. 247–265.

[Bortfeld et al. 2002] Bortfeld, T., Jokivarsi, K., Goitein, M., Kung, J. und Jiang, S. B. „Effects of intra-fraction motion on IMRT dose delivery: statistical analysis and simulation." *Phys Med Biol* **47**(13): 2203–2220, 2002.

[Bortfeld et al. 2004] Bortfeld, T., Jiang, S. B. und Rietzel, E. „Effects of motion on the total dose distribution." *Semin Radiat Oncol* **14**(1): 41–51, 2004.

[Bossa et al. 2007] Bossa, M., Hernandez, M. und Olmos, S. „Contributions to 3D diffeomorphic atlas estimation: application to brain images." In: *Medical Image Computing and Computer-Assisted Intervention – MICCAI 2007*. Hrsg. von N. Ayache, S. Ourselin und A. Maeder. Bd. 4791. Lecture Notes in Computer Science. Springer, 2007: 667–674.

[Bossa et al. 2008] Bossa, M., Zacur, E. und Olmos, S. „Algorithms for computing the group exponential of diffeomorphisms: Performance evaluation". In: *Proc. IEEE Computer Society Conf. Computer Vision and Pattern Recognition Workshops CVPRW '08*. 2008: 1–8.

[Bossa et al. 2008] Bossa, M. N. und Gasso, S. O. „A new algorithm for the computation of the group logarithm of diffeomorphisms". In: *Workshop Proc. MICCAI 2008: MFCA 2008: International Workshop on Mathematical Foundations of Computational Anatomy*. 2008.

[Bower 2010] Bower, A. F. *Applied Mechanics of Solids*. CRC Press, 2010.

[Britton et al. 2009] Britton, K. R., Starkschall, G., Liu, H. et al. „Consequences of anatomic changes and respiratory motion on radiation dose distributions in conformal radiotherapy for locally advanced non-small-cell lung cancer." *Int J Radiat Oncol Biol Phys* **73**(1): 94–102, 2009.

[Brock et al. 2003] Brock, K. K., McShan, D. L., Haken, R. K. T. et al. „Inclusion of organ deformation in dose calculations." *Med Phys* **30**(3): 290–295, 2003.

[Brock et al. 2005] Brock, K. K., Sharpe, M. B., Dawson, L. A., Kim, S. M. und Jaffray, D. A. „Accuracy of finite element model-based multi-organ deformable image registration." *Med Phys* **32**(6): 1647–1659, 2005.

[Brock 2007] Brock, K. K. „Image Registration in Intensity-Modulated, Image-Guided and Stereotactic Body Radiation Therapy". *Front Radiat Ther Oncol* **40**: 94–115, 2007.

[Brock et al. 2010] Brock, K. K. und Consortium, D. R. A. „Results of a multi-institution deformable registration accuracy study (MIDRAS)." *Int J Radiat Oncol* **76**(2): 583–596, 2010.

[Brown et al. 2006] Brown, H. und Prescott, R. *Applied Mixed Models in Medicine*. London: Wiley, 2006.

[Brunelli 2009] Brunelli, R. *Template Matching Techniques in Computer Vision: Theory and Practice*. John Wiley & Sons, Ltd, 2009.

[Burrowes et al. 2008] Burrowes, K. S., Swan, A. J., Warren, N. J. und Tawhai, M. H. „Towards a virtual lung: multi-scale, multi-physics modelling of the pulmonary system." *Philos Transact A Math Phys Eng Sci* **366**(1879): 3247–3263, 2008.

[Buzug 2008] Buzug, T. M. *Computed Tomography*. Berlin-Heidelberg: Springer, 2008.

[Buzurovic et al. 2011] Buzurovic, I., Huang, K., Yu, Y. und Podder, T. K. „A robotic approach to 4D real-time tumor tracking for radiotherapy." *Phys Med Biol* **56**(5): 1299–1318, 2011.

[Bystrov et al. 2009] Bystrov, D., Vik, T., Schulz, H., Klinder, T. und Schmidt, S. „Local motion analysis in 4D lung CT using fast groupwise registration". In: *Proc. 16th IEEE Int Image Processing (ICIP) Conf.* 2009: 1749–1752.

[Cao et al. 2010] Cao, K., Du, K., Ding, K., Reinhardt, J. M. und Christensen, G. E. „Regularized Nonrigid Registration of Lung CT Images by Preserving Tissue Volume and Vesselness Measure". In: *Medical Image Analysis for the Clinic: A Grand Challenge*. Hrsg. von B. van Ginneken, K. Murphy, T. Heimann, V. Pekar und X. Deng. Workshop Proc. from the 13th International Conference on Medical Image Computing and Computer Assisted Intervention. Bejing, China, Sep. 2010: 43–54.

[Carnes et al. 2009] Carnes, G., Gaede, S., Yu, E. et al. „A fully automated non-external marker 4D-CT sorting algorithm using a serial cine scanning protocol." *Phys Med Biol* **54**(7): 2049–2066, 2009.

[Castillo et al. 2009] Castillo, R., Castillo, E., Guerra, R. et al. „A framework for evaluation of deformable image registration spatial accuracy using large landmark point sets." *Phys Med Biol* **54**(7): 1849–1870, 2009.

[Castillo et al. 2010a] Castillo, E., Castillo, R., Martinez, J., Shenoy, M. und Guerrero, T. „Four-dimensional deformable image registration using trajectory modeling." *Phys Med Biol* **55**(1): 305–327, 2010.

[Castillo et al. 2010b] Castillo, R., Castillo, E., Martinez, J. und Guerrero, T. „Ventilation from four-dimensional computed tomography: density versus Jacobian methods." *Phys Med Biol* **55**(16): 4661–4685, 2010.

[Cerviño et al. 2009] Cerviño, L. I., Chao, A. K. Y., Sandhu, A. und Jiang, S. B. „The diaphragm as an anatomic surrogate for lung tumor motion." *Phys Med Biol* **54**(11): 3529–3541, 2009.

[Chandrashekara et al. 2003] Chandrashekara, R., Rao, A., Sanchez-Ortiz, G. I., Mohiaddin, R. H. und Rueckert, D. „Construction of a statistical model for cardiac motion analysis using nonrigid image registration." *Inf Process Med Imaging* **18**: 599–610, 2003.

[Christensen et al. 1996] Christensen, G. E., Rabbitt, R. D. und Miller, M. I. „Deformable templates using large deformation kinematics." *IEEE T Image Process* **5**(10): 1435–1447, 1996.

[Christensen et al. 2001] Christensen, G. E. und Johnson, H. J. „Consistent image registration." *IEEE T Med Imaging* **20**(7): 568–582, 2001.

[Colgan et al. 2008] Colgan, R., McClelland, J., McQuaid, D. et al. „Planning lung radiotherapy using 4D CT data and a motion model." *Phys Med Biol* **53**(20): 5815–5830, 2008.

[Crum et al. 2004] Crum, W. R., Hartkens, T. und Hill, D. L. G. „Non-rigid image registration: theory and practice". *Br J Radiol* **77**: S140–S153, 2004.

[Crum et al. 2005] Crum, W. R., Tanner, C. und Hawkes, D. J. „Anisotropic multi-scale fluid registration: evaluation in magnetic resonance breast imaging." *Phys Med Biol* **50**(21): 5153–5174, 2005.

[DIN 2000] DIN. *Begriffe in der radiologischen Technik - Teil 8: Strahlentherapie (DIN-Normen 6814-8)*. Berlin: Deutsches Institut für Normung (DIN), 2000.

[DIN 2001] DIN. *Protokollierung bei der medizinischen Anwendung ionisierender Strahlung (DIN-Normen 6827-3)*. Beuth: Deutsches Institut für Normung (DIN), 2001.

[Delaney et al. 2005] Delaney, G., Jacob, S., Featherstone, C. und Barton, M. „The Role of Radiotherapy in Cancer Treatment: Estimating Optimal Utilization from a Review of Evidence-Based Clinical Guidelines". *Cancer* **104**(6): 1129–1137, 2005.

[Delmon et al. 2011] Delmon, V., Rit, S., Pinho, R. und Sarrut, D. „Direction dependent B-splines decomposition for the registration of sliding objects". In: *Proceedings of the Fourth International Workshop on Pulmonary Image Analysis*. Toronto, Canada, Sep. 2011: 45–55.

[Denny et al. 2006] Denny, E. und Schroter, R. C. „A model of non-uniform lung parenchyma distortion." *J Biomech* **39**(4): 652–663, 2006.

[Dietrich 2005] Dietrich, L. „Berücksichtigung von inter- und intrafraktionellen Organbewegungen in der adaptiven Strahlentherapie". Diss. Heidelberg: Naturwissenschaftlich-Mathematische Gesamtfakultät, Ruprecht-Karls-Universität Heidelberg, 2005.

[Dinkel et al. 2007] Dinkel, J., Welzel, T., Bolte, H. et al. „Four-dimensional multislice helical CT of the lung: qualitative comparison of retrospectively gated and static images in an ex-vivo system." *Radiother Oncol* **85**(2): 215–222, 2007.

[Dinkel et al. 2009] Dinkel, J., Hintze, C., Tetzlaff, R. et al. „4D-MRI analysis of lung tumor motion in patients with hemidiaphragmatic paralysis." *Radiother Oncol* **91**(3): 449–454, 2009.

[Dogan et al. 2003] Dogan, N., King, S., Emami, B. et al. „Assessment of different IMRT boost delivery methods on target coverage and normal-tissue sparing." *Int J Radiat Oncol* **57**(5): 1480–1491, 2003.

[Dupuis et al. 1998] Dupuis, P., Grenander, U. und Miller, M. I. „Variational Problems on Flows of Diffeomorphisms for Image Matching". *Q Appl Math* **LVI**(4): 587–600, 1998.

[Ehrhardt 2003] Ehrhardt, J. „Atlasbasierte Erkennung anatomischer Strukturen und Landmarken für die dreidimensionale virtuelle Planung von Hüftoperationen". Diss. Universität zu Lübeck, Technisch-Naturwissenschaftliche Fakultät, 2003.

[Ehrhardt et al. 2007a] Ehrhardt, J., Werner, R., Frenzel, T. et al. „Analysis of free breathing motion using artifact reduced 4D CT image data". In: *SPIE Medical Imaging 2007: Image Processing.* Hrsg. von J. P. W. Pluim und J. M. Reinhardt. Bd. 6512. Proc. of SPIE. 2007: 1N1–11.

[Ehrhardt et al. 2007b] Ehrhardt, J., Werner, R., Säring, D. et al. „An optical flow based method for improved reconstruction of 4D CT data sets acquired during free breathing." *Med Phys* **34**(2): 711–721, 2007.

[Ehrhardt et al. 2009] Ehrhardt, J., Werner, R., Schmidt-Richberg, A. und Handels, H. „Prediction of Respiratory Motion Using A Statistical 4D Mean Motion Model". In: *The Second Annual Workshop on Pulmonary Image Analysis.* Hrsg. von Matthew Brown, Marleen de Bruijne, Bram van Ginneken et al. London, Sep. 2009: 3–14.

[Ehrhardt et al. 2010a] Ehrhardt, J., Werner, R., Schmidt-Richberg, A. und Handels, H. „A Statistical Shape and Motion Model for the Prediction of Respiratory Lung Motion". In: *SPIE Medical Imaging 2010: Image Processing.* Hrsg. von B. M. Dawant und D. R. Haynor. Bd. 7623. Proc. of SPIE. Orlando (USA), 2010: 531–539.

[Ehrhardt et al. 2010b] Ehrhardt, J., Werner, R., Schmidt-Richberg, A. und Handels, H. „Automatic Landmark Detection and Non-linear Landmark- and Surface-based Registration of Lung CT Images". In: *Medical Image Analysis for the Clinic: A Grand Challenge.* Hrsg. von B. van Ginneken, K. Murphy, T. Heimann, V. Pekar und X. Deng. Workshop Proc. from the 13th International Conference on Medical Image Computing and Computer Assisted Intervention. Bejing, China, Sep. 2010: 165–174.

[Ehrhardt et al. 2011a] Ehrhardt, J., Werner, R., Schmidt-Richberg, A. und Handels, H. „Statistical Modeling of 4D Respiratory Lung Motion Using Diffeomorphic Image Registration." *IEEE T Med Imaging* **30**(2): 251–65, 2011.

[Ehrhardt et al. 2011b] Ehrhardt, J., Werner, R., Schmidt-Richberg, A. und Handels, H. „Feature- and Intensity-based Registration of Lung CT Images". In: *14th Korea-Germany Joint Workshop on Advanced Medical Image Processing.* Heidelberg, 2011.

[Ekberg et al. 1998] Ekberg, L., Holmberg, O., Wittgren, L., Bjelkengren, G. und Landberg, T. „What margins should be added to the clinical target volume in radiotherapy treatment planning for lung cancer?" *Radiother Oncol* **48**(1): 71–77, 1998.

[Eom et al. 2010] Eom, J., Xu, X. G. und De, S. „Predictive modeling of lung motion over the entire respiratory cycle using measured pressure-volume data, 4DCT images, and finite-element analysis". *Med Phys* **37**(8): 4389–4400, 2010.

[**Erridge et al. 2003**] Erridge, S. C., Seppenwoolde, Y., Muller, S. H. et al. „Portal imaging to assess set-up errors, tumor motion and tumor shrinkage during conformal radiotherapy of non-small cell lung cancer." *Radiother Oncol* **66**(1): 75–85, 2003.

[**Fahrmeir et al. 1984**] Fahrmeir, L. und Hamerle, A. *Multivariate statistische Verfahren.* Berlin u.a.: de Gruyter, 1984.

[**Färber et al. 2008**] Färber, M., Gawenda, B., Bohn, C.-A. und Handels, H. „Haptic Landmark Positioning and Automatic Landmark Transfer in 4D Lung CT Data". In: *Bildverarbeitung für die Medizin 2008.* Hrsg. von T. Tolxdorff, J. Braun, T.M. Deserno et al. Informatik aktuell. Springer, 2008: 313–317.

[**Ferlay et al. 2010**] Ferlay, J, Shin, H. R., Bray, F et al. *GLOBOCAN 2008 v1.2, Cancer Incidence and Mortality Worldwide: IARC CancerBase No. 10 [Internet].* International Agency for Research on Cancer. Okt. 2010. URL: http://globocan.iarc.fr.

[**Fischer et al. 2002**] Fischer, B. und Modersitzki, J. „Fast diffusion registration". *AMS Contemporary Mathematics, Inverse Problems, Image Analysis, and Medical Imaging* **313**: 117–129, 2002.

[**Flampouri et al. 2006**] Flampouri, S., Jiang, S. B., Sharp, G. C. et al. „Estimation of the delivered patient dose in lung IMRT treatment based on deformable registration of 4D-CT data and Monte Carlo simulations." *Phys Med Biol* **51**(11): 2763–2779, 2006.

[**Fogliata et al. 2007**] Fogliata, A., Vanetti, E., Albers, D. et al. „On the dosimetric behaviour of photon dose calculation algorithms in the presence of simple geometric heterogeneities: comparison with Monte Carlo calculations." *Phys Med Biol* **52**(5): 1363–1385, 2007.

[**Ford et al. 2003**] Ford, E. C., Mageras, G. S., Yorke, E. und Ling, C. C. „Respiration-correlated spiral CT: a method of measuring respiratory-induced anatomic motion for radiation treatment planning". *Med Phys* **30**(1): 88–97, 2003.

[**Foskey et al. 2005**] Foskey, M., Davis, B., Goyal, L. et al. „Large deformation three-dimensional image registration in image-guided radiation therapy." *Phys Med Biol* **50**(24): 5869–5892, 2005.

[**Frenzel et al. 2011**] Frenzel, T., Grohmann, C., Ide, K., Werner, R. et al. „Qualitätssicherung für 4D-CT-Scanner". In: *Abstractband der 3 Ländertagung der ÖGMP, DGMP und SGSMP: 2011 – Medizinische Physik.* Wien, 2011: 24–25.

[**Gagné et al. 2004**] Gagné, I. M. und Robinson, D. M. „The impact of tumor motion upon CT image integrity and target delineation." *Med Phys* **31**(12): 3378–3392, 2004.

[**Gao et al. 2008**] Gao, G., McClelland, J., Tarte, S., Blackall, J. und Hawkes, D. „Modelling the respiratory motion of the internal organs by using Canonical Correlation Analysis and dynamic MRI". In: *First Annual Workshop on Pulmonary Image Analysis.* Hrsg. von Matthew Brown, Marleen de Bruijne, Bram van Ginneken et al. New York, 2008: 145–154.

[Garcia et al. 2010] Garcia, V., Vercauteren, T., Malandain, G. und Ayache, N. „Diffeomorphic demons and the EMPIRE10 challenge". In: *Medical Image Analysis for the Clinic: A Grand Challenge*. Hrsg. von B. van Ginneken, K. Murphy, T. Heimann, V. Pekar und X. Deng. Workshop Proc. from the 13th International Conference on Medical Image Computing and Computer Assisted Intervention. Bejing, China, Sep. 2010: 91–98.

[Goeckenjan et al. 2010] Goeckenjan, G. et al. „Prävention, Diagnostik, Therapie und Nachsorge des Lungenkarzinoms: Interdisziplinäre S3-Leitlinie der Deutschen Gesellschaft für Pneumologie und Beatmungsmedizin und der Deutschen Krebsgesellschaft". *Pneumologie* **64**(Supplement 2): e1–e164, 2010.

[Grohmann et al. 2009] Grohmann, C., Werner, R., Albers, D. und Cremers, F. „Analysis of Dose Shifts induced by Organ Movements during Treatment with TomoTherapy using a Motion Phantom and GafChromic EBT Films". In: *World Congress on Medical Physics and Biomedical Engineering (WC 2009)*. Hrsg. von O. Dössel und W. C. Schlegel. Bd. 25. IFBME Proceedings I. Springer, 2009: 1020–1023.

[Gu et al. 2010] Gu, X., Pan, H., Liang, Y. et al. „Implementation and evaluation of various demons deformable image registration algorithms on a GPU." *Phys Med Biol* **55**(1): 207–219, 2010.

[Guckenberger et al. 2007a] Guckenberger, M., Weininger, M., Wilbert, J. et al. „Influence of retrospective sorting on image quality in respiratory correlated computed tomography." *Radiother Oncol* **85**(2): 223–231, 2007.

[Guckenberger et al. 2007b] Guckenberger, M., Wilbert, J., Meyer, J. et al. „Is a single respiratory correlated 4D-CT study sufficient for evaluation of breathing motion?" *Int J Radiat Oncol* **67**(5): 1352–1359, 2007.

[Guerrero et al. 2005] Guerrero, T., Zhang, G., Segars, W. et al. „Elastic image mapping for 4-D dose estimation in thoracic radiotherapy." *Radiat Prot Dosim* **115**(1-4): 497–502, 2005.

[Guerrero et al. 2006] Guerrero, T., Sanders, K., Castillo, E. et al. „Dynamic ventilation imaging from four-dimensional computed tomography." *Phys Med Biol* **51**(4): 777–791, 2006.

[Guimond et al. 2000] Guimond, A., Meunier, J. und Thirion, J.-P. „Average brain models: A convergence study". *Computer Vision and Image Understanding* **77**: 192–210, 2000.

[Han 2010] Han, X. „Feature-constrained Nonlinear Registration of Lung CT Images". In: *Medical Image Analysis for the Clinic: A Grand Challenge*. Hrsg. von B. van Ginneken, K. Murphy, T. Heimann, V. Pekar und X. Deng. Workshop Proc. from the 13th International Conference on Medical Image Computing and Computer Assisted Intervention. Bejing, China, Sep. 2010: 63–72.

[Handels 2009] Handels, H. *Medizinische Bildverarbeitung: Bildanalyse, Mustererkennung und Visualisierung für die computergestützte ärztliche Diagnostik und Therapie.* (2. Auflage). Wiesbaden: Vieweg + Teubner, 2009.

[Hanley et al. 1999] Hanley, J., Debois, M. M., Mah, D. et al. „Deep inspiration breathhold technique for lung tumors: the potential value of target immobilization and reduced lung density in dose escalation." *Int J Radiat Oncol* **45**(3): 603–611, 1999.

[Hartkens et al. 2002] Hartkens, T., Rohr, K. und Stiehl, H. S. „Evaluation of 3D Operators for the Detection of Anatomical Point Landmarks in MR and CT Images". *Computer Vision and Image Understanding* **86**: 118–136, 2002.

[Heath et al. 2007] Heath, E., Collins, D. L., Keall, P. J., Dong, L. und Seuntjens, J. „Quantification of accuracy of the automated nonlinear image matching and anatomical labeling (ANIMAL) nonlinear registration algorithm for 4D CT images of lung." *Med Phys* **34**(11): 4409–4421, 2007.

[Heldmann 2006] Heldmann, S. „Non-Linear Registration Based on Mutual Information". Dissertation. Lübeck: Universität zu Lübeck, Institut für Mathematik, Mai 2006.

[Hernandez 2008] Hernandez, M. „Variational techniques with applications to segmentation and registration of medical images". PhD-Thesis. Aragon Institute on Engineering Research, University of Zaragossa, 2008.

[Hernandez et al. 2009] Hernandez, M., Bossa, M. und Olmos, S. „Registration of Anatomical Images Using Paths of Diffeomorphisms Parameterized with Stationary Vector Field Flows". *International Journal of Computer Vision* **85**: 291–306, 2009.

[Hlastala et al. 2001] Hlastala, M. und Berger, A. *Physiology of Respiration.* 2nd edition. New York: Oxford University Press, 2001.

[Horn et al. 1981] Horn, B. K. P. und Schunck, B. G. „Determining optical flow". *Artif Intell* **17**: 185–203, 1981.

[ICRU 1993] ICRU. *ICRU Report 50: Prescribing, Recording, and Reporting Photon Beam Therapy.* Bethesda, USA: International Commission on Radiation Units and Measurements (ICRU), Sep. 1993.

[ICRU 1999] ICRU. *ICRU Report 62: Prescribing, Recording, and Reporting Photon Beam Therapy (Supplement to ICRU Report 50).* Bethesda, USA: International Commission on Radiation Units and Measurements (ICRU), Sep. 1999.

[ICRU 2010] ICRU. „ICRU Report 83: Prescribing, Recording, and Reporting Photon-Beam Intensity-Modulated Radiation Therapy". *Journal of the ICRU* **10**(1), 2010.

[Jiang et al. 2006] Jiang, S. B., Sharp, G. C., Neicu, T. et al. „On dose distribution comparison." *Phys Med Biol* **51**(4): 759–776, 2006.

[Joshi et al. 2004] Joshi, S., Davis, B., Jomier, M. und Gerig, G. „Unbiased diffeomorphic atlas construction for computational anatomy." *Neuroimage* **23 Suppl 1**: S151–S160, 2004.

[Kabus 2006] Kabus, S. „Multiple-Material Variational Image Registration". Diss. Universität zu Lübeck, Institut für Mathematik, Okt. 2006.

[Kabus et al. 2009] Kabus, S., Klinder, T., Murphy, K. et al. „Evaluation of 4D-CT Lung Registration". In: *Medical Image Computing and Computer-Assisted Intervention – MICCAI 2009*. Hrsg. von G.-Z. Yang, D. Hawkes, D. Rueckert, A. Noble und C. Taylor. Bd. 5761. Lecture Notes in Computer Science. Springer, 2009: 747–54.

[Kabus et al. 2010] Kabus, S. und Lorenz, C. „Fast Elastic Image Registration". In: *Medical Image Analysis for the Clinic: A Grand Challenge*. Hrsg. von B. van Ginneken, K. Murphy, T. Heimann, V. Pekar und X. Deng. Workshop Proc. from the 13th International Conference on Medical Image Computing and Computer Assisted Intervention. Bejing, China, Sep. 2010: 81–89.

[Kabus et al. 2012] Kabus, S., Klinder, T., Murphy, K., Werner, R. und Sarrut, D.: Kap. „Validation and Comparison of Approaches to Respiratory Motion Estimation". In: *4D Motion Modeling and Estimation*. Hrsg. von Jan Ehrhardt und Cristian Lorenz. Springer, 2012. accepted.

[Keall et al. 2001] Keall, P. J., Kini, V. R., Vedam, S. S. und Mohan, R. „Motion adaptive x-ray therapy: a feasibility study." *Phys Med Biol* **46**(1): 1–10, 2001.

[Keall et al. 2002] Keall, P. J., Kini, V. R., Vedam, S. S. und Mohan, R. „Potential radiotherapy improvements with respiratory gating." *Australas Phys Eng Sci Med* **25**(1): 1–6, 2002.

[Keall et al. 2003] Keall, P. J., Chen, G., Joshi, S., Mackie, T. R. und Stevens, C. „Time – the fourth dimension in radiotherapy". *Int J Radiat Oncol* **57**(Suppl. 2): S8–S9, 2003.

[Keall et al. 2004] Keall, P. J., Starkschall, G., Shukla, H. et al. „Acquiring 4D thoracic CT scans using a multislice helical method." *Phys Med Biol* **49**(10): 2053–2067, 2004.

[Keall 2005] Keall, P. J.: Kap. „4D Treatment Planning". In: *Image-Guided IMRT*. Hrsg. von T. Bortfeld et al. Springer, 2005. 259–268.

[Keall et al. 2006] Keall, P. J., Mageras, G., Balter, J. M. et al. „The management of respiratory motion in radiation oncology report of AAPM Task Group 76". *Med Phys* **33**(10): 3874–3900, 2006.

[Kikuchi et al. 1988] Kikuchi, N. und Oden, J. T. *Contact Problems in Elasticity: A Study of Variational Inequalities and Finite Element Methods*. Philadelphia: SIAM, 1988.

[Klinder et al. 2008a] Klinder, T., Lorenz, C. und Ostermann, J. „4DCT Image-Based Lung Motion Field Extraction and Analysis". In: *SPIE Medical Imaging 2008: Image Processing*. Hrsg. von J. M. Reinhardt Reinhardt und J. P. W. Pluim. Bd. 6914. Proc. of SPIE. 2008: 69141L-1–11.

[Klinder et al. 2008b] Klinder, T., Lorenz, C. und Ostermann, J. „Respiratory Motion Modeling and Estimation". In: *First Annual Workshop on Pulmonary Image Analysis*. Hrsg. von M. Brown, M. de Bruijne, B. van Ginneken et al. New York, 2008: 53–62.

[Klinder et al. 2009] Klinder, T., Lorenz, C. und Ostermann, J. "Free-Breathing intra- and intersubject respiratory motion capturing, modeling, and prediction". In: *SPIE Medical Imaging 2009: Image Processing*. Hrsg. von J. P. W. Pluim und B. M. Dawant. Bd. 7259. Proc. of SPIE. 2009: 72590T–1–11.

[Klinder et al. 2010] Klinder, T., Lorenz, C. und Ostermann, J. "Prediction framework for statistical respiratory motion modeling". eng. In: *Medical Image Computing and Computer-Assisted Intervention – MICCAI 2010*. Hrsg. von T. Jiang, N. Navab, J. P. M. Pluim und M. A. Viergever. Bd. 13. Lecture Notes in Computer Science Pt 3. Springer, 2010: 327–334.

[Knöös et al. 2006] Knöös, T., Wieslander, E., Cozzi, L. et al. "Comparison of dose calculation algorithms for treatment planning in external photon beam therapy for clinical situations." *Phys Med Biol* **51**(22): 5785–5807, 2006.

[Koch et al. 2004] Koch, N., Liu, H. H., Starkschall, G. et al. "Evaluation of internal lung motion for respiratory-gated radiotherapy using MRI: Part I–correlating internal lung motion with skin fiducial motion." *Int J Radiat Oncol* **60**(5): 1459–1472, 2004.

[Köhnen et al. 2011] Köhnen, S., Ehrhardt, J., Schmidt-Richberg, A. und Handels, H. "CUDA-Optimierung von nicht-linearer oberflächen- und intensitätsbasierter Registrierung". In: *Bildverarbeitung für die Medizin 2011*. Hrsg. von H. Handels, J. Ehrhardt, T. M. Deserno, H. P. Meinzer und Tolxdorff T. Informatik aktuell. Heidelberg: Springer, 2011: 99–103.

[Komosinska et al. 2008] Komosinska, K., Gizynska, M., Zawadzka, A. und Kepka, L. "Does the IMRT technique allow improvement of treatment plans (e.g. lung sparing) for lung cancer patients with small lung volume: a planning study". *Rep Pract Oncol Radiother* **13**: 220–226, 2008.

[Kubo et al. 1996] Kubo, H. D. und Hill, B. C. "Respiration gated radiotherapy treatment: a technical study." *Phys Med Biol* **41**(1): 83–91, 1996.

[Lai-Fook et al. 2000] Lai-Fook, S. J. und Hyatt, R. E. "Effects of age on elastic moduli of human lungs." *J Appl Physiol* **89**(1): 163–168, 2000.

[Lee 2002] Lee, J. M. *Introduction to Smooth Manifolds*. Springer, 2002.

[Leter et al. 2005] Leter, E. M., Cademartiri, F., Levendag, P. C. et al. "Four-dimensional multislice computed tomography for determination of respiratory lung tumor motion in conformal radiotherapy." *Int J Radiat Oncol* **62**(3): 888–892, 2005.

[Li et al. 2005] Li, T., Schreibmann, E., Thorndyke, B. et al. "Radiation dose reduction in four-dimensional computed tomography." *Med Phys* **32**(12): 3650–3660, 2005.

[Li et al. 2008] Li, P., Malsch, U. und Bendl, R. "Combination of intensity-based image registration with 3D simulation in radiation therapy." *Phys Med Biol* **53**(17): 4621–4637, 2008.

[Li et al. 2008] Li, G., Citrin, D., Camphausen, K. et al. "Advances in 4D medical imaging and 4D radiation therapy." *Technol Cancer Res Treat* **7**(1): 67–81, 2008.

[Li et al. 2009]   Li, G., Arora, N. C., Xie, H. et al. „Quantitative prediction of respiratory tidal volume based on the external torso volume change: a potential volumetric surrogate." *Phys Med Biol* **54**(7): 1963–1978, 2009.

[Li et al. 2011]   Li, R., Lewis, J. H., Jia, X. et al. „On a PCA-based lung motion model." *Phys Med Biol* **56**(18): 6009–6030, 2011.

[Likar et al. 1999]   Likar, B. und Pernus, F. „Automatic extraction of corresponding points for the registration of medical images." *Med Phys* **26**(8): 1678–1686, 1999.

[Liu et al. 2007]   Liu, H. H., Balter, P., Tutt, T. et al. „Assessing respiration-induced tumor motion and internal target volume using four-dimensional computed tomography for radiotherapy of lung cancer." *Int J Radiat Oncol Biol Phys* **68**(2): 531–540, 2007.

[Liu et al. 2004]   Liu, H. H., Koch, N., Starkschall, G. et al. „Evaluation of internal lung motion for respiratory-gated radiotherapy using MRI: Part II-margin reduction of internal target volume." *Int J Radiat Oncol* **60**(5): 1473–1483, 2004.

[Liu et al. 2009]   Liu, X., Saboo, R. R., Pizer, S. M. und Mageras, G. S. „A shape-navigated image deformation model for 4D lung respiratory motion estimation". In: *Proc. IEEE Int. Symp. Biomedical Imaging: From Nano to Macro ISBI '09*. 2009: 875–878.

[Liu et al. 2010]   Liu, X., Oguz, I., Pizer, S. M. und Mageras, G. „Shape-correlated Deformation Statistics for Respiratory Motion Prediction in 4D lung". In: *SPIE Medical Imaging 2010: Visualization, Image-Guided Procedures, and Modeling*. Hrsg. von K. H. Wong und M. I. Miga. Bd. 7625. Proc. of SPIE. 2010: 76252D-1–10.

[Liu 2011]   Liu, X. „Shape-correlated Statistical Modeling and Analysis for Respiratory Motion Estimation". Diss. Chapel Hill: University of North Carolina, Chapel Hill, 2011.

[Low 1998]   Low. „A technique for the quantitative evaluation of dose distributions". *Med Phys* **25**(5): 656–661, 1998.

[Low et al. 2003]   Low, D. A., Nystrom, M., Kalinin, E. et al. „A method for the reconstruction of four-dimensional synchronized CT scans acquired during free breathing". *Med Phys* **30**(6): 1254–63, 2003.

[Lu et al. 2004]   Lu, W., Chen, M.-L., Olivera, G. H., Ruchala, K. J. und Mackie, T. R. „Fast free-form deformable registration via calculus of variations." *Phys Med Biol* **49**(14): 3067–3087, 2004.

[Lu et al. 2005a]   Lu, W., Low, D. A., Parikh, P. J. et al. „Comparison of spirometry and abdominal height as four-dimensional computed tomography metrics in lung." *Med Phys* **32**(7): 2351–2357, 2005.

[Lu et al. 2005b]   Lu, W., Parikh, P. J., El Naqa, I. M. et al. „Quantitation of the reconstruction quality of a four-dimensional computed tomography process for lung cancer patients". *Med Phys* **32**(4): 890–901, 2005.

[Lu et al. 2006a] Lu, W., Nystrom, M. M., Parikh, P. J. et al. „A semi-automatic method for peak and valley detection in free-breathing respiratory waveforms." *Med Phys* **33**(10): 3634–3636, 2006.

[Lu et al. 2006b] Lu, W., Parikh, P. J. et al. „A comparison between amplitude sorting and phase-angle sorting using external respiratory measurements for 4D CT". *Med Phys* **33**(8): 2964–2974, 2006.

[Lujan et al. 1999] Lujan, A. E., Larsen, E. W., Balter, J. M. und Haken, R. K. T. „A method for incorporating organ motion due to breathing into 3D dose calculations." *Med Phys* **26**(5): 715–720, 1999.

[Mageras et al. 2001] Mageras, G. S., Yorke, E., Rosenzweig, K. et al. „Fluoroscopic evaluation of diaphragmatic motion reduction with a respiratory gated radiotherapy system." *J Appl Clin Med Phys* **2**(4): 191–200, 2001.

[Mageras et al. 2005] Mageras, G., Yorke, E. und Jiang, S. B.: Kap. „4D IMRT Delivery". In: *Image-Guided IMRT*. Hrsg. von T. Bortfeld et al. Springer, 2005. 269–286.

[Maintz et al. 1998] Maintz, J. B. und Viergever, M. A. „A survey of medical image registration." *Med Image Anal* **2**(1): 1–36, 1998.

[Manke et al. 2003] Manke, D., Nehrke, K. und Börnert, P. „Novel prospective respiratory motion correction approach for free-breathing coronary MR angiography using a patient-adapted affine motion model." *Magn Reson Med* **50**(1): 122–131, 2003.

[McCollough et al. 2000] McCollough, C. H., Bruesewitz, M. R., Daly, T. R. und Zink, F. E. „Motion artifacts in subsecond conventional CT and electron-beam CT: pictorial demonstration of temporal resolution." *Radiographics* **20**(6): 1675–1681, 2000.

[Miften et al. 2001] Miften, M., Wiesmeyer, M., Kapur, A. und Ma, C. M. „Comparison of RTP dose distributions in heterogeneous phantoms with the BEAM Monte Carlo simulation system." *J Appl Clin Med Phys* **2**(1): 21–31, 2001.

[Miften et al. 2000] Miften, M., Wiesmeyer, M., Monthofer, S. und Krippner, K. „Implementation of FFT convolution and multigrid superposition models in the FOCUS RTP system." *Phys Med Biol* **45**(4): 817–833, 2000.

[Miller et al. 2002] Miller, M. I., Trouve, A. und Younes, L. „On the metrics Metrics and Euler-Lagrange equations of Computational Anatomy". *Annual Review of Biomedical Engineering* **4**(1): 375–405, 2002.

[Modat et al. 2010] Modat, M., McClelland, J. und Ourselin, S. „Lung registration using the NiftyReg package". In: *Medical Image Analysis for the Clinic: A Grand Challenge*. Hrsg. von B. van Ginneken, K. Murphy, T. Heimann, V. Pekar und X. Deng. Workshop Proc. from the 13th International Conference on Medical Image Computing and Computer Assisted Intervention. Bejing, China, Sep. 2010: 33–42.

[Modersitzki 2003] Modersitzki, J. *Numerical Methods for Image Registration*. Oxford University Press, 2003.

[**Modersitzki 2009**] Modersitzki, J. *FAIR: Flexible Algorithms for Image Registration.* Hrsg. von Nicholas J. Higham. Fundamentals of Algorithms. SIAM (Society for Industrial und Applied Methematics), 2009.

[**Morneburg 1995**] Morneburg, Heinz, Hrsg. *Bildgebende Systeme für die medizinische Diagnostik.* Publicis MCD Verlag, Siemens, 1995.

[**Muenzing et al. 2010**] Muenzing, S. E. A., van Ginneken, B. und Pluim, J. P. W. „Knowledge Driven Regularization of the Deformation Field for PDE Based Non-Rigid Registration Algorithms". In: *Medical Image Analysis for the Clinic: A Grand Challenge.* Hrsg. von B. van Ginneken, K. Murphy, T. Heimann, V. Pekar und X. Deng. Workshop Proc. from the 13th International Conference on Medical Image Computing and Computer Assisted Intervention. Bejing, China, Sep. 2010: 127–136.

[**Murphy et al. 2008**] Murphy, K., Ginneken, B. van, Pluim, J. P. W., Klein, S. und Staring, M. „Semi-automatic reference standard construction for quantitative evaluation of lung CT registration." In: *Medical Image Computing and Computer-Assisted Intervention – MICCAI 2008.* Hrsg. von D. Metaxas, L. Axel, G. Fichtinger und G. Székely. Bd. 11. Lecture Notes in Computer Science Pt 2. Springer, 2008: 1006–1013.

[**Murphy et al. 2010**] Murphy, K., van Ginneken, B., Reinhardt, J. M. et al. „Evaluation of Methods for Pulmonary Image Registration: The EMPIRE10 Study". In: *Medical Image Analysis for the Clinic: A Grand Challenge.* Hrsg. von B. van Ginneken, K. Murphy, T. Heimann, V. Pekar und X. Deng. Workshop Proc. from the 13th International Conference on Medical Image Computing and Computer Assisted Intervention. Bejing, China, Sep. 2010: 11–22.

[**Murphy et al. 2011a**] Murphy, K., Ginneken, B. van, Reinhardt, J. et al. „Evaluation of Registration Methods on Thoracic CT: The EMPIRE10 Challenge". *IEEE T Med Imaging* **30**(11): 1901–1920, 2011.

[**Murphy et al. 2011b**] Murphy, K., Ginneken, B. van, Klein, S. et al. „Semi-automatic construction of reference standards for evaluation of image registration." *Med Image Anal* **15**(1): 71–84, 2011.

[**Nakao et al. 2007**] Nakao, M., Kawashima, A., Kokubo, M. und Minato, K. „Simulating Lung Tumor Motion for Dynamic Tumor-tracking Irradiation". In: *2007 IEEE Nuclear Science Symposium Conference Record.* IEEE Computer Society, 2007: 4549–4551.

[**Noe et al. 2008**] Noe, K. Østergaard, Tanderup, K., Lindegaard, J. C., Grau, C. und Sørensen, T. S. „GPU accelerated viscous-fluid deformable registration for radiotherapy." *Stud Health Technol Inform* **132**: 327–332, 2008.

[**Ohara et al. 1989**] Ohara, K., Okumura, T., Akisada, M. et al. „Irradiation synchronized with respiration gate." *Int J Radiat Oncol Biol Phys* **17**(4): 853–857, 1989.

[**Olesch et al. 2009**] Olesch, J., Papenberg, N., Lange, T., Conrad, M. und Fischer, B. „Matching CT and Ultrasound Data of the Liver by Landmark Constrained Image Registration". In: *SPIE Medical Imaging 2009: Visualization, Image-Guided*

Procedures, and Modeling. Hrsg. von Michael I. Miga und Kenneth H. Wong. Bd. 7261. Proc. of SPIE. 2009: 72610G–1–7.

[Ozhasoglu et al. 2002] Ozhasoglu, C. und Murphy, M. J. „Issues in respiratory motion compensation during external-beam radiotherapy." *Int J Radiat Oncol* **52**(5): 1389–1399, 2002.

[Pace et al. 2011] Pace, D. F., Enquobahrie, A., Yang, H., Aylward, S. R. und Niethammer, M. „Deformable image registration of sliding organs using anisotropic diffusive regularization". In: *Proceedings of the 8th IEEE International Symposium on Biomedical Imaging: From Nano to Macro, ISBI 2011*. Chicago, USA: IEEE, 2011: 407–413.

[Pan et al. 2004] Pan, T., Lee, T.-Y., Rietzel, E. und Chen, G. T. Y. „4D-CT imaging of a volume influenced by respiratory motion on multi-slice CT". *Med Phys* **31**(2): 333–40, 2004.

[Pan 2005] Pan, T. „Comparison of helical and cine acquisitions for 4D-CT imaging with multislice CT". *Med Phys* **32**(2): 627–34, 2005.

[Pan et al. 2007] Pan, T., Sun, X. und Luo, D. „Improvement of the cine-CT based 4D-CT imaging." *Med Phys* **34**(11): 4499–4503, 2007.

[Park et al. 2005] Park, H., Bland, P. H., Hero, A. O. und Meyer, C. R. „Least biased target selection in probabilistic atlas construction." *Med Image Comput Comput Assist Interv* **8**(Pt 2): 419–426, 2005.

[Pennec et al. 1999] Pennec, X., Cachier, P. und Ayache, N. „Understanding the 'Demon's Algorithm': 3D Non-Rigid registration by Gradient Descent" In: *Medical Image Computing and Computer-Assisted Intervention – MICCAI'99*. Hrsg. von C. Taylor und A. Colchester. Bd. 1679. Lecture Notes in Computer Science. Cambridge, UK: Springer, 1999: 597–605.

[Pennec 2006] Pennec, X. „Intrinsic Statistics on Riemannian Manifolds: Basic Tools for Geometric Measurements". *Journal of Mathematical Imaging and Vision* **25**(1): 127–154, 2006.

[Perperidis et al. 2005] Perperidis, D., Mohiaddin, R. und Rueckert, D. „Construction of a 4D statistical atlas of the cardiac anatomy and its use in classification". In: *Medical Image Computing and Computer-Assisted Intervention – MICCAI 2005*. Hrsg. von J. S. Duncan und G. Gerig. Bd. 8. Lecture Notes in Computer Science Pt 2. Springer, 2005: 402–410.

[Plathow et al. 2004a] Plathow, C., Ley, S., Fink, C. et al. „Analysis of intrathoracic tumor mobility during whole breathing cycle by dynamic MRI." *Int J Radiat Oncol Biol Phys* **59**(4): 952–959, 2004.

[Plathow et al. 2004b] Plathow, C., Fink, C., Ley, S. et al. „Measurement of tumor diameter-dependent mobility of lung tumors by dynamic MRI." *Radiother Oncol* **73**(3): 349–354, 2004.

[Purdy 2004] Purdy, J. A. „Current ICRU definitions of volumes: limitations and future directions." *Semin Radiat Oncol* **14**(1): 27–40, 2004.

[Ramus et al. 2010] Ramus, L. und Malandain, G. „Assessing selection methods in the context of multi-atlas based segmentation". In: *Proc. IEEE Int Biomedical Imaging: From Nano to Macro Symp.* 2010: 1321–1324.

[Rao et al. 2004] Rao, A., Chandrashekara, R., Sanchez-Ortiz, G. I. et al. „Spatial transformation of motion and deformation fields using nonrigid registration." *IEEE T Med Imaging* **23**(9): 1065–1076, 2004.

[Rey et al. 2002] Rey, D., Subsol, G., Delingette, H. und Ayache, N. „Automatic detection and segmentation of evolving processes in 3D medical images: Application to multiple sclerosis." *Med Image Anal* **6**(2): 163–179, 2002.

[Rietzel et al. 2005] Rietzel, E., Chen, G. T. Y., Choi, N. C. und Willet, C. G. „Four-dimensional image-based treatment planning: Target volume segmentation and dose calculation in the presence of respiratory motion." *Int J Radiat Oncol* **61**(5): 1535–1550, 2005.

[Rietzel et al. 2006] Rietzel, E. und Chen, G. T. Y. „Improving retrospective sorting of 4D computed tomography data". *Med Phys* **33**(2): 377–9, 2006.

[Rietzel et al. 2010] Rietzel, E. und Bert, C. „Respiratory motion management in particle therapy." *Med Phys* **37**(2): 449–460, 2010.

[Risser et al. 2011] Risser, L., Baluwala, H. und Schnabel, J. A. „Diffeomorphic registration with sliding conditions: Application to the registration of lungs CT images". In: *The Fourth Annual Workshop on Pulmonary Image Analysis*. Hrsg. von R. Beichel, M. de Bruijne, B. van Ginneken et al. 2011: 79–90.

[Robert-Koch-Institut 2010] Robert-Koch-Institut. *Krebs in Deutschland 2005 / 2006: Häufigkeiten und Trends*. Berlin: Robert Koch-Institut und die Gesellschaft der epidemiologischen Krebsregister in Deutschland e. V, 2010.

[Rohen 1998] Rohen, J. W. *Funktionelle Anatomie des Menschen*. Bd. 9. Auflage. Stuttgart, New York: Schattauer, 1998.

[Rohr 2001] Rohr, K. *Landmark-Based Image Analysis*. Hrsg. von M. A. Viergever. Kluwer Academic Publishers, 2001.

[Rosu et al. 2005] Rosu, M., Chetty, I. J., Balter, J. M. et al. „Dose reconstruction in deforming lung anatomy: dose grid size effects and clinical implications." *Med Phys* **32**(8): 2487–2495, 2005.

[Rosu et al. 2007a] Rosu, M., Balter, J. M., Chetty, I. J. et al. „How extensive of a 4D dataset is needed to estimate cumulative dose distribution plan evaluation metrics in conformal lung therapy?" *Med Phys* **34**(1): 233–245, 2007.

[Rosu et al. 2007b] Rosu, M., Chetty, I. J., Tatro, D. S. und Haken, R. K. T. „The impact of breathing motion versus heterogeneity effects in lung cancer treatment planning." *Med Phys* **34**(4): 1462–1473, 2007.

[Sarrut 2005] Sarrut, D. „Three imaging techniques for treatment of moving organs". In: *Heavy Charged Particles in Biology and Medicine*. 2005.

[Sarrut 2006] Sarrut, D. „Deformable registration for image-guided radiation therapy." *Z Med Phys* **16**(4): 285–297, 2006.

[Sarrut et al. 2007] Sarrut, D., Delhay, B., Villard, P.-F. et al. „A comparison framework for breathing motion estimation methods from 4-D imaging." *IEEE T Med Imaging* **26**(12): 1636–1648, 2007.

[Sauer 2010] Sauer, R. *Strahlentherapie und Onkologie*. 5. Auflage. München: Elsevier Urban & Fischer, 2010.

[Schmidt-Richberg et al. 2009a] Schmidt-Richberg, A., Ehrhardt, J., Werner, R. und Handels, H. „Evaluation and Comparison of Force Terms for the Estimation of Lung Motion by Non-Linear Registration of 4D-CT Image Data". In: *World Congress on Medical Physics and Biomedical Engineering (WC 2009)*. Hrsg. von O. Dössel und W. C. Schlegel. Bd. 25. IFBME Proceedings IV. Springer, 2009: 2128–2131.

[Schmidt-Richberg et al. 2009b] Schmidt-Richberg, A., Ehrhardt, J., Werner, R. und Handels, H. „Slipping objects in image registration: improved motion field estimation with direction-dependent regularization." In: *Medical Image Computing and Computer-Assisted Intervention – MICCAI 2009*. Hrsg. von G.-Z. Yang, D. Hawkes, D. Rueckert, A. Noble und C. Taylor. Bd. 12. Lecture Notes in Computer Science Pt 1. Springer, 2009: 755–762.

[Schmidt-Richberg et al. 2010] Schmidt-Richberg, A., Ehrhardt, J., Werner, R. und Handels, H. „Diffeomorphic Diffusion Registration of Lung CT Images". In: *Medical Image Analysis for the Clinic: A Grand Challenge*. Hrsg. von B. van Ginneken, K. Murphy, T. Heimann, V. Pekar und X. Deng. Workshop Proc. from the 13th International Conference on Medical Image Computing and Computer Assisted Intervention. Bejing, China, Sep. 2010: 55–62.

[Schmidt-Richberg et al. 2011] Schmidt-Richberg, A., Werner, R., Ehrhardt, J., Wolf, J.-C. und Handels, H. „Landmark-driven parameter optimization for non-linear image registration". In: *SPIE Medical Imaging 2011: Image Processing*. Hrsg. von Benoit M. Dawant und David R. Haynor. Bd. 7962. Proc. of SPIE. 2011: 79620T-1–8.

[Schmidt-Richberg et al. 2012] Schmidt-Richberg, A., Werner, R., Handels, H. und Ehrhardt, J. „Estimation of slipping organ motion by registration with direction-dependent regularization." *Med Image Anal* **16**(1): 150–159, 2012.

[Schreibmann et al. 2006] Schreibmann, E., Chen, G. T. Y. und Xing, L. „Image interpolation in 4D CT using a BSpline deformable registration model." *Int J Radiat Oncol* **64**(5): 1537–1550, 2006.

[Schweikard et al. 2000] Schweikard, A., Glosser, G., Bodduluri, M., Murphy, M. J. und Adler, J. R. „Robotic motion compensation for respiratory movement during radiosurgery." *Comput Aided Surg* **5**(4): 263–277, 2000.

[Schweikard et al. 2004] Schweikard, A., Shiomi, H. und Adler, J. „Respiration tracking in radiosurgery." *Med Phys* **31**(10): 2738–2741, 2004.

[Schweikard et al. 2005] Schweikard, A., Shiomi, H. und Adler, J. „Respiration tracking in radiosurgery without fiducials." *Int J Med Robot* **1**(2): 19–27, 2005.

[Seco et al. 2007] Seco, J., Sharp, G. C., Turcotte, J. et al. „Effects of organ motion on IMRT treatments with segments of few monitor units." *Med Phys* **34**(3): 923–934, 2007.

[Seco et al. 2008] Seco, J., Sharp, G. C., Wu, Z. et al. „Dosimetric impact of motion in free-breathing and gated lung radiotherapy: a 4D Monte Carlo study of intrafraction and interfraction effects." *Med Phys* **35**(1): 356–366, 2008.

[Seppenwoolde et al. 2002] Seppenwoolde, Y., Shirato, H., Kitamura, K. et al. „Precise and real-time measurement of 3D tumor motion in lung due to breathing and heartbeat, measured during radiotherapy." *Int J Radiat Oncol Biol Phys* **53**(4): 822–834, 2002.

[Shirato et al. 2006] Shirato, H., Suzuki, K., Sharp, G. C. et al. „Speed and amplitude of lung tumor motion precisely detected in four-dimensional setup and in real-time tumor-tracking radiotherapy." *Int J Radiat Oncol* **64**(4): 1229–1236, 2006.

[Simpson et al. 2009] Simpson, D. R., Lawson, J. D., Nath, S. K. et al. „Utilization of advanced imaging technologies for target delineation in radiation oncology." *J Am Coll Radiol* **6**(12): 876–883, 2009.

[Song et al. 2010] Song, G., Tustison, N., Avants, B. und Gee, J. C. „Lung CT Image Registration Using Diffeomorphic Transformation Models". In: *Medical Image Analysis for the Clinic: A Grand Challenge.* Hrsg. von B. van Ginneken, K. Murphy, T. Heimann, V. Pekar und X. Deng. Workshop Proc. from the 13th International Conference on Medical Image Computing and Computer Assisted Intervention. Bejing, China, Sep. 2010: 23–32.

[Sonke et al. 2008] Sonke, J.-J., Lebesque, J. und Herk, M. van. „Variability of four-dimensional computed tomography patient models." *Int J Radiat Oncol Biol Phys* **70**(2): 590–598, 2008.

[Staring et al. 2010] Staring, M., Klein, S., Reiber, J. H. C., Niessen, W. J. und Stoel, B. C. „Pulmonary Image Registration with elastix using a Standard Intensity-Based Algorithm". In: *Medical Image Analysis for the Clinic: A Grand Challenge.* Hrsg. von B. van Ginneken, K. Murphy, T. Heimann, V. Pekar und X. Deng. Workshop Proc. from the 13th International Conference on Medical Image Computing and Computer Assisted Intervention. Bejing, China, Sep. 2010: 73–80.

[Starkschall et al. 2007] Starkschall, G., Desai, N., Balter, P. et al. „Quantitative assessment of four-dimensional computed tomography image acquisition quality." *J Appl Clin Med Phys* **8**(3): 2362, 2007.

[Starkschall et al. 2009] Starkschall, G., Britton, K., McAleer, M. F. et al. „Potential dosimetric benefits of four-dimensional radiation treatment planning." *Int J Radiat Oncol Biol Phys* **73**(5): 1560–1565, 2009.

[Stevens et al. 2001] Stevens, C. W., Munden, R. F., Forster, K. M. et al. „Respiratory-driven lung tumor motion is independent of tumor size, tumor location, and pulmonary function." *Int J Radiat Oncol Biol Phys* **51**(1): 62–68, 2001.

[Suh et al. 2009] Suh, Y., Sawant, A., Venkat, R. und Keall, P. J. „Four-dimensional IMRT treatment planning using a DMLC motion-tracking algorithm." *Phys Med Biol* **54**(12): 3821–3835, 2009.

[Sundaram et al. 2004] Sundaram, T. A., Avants, B. B. und Gee, J. C. „A Dynamic Model of Average Lung Deformation Using Capacity-Based Reparameterization and Shape Averaging of Lung MR Images". eng. In: *Medical Image Computing and Computer-Assisted Intervention – MICCAI 2004*. Hrsg. von C. Barillot, D. R. Haynor und P. Hellier. Bd. 3217. Lecture Notes in Computer Science 3217. Springer, 2004: 1000–1007.

[Sundaram et al. 2005] Sundaram, T. A., Avants, B. B. und Gee, J. C. „Towards a dynamic model of pulmonary parenchymal deformation: evaluation of methods for temporal reparameterization of lung data". eng. In: *Medical Image Computing and Computer-Assisted Intervention – MICCAI 2005*. Hrsg. von J. S. Duncan und G. Gerig. Bd. 8. Lecture Notes in Computer Science Pt 2. Springer, 2005: 328–335.

[Sundaram et al. 2005] Sundaram, T. A. und Gee, J. C. „Towards a model of lung biomechanics: pulmonary kinematics via registration of serial lung images". *Med Image Anal* **9**(6): 524–37, 2005.

[Thirion 1998] Thirion, J. P. „Image matching as a diffusion process: an analogy with Maxwell's demons." *Med Image Anal* **2**(3): 243–260, 1998.

[Trofimov et al. 2005] Trofimov, A., Rietzel, E., Lu, H.-M. et al. „Temporo-spatial IMRT optimization: concepts, implementation and initial results." *Phys Med Biol* **50**(12): 2779–2798, 2005.

[Trouve 1995] Trouve, A. *An infinite dimensional group approach for physics based models in patterns recognition*. Techn. Ber. 1995.

[Trouve 1998] Trouve, A. „Diffeomorphisms Groups and Pattern Matching in Image Analysis". *International Journal of Computer Vision* **28**(3): 213–221, 1998.

[Vandemeulebroucke et al. 2007] Vandemeulebroucke, J., Sarrut, D. und Clarysse, P. „Point-validated Pixel-based breathing thorax model". In: XVth *International Conference on the Use of Computers in Radiation Therapy (ICCR)*. Toronto, Canada, 2007.

[Vedam et al. 2003] Vedam, S. S., Keall, P. J., Kini, V. R. et al. „Acquiring a four-dimensional computed tomography dataset using an external respiratory signal". *Phys Med Biol* **48**(1): 45–62, 2003.

[Verbakel et al. 2009] Verbakel, W. F. A. R., Senan, S., Cuijpers, J. P., Slotman, B. J. und Lagerwaard, F. J. „Rapid delivery of stereotactic radiotherapy for peripheral lung tumors using volumetric intensity-modulated arcs." *Radiother Oncol* **93**(1): 122–124, 2009.

[Vercauteren et al. 2009] Vercauteren, T., Pennec, X., Perchant, A. und Ayache, N. „Diffeomorphic demons: efficient non-parametric image registration." *Neuroimage* **45**(1 Suppl): S61–S72, 2009.

[Verellen et al. 2007] Verellen, D., Ridder, M. D., Linthout, N. et al. „Innovations in image-guided radiotherapy." *Nat Rev Cancer* **7**(12): 949–960, 2007.

[Villard et al. 2005] Villard, P.-F., Beuve, M., Shariat, B., Baudet, V. und Jaillet, F. „Simulation of Lung Behaviour with Finite Elements: Influence of Bio-Mechanical Parameters". In: *MEDIVIS '05: Proceedings of the International Conference on Medical Information Visualisation - BioMedical Visualisation*. Washington, DC, USA: IEEE Computer Society, 2005: 9–14.

[Waghorn et al. 2010] Waghorn, B. J., Shah, A. P., Ngwa, W. et al. „A computational method for estimating the dosimetric effect of intra-fraction motion on step-and-shoot IMRT and compensator plans." *Phys Med Biol* **55**(14): 4187–4202, 2010.

[Wang et al. 2005] Wang, H., Dong, L., O'Daniel, J. et al. „Validation of an accelerated 'demons' algorithm for deformable image registration in radiation therapy." *Phys Med Biol* **50**(12): 2887–2905, 2005.

[Watkins et al. 2010] Watkins, W. T., Li, R., Lewis, J. et al. „Patient-specific motion artifacts in 4DCT." *Med Phys* **37**(6): 2855–2861, 2010.

[Weiss et al. 2007] Weiss, E., Wijesooriya, K., Dill, S. V. und Keall, P. J. „Tumor and normal tissue motion in the thorax during respiration: Analysis of volumetric and positional variations using 4D CT." *Int J Radiat Oncol* **67**(1): 296–307, 2007.

[Werner 2007a] Werner, R. *Erfassen von Atembewegungen mittels Computertomographie: Rekonstruktion und Bewegungsanalyse in räumlich-zeitlichen CT-Bildfolgen.* Saarbrücken: VDM-Verlag, 2007.

[Werner 2007b] Werner, R. „Simulation von atmungsbedingten Bewegungen thorakaler Strukturen und deren Auswirkungen auf die intensitätsmodulierte Strahlentherapie". Diplomarbeit. Universität Hamburg, Department Physik, 2007.

[Werner et al. 2007a] Werner, R., Ehrhardt, J., Frenzel, T. et al. „Motion artifact reducing reconstruction of 4D CT image data for the analysis of respiratory dynamics." *Method Inform Med* **46**(3): 254–260, 2007.

[Werner et al. 2007b] Werner, R., Ehrhardt, J., Frenzel, T. et al. „Analysis of Tumor-Influenced Respiratory Dynamics Using Motion Artifact Reduced Thoracic 4D CT Images". In: *Advances in Medical Engineering*. Hrsg. von T. M. Buzug, D. Holz, J. Bongartz et al. Bd. 114. Springer Proceedings in Physics. Springer, 2007: 181–186.

[**Werner et al. 2008**] Werner, R., Ehrhardt, J., Schmidt, R. und Handels, H. „Modeling Respiratory Lung Motion – a Biophysical Approach using Finite Element Methods". In: *SPIE Medical Imaging 2008: Physiology, Function, and Structure from Medical Images*. Hrsg. von X. P. Hu und A. V. Clough. Bd. 6916. Proc. of SPIE. 2008: 69160N-1–11.

[**Werner et al. 2009a**] Werner, R., Ehrhardt, J., Schmidt, R. und Handels, H. „Validation and comparison of a biophysical modeling approach and non-linear registration for estimation of lung motion fields in thoracic 4D CT data". In: *SPIE Medical Imaging 2009: Image Processing*. Hrsg. von J. P. W. Pluim und B. M. Dawant. Bd. 7259. Proc. of SPIE. 2009: 7259U-1–8.

[**Werner et al. 2009b**] Werner, R., Ehrhardt, J., Schmidt-Richberg, A., Cremers, F. und Handels, H. „Estimation of Inner Lung Motion Fields by Non-linear Registration: An Evaluation and Comparison Study". In: *Bildverarbeitung für die Medizin 2009*. Hrsg. von H. P. Meinzer, T. M. Deserno, H. Handels und Tolxdorff T. Informatik aktuell. Springer, 2009: 102–106.

[**Werner et al. 2009c**] Werner, R., Ehrhardt, J., Schmidt, R. und Handels, H. „Patient-specific finite element modeling of respiratory lung motion using 4D CT image data." *Med Phys* **36**(5): 1500–1511, 2009.

[**Werner et al. 2010a**] Werner, R., Wolf, J. C., Ehrhardt, J., Schmidt-Richberg, A. und Handels, H. „Automatische Landmarkendetektion und -übertragung zur Evaluation der Registrierung von thorakalen CT-Daten". In: *Bildverarbeitung für die Medizin 2010*. Hrsg. von T. M. Deserno, H. Handels, H. P. Meinzer und T. Tolxdorff. Informatik aktuell. Springer, 2010: 31–35.

[**Werner et al. 2010b**] Werner, R., White, B., Handels, H., Lu, W. und Low, D. A. „Technical note: development of a tidal volume surrogate that replaces spirometry for physiological breathing monitoring in 4D CT." *Med Phys* **37**(2): 615–619, 2010.

[**Werner et al. 2010c**] Werner, R., Ehrhardt, J., Schmidt-Richberg, A., Heiss, A. und Handels, H. „Estimation of motion fields by non-linear registration for local lung motion analysis in 4D CT image data." *Int J Comput Assist Radiol Surg* **5**(6): 595–605, 2010.

[**Werner et al. 2010d**] Werner, R., Ehrhardt, J., Schmidt-Richberg, A. et al. „Towards Accurate Dose Accumulation for IMRT: Impact of Weighting Schemes and Temporal Image Resolution on Predicted Interplay Effects". In: *41. Jahrestagung der Deutschen Gesellschaft für Medizinische Physik (DGMP)*. Hrsg. von N. Hodapp et al. Medizinische Physik. Freiburg, 2010: 515–518.

[**Werner 2012**] Werner, R.: Kap. „Biophysical Modeling of Respiratory Organ Motion". In: *4D Motion Modeling and Estimation*. Hrsg. von Jan Ehrhardt und Cristian Lorenz. Springer, 2012. accepted.

[Werner et al. 2012a] Werner, R., Schmidt-Richberg, A., Handels, H. und Ehrhardt, J. „Model-based risk assessment for motion effects in 3D radiotherapy of lung tumors". In: *SPIE Medical Imaging 2012: Image-Guided Procedures, Robotic Interventions, and Modeling*. Hrsg. von D. R. Holmes und K. H. Wong. Bd. 8316. Proc. of SPIE. 2012: 83160C–1–8.

[Werner et al. 2012b] Werner, R., Ehrhardt, J., Schmidt-Richberg, A. et al. „Towards Accurate Dose Accumulation for IMRT: Impact of Weighting Schemes and Temporal Image Resolution on the Estimation of Dosimetric Motion Effects". *Z Med Phys* **22**(2): 109–122, 2012.

[West et al. 1972] West, J. B. und Matthews, F. L. „Stresses, strains, and surface pressures in the lung caused by its weight". *J Appl Physiol* **32**(3): 332–345, 1972.

[Wink et al. 2006] Wink, N., Panknin, C. und Solberg, T. D. „Phase versus amplitude sorting of 4D-CT data." *J Appl Clin Med Phys* **7**(1): 77–85, 2006.

[Wolf et al. 2011] Wolf, J.-C., Schmidt-Richberg, A., Werner, R., Ehrhardt, J. und Handels, H. „Optimierung nicht-linearer Registrierung durch automatisch detektierte Landmarken". In: *Bildverarbeitung für die Medizin 2011*. Hrsg. von H. Handels, J. Ehrhardt, T. M. Deserno, H. P. Meinzer und T. Tolxdorff. Informatik aktuell. Heidelberg: Springer, 2011: 89–93.

[Wong et al. 1999] Wong, J. W., Sharpe, M. B., Jaffray, D. A. et al. „The use of active breathing control (ABC) to reduce margin for breathing motion." *Int J Radiat Oncol Biol Phys* **44**(4): 911–919, 1999.

[Wu et al. 2008] Wu, Z., Rietzel, E., Boldea, V., Sarrut, D. und Sharp, G. C. „Evaluation of deformable registration of patient lung 4DCT with subanatomical region segmentations." *Med Phys* **35**(2): 775–781, 2008.

[Xie et al. 2011] Xie, Y., Chao, M. und Xiong, G. „Deformable image registration of liver with consideration of lung sliding motion." *Med Phys* **38**(10): 5351–5361, 2011.

[Xu et al. 2006] Xu, S., Taylor, R. H., Fichtinger, G. und Cleary, K. „Lung deformation estimation and four-dimensional CT lung reconstruction." *Acad Radiol* **13**(9): 1082–1092, 2006.

[Yamamoto et al. 2008] Yamamoto, T., Langner, U., Loo, B. W., Shen, J. und Keall, P. J. „Retrospective analysis of artifacts in four-dimensional CT images of 50 abdominal and thoracic radiotherapy patients." *Int J Radiat Oncol* **72**(4): 1250–1258, 2008.

[Yang et al. 2008] Yang, D., Lu, W., Low, D. A. et al. „4D-CT motion estimation using deformable image registration and 5D respiratory motion modeling." *Med Phys* **35**(10): 4577–4590, 2008.

[Yigitsoy et al. 2011] Yigitsoy, M., Wachinger, C. und Navab, N. „Temporal groupwise registration for motion modeling." *Inf Process Med Imaging* **22**: 648–659, 2011.

[Zeng et al. 1987] Zeng, Y. J., Yager, D. und Fung, Y. C. „Measurement of the mechanical properties of the human lung tissue." *J Biomech Eng* **109**(2): 169–174, 1987.

[Zeng et al. 2008] Zeng, R., Fessler, J. A., Balter, J. M. und Balter, P. A. „Iterative sorting for four-dimensional CT images based on internal anatomy motion." *Med Phys* **35**(3): 917–926, 2008.

[Zhang et al. 2010] Zhang, X., Günther, M. und Bongers, A. „Real-Time Organ Tracking in Ultrasound Imaging Using Active Contours and Conditional Density Propagation". In: *Medical Imaging and Augmented Reality (MIAR) 2010*. Hrsg. von H. Liao et al. Bd. 6326. Lecture Notes in Computer Science. Springer, 2010: 286–294.

[Zhang et al. 2004] Zhang, T., Orton, N. P., Mackie, T. R. und Paliwal, B. R. „Technical note: A novel boundary condition using contact elements for finite element based deformable image registration." *Med Phys* **31**(9): 2412–2415, 2004.

[Zhang et al. 2007] Zhang, Q., Pevsner, A., Hertanto, A. et al. „A patient-specific respiratory model of anatomical motion for radiation treatment planning." *Med Phys* **34**(12): 4772–4781, 2007.

[Zienkiewicz et al. 2005] Zienkiewicz, O. C. und Taylor, R. L. *The Finite Element Method for Solid and Structural Mechanics*. 6th edition. Elsevier Butterworth-Heinemann, 2005.

[Zimmer 2011] Zimmer, V. „Bildregistrierung unter Verwendung von Lie-Gruppen". Masterthesis. Institute of Mathematics und Image Computing, University of Lübeck, 2011.

[Zitova et al. 2003] Zitova, B. und Flusser, J. „Image registration methods: a survey". *Image Vision Comput* **21**: 977–1000, 2003.

[de Xivry et al. 2007] de Xivry, J. O., Janssens, G., Bosmans, G. et al. „Tumour delineation and cumulative dose computation in radiotherapy based on deformable registration of respiratory correlated CT images of lung cancer patients." *Radiother Oncol* **85**(2): 232–238, 2007.

[van Sörnsen de Koste et al. 2003] van Sörnsen de Koste, J. R., Lagerwaard, F. J., Nijssen-Visser, M. R. J., Graveland, W. J. und Senan, S. „Tumor location cannot predict the mobility of lung tumors: a 3D analysis of data generated from multiple CT scans." *Int J Radiat Oncol* **56**(2): 348–354, 2003.

[von Berg et al. 2007] von Berg, J., Barschdorf, H., Blaffert, T., Kabus, S. und Lorenz, C. „Surface based cardiac and respiratory motion extraction for pulmonary structures from multi-phase CT". In: *SPIE Medical Imaging 2007: Physiology, Function, and Structure from Medical Images*. Hrsg. von A. Manduca und X. P. Hu. Bd. 6511. Proc. of SPIE. 2007: 65110Y1–11.

[von Siebenthal et al. 2007] von Siebenthal, M., Székely, G., Gamper, U. et al. „4D MR imaging of respiratory organ motion and its variability." *Phys Med Biol* **52**(6): 1547–1564, 2007.

Aktuelle Forschung Medizintechnik

Herausgeber:
Prof. Dr. Thorsten M. Buzug
Institut für Medizintechnik, Universität zu Lübeck

Editorial Board:
Prof. Dr. Olaf Dössel, Karlsruhe Institute for Technology; Prof. Dr. Heinz Handels, Universität zu Lübeck; Prof. Dr.-Ing. Joachim Hornegger, Universität Erlangen-Nürnberg; Prof. Dr. Marc Kachelrieß, Universität Erlangen-Nürnberg; Prof. Dr. Edmund Koch, TU Dresden; Prof. Dr.-Ing. Tim C. Lüth, TU München; Prof. Dr. Dietrich Paulus, Universität Koblenz-Landau; Prof. Dr. Bernhard Preim, Universität Magdeburg; Prof. Dr.-Ing. Georg Schmitz, Universität Bochum.

Themen
Werke aus folgenden Themengebieten werden gerne in die Reihe aufgenommen: Biomedizinische Mikro- und Nanosysteme, Elektromedizin, biomedizinische Mess- und Sensortechnik, Monitoring, Lasertechnik, Robotik, minimalinvasive Chirurgie, integrierte OP-Systeme, bildgebende Verfahren, digitale Bildverarbeitung und Visualisierung, Kommunikations- und Informationssysteme, Telemedizin, eHealth und wissensbasierte Systeme, Biosignalverarbeitung, Modellierung und Simulation, Biomechanik, aktive und passive Implantate, Tissue Engineering, Neuroprothetik, Dosimetrie, Strahlenschutz, Strahlentherapie.

Autorinnen und Autoren
Autoren der Reihe sind in der Regel junge Promovierte und Habilitierte, die exzellente Abschlussarbeiten verfasst haben.

Leserschaft
Die Reihe wendet sich einerseits an Studierende, Promovenden und Habilitanden aus den Bereichen Medizintechnik, Medizinische Ingenieurwissenschaft, Medizinische Physik, Medizinische Informatik oder ähnlicher Richtungen. Andererseits stellt die Reihe aktuelle Arbeiten aus einem sich schnell entwickelnden Feld dar, so dass auch Wissenschaftlerinnen und Wissenschaftler sowie Entwicklerinnen und Entwickler an Universitäten, in außeruniversitären Forschungseinrichtungen und der Industrie von den ausgewählten Arbeiten in innovativen Gebieten der Medizintechnik profitieren werden.

Begutachtungsprozess
Die Qualitätssicherung erfolgt in drei Schritten. Zunächst werden nur Arbeiten angenommen die mindestens magna cum laude bewertet sind. Im zweiten Schritt wird ein Mitglied des Editorial Boards die Annahme oder Ablehnung des Werkes empfehlen. Im letzten Schritt wird der Reihenherausgeber über die Annahme oder Ablehnung entscheiden sowie Änderungen in der Druckfassung empfehlen. Die Koordination übernimmt der Reihenherausgeber.

Kontakt
Prof. Dr. Thorsten M. Buzug
Institut für Medizintechnik   Tel.:   +49 (0) 451 / 500-5400
Universität zu Lübeck   Fax: +49 (0) 451 / 500-5403
Ratzeburger Allee 160   E-Mail: buzug@imt.uni-luebeck.de
23538 Lübeck, Germany   Web: http://www.imt.uni-luebeck.de

Stand: Mai 2012. Änderungen vorbehalten.
Erhältlich im Buchhandel oder beim Verlag.

Abraham-Lincoln-Straße 46
D-65189 Wiesbaden
Tel. +49 (0)6221. 345 - 4301
www.springer-vieweg.de

Springer Vieweg Research
Forschung, die sich sehen lässt

springer-vieweg.de

Werden Sie AutorIn!

Sie möchten die Ergebnisse Ihrer Forschung in Buchform veröffentlichen?

Seien Sie es sich wert. Publizieren Sie Ihre Forschungsergebnisse bei Springer Vieweg, dem führenden Verlag für klassische und digitale Lehr- und Fachmedien im Bereich Technik im deutschsprachigen Raum. Unser Programm Springer Vieweg Research steht für exzellente Abschlussarbeiten sowie ausgezeichnete Dissertationen und Habilitationsschriften rund um die Themen Bauwesen, Elektrotechnik, IT + Informatik, Maschinenbau + Kraftfahrzeugtechnik. Renommierte HerausgeberInnen namhafter Schriftenreihen bürgen für die Qualität unserer Publikationen. Profitieren Sie von der Reputation eines ausgezeichneten Verlagsprogramms und nutzen Sie die Vertriebsleistungen einer internationalen Verlagsgruppe für Wissenschafts- und Fachliteratur.

Ihre Vorteile:

Lektorat:
- Auswahl und Begutachtung der Manuskripte
- Beratung in Fragen der Textgestaltung
- Sorgfältige Durchsicht vor Drucklegung
- Beratung bei Titelformulierung und Umschlagtexten

Marketing:
- Modernes und markantes Layout
- E-Mail Newsletter, Flyer, Kataloge, Rezensionsversand, Präsenz des Verlags auf Tagungen
- Digital Visibility, hohe Zugriffszahlen und E-Book Verfügbarkeit weltweit

Herstellung und Vertrieb:
- Kurze Produktionszyklen
- Integration Ihres Werkes in SpringerLink
- Datenaufbereitung für alle digitalen Vertriebswege von Springer Science+Business Media

Möchten Sie AutorIn bei Springer Vieweg werden? Kontaktieren Sie uns.

Ute Wrasmann
Cheflektorat Research
Tel. +49 (0)611.7878-239
Fax. +49 (0)611.787878-239
ute.wrasmann@springer.com
Springer Vieweg I Springer Fachmedien Wiesbaden GmbH